厚积薄发

以厚积薄发四字篆印一方
赠高等教育出版社

李岚清
二〇〇七年初秋

U0132021

生也有涯

学無止境

任继愈

教育部
哲学社会科学研究
后期资助项目

中國環境史（秦汉卷）

王文涛 等 著

主编 戴建兵

副主编 刘向阳

高等教育出版社·北京

图书在版编目（CIP）数据

中国环境史. 秦汉卷／戴建兵主编；王文涛等著
. –– 北京:高等教育出版社,2022.8
ISBN 978–7–04–058489–9

Ⅰ.①中… Ⅱ.①戴… ②王… Ⅲ.①环境 – 历史 –
中国 – 秦汉时代 Ⅳ.① X–092

中国版本图书馆 CIP 数据核字(2022)第 059861 号

中国环境史（秦汉卷）
ZHONGGUO HUANJINGSHI（QINHAN JUAN）

| 策划编辑 包小冰 | 责任编辑 包小冰 | 封面设计 张申申 | 版式设计 杨 树 |
| 插图绘制 黄云燕 | 责任校对 高 歌 | 责任印制 朱 琦 | |

出版发行	高等教育出版社	咨询电话	400-810-0598
社 址	北京市西城区德外大街 4 号	网 址	http://www.hep.edu.cn
邮政编码	100120		http://www.hep.com.cn
印 刷	涿州市京南印刷厂	网上订购	http://www.hepmall.com.cn
开 本	787 mm×1092 mm 1/16		http://www.hepmall.com
印 张	24		http://www.hepmall.cn
字 数	340 千字	版 次	2022 年 8 月第 1 版
插 页	2	印 次	2022 年 8 月第 1 次印刷
购书热线	010-58581118	定 价	76.00 元

本书如有缺页、倒页、脱页等质量问题，请到所购图书销售部门联系调换

总　序

　　哲学社会科学是探索人类社会和精神世界奥秘、揭示其发展规律的科学,是我们认识世界、改造世界的有力武器。哲学社会科学的发展水平,体现着一个国家和民族的思维能力、精神状态和文明素质,其研究能力和科研成果是综合国力的重要组成部分。没有繁荣发展的哲学社会科学,就没有文化的影响力和凝聚力,就没有真正强大的国家。

　　党中央高度重视哲学社会科学事业。改革开放以来,特别是党的十六大以来,党中央就繁荣发展哲学社会科学作出了一系列重大决策,党的十七大报告明确提出:"繁荣发展哲学社会科学,推进学科体系、学术观点、科研方法创新,鼓励哲学社会科学界为党和人民事业发挥思想库作用,推动我国哲学社会科学优秀成果和优秀人才走向世界。"党中央在新时期对繁荣发展哲学社会科学提出的新任务、新要求,为哲学社会科学的进一步繁荣发展指明了方向,开辟了广阔前景。在全面建设小康社会的关键时期,进一步繁荣发展哲学社会科学,大力提高哲学社会科学研究质量,努力构建以马克思主义为指导,具有中国特色、中国风格、中国气派的哲学社会科学,推动社会主义文化大发展大繁荣,具有十分重大的意义。

　　高等学校哲学社会科学人才密集,力量雄厚,学科齐全,是我国哲学社会科学事业的主力军。长期以来,广大高校哲学社会科学工作者献身科学,甘于寂寞,刻苦钻研,无私奉献,开拓创新,为推进马克思主义中国化,为服务党和政府的决策,为弘扬优秀传统文化、培育民族精神,为培养社会主义合格建设者和可靠接班人作出了重要贡献。本世纪头20年,是我国经济社会发展的重要战略机遇期,高校哲学社会科学面临着难得的发展机遇。我们要以高度的责任感和使命感、强烈的忧患意识和宽广的世界眼光,深入学习贯彻党的十七大精神,始终坚持马克思主义在哲学社会科学的指导地位,认清形势,明确任务,振奋精神,锐意创新,为全面建设小康社会、构建社会主义和谐社会发挥思想库作用,进一步推进高校哲学社会科学全面协调可持续发展。

哲学社会科学研究是一项光荣而神圣的社会事业,是一种繁重而复杂的创造性劳动。精品源于艰辛,质量在于创新。高质量的学术成果离不开严谨的科学态度,离不开辛勤的劳动,离不开创新。树立严谨而不保守,活跃而不轻浮,锐意创新而不哗众取宠,追求真理而不追名逐利的良好学风,是繁荣发展高校哲学社会科学的重要保障。建设具有中国特色的哲学社会科学,必须营造有利于学者潜心学问、勇于创新的学术氛围,必须树立良好的学风。为此,自2006年始,教育部实施了高校哲学社会科学研究后期资助项目计划,旨在鼓励高校教师潜心学术,厚积薄发,勇于理论创新,推出精品力作。原中央政治局常委、国务院副总理李岚清同志欣然为后期资助项目题字"厚积薄发",并篆刻同名印章一枚,国家图书馆名誉馆长任继愈先生亦为此题字"生也有涯,学无止境",此举充分体现了他们对繁荣发展高校哲学社会科学事业的高度重视、深切勉励和由衷期望。

展望未来,夺取全面建设小康社会新胜利、谱写人民美好生活新篇章的宏伟目标和崇高使命,呼唤着每一位高校哲学社会科学工作者的热情和智慧。让我们坚持以马克思主义为指导,深入贯彻落实科学发展观,求真务实,与时俱进,以优异成绩开创哲学社会科学繁荣发展的新局面。

教育部社会科学司

丛 书 总 序

历经数载，由我校环境史研究中心承担的教育部哲学社会科学研究后期资助项目的成果——多卷本《中国环境史》即将付梓。从最初的组织策划、选题论证、项目申报到分卷编纂、集中汇总、修改完善，直至最终定稿，其间反复易稿，编纂人员数次的思想碰撞，凝结着各位分卷主编对环境史的学术认知和价值判断。交由读者批评之际，我在此对丛书的主旨思想、总体架构、问题意识、学术创新和编纂路径等问题作一简单说明。

河北师范大学图书馆和历史系资料室的藏书十分丰富，求学时读书如同今天上网，一本书就是一个世界。就环境史学科来说，我认为比较重要的书有三本。

第一本书是王伟杰等编著的《北京环境史话》①。现在看这本书，其环境史研究方法还具有一定的意义。该书先谈古环境学，在其指导下，引入了北京城的历史沿革，然后是地表水、地下水、粪便和垃圾、大气、动物和植物、北京明清时的墓地、采石和碑碣、鎏金和铜质建筑、公用事业、经济活动、分坊和城垣、居庸关和长城等内容。

当时看这本书的感觉是其内容远远游离于我们课上所学的历史，所研究的东西均是课本中没有的，历史的空间被极大地扩展了。记得我当时请教过一些老师，老师们说法不一，但多数认为该书太专业，意义不是很大。不过书中的一些观点还是深深地影响了我。比如书中说垃圾和中国土葬对地下水有污染，是地下水中硝酸盐的主要来源，而且危害深远。书中对自清代以来京城垃圾产生、处理等方面的论述，特别是关于龙须沟之类水体的深层次解说，让我在宿舍聊天中的谈资上略胜一筹。

---

① 王伟杰、任家生、韩文生等编著：《北京环境史话》，地质出版社，1989年。

第二本书是余文涛等著的《中国的环境保护》①。那个时候,一本精装书很不得了。该书封面设计的是一些抽象的小树,让人印象深刻。书的前言中说:"当今世界上,环境污染和生态破坏是人类面临的重大社会问题之一。""十年前,我国对环境污染和生态破坏的危害认识不足,缺乏经验,甚至错误地认为只有在资本主义社会才发生'公害'。"这说明著者对环境和污染问题有着清醒的认识。时至今日,环境问题日益突出。虽然大家都认同史学家克罗齐说的一切历史都是当代史,历史的经验值得汲取,但从历史上看,活着的人对历史经验往往不够重视。

《中国的环境保护》第一章谈中国古代的环境保护,由此开始进行环境史研究,这是最值得推崇的地方。20世纪80年代的这样一本书已是学术化道路上的正经作品。第一章先介绍中国生态学思想的萌芽,又说中国古代环境保护的思想与实践,中国历史上的环境保护机构、法令,再具体到古代的植树造林与森林保护、苑囿园池、国土与环境整治。第二章讲古今环境变迁及人类活动对环境的影响,主要分析了八个问题:中国历史上环境变迁的概况、森林的古今变迁、水土流失的历史渊源、中国沙漠化的历史过程、历史时期的湖泊湮废、历史上的城市水源和排水问题、气候变迁和古代物种灭绝、中国环境变迁及其原因的综合分析。书中其他章节也十分重视历史的分析方法。

第三本书是英国学者A.高迪著的《环境变迁》②。现在看来这本书里面还是有很多超前见识的。罗来兴在前言中介绍这本书时说:"《环境变迁》一书共分七章。前两章概括论述了更新世的地层、年代学和环境变迁的特点与尺度,列举了欧洲、北美洲等地的环境变迁事件;第三章讨论热带与亚热带的更新世环境变迁事件,其中有古沙丘的发育,雨期湖泊的形成,雨期与冰期的关系等长期以来人们非常关注的问题;第四、五章分别阐述冰后期(全新世)和有气象记录以来的环境变迁,特别重视人类活动与环境变迁的关系;第六章从冰川消长、地壳运动、均衡作用等方面对海平面的变化进行分析,重点放在冰后期的海平面变化上;最后一章,介

---

① 余文涛、袁清林、毛文永:《中国的环境保护》,科学出版社,1987年。

② [英]A.高迪:《环境变迁》,邢嘉明等译,海洋出版社,1981年。

绍有关气候变化原因的几种假说,以作为全书的结尾。"该书最后一章有一节专论人类对气候的影响,其中一个观点是人类对燃料的使用将使二氧化碳增加,导致全球气温上升,同时也指出:"近来的一些观测和调查表明,随着大气层中二氧化碳含量的增加,温度增加的速度将减缓,这样,温度的增加未必会达到很高的程度。"书中还有一些在现在看来都很有启发性的结论和观点。

我在河北大学读硕士研究生的时候,位于图书馆最高层的民国期刊阅览室凭证可以进去看一天。我在那里以及后来在国家图书馆看了很多民国期刊,复印了一些相关文献。

1920年曹任远在《新群》上发表了《适应环境与改造环境》[①]一文,认为环境分为自然环境和社会环境,而人应对环境有二法,一为本能一为智慧。

《地学杂志》是中国地学会主办的刊物。1922年姚存吾在上面发表了《何为地理环境,地理环境与人类生活有若何之关系》[②]一文。文章认为天然界限之关系可以决定一民族立国之精神,无形中养成一国国民之特征,天然界可以支配人类文化发展方向,气候可转移民族特性,气候可支配人类行为,气候寒暖可以支配人类肉体发育。

1923年3月萧叔绚在《史地学报》上发表了《自然环境与经济》[③]一文,认为自然环境可分为四项,即气候、地质构造、动植物和地理位置。文章中有一节论述环境之改变,认为森林极为重要。"据现世所公认其能影响于雨量者小,而其平均河流,使无一时泛滥一时旱涸之为患耕种者大,是故于无树之地造林,及童山上再植树木,在现世已成为贤明政府之一种经济政策。固不仅十年树木,取其木材足用已也。"对植树造林水土保持已有心得。文章对中国古代水利工程郑国渠、都江堰亦多称颂。

1928年《史学与地学》第3期发表了竺可桢(字藕舫)的演讲记录《直

---

① 曹任远:《适应环境与改造环境》,《新群》1920年第1卷第4号。
② 姚存吾:《何为地理环境,地理环境与人类生活有若何之关系》,《地学杂志》1922年第3期。
③ 萧叔绚:《自然环境与经济》,《史地学报》1923年第3期。

隶地理的环境和水灾》①。文章先从 1917 年永定河水灾和 1924 年直隶水灾谈起,再到中国各世纪各地的水灾次数,总结出历史上河南因黄河水灾最多,而从 1 世纪到 19 世纪河北计有 164 次水灾,为第二多。原因一是河北为季风性气候,夏季多雨而冬季少雨;原因二是地形,直隶东南是一个冲积平原,西北是山,平原成半圆形,以海河河口为中心,水多时超过海河的排水量;原因三是地质,沉淀多。文章还分析了人为的环境与水灾的关系,认为在近 3 个世纪里,直隶的水灾次数比河南还要多,为 107 次对 64 次,有人认为是康熙四十几年时于成龙将永定河改道,不走东淀,从而使其沉淀不能存于东淀而形成。但是竺可桢并不这样认为,他认为直隶近 3 个世纪的水灾与直隶的人口与农业有关。天津一带,北宋前均为淀泊,没有开垦,北宋何承炬第一个倡导种水稻,霸州、河间一带开始种旱稻。明时天津大规模开发屯田,把沼泽改造成农田,由此水灾增多。元时天津人口很少,才 40 余万人,明末天津附近达到 120 万人,光绪年间天津达 200 万人,元明两代人口的增加和海河平原上农业的发展是天津水灾增多的重要因素。

1928 年的《社会科学杂志》刊载了毛起鹪的《地理环境与文化》② 一文。该文认为地理环境为人类社会生活的基础,但是并不单纯认同地理环境的重要作用,并使用了人类学的材料来证明地理环境说的不妥。其结论指出地理环境不能担负文化变迁的责任,而民族迁移和交通等才是促进文化变迁的主因。地理环境是一种被动的和人为选择的东西。

20 世纪 30 年代是中国历史上学术较为发达的时期之一。1930 年《学生文艺丛刊》刊载缪启愉的《文化与自然环境的关系》③ 一文,文章认为:"在有人的社会,尤其是文明社会里,地理的势力是影响社会生活的势力的一种,如果眼界看得深远一点,就生物全体宇宙全体来看,那地理的势力、自然环境的影响、确比人类社会中任何势力要来得大。"1931 年《复旦社会学系半月刊》刊载了王在勤的《环境与社会》④ 一文。文章分析了环境的意

① 竺藕舫:《直隶地理的环境和水灾》,《史学与地学》1928 年第 3 期。

② 毛起鹪:《地理环境与文化》,《社会科学杂志》1928 年第 4 期。

③ 缪启愉:《文化与自然环境的关系》,《学生文艺丛刊》1930 年第 5 期。

④ 王在勤:《环境与社会》,《复旦社会学系半月刊》1931 年第 1 期。

义、环境分析之基点、环境之分析、环境之性质、文化与环境,认为环境产生文化。

当时对中国环境与社会的研究较为深入的当属日本学者小竹文夫。他曾在《社会杂志》上发表《自然环境与中国社会》[①]一文。文章的第一部分分析了中国的自然环境,总结出地域广大、地势较单调、东西流的水域发达、黄土层与冲击层、海岸线短、西北边无山脉、酷热严寒的大陆气候、夏季雨量较大等特点,并在评论环境时结合历史与其他民族的环境进行了分析。文章的第二部分分析异民族对中原的支配,第三部分对自然环境与生产力进行研究,第四至第九部分依次讨论自然环境与中国人之饮食,自然环境与中国人之居住,自然环境与中国人之衣服,自然环境与中国人口及其分布,自然环境与中国之交通性,自然环境与中国民族性。全文十数万字,今天看来虽有许多局限,但是对 20 世纪 30 年代而言,不失为当时之学术研究高地。

1932 年《青年生活》发表了天明的《自然环境与中国历史——中国社会现状造成之基础条件之一》[②]一文。文章认为自然环境是最初且最伟大的支配人类的力量,但是随着人类社会的发展,自然环境对人类社会的影响是变化的。

1934 年《新社会科学》发表了卫惠林的《自然环境与民族文化》[③]一文。文章认为,一个民族文化的形成,有三个主要的要素:一是自然环境,二是种族,三是文化的堆积,自然环境对原始民族的文化有更为切要的关系。但作者并不认同环境决定论,而且对当时流行的摩尔根和恩格斯氏族文化形成的理论(文中所称的经济决定论)也提出了异议。他坚持上述三个要素的共同作用。文中的自然环境则强调气候、地形。

1936 年吴浦帆在《新亚细亚》上发表了《自然环境与藏族文化》[④]一文。

① [日]小竹文夫:《自然环境与中国社会》,刘泮珠、黄雪村译,《社会杂志》1931 年第 2 期。

② 天明:《自然环境与中国历史——中国社会现状造成之基础条件之一》,《青年生活》1932 年第 4 期。

③ 卫惠林:《自然环境与民族文化》,《新社会科学》1934 年第 2 期。

④ 吴浦帆:《自然环境与藏族文化》,《新亚细亚》1936 年第 3 期。

文中所言文化为广义文化,即文化是生活,为精神、物质、社会三种生活,以此考察环境与藏族文化。文章先分析藏族所居自然环境,然后分析自然环境对藏族精神生活的影响,进而分析自然环境对藏族人民物质生活和社会生活的影响,最后分析藏族文化特质及其民族性,比较了汉藏两族文化的不同。

1937 年原坤厚在《新史地》上发表了《地理环境与人类活动》[①] 一文,认为地理与历史是一种景象的两个方面,自然环境可以影响人类的生活,同时人类本身的经济生活是自然环境与人类生活发生关系的中介。

公共政策研究方面,江世澄、张运生在《同济医学季刊》上发表的《上海环境卫生之行政》[②] 和白垛在《农学》上连载的《我国之森林环境》[③] 较为典型。对研究环境史的学者而言,《北平市公安局第一卫生区事务所年报》是一份十分难得的资料。其中第八年年报中的第二章重点为防疫统计:第一项是生命统计,内有户口调查、出生报告调查、死亡报告与调查、出生率及死亡率、死亡原因、婴儿死亡率、初生婴儿死亡率、助产事务之分析、死亡者诊治情况;第二项传染病管理;第三项特别工作,有饮水检查及消毒、公厕检查、街道清洁、饮食摊担店铺检查、居民卫生检查、理发馆检查、灭蝇运动大会。其他章节在妇婴卫生、学校卫生、工厂卫生、医药救济、检验工作、公共卫生劝导和社会服务工作方面有十分详细的内容。[④]

现在一些学者认为环境史的研究来自两个方面,一是国外的引进,二是历史地理学的积淀。实际上,从民国学术史的角度来看,在中国本土环境史研究的来源方面,人们使用的学理和方法都有扎实的基础。有鉴于此,我们有必要站在中外文化交流的高度,审视中外的学术现象和当下学界对环境史学术渊源的争论。正如习近平总书记指出的,"文化自信是一个国家、一个民族发展中更基本、更深沉、更持久的力量","不忘本来、吸收外来、

---

① 原坤厚:《地理环境与人类活动》,《新史地》1937 年第 1 期。
② 江世澄、张运生:《上海环境卫生之行政》,《同济医学季刊》1933 年第 2 期。
③ 白垛:《我国之森林环境》,《农学》1939 年第 2 期。
④ 《北平市公安局第一卫生区事务所第八年年报》,《北平市公安局第一卫生区事务所年报》1933 年第 8 期。

面向未来"，"加强中外人文交流，以我为主、兼收并蓄，推进国际传播能力建设，讲好中国故事，展现真实、立体、全面的中国，提高国家文化软实力。"

于是眼光向外，引进译介域外的环境史学说，必须在比较的视野下最终回归并服务于中国本土的学术研究。基于此来审视域外的学术体系，可以发现 20 世纪 60 年代环境史作为一种新的史学思潮在欧美萌生，迄今已蔚为壮观。20 世纪 90 年代，中国史学界环境史滥觞，至今已获得了中国主流史学界的高度认同。与传统史学相比，环境史在史学的本体论、认识论和方法论等方面有着鲜明的特色和独到的价值。当下中国的环境问题，正威胁着我国经济与社会的持续健康发展和广大民众的身心健康。从政府公共政策层面看，为应对环境问题，党和政府描绘了生态文明和美丽中国建设的宏伟蓝图。从学术研究角度考察，需要借助长时段的研究全面探讨现实问题形成的历史源流与当下的微观机制，需要在人—自然—社会的协同演进视阈下，以打破常规的学术智慧和创新精神认知并反思问题，总结规律，汲取智识资源，进而寻求应对之策，助益我国的生态文明建设，这更加反衬出环境史这门新史学的学术价值和现实意义。不过目前来看，中国环境史研究，甚或世界环境史的总体学术生态与其应有的学术魅力尚不能完全匹配。

缕析当下国内外的环境史学史可以发现，很长一段时间以来，环境史在叙事单元的时空选择上，专题性、区域性和短时段的研究甚多。特别是 20 世纪 90 年代以来环境史发生社会史与文化史转向后，这种倾向表现得尤为突出，整体性、综合性与长时段的通达研究不够。在撰史模式上，表现为专题性和断代性的文本较多，各国环境通史和世界环境史著作偏少。

具体而言，美国环境史研究①中比较成熟的领域可以分为农业环境史、城市环境史、物质环境史、环境政治史、环境社会史、环境思想史、海洋环境史等。按研究对象划分，森林、水、土地、大气、环境种族主义、生态女性主义、国际环境外交和有毒废弃物处理等问题无不统摄。就研究地域而言，东

---

① 美国环境史研究成果和学者述评不胜枚举，国内学者也有系统概述，在此综合论之，具体研究成果不一一列举。

部、西部、南部、北部和中部,乃至美国领海等各个生态区域无不涉足。分门别类的具体研究代表的只是美国环境史研究的一种面相,反映美国环境史整体面相的环境通史和美国学者的全球环境史研究相对滞后。相关代表作如约瑟夫·佩图拉的《美国环境史》、约翰·奥佩的《自然的国度:美国环境史》属凤毛麟角。① 即便有些冠以美国环境史之名的著作,本质上仍行具体领域的专题性研究汇总之实,如路易斯·沃伦主编的《美国环境史》②,依然缺乏通史的内在逻辑理路。

美国世界环境史研究的重要代表人物唐纳德·休斯,在《什么是环境史》③一书中专设一章追溯了全球环境史研究的发展,甚至提出了将"生态过程"(ecological process)作为世界史编纂的核心原则。④ 国内学者高国荣也敏锐地注意到了美国的全球环境史研究。⑤ 不过比较而言,实证研究成果甚少。

英国环境史研究依托景观史学和历史地理学的优势,主要集中在农业、林业环境史、工业污染史、环境政治与政策环境思想史。⑥ 至于英国环境通史和全球环境史研究成果,屈指可数,如伊恩·西蒙斯的《一万年以来的不列颠环境史》和《全球环境史:公元前10000年至公元2000年》、约翰·希尔的《20世纪不列颠环境史》、斯马特的《自然之争:1600年以来苏格兰和英格兰北部的环境史》、布雷恩·克拉普的《工业革命以来的英国环境史》、理查德·格罗夫的《绿色帝国主义:殖民扩张、热带伊甸园和现代环保主义的兴起(1600—1680)》、约翰·麦肯齐的《自然的帝国和帝国的自然:帝

---

① Joseph Petulla, *American Environmental History*, Columbus, OH: Merrill Publishing Company, 1988. John Opie, *Nature's Nation: An Environmental History of the United States*, Fort Worth, TX: Harcourt, 1998.

② Louis S. Warren, *American Environmental History*, Hoboken: Wiley-Blackwell, 2003.

③ [美]唐纳德·休斯:《什么是环境史》,梅雪芹译,北京大学出版社,2008年,第93~106页。

④ J. Donald Hughes, *An Environmental History of the World: Humankind's Changing Role in the Community of Life*. London: Routledge, 2001, p.6.

⑤ 高国荣:《美国环境史学研究》,中国社会科学出版社,2014年,第277页。

⑥ 详情参见包茂宏:《英国的环境史研究》,《中国历史地理论丛》2005年第2期。贾珺:《英国地理学家伊恩·西蒙斯的环境史研究》,中国环境科学出版社,2011年。

国主义、苏格兰和环境》等。① 总体来看,英国环境史研究中专题性成果依然居于主导地位,即使上述环境通史和全球环境史研究成果,其撰史原则和叙事范型仍未得到学界的一致认同。约翰·希尔的研究侧重环境政策,布雷恩·克拉普的研究本质上仍是经济史。

中国环境史研究②与英美两国情况大致相似。早先一批研究世界史的学者,凭借敏锐的学术意识和扎实的英文功底,译介了一些国外环境史研究的成果,并撷取欧美发达国家的典型个案展开了卓有成效的实证研究,对中国环境史的理论和方法论建构功不可没。在欧风美雨的影响下,一大批从事中国历史地理学和农业史研究的学者,汲取中国传统史学研究的深厚学术养分,运用环境史的理念和方法,对既有研究理路实现创造性的转化,使中国古代环境史研究硕果累累。

尽管这些成果为中国环境史的继续深入研究奠定了良好的基础,但目前中国环境史研究的结构性不平衡亦十分明显:一则现代化启动以后,中国环境发生了翻天覆地的变化,中国近现代环境史研究刚刚蹒跚起步;二

---

① I.G.Simmons, *An Environmental History of Great Britain: From 10,000 Years Ago to the Present*, Edinburgh: Edinburgh University Press, 2001. I.G. Simmons, *Global Environmental History: 10000 BC to AD 2000*, Edinburgh: Edinburgh University Press, 2008. John Sheail, *An Environmental History of Twentieth-Century Britain*, New York: Palgrave, 2002. T. C. Smout, *Nature Contested: Environmental History in Scotland and Northern England since 1600*, Edinburgh: Edinburgh University Press, 2000. [英]布雷恩·威廉·克拉普:《工业革命以来的英国环境史》,王黎译,中国环境科学出版社,2011 年。Richard Grove, *Green Imperialism: Colonial Expansion, Tropical Island Edens, and the Orgins of Environmentalism, 1600–1860*, Cambridge; New York: Cambridge University Press, 1995. John M. MacKenzie, *Empires of Nature and the Nature of Empire: Imperialism, Scotland and the Environment*, East Linton: Turkwell Press, 1997.

② 中国环境史的专题性研究成果甚多,具体成果不一一列举,学界的研究综述即可见一斑。张国旺:《近年来中国环境史研究综述》,《中国史研究动态》2003 年第 3 期。汪志国:《20 世纪 80 年代以来生态环境史研究综述》,《古今农业》2005 年第 3 期。高凯:《20 世纪以来国内环境史研究的述评》,《历史教学》2006 年第 11 期。陈新立:《中国环境史研究的回顾与展望》,《史学理论研究》2008 年第 2 期。梅雪芹:《中国环境史研究的过去、现在和未来》,《史学月刊》2009 年第 6 期。潘明涛:《2010 年中国环境史研究综述》,《中国史研究动态》2012 年第 1 期。综述大致围绕气候、水、农业、林业、考古、动植物、疾疫和区域研究分类展开,可见目前中国环境史学还缺乏通史和综合性研究,遑论中国学者的世界环境史著作。

则缺乏贯通几千年来中华文明与自然互动的总体史和综合史;三则凸显中国学派、中国话语和中国学人自己的世界环境史建构阙如。

尽管专题性研究是必需的,也不乏优秀的个案研究,但关涉各国环境通史和世界环境史编纂的理论体系、组织原则、核心范畴等问题尚缺乏清晰的格局,不能像已经成熟的世界史那样,具有一定的编纂范式,基于一定的理论体系,勾连世界总体面貌的形成与演进。这不利于把握人与自然关系的整体流变,难以实现历史的评价与生态评价的有机统一,恐怕不是环境史学的真谛。王利华指出,中国环境史的具体门类的研究"并不能全面、系统地解说中华民族与所在环境之间的复杂历史关系"①。这十分明确地表达了当下环境史分科而治的弊端。开展全面和总体的环境史研究刻不容缓。

正是基于这样的问题意识和学术旨趣,我们依托河北师范大学中国环境史研究中心自身的学术资源编纂中国环境通史,试图全面界说几千年来华夏大地上人与自然协同演进的总体史,并希冀在研究路径、研究框架、叙事范型、撰史模式等方面实现超越与创新。

第一,研究路径方面,我们主张在继承社会史的"小地方、大事件""小人物、大历史"之后,发展"小生境、大世界"的学术路径。即在勾连微观区域生态系统的有机联系与相互作用的长效机制中,透视人与自然关系世界的总体变化,最终实现小生境与大世界的统一。"它们也都是从具体的区域或事件入手,但是对区域内容的讨论则放在了整体的大历史的进程中,通过区域研究去透视具有更加普遍性、一般性的问题。……区域史研究并不一定就是'碎片化',其价值所在就体现于它与整体史的密切关系之中。"②世界环境史研究并不反对从区域研究入手,相反必须依赖扎实的区域和"小生境"研究,才能为总体史的研究奠定基础,不过在从事区域和专题研究时必须有总体史的关怀,强化通史性思考,必须以揭示人类与自然交互的共通性规律与普适性法则为旨归,并不失时机地推出国别环境通史和世界环境史的总体史著作,方能呈现环境史研究的价值。

美国学者巴托·艾尔默的新作《公民的可口可乐:可口可乐资本主义的

---

① 王利华:《生态史的事实发掘和事实判断》,《历史研究》2013年第3期,第21页。
② 行龙:《克服"碎片化"回归总体史》,《近代史研究》2012年第4期,第21页。

形成》①,在全球化的视野下,讲述了以可口可乐生产为核心的各种生态要素在全球生产和贸易进程中的一体化。2016 年 3 月 30 日至 4 月 2 日在西雅图召开的美国环境史学会年会上,艾尔默阐释了孟山都公司的食用油生产造就的资本主义新经济,与其专著在理路上内在相通。此次会议上,阿尔巴尼亚大学的米奇·阿索在题为《商品和全球环境史:橡胶的案例》的报告中,以橡胶的全球生产与流动为例勾连全球环境史,威斯康星大学麦迪逊分校的伊丽莎白·亨尼斯则把加拉帕戈斯群岛的经济活动与环境变迁置于全球生产与贸易的链条中。这些都是从小生境的角度透视世界环境史的佳作。

国内环境史学界关于小生境的研究也有所创见,令人耳目一新的当数梅雪芹撰写的《英国环境史上沉重的一页——泰晤士河三文鱼的消失及其教训》②。文章以泰晤士河这个小生境中的生态因子三文鱼为核心,透视了三文鱼命运波动过程中人、环境、经济与社会之间的多元联动和复杂的链式反馈机制。尽管文章仅是"1840 年代到 1980 年代泰晤士河的污染与治理"项目的一部分,但已达到洞幽烛微的效果,既是"小生境、大世界"的体现,也是环境史学界从事实证研究的典范。

第二,研究框架方面,总体史的环境史要透视大世界,就必须熟谙世界史编纂的最新趋势,并力图用环境史的基本理念更新世界史的编纂范式。世界史的编纂范式变动不居,中国学者正积极参与全球史和世界史编纂范型的反思及新范型的构建。③总体来看,在大历史成为当下世界史编纂热点的情况下,环境史要有所建树,必须立足大结构、大过程和大范围。

具体而言,大结构就是要突破许多研究从林业、农业、水、疾病等单一因素切入的单维叙事结构,要综合互动发生和产生影响的诸多微小结构系统,最终构建人类与环境互动和文明演进的综合结构系统。

---

① Bartow Jerome Elmore, *Citizen Coke: The Making of Coca-Cola Capitalism*, London: W. W. Norton & Company Ltd., 2015.

② 梅雪芹:《英国环境史上沉重的一页——泰晤士河三文鱼的消失及其教训》,《南京大学学报》(哲学·人文科学·社会科学)2013 年第 6 期。

③ 张旭鹏:《超越全球史与世界史编纂的其他可能》,《历史研究》2013 年第 1 期。

大过程就是寻找一种合理的叙事主线,它不仅能够横向串联每个微小结构,而且能够纵向反映人与自然互动的全貌。这个过程不仅包括衰败,而且包括和谐,特别注重挖掘衰败与和谐的结构耦合点和地方性知识,找寻生态盈余与生态赤字的具象化表现,总结人类活动与生态承载力的耦合点和失序点,进而探究人类与自然和谐相处以及可持续发展之道的内在机理。这是作为总体史的环境史的终极旨归,也是环境史研究的真正目的。

大范围即研究和叙事必须立足全球,乃至整个人类正在探测和留下活动痕迹的宇宙。总体史的环境史聚焦环境与人类活动的总体场域,不仅可以反映人与自然交互的深度与广度,而且便于展开比较,揭示不同场域人类与自然交互方式的差异和特色。

第三,叙事范型方面,环境史应准确找寻自己的叙事主线和核心概念。我们认为,环境史欲确立自己大历史叙事的核心,就必须回归学理逻辑的原点,踏寻人类的生态足迹,以人与自然和人与人这两对关系范畴为支点,以人与自然的物质能量交换为基础,以自然—人—社会的协同进化为观照,探寻人类文明的重大拐点中人类活动与生态承载力之间的张力,叙写环境史理念支配下的大历史和总体史。

回归学理逻辑的原点,踏寻人类的生态足迹,就是要环境史学研究者抓住生态因子,从科学研究的层面弄清和掌握人类活动足迹的阈限,进而坚守人类活动的底线与可持续发展的红线。要抓住人与自然的关系和人与人的关系这两对环境史的核心范畴,探讨人类文明的根本性问题。

"全部人类历史的第一个前提无疑是有生命的个人的存在。因此,第一个需要确认的事实就是这些个人的肉体组织以及由此产生的个人对其他自然的关系。……任何历史记载都应当从这些自然基础以及它们在历史进程中由于人们的活动而发生的变更出发。"[①] 人类欲维持有生命的个人的存在,首要条件是在人与自然的新陈代谢和物质交换中寻求赖以生存的物质资源,其次是既得物质、资源和能量在人与人之间的流动与配置。前者是后者的基础,后者决定着前者的性质、程度与规模。环境史的叙事框

---

① 《德意志意识形态》,《马克思恩格斯选集》第1卷,人民出版社,2012年,第146~147页。

架实质上就是这两对范畴交互作用的延伸和扩展。它是环境史领域中"看不见的手",人类历史及其文明的过去是这一问题运转与调解的结果,人类历史和文明的现在由这一问题机制作用而铸就,人类历史和文明的将来仍会围绕着这一问题展开。

在这个前提下,通过环境史对人类文明的阐释可以发现,我们的过去、现在和将来有着高度统一与延续的内在机理。正如美国学者威廉·克罗农所言:"把新英格兰的生态系统与全球性的资本主义综合起来看,殖民者和印第安人一起开启了到 1800 年还远未结束的动态的和不稳定的生态变迁。我们今天就生活在他们的遗产当中。"[①] 因此,同质文明形态中人们的生产生活方式、资源分配、自然观念、社会关系、政治制度和利益博弈,由于根本性的问题和作用机制的相似性而表现出自身的规律性。差异在于获取和追逐资源,能量和利益的主体的力量大小、地位高低,对既得利益的维护方式、解释体系和表达符号不同,由此呈现出逻辑的统一性与具体表现形态之间多样性的统一。

从纵向时间维度审视,自人类诞生至今环境史涉及的根本性问题日益凸显,其能量呈加速度不断得以释放,人类文明(采集狩猎—农业—工业)的进程愈来愈快,愈来愈复杂。从横向空间维度来看,人类从原始森林、江河边的点状分布,活动范围不断扩大,经村庄形成城邦,自小国寡民的城邦到庞大的帝国和民族国家,最终形成当前的世界体系,在这一过程中,人类离不开环境,离不开环境资源和环境资本在人与人之间、利益主体之间和国与国之间的流动、分配和重组。其间,环境史涉及的核心范畴也经历了一个点、线、面、体的扩散进程,同样也是以物质能量交换为基础的自然—人—社会的协同演化过程。

第四,撰史模式上,为与叙事范型和总体史诉求匹配,在强化和深入微观生境研究的同时,环境史应该注重国别的环境通史和世界环境史的撰述,成为总体史的环境史的载体形态。施丁认为,"不通古今之变,则无以

---

① [美]威廉·克罗农:《土地的变迁——新英格兰的印第安人、殖民者和生态》,鲁奇、赵欣华译,中国环境科学出版社,2012 年,第 141 页。

言通史"①。刘家和认为,"通古今之变"就是通史的精神。② 环境史要揭示人与自然交互的"变"与"不变",必须实现横向共时性之纬与纵向历时性之经的通达。特别如气候冷暖变迁、动植物物种的兴亡、降雨量的多寡波动、沙丘的移动、地下水位的升降、物种的引进与入侵、生态要素的越境转移等,需要较长时间跨度才能做出评判的自然现象,更需要放入通史性的总体框架之中,才能考察其变化的幅度与缘由。所幸中国环境通史的编纂工作已经迈开了尝试性的步伐。③

尽管目前的编纂与理想的期冀存在一定差距,但我们这套《中国环境史》具有以下特色,彰显着编纂者对环境史的学术认知。

时空选择上,这部总体史上自中华文明肇兴的先秦时期,下至大力倡导与全力推进生态文明与美丽中国建设的当代。它不仅整合了学术研究成果丰硕、研究相对成熟的中国古代环境史,而且囊括了 20 世纪中国环境发生改天换地之剧变的百年,特别是对学术界最新成果的追踪延伸到 2017年。我们采用长时段的视野的终极旨归在于勾勒中华文明演进过程中人与自然关系的总体变迁轨迹。空间上尽管中国、中原和中华文明的地理范畴在历史上变动不居,但在这里编纂者们统一以目前我国的领土范围为叙事单元,只要属于中华人民共和国领土主权范围内的人与环境互动的故事,皆成为叙事的对象和编纂内容。

研究方法上,本丛书充分实践环境史的跨学科研究,每卷吸收自然科学有关中国气候史和动植物史研究的成果,追求文理交叉渗透,推进科学与人文的融合,把中华文明演进的生态背景置于重要地位,改变了传统史学纯粹的人文分析路径。不过正如本丛书审稿专家组的意见所言,送审稿对气候变迁与历代社会与文明的互动关系缺乏深刻论述,出现了"自然科学"导向的环境史叙事,对此我们在修改时新增了相关内容,以实现由"自然科学"导向的环境史转向真正的"人本主义"的环境史。

---

① 施丁:《说"通"》,《史学史研究》1989 年第 2 期。

② 刘家和:《论通史》,《史学史研究》2002 年第 4 期。

③ 除本课题的研究之外,南开大学王利华主持的国家社科基金重大项目"中国生态环境史"也是编纂中国环境通史的有益尝试。

主题选择上,基于不同时代人与自然互动的维度差异,丛书每卷的主题既有重合,又略有不同。不过总体来看,农业开发、手工业发展、水利兴修、森林砍伐、自然灾害和疾病等内容每卷均有涉及。近现代环境史部分,工业开发、城市聚集和人类的战天斗地折射出的时代变迁,反映了人类活动的强度与环境变迁速度的正相关关系。不过囿于时限长短、资料多寡、历史时期人与自然互动程度的强弱,每卷的内容和字数难以十分均衡,我们在坚持总体平衡与控制原则的同时,赋予各分卷互有等差的灵活性。

体例划分上,丛书的编纂宗旨是超越中国古代史传统的王朝史和断代史的编写范型,试图按照历史时期不同时段文明演进的核心特色与环境变迁的自身规律作为分卷的标准。先秦时期中华文明初兴,从考古学材料看,人类与环境的互动呈现典型的点状分布,灿若繁星。秦汉时期我国完成了大一统的中央集权化,成为整体的国家,以制度、权力和组织为核心对自然的进攻和改造能力得以大大提升。魏晋南北朝、隋唐宋元时限较长,政权更迭频繁,环境面貌发生重大变化,笼统融为一卷确有不妥之处,不过我们基于中国古代环境变迁与经济重心南移的大势,旨在从长时段的视角揭示这一时期气候和环境变化对全国经济布局的影响,而同期政治结构的变化恰恰是浮现在经济与环境演变暗流上的"浪花"。明朝和清朝前期处于气候变迁的小冰期,故成一卷。近现代的划分既考虑洋务运动以来中国工业化的发展对环境面貌的改变程度,又考虑政治鼎革之际权力因素对自然环境的冲击。

概念厘定上,我们采用国际学界通用的"环境史"概念,特别是唐纳德·休斯强调的环境史旨在通过研究作为自然一部分的人类如何随着时代变迁,在与自然其余部分互动的过程中生活、劳作和思考,从而推进对人类的理解。[①] 此外唐纳德·休斯主张将"生态过程"作为环境史叙事的主线,我们所追求的即中华文明演进的生态过程。至于国内部分学者使用的生态史、生态环境史等概念,仍在争议和构建之中,与环境史概念紧密相关,侧重点又略有不同,为避免混淆和歧义,暂不采用。

---

① [美]唐纳德·休斯:《什么是环境史》,梅雪芹译,北京大学出版社,2008年,第1页。

在价值判断层面,我们坚信环境史关乎医治当代全球经济发展综合征的病理学、防治技术滥用的伦理学和建设美丽中国的社会学。然而万事开头难,我们努力尝试为学界提供中国环境史的第一部通史,如此鸿篇巨制,我们不敢奢望开拓之功,倒因学养浅薄、学识不足而深感压力巨大,诚惶诚恐。不过我们深知学术批评乃是学术精进的利器,眼下的工作算是为学界树立一个靶子,抛砖引玉,能激起学界的批评无疑是对我们的莫大鞭策,我们期待学界同仁编纂出更高水平的中国环境通史。同时我们也希望能够启迪后学,就通史中的薄弱环节展开专题研究,不断添薪,日积月累,逐步提升中国环境史研究的学术品格。相信经过学人的共同努力,更高水平的中国环境通史一定能够问世。

在当今经济全球化的时代,中西方学术交流频繁,思想碰撞激烈,把中国放在全球视野下审视,中国学者如何在国际史学界发出自己的声音,如何更好地在国际学术交流过程中保持中国特色,增强中国环境史研究的主体性和原创性,这些问题始终萦绕在我们的脑际,当然也拨动着每一个中国环境史研究者的心弦。对此习近平总书记高屋建瓴地为我们进行进一步的实证研究指明了方向。我们必须牢记历史研究是一切社会科学的基础,不断解放思想、实事求是、与时俱进,坚持以马克思主义为指导,坚持为人民服务、为社会主义服务方向和“百花齐放、百家争鸣”方针,努力完善中国环境史研究的学科体系、学术体系和话语体系,从环境史的角度向世界讲述中国故事,阐释中国经验,服务于中国的生态文明建设。

本丛书分工如下:总主编戴建兵、副总主编刘向阳。分卷主编:先秦卷张翠莲、秦汉卷王文涛、唐宋卷谷更有、明清卷孙兵、近代卷徐建平、现代卷张同乐。在此对各位分卷主编付出的心血和汗水致以崇高的敬意和诚挚的谢意。相关审稿专家与高等教育出版社编辑的辛勤工作为本书增色不少,保证本书得以顺利出版,谨致谢忱!

戴建兵

2019 年 3 月 12 日

| 目 录 |

绪　论

秦汉时期是中国历史上的重要发展阶段。这一时期的经济、政治和文化都取得了划时代的成就,深刻地影响了后世,为世界文明的进步作出了积极贡献。秦汉社会的发展因素中就有生态环境。这一时期生态环境的变化,在一定程度上影响了秦汉社会的走向和进程;同时,秦汉时期人们的生产和生活改变了当时的生态环境,与之相关的生态观念也规范和制约着时人的生产生活,影响深远。

20世纪末叶至今,随着人们对生态环境的重视,关于中国古代生态环境研究的论文和专著陆续问世。1995年起,陆续有研究秦汉生态环境的论文发表。有些秦汉史专著设有专门论述秦汉时期的地理环境和生态状况的章节,将其作为分析理解秦汉社会的重要背景和条件。目前,有关秦汉时期生态环境的研究论著已有一定数量,最重要的成果是王子今的专著《秦汉时期生态环境研究》。该书从气候、水资源、野生动物分布、植被、人为因素等几个方面讨论了秦汉时期生态环境条件的基本形势,分析了秦汉时期生态环境的若干个案,还从思想史和观念史的角度阐述了秦汉人的生态环境观、生态环境与秦汉社会历史的关系。王子今认为:导致经济文化历史背景发生若干变化的生态因素,又称作生态因子,大致可以区分为气候条件、土壤条件、生物条件、地形条件、人为条件。[1] 这些是影响中国社会形态的主要生态因素,已成为学术界的共识和受到重视的研究课题。本书尽可能地吸收反映秦汉环境史研究的最新成果,并对若干问题进行了进一步的探讨。

关于气候变化及其影响。气候变化对农业社会的影响显著而重大,不

---

[1]　王子今:《秦汉时期生态环境研究》,北京大学出版社,2007年,第5页。

仅影响农业生产和人们的生活,还会引发疾病,危害人的健康和生命。本书更加注重把气候学者的发现运用到历史研究中。

土地利用与环境变迁。土地利用的习惯、方式、农业耕作制度,以及森林砍伐等,是影响植被情况的决定性因素,反映了一个社会对土地资源的利用和对生态环境的影响。农田开垦面积最能集中反映农业土地资源利用情况。西汉平帝时的垦田数达到了中国古代社会前期的峰值,并保持了相当长的时期,大约到隋文帝开皇九年(589)才被超越。在考察人均占有耕地时,应当考虑半农半牧区和牧区所占耕地的数量大大少于农业区这一因素。汉代统治者重视农业生产,多次颁发劝农诏书,鼓励农民开荒垦殖,耕地面积增加,许多地区原有的土地利用方式也因之改变,影响深远。以农业生产发展和农牧业范围的变化为切入点,考察分析汉代人利用土地资源对生态环境产生的影响,应当是研究汉代生态环境的重点之一。秦汉时期人们对土壤进行分类、改良、利用,不仅是土地知识丰富的表现,而且是生态环境意识发展的内容。两汉时期,大兴土木,大量砍伐林木,发展农业和手工业生产也毁掉了很多森林,百姓日常生活中也要樵采数量很大的薪柴,致使黄河流域的森林覆盖率大为下降,生态条件更为脆弱。

人口与环境。人口是造成环境变化的重要因素,而战争、移民、生育率和死亡率的变化都可能导致人口数量的变动。西汉末年的人口数是唐代以前的最高值。汉代文献没有具体记载各郡国的垦田数,本书尝试从人口密度的角度推算各郡国的垦田数,目的是由此大致了解汉代各郡国土地资源利用的情况及其对生态环境的影响。同时,本书将汉代户均垦田亩数与传世文献中记载的五口之家耕田百亩进行对照,以便正确认识汉代人口和垦田数字,这也是推算汉代户均垦田亩数的意义所在。

水环境。水的使用与人类的日常生活和生产活动有密切的关系。水利灌溉一直是中国历史研究的一个重要课题。既往的水环境研究重点集中在以下方面:整理、叙述水灾的发生原因和影响,人类如何防御水灾,以及水利开发等。将水患发生、水利开发与生态环境联系起来的综合性考察研究还很薄弱。在水资源的开发利用中,人与水体(河川、湖泊)的和谐发展是人与自然和谐共处的关键。秦汉时期主要河流的变迁反映出河流变迁与人类经济活动是一个双向互动过程。此外,本书在叙述解读水资源时,尽可能地运用生态学、环境史学的方法,将水资源的开发利用与自然和社会的变化相结合,从这个新视角探讨水资源问题。

气候、土地、动植物和水资源属于自然环境系统,人类的生存发展离不开这些自然条件。人类与环境的关系是互相依赖、互相制约的辩证关系。环境影响、创造人类,人类也影响、创造环境,人类的持续劳动维系自身持续的生存和发展,也不可避免地改变着环境。这是同一运动过程的两个方面而不是两个分离的过程,是辩证的有机统一。

第一章

秦汉时期的气候环境

第一节 | **秦汉时期气候的阶段性变迁**

秦汉时期(前 221—220),有秦、西汉、新和东汉四个朝代,历时 440 年,是中国古代重要的历史阶段。这一时期人类的生产活动以农业劳作为主,全国人口主要分布在北方的黄河和淮河流域,其次是南方的长江和珠江流域。气候是影响农业生产的重要因素之一,并间接影响社会、政治、经济和文化等。研究秦汉时期的气候变迁过程有助于我们更好地了解秦汉时期人们的生产和生活方式,进而加深对相关历史事件的认识。为此,许多专家学者进行了大量关于秦汉时期气候的研究。根据已有的研究成果,结合历史文献记载,可以将秦汉时期气候的总体变迁情况大致归纳为以下四个阶段。

一、秦至西汉初期

竺可桢认为,战国、秦和两汉时代,气温比现在高。[1] 有学者对江汉平原QR8孔(前340—前80)剖面的孢粉组合进行分析发现:木本植物占35%~30%(以柳、栎、漆、槭、杉科、松为主),草本植物占32%~20%(以香蒲科、莎草科、乔本科、蒿、藜等居多),孢子植物占40% 左右(以水龙骨、凤尾蕨为主)。这反映出该地带喜温喜湿植物占优势,指示的是以阔叶树为主的针阔混交林—草甸植被景观,表明该地区在秦至西汉初期的气候相对温和湿润。[2] 秦至西汉初期的严寒记录很少,相反有很多关于暖冬的记录,如:惠帝二年(前193),冬雷,桃李华;惠帝五年(前190)十月,桃李华,枣实。[3]《汉书》中记载的"桃李华"这一物候现象明显比现在要早,说明秦至西汉初期的气候比现在要温暖一些。此外,许多考古资料表明,当时的气温较暖湿,考古工作者在秦陵兵马俑一号坑中发现大量淤泥,陵园周围专门建有完善的排水设施。研究者认为,这与当时气候温暖湿润有很大关系。[4] 至汉景帝时,气候出现冷暖交替。汉景帝中元六年(前144),"春三月,雨雪"[5];后元三年(前141),又是暖冬。这种冷暖交替的状态大约持续到汉武帝中期。期间气候虽然反复波动,但总体上仍属暖湿气候。《史记·货殖列传》记载:"蜀、汉、江陵千树橘;……陈、夏千亩漆;齐、鲁千亩桑麻;渭川千亩竹。"[6] 竺可桢根据这些经济作物分布的叙述,推断司马迁写《史记》时亚热带植物的北界比现在更靠北,当时的气候比较温暖湿润。另据《淮南子·原道训》记载:"今夫徙树者,失其阴阳之性,则莫不枯槁。故橘树之江北,则化而为

---

① 竺可桢:《中国近五千年来气候变迁的初步研究》,《考古学报》1972年第1期。

② 张晓阳、蔡叙明、孙顺才:《全新世以来洞庭湖的演变》,《湖泊科学》1994年第1期。

③ 班固:《汉书》卷27《五行志中之下》,中华书局,1962年,第1412页。班固:《汉书》卷2《惠帝纪》,中华书局,1962年,第90页。

④ 张仲立:《秦俑一号坑沉降与关中秦代气候分布》,秦始皇兵马俑博物馆《论丛》编委会:《秦文化论丛(第4辑)》,西北大学出版社,1995年,第152~161页。

⑤ 班固:《汉书》卷5《景帝纪》,中华书局,1962年,第149页。

⑥ 司马迁:《史记》卷129《货殖列传》,中华书局,1959年,第3272页。

枳。"① 有学者认为,和春秋时期相比,当时(前157—前139)柑橘的主要种植区已经明显南移,但仍比 20 世纪 80 年代种植柑橘的北界靠北。而且根据作物分布与纬度、温度之间的变化关系推算,当时冬半年气温比春秋时期低,但比 20 世纪 80 年代高约 0.2℃。②

二、西汉中期至西汉末

汉武帝元朔以后,有关严寒天气的记录逐渐增多,气候变冷,寒冷事件频发。如:元狩元年(前122)十二月,"大雨雪,民多冻死";元鼎二年(前115)三月,"雪,平地厚五尺";元鼎三年(前114)"三月,水冰。四月,雨雪,关东十余郡人相食"③;元封二年(前109),"大寒,雪深五尺,野鸟兽皆死,牛马皆踡蹜如猬"④;太初元年(前104)冬,"匈奴大雨雪,畜多饥寒死"⑤;后元元年(前88)前后,匈奴"连雨雪数月,畜产死,人民疫病"⑥。这一时期严寒灾害发生的频次远高于秦和西汉初期,可见气候较之前的暖湿明显趋于寒冷。此外,李南江通过比较"桃始花"和"燕始见"等物候现象在秦、西汉初期和汉武帝末年发生时间的差别,发现汉武帝末年物候发生时间要比秦、西汉初期晚约一旬或半月,同样表明汉武帝末年的气候温暖程度已不如秦、西汉初期。⑦ 至汉昭帝和汉宣帝时(前86—前48),气温开始回升,出现一个短暂的温暖期。史书记载:昭帝始元元年(前86)冬,无冰;元凤五年(前76)十一月,大雷。⑧ 另外,有学者发现当时出现春旱、秋迟的物候情形,经推算当时我国中东部地区冬半年的平均气温比现在高约 1℃。⑨

---

① 刘安编:《淮南子集释》,何宁集释,中华书局,1998 年,第 40 页。
② 葛全胜等:《中国历朝气候变化》,科学出版社,2010 年,第 141~142 页。
③ 班固:《汉书》卷 27《五行志中之下》,中华书局,1962 年,第 1424 页。
④ 葛洪:《西京杂记》卷 2《三辅雪灾》,三秦出版社,2006 年,第 105 页。
⑤ 司马迁:《史记》卷 110《匈奴列传》,中华书局,1959 年,第 2915 页。
⑥ 班固:《汉书》卷 94 上《匈奴列传》,中华书局,1962 年,第 3781 页。
⑦ 李南江:《气候变迁与两汉社会发展若干问题的探讨》,广西师范大学硕士学位论文,2004 年。
⑧ 班固:《汉书》卷 7《昭帝纪》,中华书局,1962 年,第 220、231 页。
⑨ 葛全胜等:《中国历朝气候变化》,科学出版社,2010 年,第 145 页。

三、西汉末至东汉明帝、章帝时期

西汉中期的暖湿气候持续了三十多年,大约到汉元帝时期,气候又向寒冷方向波动。严寒灾害发生频次超过上一个冷阶段。史书记载:元帝永光元年(前43)三月,"雨雪,陨霜伤麦稼,秋罢";九月,"陨霜杀稼,天下大饥"。[①] 建昭二年(前37)十一月,齐、楚地大雪,深五尺,树折屋坏。[②] 此外,建昭四年(前35)、成帝建始元年(前32)、建始四年(前29)、河平二年(前27)、阳朔二年(前23)和四年(前21)等年份都发生过严寒灾害。[③] 至公元初的王莽新朝时,北方地区出现了更为严重的集中降温事件。王莽天凤元年(14)四月,"阴霜,杀中木,海濒尤甚"[④];天凤三年(16)二月乙酉,"地震,大雨雪,关东尤甚,深者一丈,竹柏或枯"[⑤];天凤四年(17)八月,"大寒,百官人马有冻死者"[⑥];天凤六年(19)四月,霜杀草木[⑦];地皇二年(21)"秋,阴霜杀菽,关东大饥"[⑧]。更始二年(24)正月,刘秀"蒙犯霜雪,天时寒,面皆破裂。至呼沱河,无船,适遇冰合,得过,未毕数车而陷"[⑨]。光武帝建武二年(26)十月,(赤眉军)"至阳城、番须中,逢大雪,坑谷皆满,士多冻死"[⑩]。此次降温大约持续到东汉明帝(58—75)时期,气候经历了由暖而寒的历史转变。[⑪]

东汉明帝、章帝时期,也发生过降温事件,但无论从数量还是从持续的时间上来看,这些事件都不能和公元初的降温情况相比,说明降温从这时

---

① 班固:《汉书》卷 27《五行志中之下》,中华书局,1962 年,第 1427 页。

② 班固:《汉书》卷 9《元帝纪》,中华书局,1962 年,第 294 页。

③ 班固:《汉书》卷 9《元帝纪》、卷 10《成帝纪》、卷 27《五行志中之下》,中华书局,1962 年。

④ 班固:《汉书》卷 99《王莽传中》,中华书局,1962 年,第 4136 页。

⑤ 班固:《汉书》卷 99《王莽传中》,中华书局,1962 年,第 4141 页。

⑥ 班固:《汉书》卷 99《王莽传下》,中华书局,1962 年,第 4151 页。

⑦ 李昉等:《太平御览》卷 878《咎征部五·旱寒疫》,《文渊阁四库全书》影印本,第 900 册,台湾商务印书馆,1986 年,第 663 页。

⑧ 班固:《汉书》卷 99《王莽传下》,中华书局,1962 年,第 4167 页。

⑨ 范晔:《后汉书》卷 1 上《光武帝纪上》,中华书局,1965 年,第 12 页。

⑩ 范晔:《后汉书》卷 11《刘盆子传》,中华书局,1965 年,第 483 页。

⑪ 王子今:《秦汉时期气候变迁的历史学考察》,《历史研究》1995 年第 2 期。

开始逐渐减弱，气温缓慢回升，并出现"冬无宿雪"的情况。[①] 此外,冬雷现象也是衡量冬季气温高低的一项指标。[②] 据统计,《后汉书·五行志》中有关东汉雷发的记录共有 16 次,其中 12 次是在十月以后的冬季,且集中在 105 年至 125 年,说明这期间尤其是安帝时期冬季较暖。这与顾延生关于前 100 年至公元 150 年间长江中游地区气候曾经历暖—凉—暖变化过程的结论基本一致。[③]

四、东汉后期

东汉后期,气候再次出现波动,温暖气候逐渐结束,气候复归寒冷。据考证,当时中国中东部地区平均气温比现在低约 0.2℃。[④] 此次气候变冷是魏晋时期气候大降温的前奏。桓帝延熹七年(164)冬,"大寒,杀鸟兽,害鱼鳖,(洛阳)城旁竹柏之叶有伤枯者"[⑤];延熹八年(165),八、九郡并言陨霜杀菽[⑥];延熹九年(166),洛阳城傍竹柏叶有伤者[⑦];灵帝光和六年(183)冬,大寒,北海、东莱、琅邪等郡井中冰厚尺余;献帝初平四年(193)六月,寒风如冬时[⑧]。这一时期气候变化极不稳定,气候变化无常使植物生长周期出现紊乱。《述异记》记载:桓、灵年间,汝州和颍州间"花而复落,落而复花"。[⑨] 另据刘昭注补引《袁山松书》中提及《谶》中所言:"寒者,小人暴虐,专权居

---

①　范晔《后汉书》卷 2《明帝纪》载,明帝永平四年,"京师冬无宿雪,春不燠沐"。(中华书局,1965 年,第 107 页)

②　王宝贯:《过去二千二百年来中国冬雷与气候变迁的关系》,《思与言》1981 年第 4 期。

③　顾延生:《长江中游钻孔沉积物记录的 5000 年来气候变化与环境重建》,武汉大学博士学位论文,2004 年。

④　葛全胜等:《中国历朝气候变化》,科学出版社,2010 年,第 150 页。

⑤　范晔:《后汉书》卷 30 下《襄楷传下》,中华书局,1965 年,第 1076 页。

⑥　司马彪:《后汉书》志 14《五行志二·灾火条》注引《袁山松书》,中华书局,1965 年,第 3269 页。

⑦　范晔:《后汉书》之《桓帝纪》《寇荣传》《襄楷传》及其注引《续汉书》等。

⑧　司马彪:《后汉书》志 15《五行志三·大寒条》,中华书局,1965 年,第 3313 页。

⑨　任昉《述异记》卷下载:"汉武帝时,广阳县雨麦。"(《文渊阁四库全书》影印本,第 1047 册,台湾商务印书馆,1986 年,第 626b 页)

位,无道有位,适罚无法,又杀无罪,其寒必暴杀。"①献帝初平四年六月,夏季天气突然转寒,"寒风如冬时"。②《后汉书·五行志三》刘昭注引养奋对策中提到:"当温而寒,刑罚惨也。"③

　　需要说明的是,以上冷暖阶段的划分只是秦汉时期气候变化的大致描述,每个大的冷暖阶段中又包含着短时段的气候变动。如西汉初期气候较暖,但《汉书·五行志》记载:"文帝四年六月,大雨雪。"④总的来说,笔者认为秦汉时期的气候变化有以下几个特点:(1)汉代的暖湿气候是相对于其前一阶段来说,强度并不大,大气候背景应该是以降温为主,这可能也是导致当时社会安定程度逐步下降的原因;(2)秦汉时期暖湿气候大约持续了240年,干冷气候存在了约200年,暖湿气候与干冷气候持续的时间相近,但温度普遍比现在高,使秦汉时期的经济、人口、军事等较先秦有很大提高;(3)秦汉时期暖湿气候和干冷气候交替存在,并且以西汉武帝、公元初和东汉明帝、章帝三个时期为转折点。这三个时期恰好与当时的社会动荡和政治格局有很好的对应关系。西汉武帝末期,汉朝实力转衰;公元初,时逢王莽改制,绿林、赤眉起义;东汉明帝、章帝时,汉朝由稳转乱,进入外戚、宦官交替掌权时期。

　　由于对历史记录的发掘程度和研究成果有限,对秦汉时期西部地区的气候变化情况较少涉及,以上主要论述中国中东部秦汉时期气候变迁情况。此外,学术界对战国至西汉初这段时期内气温低于春秋时期的结论以及东汉末期气候转冷的结论并无太大分歧,但对整个秦汉时期的气候变化及这一时期与现代气候比较等问题上存在较大争议。如,满志敏通过对比春秋、战国至西汉初期、现在三个时期在收割春小麦时间、春耕时间和冬季温度等方面的差异,发现:春秋战国至西汉初期黄河中下游地区小麦收获的时间比现在推迟了半月之久,春耕时间也比现在晚十多天,秦代淮河冻结不仅比现代频繁而且严重得多。因此,他认为大致在春秋时期以

---

① 司马彪:《后汉书》志15《五行志三·大寒条》,中华书局,1965年,第3313页。
② 司马彪:《后汉书》志15《五行志三·大寒条》,中华书局,1965年,第3313页。
③ 司马彪:《后汉书》志15《五行志三·大寒条》,中华书局,1965年,第3313页。
④ 班固:《汉书》卷27《五行志中之下》,中华书局,1962年,第1424页。

后,我国东部的气温就已逐渐开始下降,战国末至西汉初期,黄河中下游地区的气候并不是温暖期而是寒冷期。同样,通过探究西汉中叶到东汉末期小麦的耕种和收获时间及物候现象,满志敏认为,西汉中叶时气候开始回暖,这一段时期的气候属于暖期,东汉以后,气候虽然转寒,但与现代的气候相差很小。[①] 这些关于秦汉时期气候变化的见解与前文所述有较大的差异。

第二节 | **秦汉时期气候的区域变化**

总结前人的研究结果,不难发现,整体上秦汉时期的气候有降温和降水减少的趋势。但由于地带性差异,不同区域间的气候变化情况有所差异。有学者认为,历史上发生气候冷暖的变迁次序有先有后,持续的时间也有长短之分,不同地区变化的趋势也不同。[②] 根据我国的地域特征,本节概述以下七个地区在秦汉时期的气候变化。由于这个区域划分的依据是学者的区域气候研究成果,不便拆分区域,所以在区域划分时有小范围的交叉重合。例如:西藏地区在"西南地区"和"青藏高原"中交叉重合,上海、江苏部分地区在"长江下游地区"和"东南沿海地区"中交叉重合,这种情况不影响整体认识。

一、西北地区

西北地区包括新疆、青海、甘肃、宁夏和内蒙古。该区地处内陆,远离海洋,大陆性气候十分明显。冬寒夏热,日温差大;降水量小,且年内变率与年际变率大。这一地区地貌景观类型多样,黄土高原土质疏松、沟壑纵横,

---

[①] 满志敏:《中国历史时期气候变化研究》,山东教育出版社,2009 年,第 140~147 页。

[②] 王开发、沈才明、吕厚远:《根据孢粉组合推断上海西部三千年的植被、气候变化》,《历史地理》第 6 辑,上海人民出版社,1988 年。

荒漠草原、沙漠和戈壁广布。西北地区风力强劲,植被覆盖率低,生态环境十分脆弱。研究表明,西北地区并非一直干旱,自全新世早期的 1 万年来,气候出现过多次寒暖干湿变化。[①]

全新世中期,西北地区气候比现在温暖湿润,林草茂密,湖泊与河流众多。不断抬升的喜马拉雅山阻挡了来自印度洋的西南暖湿气流,并且加强了西伯利亚高压。又由于人类活动的长期影响,西北地区趋于旱化,生态环境发生明显改变。以新疆为例,新疆地区的众多湖泊在近 2 000 年以来的历史时期里发生了重大变化。汉代罗布泊"广袤三百里,其水亭居,冬夏不增减"[②],可见当时气候比较温暖湿润。而现在的罗布泊地区气候十分干旱,罗布泊在 1972 年时已经完全干涸。钟巍等对博斯腾湖沉积物的自生碳酸盐稳定同位素、孢粉和地化元素资料进行分析,建立了博斯腾湖近 12kaB.P. 以来地区的气候环境的演变序列,得出博斯腾湖在 2000 年以前气候较为寒冷,之后逐渐变暖。[③]他们又对塔克拉玛干沙漠南缘的尼雅地区沉积物的低频磁化率进行研究,综合其他指标后认为,该地区在 2 500—1 900(前 550—50,战国至东汉初)前气候相对冷湿,之后进入相对暖干的气候期。[④]文启忠、乔玉楼根据新疆地区全新世地层的年代标尺,黄土、湖泊和河流沉积物记录的环境变迁信息,以及古土壤和炭化层等反映的古气候变化做了综合分析,也认为博斯腾湖在 2 000 年前气候为冷湿,之后变为温干。[⑤]杨保等人根据青海都兰高分辨率的树轮年表,得出青海都兰地区过去 2 000 年内 10 年尺度的气候变化情况。结果显示:公元初至 230 年(大致为东汉)青海都兰地区气候温暖,魏晋南北朝时期青海都兰地区气候冷

①　段万倜、浦庆余、吴锡浩:《我国第四纪气候变迁的初步研究》,中央气象局气象科学研究院天气气候研究所编:《全国气候变化学术讨论会文集(一九七八年)》,科学出版社,1981 年,第 12~17 页。

②　班固:《汉书》卷 96《西域传上》,中华书局,1962 年,第 3871 页。

③　钟巍、熊黑钢:《近 12kaBP 以来南疆博斯腾湖气候环境演化》,《干旱区资源与环境》1998 年第 3 期。

④　钟巍、舒强、熊黑钢等:《塔里木盆地南缘沉积物磁化率变化与历史时期环境演化》,《干旱区地理》2001 年第 3 期。

⑤　文启忠、乔玉楼:《新疆地区 13 000 年来的气候序列初探》,《第四纪研究》1990 年第 4 期。

暖波动强烈,极端温度事件频发。[1] 夏敦胜等根据孢粉分析结果,并结合磁化率、碳酸钙恢复了陇西黄土高原地上秦安大地湾地区的植被与气候的变化过程,结果显示秦汉时期秦安地区气候较温暖。[2]

秦汉时期,西北局部地区气候经历了由冷湿变暖干的过程,但总体上以温暖气候为主。

二、西南地区

西南地区包括重庆、四川、贵州、云南、西藏等。秦汉时期是开发西南地区的第一个高潮时期,开发的程度与其适宜的环境关系密切。据考证,夏商西周时,西南地区的气候普遍比现在温暖湿润,地表水的面积也比现在广阔,到了西周晚期和春秋时期,四川地区的气候转向干冷,而云南北部气候则转干,气温变化不大。[3] 这与全国其他地区略有差异。秦汉初期四川地区气候普遍比现在温暖湿润。《蜀都赋》中所反映的自然环境主要取自四川盆地,文中描述有"郁乎青葱,沃野千里","碧马犀象"。[4] 参照这些动植物的生长环境,说明当时的气候可能为亚热带气候。此外,秦汉时期四川盆地龙眼、荔枝生存北界大致在北纬31°,[5] 如今龙眼、荔枝的生长界限已向南退到北纬29°地区,也能说明当时气候较暖。

云南高原地区西部较为寒冷,盛暑仍积雪不化。《博物志》有这样的描述:"云南郡土特寒冷,四月五月犹积雪皓然。"[6]《后汉书·郡国志》刘昭注引《南中志》云:"(云南)县西北百数十里有山,众山之中特高大,状如扶风太一,郁然高峻,与云气相连结,因视之不见。其山固阴沍寒,虽五月盛暑不

---

①　杨保、康兴成、施雅风:《近 2000 年都兰树轮 10 年尺度的气候变化及其与中国其它地区温度代用资料的比较》,《地理科学》2000 年第 5 期。

②　夏敦胜、马玉贞、陈发虎等:《秦安大地湾高分辨率全新世植被演变与气候变迁初步研究》,《兰州大学学报》(自然科学版)1998 年第 1 期。

③　蓝勇:《中国西南历史气候初步研究》,《中国历史地理论丛》1993 年第 2 期。

④　严可均编:《全上古三代秦汉三国六朝文·全汉文》卷 51《扬雄·蜀都赋》,中华书局,1958 年,第 804 页。

⑤　蓝勇:《中国西南荔枝种植分布的历史考证》,《中国农史》1988 年第 3 期。

⑥　张华:《博物志·附录·佚文》,凤凰出版社,2017 年,第 134 页。

热。"①蓝勇据此推断,滇西大理、祥云一带气候明显比现在寒冷,甚至夏天积雪仍不化。又依据汉晋时滇池四周仍有鹦鹉、孔雀出没的情况,认为东汉末期云南高原地区中部四季如春的气候十分典型,云南东部似乎比现在温暖湿润。而葛全胜等总结前人研究成果后也认为,整体上西南地区的气候以湿润为特征。②

秦汉时期,西南地区总体上同西北地区相同,气候以温暖湿润为主,个别地区在公元后出现温度较低、降水减少的现象。

三、黄河中下游地区

黄河中下游地区是我国古代文明的发源地,也称中原,包括河南大部、山东南部、河北南部、山西东南部、陕西东部、江苏北部地区。其特殊的地理位置、适宜的气候条件和肥沃的土壤条件,让历史上众多统治者选择在这里定都。学者对孢粉、石笋、冰芯等气候代用指标的研究表明,黄河中下游地区的气候在秦汉时期有过变动。

竺可桢在《历史时代世界气候的波动》中指出:"秦汉时代黄河流域气候与今相似。"③后来他对此观点做了修正,认为秦代和西汉气候温和,到东汉初期即公元初,我国天气趋于寒冷,但冷期时间不长。文焕然则从冷暖和干湿两大气候要素的变化情况对秦汉时黄河中下游的气候进行了分析,认为从近 8 000 年来气候冷暖变迁的情况看,秦汉时期为气候转冷时期,但仍比较温暖,期间也发生过较大的气候波动。从气温上来说,西汉时中原地区较温暖,但已出现降温趋势,东汉气候转冷,温度呈下降趋势。这期间伴有短时期的冷暖波动。从降水量来说,黄河中下游地区在前 89 至公元 4 年降雨较多,历史文献中也有一些反映秦汉初期气候湿润的记录,如"内郡人众,水泉荐草,不能相赡,地势温湿,不宜牛马;民跖耒而耕,负檐而行,劳

---

①　司马彪:《后汉书》志 23《郡国志五·永昌条》,中华书局,1965 年,第 3514 页。

②　葛全胜等:《中国历朝气候变化》,科学出版社,2010 年,第 165 页。

③　竺可桢:《历史时代世界气候的波动》,《气象学报》1962 年第 4 期。

罢而寡功"[1]。5年至91年干旱少雨。[2] 周昆叔从周原黄土堆积特征及河流阶地的变化推测,黄河中下游地区旱化过程贯穿整个秦汉时期。气候的变化在一定程度上使当时黄河流域的农耕作物从水稻变为耐寒和耐旱的冬小麦。

史书记载,秦汉时期黄河中下游地区旱涝灾害频繁且连续地发生。据统计,秦汉时期雨涝连续期共有5个时段,而连续的干旱期达9个。詹道江等对滹沱河至黄壁庄段的古洪水研究后认为,两汉之际洪水的洪峰量可达 22 300 立方米每秒。[3] 但由于旱涝灾害的时间分布并不均衡,故无法通过旱涝灾害反映秦汉时期的干湿状况。为此,葛全胜等将旱涝灾害的强度及影响范围进行等级划分,并据此建立了秦汉时期干旱指数30年滑动平均序列。结果表明,秦汉时期总体上以偏干的气候为主,但干旱程度随着时间的推移而递减。[4]

许清海等利用孢粉资料定量重建燕山南部地区近5 000年来的气候变化,其结果也表明该区秦汉时期的气候由暖湿向温凉半湿润转变。[5]

结合历史资料和现在的科学考察,不难发现秦汉时期黄河中下游地区的气候经历了由温暖湿润转变为寒冷干燥的过程。

四、长江中下游地区

长江中下游地区包括上海、江苏、安徽、湖北、江西等,素有"水乡泽国"之称。《史记·货殖列传》记载:"楚越之地,地广人希,饭稻羹鱼,或火耕而水耨,果隋蠃蛤,不待贾而足。"[6] 可见当时长江中下游地区还没经过大规模开发,生产方式仍比较落后,这应当和南方的暖湿气候有关。

为探究秦汉时期长江中下游地区的气候状况,学者们做了大量科研工

---

① 桓宽撰集:《盐铁论校注》卷3《未通》,王利器校注,中华书局,1992年,第190页。

② 王邨:《中原地区历史旱涝气候研究和预测》,气象出版社,1992年,第23页。

③ 詹道江:《岗南、黄壁庄水库古洪水研究报告》机印本,1992年,第64~65页。

④ 葛全胜等:《中国历朝气候变化》,科学出版社,2010年,第155页。

⑤ 许清海、阳小兰、杨振京等:《孢粉分析定量重建燕山地区5000年来的气候变化》,《地理科学》2004年第3期。

⑥ 司马迁:《史记》卷129《货殖列传》,中华书局,1959年,第3270页。

作。研究结果表明:"就区域比较而论,长江流域无论在温度还是湿度方面,都要高于北方的黄河流域,以致那些习惯于北方气候的人对南方以'暑湿'为特征的气候心存畏惧。"[①] 张丕远也认为,秦汉时期长江中游地区气候仍以亚热带气候为主,气候温暖湿润,亚热带森林和毛竹林广布。[②] 为进一步证实秦汉时期长江中下游地区的气候状况,陈业新根据考古材料、钻孔孢粉资料并结合历史文献等,对战国秦汉时期长江中游地区的气候状况进行了初步的探讨,认为战国秦汉时期该地区气候经历了一系列的冷暖干湿的交替过程。"虽屡有降温事件发生,然其间长江中游地区的气候仍较为温暖,且略高于今,或与现在差别不大,在干湿状况方面,具有干湿相间的特点。"[③]

《汉书·五行志上》记载:高后三年(前185)夏,"汉中、南郡大水,水出,流四千余家"。高后四年(前184)秋,"河南大水,伊、雒流千六百余家,汝水流八百余家"。高后八年(前180)夏,"汉中、南郡水复出,流六千余家。南阳沔水流万余家"。文帝后三年(前177)秋,"大雨,昼夜不绝三十五日"。[④] 说明秦汉初期长江中下游地区气候以湿润多雨为主。公元初,气候变干,"南方枯旱,民多饥饿"。[⑤] 大约百年后,气候又复归湿润多雨,永元十六年(104)冬十月甲申,和帝诏云:"兖、豫、荆州今年水雨淫过,多伤农功。"[⑥]

蔡永立等根据上海青浦赵巷有碳十四测年的钻孔中孢粉数据进行转换,重建了上海地区8 500年以来年均温度和降雨量系列。[⑦]

从图1.1和图1.2中可以看出,秦汉时期该地区以降温和降水量减少为

---

① 陈业新:《战国秦汉时期长江中游地区气候状况研究》,《中国历史地理论丛》2007年第1期。

② 中国科学院《中国自然地理》编辑委员会:《中国自然地理·历史自然地理》,科学出版社,1982年,第31页。

③ 陈业新:《战国秦汉时期长江中游地区气候状况研究》,《中国历史地理论丛》2007年第1期。

④ 班固:《汉书》卷27上《五行志上》,中华书局,1962年,第1346页。

⑤ 李昉等:《太平御览》卷35《时序部十二》,《文渊阁四库全书》影印本,第893册,台湾商务印书馆,1986年,第299页。

⑥ 范晔:《后汉书》卷4《和帝纪》,中华书局,1965年,第190页。

⑦ 蔡永立、陈中原、章薇等:《孢粉—气候对应分析重建上海西部地区8.5kaB.P.以来的气候》,《湖泊科学》2001年第2期。

主要趋势,温度与降水量比现今值要高,大约东汉末期后温度与降水量接近现今值。[1] 陈业新根据钻孔孢粉资料并结合历史文献和考古资料,对战国秦汉时期长江中游地区的气候状况进行了初步的探讨,认为战国秦汉时期长江中游地区的气候仍以暖湿为主,气温略高于今,或与现在差别不大,在干湿状况方面,具有干湿相间的特点。[2]

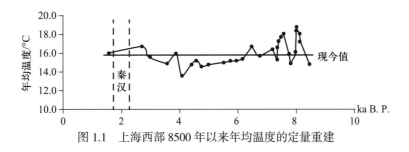

图 1.1　上海西部 8500 年以来年均温度的定量重建

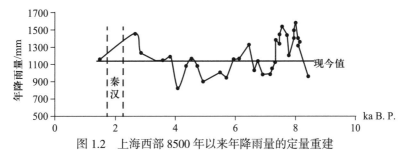

图 1.2　上海西部 8500 年以来年降雨量的定量重建

当代不少学者利用气候代用指标恢复了秦汉时期长江中下游地区的气候概况。结合历史文献,我们认为:整个秦汉时期长江中下游气候以温湿多雨为主,在公元初的时候较为干旱,这与当时北方黄河流域的气候有较大的差异。

五、东南沿海地区

东南沿海地区主要是指山东半岛以南到广西一线的沿海地区,包括山东、江苏、上海、浙江、福建、广东、广西和海南(本区的上海和江苏部分地区

①　蔡永立、陈中原、章薇等:《孢粉—气候对应分析重建上海西部地区 8.5kaB.P. 以来的气候》,《湖泊科学》2001 年第 2 期。

②　陈业新:《战国秦汉时期长江中游地区气候状况研究》,《中国历史地理论丛》2007年第 1 期。

与长江中下游地区交叉重合)。许多研究者根据海平面与气候间的关系推断,秦汉时期该区气候出现过波动。

由于地处沿海地带,海拔较低,历史上经常遭受海侵。西汉晚期的海侵事件不仅发生在渤海平原,也影响我国沿海其他地区。有证据表明这些地区当时的海平面也较高。如张家港境内西汉中期之前的遗址有 10 处之多,而西汉晚期的遗址仅一两处。从苏北的古遗址分布高程来看,战国时代人们尚可在海拔较低的地方活动,到西汉时村镇聚落和墓地都已迁往高处。[①]

广东珠江三角洲地区地面以下 1~3 米的淤泥、泥炭层中,发现含有汉代遗物、动植物遗骸,其上覆盖有大约是唐宋以来的粉沙壤土层。这表明发生过一次幅度较小的海侵,推测时间为前 500 年至公元初。西汉晚期我国沿海大部分发生海侵事件,有学者认为是海平面上升的结果,而海平面上升又与其前期的温暖气候有关。由此推断,东南沿海地区在西汉晚期气候比较温暖。李平日等对广东潮州贾里 EZ 孔(距今约 2200 年)进行孢粉分析时发现,喜热的拷属花粉占孢粉总量的 48.8%,常绿栎占孢粉总量的12.9%,反映出东南沿海地区在前 2 世纪时气候比现在温暖。[②]陈月秋对江苏两万年来的气温升降与海平面变化之间的关系进行研究后认为,100 年前江苏气候为温暖期,海平面也较高,距今 100 年到 300 年为寒冷期,平均气温比现在低 2℃ ~4℃。[③]

整个秦汉时期,东南沿海地区的气候普遍温暖,到东汉末年气温开始降低。

六、青藏高原

青藏高原是我国最大的高原,也是世界上海拔最高的高原,包括西藏、青海、四川西部和云南西北部等地区。青藏高原的存在对我国乃至整个世界的气候都有重要影响。但历史文献中很少有关于青藏高原的气候记录,

---

① 贺云翱:《夏商时代至唐以前江苏海岸线的变迁》,《东南文化》1990 年第 5 期。

② 李平日、谭惠忠、侯的平:《2000 年来华南沿海气候与环境变化》,《第四纪研究》1997 年第 1 期。

③ 陈月秋:《江苏两万年来的古气候与海平面变化》,《海洋湖沼通报》1992 年第 4 期。

因此只能通过一些气候代用指标来探究秦汉时期青藏高原气候的变化。

吴祥定和林振耀利用树木年轮资料、气象观测记录、历史文献记载和孢粉分析等手段,将青藏高原数千年来的气候划分成五个时期,秦汉时期属于新冰川期(前 1000 年至公元 5 世纪)。这个时期气候较为严寒,曾有过几次大规模冰进。[1] 但其时间分辨率较低,并不能很好地反映秦汉时期青藏高原气候状况。之后,薛滨等对青藏高原东部希门错短柱岩芯 XM9201 沉积物的色素指标综合判别,认为青藏高原约在前 780 年至前 310 年时,其总体气候属偏暖时期,与春秋至战国的温暖期一致。而到了前 310 年至公元 480 年(包含秦汉时期)气温出现下降,但降温的幅度并不明显。[2] 有学者对秦汉时期青藏高原与东中部地区冷暖变化趋势研究后发现,两个地区的冷暖变化及趋势相同,即都是在西汉末年由温暖转变为寒冷。[3]

七、东北地区

东北地区是全球变化的敏感区域,主要包括东三省(黑龙江、吉林和辽宁)及内蒙古的东部地区。东北地区地势平缓,气候冷湿,有利于泥炭的发育,而泥炭又可以为我们提供大量的高分辨率的环境信息。张新荣等总结东北地区多年来泥炭研究的多种成果后认为,2 000~3 000 年以前,大致在西汉之前,东北地区的气候就已开始由温干向冷湿转变,气温与现在相差不大。而到了东汉末年时,东北地区的气候从整体上呈现出较冷的态势。[4] 介冬梅等利用孢粉资料定量恢复松嫩平原地区古温度显示,大致在 2 000 年前(西汉末)东北地区的温度进入较高的时期,比现代约高 2℃,之后转冷。[5] 史培军等利用地层沉积物分析内蒙古大西沟地区 10 000 年来的降水量后

---

[1]　吴祥定、林振耀:《历史时期青藏高原气候变化特征的初步分析》,《气象学报》1981 年第 1 期。

[2]　薛滨、潘红玺、夏威岚等:《历史时期希门错湖泊沉积色素记录的古环境变化》,《湖泊科学》1997 年第 4 期。

[3]　葛全胜等:《中国历朝气候变化》,科学出版社,2010 年,第 154 页。

[4]　张新荣、胡克、胡一帆等:《东北地区以泥炭为信息载体的全新世气候变迁研究进展》,《地质调查与研究》2007 年第 1 期。

[5]　介冬梅:《松嫩平原全新世定量古生态研究》,东北师范大学博士学位论文,2001 年。

发现,大西沟同样大致是在 2 000 年前(西汉末期)后降水开始减少,气候向干冷方向转变。[①]

总的来说,秦汉时期东北地区的气候同样是由暖变冷,由湿变干。众多研究表明,东北地区气候转变的时间大致在 2 000 年以前(西汉末期)。

第三节 ｜ 气候变化对汉代社会的影响

秦汉时期的气候由暖向寒转变,对社会产生了重大的影响。有学者指出,"被公认为中国封建社会发展的两个顶峰时期——汉、唐两朝,都恰好处在第二、三两个较长的温度期内。但这绝不是巧合,除统治者采取正确的经济政策外,气候的影响也是社会稳定、经济繁荣的一个重要因素"[②]。

一、气候变化对农作物栽培的影响

气候变化会改变农作物赖以存在的生长环境,对农作物的栽培造成一定影响。关中地区农作物由稻到麦的转换或许跟当时气候的变寒有关。董仲舒曾上书曰:"今关中俗不好种麦","愿陛下幸诏大司农,使关中民益种宿麦,令毋后时"。[③]《汉书·武帝纪》载:"元狩三年,遣谒者劝有水灾郡种宿麦。"[④] 宿麦,即冬小麦。冬小麦属于典型的暖温带与寒温带的农作物,对温度的要求较低,一年一熟。不仅董仲舒建议应该提倡关中的农民种植小麦,前 1 世纪,朝廷还派遣了一位专家传授栽培小麦与大麦的技术。《氾胜之书》详细地记载了小麦的栽培技术。《居延汉简》的研究也透露在西部边疆屯

---

① 史培军、方修琦、赵烨等:《10000 年来河套及邻近地区在几种时间尺度上的降水变化》,《黄河流域环境演变与水沙运行规律研究文集》(第 2 集),地质出版社,1991 年,第 57~63 页。

② 樊鹏:《小议气候与唐代社会发展》,《考古与文物》2004 年增刊。

③ 班固:《汉书》卷 24《食货志上》,中华书局,1962 年,第 1137 页。

④ 徐天麟:《西汉会要》,中华书局,1955 年,第 512 页。

驻地有麦供应。汉代大麦、小麦都有栽培。到 2 世纪，小麦和大麦的种植已经变得非常普遍。据出土于西部边疆驻地的汉简，当时人们将小麦、大麦与粟并列为当地种植的三种主要农作物。[①]《南都赋》中写道："冬稌夏穬，随时代熟。"[②] 穬，即稻下种的麦。《广韵》记述："栩者，稻处种麦。皆与早取之义合。凡早取谷皆得名稽，不独麦也。"[③]

《汉书·武帝纪》载，元狩元年(前 122)，"十二月，大雨雪，民冻死"。[④]《汉书·五行志中之下》亦载："武帝元狩元年十二月，大雨雪，民多冻死。"[⑤]冬寒对水稻种植有明显的影响，可能是"益种宿麦"的一个原因。邹逸麟在《历史时期黄河流域水稻生产的地域分布和环境制约》一文中指出，历史时期黄河流域的气候和降水条件有过波动性的变化。[⑥] 东汉末年，关中地区因军阀混战，水利工程遭到严重破坏，水稻生产受到影响。对照汉代南阳地区"稻处种麦"一年两熟的情形可推知，长安、洛阳地区由稻而麦的农作物转换，曾经历过一个长期的历史过渡过程。[⑦]

在气候出现较大变化的时候，水稻的生产必然会遭受影响，而豆类的生产则不会有太大变化。豆类也因易于种植而成为备荒之物，西汉中期以后，大豆有逐渐成为主要食粮的趋势。《氾胜之书》载："谨计家口数，种大豆，率人五亩，此田之本也。""大豆保岁易为，宜古之所以备凶年也。"[⑧] 汉献帝兴平元年(194)，三辅大旱，"是时谷一斛五十万，豆麦一斛二十万，人相食啖，白骨委积。帝使侍御史侯汶出太仓米豆"[⑨]。由此可知，稻米的价格

① 王子今：《秦汉时期生态环境研究》，北京大学出版社，2007 年，第 30~31 页。

② 高步瀛：《文选李注义疏》卷 4《赋乙·京都中·张平子南都赋》，中华书局，1985 年，第 816 页。

③ 许慎：《说文解字注》卷 7 上《米部》，段玉裁注，许惟贤整理，凤凰出版社，2007 年，第 577 页。

④ 班固：《汉书》卷 6《武帝纪》，中华书局，1962 年，第 174 页。

⑤ 班固：《汉书》卷 27《五行志中之下》，中华书局，1962 年，第 1424 页。

⑥ 邹逸麟：《历史时期黄河流域水稻生产的地域分布和环境制约》，《复旦学报》(社会科学版)1985 年第 3 期。

⑦ 王子今：《秦汉时期生态环境研究》，北京大学出版社，2007 年，第 30~31 页。

⑧ 贾思勰：《齐民要术今释》卷 2《大豆第六》，石声汉校释，中华书局，2009 年，第 117 页。

⑨ 范晔：《后汉书》卷 9《献帝纪》，中华书局，1965 年，第 376 页。

在当时比较昂贵,不如大豆廉价经济,经济的豆类兼具备荒效用。这可能是因为稻米适合在温暖稳定的生态条件下耕种,不如豆类对气候和土地生态变化的适应性强。说明当时豆类逐渐受到重视和汉代气候条件的变化。[①]

二、气候变化对汉代匈奴社会的影响

气候变化不仅影响经济,而且对政治和社会也会产生重大影响。下面考察汉代匈奴地区因气候变化引发的自然灾害及其对汉匈关系的影响。

两汉时期匈奴地区的灾害记录共有 7 个年次。西汉 3 次:武帝时 2 次,宣帝时 1 次;东汉 4 次:光武帝、章帝时各 2 次。如果按灾次统计,可以析分为 12 次。不妨大胆地推断,这些记录并不是匈奴地区灾害的实际,更非全部,但就汉代留下的少数民族地区的灾害记载而言,已经是最多的了。其灾害种类有:雪灾、寒冻灾、人畜疫灾、旱灾和蝗灾五种,[②] 主要是气候变化引发的灾害。灾情简况如表 1.1 所示。

表 1.1　汉代匈奴地区灾害简表

序号	时间	灾害简况	史料出处
1	武帝太初元年(前 104)	大雨雪,畜多饥寒死	《史记·匈奴列传》P2915 《汉书·匈奴传上》P3781
2	武帝后元元年(前 88)	连雨雪数月,畜产死,人民疫病,谷稼不熟	《汉书·匈奴传上》P3788
3	宣帝本始三年(前 71)	天大雨雪,一日深丈余,人民畜产冻死,还者不能十一	《汉书·匈奴传上》P3787
4	光武帝建武二十二年(46)	连年旱蝗,赤地数千里,草木尽枯,人畜饥疫,死耗太半	《后汉书·南匈奴传》P2942
5	光武帝建武二十七年(51)	人畜疫死,旱蝗赤地,疫困之力,不当中国一郡	《后汉书·臧宫传》P695
6	章帝建初元年(76)	南部苦蝗,大饥	《后汉书·南匈奴传》P2950
7	章帝章和二年(88)	饥蝗	《后汉书·南匈奴传》P2952

---

① 王子今:《秦汉时期气候变迁的历史学考察》,《历史研究》1995 年第 2 期。

② 我国北方草原常见的冰雹、狼灾、火灾、黑灾等灾害在汉代文献中均无记载。"黑灾"是有关牲畜的灾害。我国北方草原冬季少雪,牲畜缺水,疫病流行,膘情下降,母畜流产,甚至出现大批牲畜死亡的现象。

除表 1.1 所列灾害外,《汉书·匈奴传》记载,宣帝地节二年(前 68),“匈奴饥,人民畜产死十六七”[①]。这次大饥荒的原因不详,当年匈奴没有大的军事行动,也没有出现社会动乱,发生人民和畜产死亡十分之六七的严重饥荒,极有可能是由自然灾害造成的。

(一) 西汉匈奴地区的自然灾害及其影响

1. 武帝太初元年(前 104)的灾害。太初元年冬天的大雪灾,是汉代匈奴地区的第一次灾害记录。雪灾造成牲畜大量死亡,成为匈奴统治集团内部矛盾爆发的催化剂。

汉武帝元封六年(前 105),匈奴乌维单于去世。其子詹师卢(亦称乌师卢)立为单于,因为年少,称“儿单于”。此时匈奴又向西北迁徙,其左部与西汉云中郡相对,右部与酒泉、敦煌郡相对。太初元年(前 104)冬,匈奴境内下了一场大雨雪,牲畜因饥寒而死,损失很大;儿单于又好杀伐,内部极不稳定,人人自危。匈奴左大都尉欲杀儿单于,派人暗中与西汉联系,请求派兵接应,“我欲杀单于降汉,汉远,汉即来兵近我,我即发”[②]。太初二年(前 103)春,汉武帝命浞野侯赵破奴率领二万骑兵出朔方,接应匈奴左大都尉。赵破奴与左大都尉约定在浚稽山(古山名,约在今蒙古土拉河、鄂尔浑河上源以南一带)汇合,然后一起归汉。汉军出塞两千余里,将要到达浚稽山时,左大都尉准备起事,不料事情败露,儿单于杀左大都尉,发兵进攻汉军。赵破奴急速撤退,仍被迅速赶来的匈奴八万骑兵包围。赵破奴夜晚出营寻找水源,被匈奴军擒获。汉军群龙无首,结果全军覆没。匈奴侵掠西汉边境后离去。

2. 武帝后元元年(前 88)的灾害。汉武帝太始元年(前 96),且鞮侯单于去世,其子左贤王立为狐鹿姑单于。此后,汉匈双方虽有六七年未发生较大规模的战争,但双方都在积极准备,积蓄力量。汉武帝征和三年(前 90),匈奴袭入上谷、五原,杀掠汉吏民。不久又侵入五原、酒泉,杀二郡都尉。汉武帝决定尽全力打击匈奴。征和三年(前 90),贰师将军李广利率大军兵分三路,出塞与匈奴作战,汉军大败,李广利投降匈奴,汉军死亡数万人。

投降匈奴的李广利,得到匈奴狐鹿姑单于宠信,“以女妻之,尊宠在

卫律上"，①因此引起卫律的嫉妒。时逢单于的母亲阏氏患病,卫律乘机授意胡巫向单于进言,诋毁李广利说:"胡故时祠兵,常言得贰师以社,何故不用?"②于是单于收捕李广利,李广利大骂道:"我死,必灭匈奴!"最终狐鹿姑单于还是杀了李广利来祭祀匈奴军队。就在这时,匈奴地区遭遇了西汉时期最严重的自然灾害。武帝后元元年(前88),匈奴地区连续几个月雨雪,造成畜产大量死亡,谷稼不熟,③还引发了人民疫病。

狐鹿姑单于非常恐惧,以为是李广利的诅咒应验了,于是为李广利建立了祠室,祭祀弥灾。汉代人一般认为疫病是由恶鬼造成的,对于致病厉鬼的态度,常用祭祀等方式以礼相待,取悦他们。匈奴祠祭李广利,可见他们的疾疫观有与中原相类之处。

后元二年(前87),汉武帝病逝。班固认为,在此之前,"汉兵深入穷追二十余年,匈奴孕重堕殰,罢极苦之。自单于以下常有欲和亲计"④。匈奴在汉军二十多年的穷追猛袭下,伤亡损失惨重,疲困已极,其衰落已成不可逆转之势。但是,武帝后元元年(前88)自然灾害对匈奴的打击也是不应忽视的重要因素,自武帝元鼎六年(前111)至后元元年(前88)的二十多年间,汉军五次出击匈奴,均未获胜。其间,匈奴不断侵扰汉朝边境。李广利兵败投降匈奴后,汉朝各种矛盾激化,又逢武帝病逝,幼子继位,政局动荡,这无疑是匈奴对汉朝用兵的绝好机会。然而,匈奴没有对汉朝采取任何军事行动,这有违用兵之道,与匈奴寻机侵略汉边的一贯策略相悖,也和李广利投降后匈奴单于以狂傲之态要求和亲的行为不符。

笔者认为,匈奴按兵未动,主要原因应是匈奴遭受后元元年自然灾害的沉重打击,元气一时难以恢复,无力对汉用兵。在武帝去世后三年,匈奴的经济虽然恢复,因狐鹿姑单于患病,仍然要求和亲而不用兵。

3. 宣帝本始三年(前71)的灾害。汉昭帝时,辅政大臣霍光等坚决执

---

① 班固:《汉书》卷94《匈奴传上》,中华书局,1962年,第3780页。

② 班固:《汉书》卷94《匈奴传上》,中华书局,1962年,第3781页。

③ 班固《汉书》卷94《匈奴传上》,颜师古注曰:"北方早寒,虽不宜禾稷,匈奴中亦种黍穄。"(中华书局,1962年,第3781页)

④ 班固:《汉书》卷94《匈奴传上》,中华书局,1962年,第3781页。

行"与民休息"的政策,致力于恢复经济,增强国力,对匈奴采取守势。匈奴没有发动对汉朝的大规模侵扰有两点考虑。一方面因为汉边郡的"烽火候望精明"[1],防守严密,匈奴入侵边塞很少获利;另一方面,则因壶衍鞮单于年少即位,其母行为不端,内部乖离,常恐汉军发动袭击,所以对汉朝也实行防御为主的策略。汉朝仅在昭帝末期,利用匈奴、乌桓交战之机派度辽将军范明友率领两万骑兵,出辽东击匈奴,匈奴军怯战,不战自退,范明友乘机袭击乌桓,斩杀六千余人,其中包括乌桓的三个王。匈奴见汉兵强大,不敢再南下,便向西域发展,进攻与西汉有"和亲"关系的乌孙。昭帝元平元年(前74),匈奴数侵边境,又联合车师(在今新疆吐鲁番一带)共侵乌孙。次年宣帝本始元年(前73),匈奴复连发大兵夺取乌孙的车延、恶师地,掳去人民,并索取乌孙公主(即汉公主解忧),企图以武力威迫乌孙脱离与汉朝的同盟关系。乌孙昆弥(昆弥是乌孙王号)和公主先后上书汉廷求救,并愿以五万精兵配合汉军。此时,汉朝经过十余年休养生息,国力恢复,宣帝和霍光决定出兵打击匈奴。

本始二年(前72),汉宣帝下令挑选精兵组成远征军,任命田广明、范明友、韩增、赵充国、田顺五人为将军,共统兵十六万。本始三年(前71),汉朝发动了大规模的出击战,五路大军各出塞千里寻歼匈奴军队。另外,宣帝还令校尉常惠督护乌孙发兵五万余骑,从西边进击匈奴。匈奴得悉汉军大举来攻的消息,急忙带领人畜向北方远徙。《汉书·匈奴传上》记载:汉军出塞攻打匈奴,各有斩获,匈奴惨败,"匈奴民众死伤而去者,及畜产远移死亡不可胜数。于是匈奴遂衰耗,怨乌孙"。[2]同年冬天,匈奴单于亲自率领数万骑兵攻打乌孙,虏获了很多老弱。准备回师之时,"会天大雨雪,一日深丈余,人民畜产冻死,还者不能什一"。[3]于是丁令乘弱攻其北,乌桓入其东,乌孙击其西。共杀匈奴数万人,马数万匹,牛羊甚众。加上饥饿死亡,"人民死者什三,畜产什五,匈奴大虚弱"。[4]

---

①　班固:《汉书》卷94《匈奴传上》,中华书局,1962年,第3784页。

②　班固:《汉书》卷94《匈奴传上》,中华书局,1962年,第3786页。

③　班固:《汉书》卷94《匈奴传上》,中华书局,1962年,第3787页。

④　班固:《汉书》卷94《匈奴传上》,中华书局,1962年,第3787页。

这是西汉时期汉匈间的最后一次大战。战争由匈奴入侵乌孙引起,汉朝与乌孙联合出兵反击。在军事失利和自然灾害的双重打击下,匈奴大大衰弱,更加趋向和亲,"而边境少事矣"。[①]

(二) 东汉匈奴地区的自然灾害及其影响

东汉初年,北方的匈奴又强盛起来,控制了西域和东北的乌桓等族,并在光武帝进行统一战争时,支持渔阳的彭宠、五原的卢芳反对光武帝。卢芳在匈奴的支持下占据五原、朔方、云中、定襄、雁门等郡,伙同匈奴经常进扰汉北部边境。当时,上党、扶风、天水、上谷、中山等地都遭到匈奴骑兵的骚扰,杀、抄、掠甚众,北方不得安宁。东汉由于政权初建,经济凋敝,对匈奴采取防守为主的方针。光武帝任命苏竟为代郡太守,"使固塞以拒匈奴"。[②]光武帝曾遣使与匈奴修好,但没有结果。建武七年(31),杜茂"屯田晋阳(治今山西太原市西古城营)、广武(治今山西代县西南),以备胡"。建武九年(33),光武帝派大司马吴汉率军抗击匈奴,作战一年,未获任何战果。建武十二年(36),段忠率诸郡弛刑徒配合杜茂镇守北边,仍以守御为主。东汉统一战争结束后,卢芳于建武十三年(37)逃入匈奴。

在此后不久,东汉朝廷为了避免边境冲突,罢省定襄郡,迁徙其地的民众至西河(治今内蒙古鄂尔多斯东胜),迁徙雁门、代(治今山西阳高)、上谷(治今河北怀来东南)等郡民众六万余口于居庸关(今北京延庆东南)、常山关(今河北唐县西北、太行山东麓的倒马关)以东。

匈奴左部乘机入居塞内,不断南下掳掠。建武二十年(44),匈奴一度进至上党(治今山西长治西南)、扶风(治今陕西宝鸡)、天水(治今甘肃天水)等郡,对东汉造成了巨大的威胁。东汉无力回击,只能采取消极防御措施,极为被动。

1. 光武帝建武二十二年(46)的灾害。《后汉书·南匈奴传》记载,呼韩邪单于之孙、乌珠留单于之子比,在其叔父呼都而尸道皋单于舆即位时,被封为右薁鞬日逐王,驻牧于匈奴南部,管领南边八部及乌桓之众,部属计有四五万人。建武二十二年,单于舆死,子左贤王乌达鞮侯立为单

---

① 班固:《汉书》卷94上《匈奴传上》,中华书局,1962年,第3787页。

② 范晔:《后汉书》卷30上《苏竟传》,中华书局,1965年,第1041页。

于。复死,弟左贤王蒲奴立为单于。比不得立,遂生怨恨。时逢匈奴地区"连年旱蝗,赤地数千里,草木尽枯,人畜饥疫,死耗太半"。[①]"太半"即大半。这次持续数年的严重链发性灾害成为匈奴分裂和南匈奴内附的重要原因。

《后汉书·光武帝纪下》载:"匈奴薁鞬日逐王比,遣使诣渔阳,请和亲,使中郎将李茂报命。乌桓击破匈奴,匈奴北徙,幕南地空。诏罢诸边郡亭候吏卒。"[②]据《后汉书·南匈奴传》,李茂所报者乃蒲奴单于,不是右薁鞬日逐王比。比内附的时间是建武二十三年(47)。《通鉴考异》亦以李茂所报者为蒲奴单于而非比。

建武二十二年(46),"匈奴国乱",此次匈奴内乱当指比未被立为单于而怨恨蒲奴单于,连年旱蝗灾害又加剧了各种社会矛盾,造成匈奴经济和军事力量的衰弱,"乌桓乘弱击破之,匈奴转北徙数千里,漠南地空,(光武)帝乃以币帛赂乌桓"。[③]

建武二十三年(47),匈奴右薁鞬日逐王比暗中派遣汉人郭衡带着匈奴地图拜见西河太守,请求内附。事情被匈奴两骨都侯发觉,密报蒲奴单于,说右薁鞬日逐王欲图谋不轨,如不诛除,必将乱国。当时比的弟弟在单于帐下,闻听此事,迅速报告了比,使比得以预做防范。建武二十四年(48)春,匈奴南边八部大人共议立比为呼韩邪单于。这一称号的袭用缘于比的祖父呼韩邪单于稽侯珊曾依附汉朝获得定安。于是比遣使至五原塞(在今内蒙古包头西)向东汉朝廷表示"愿永为蕃蔽,扞御北虏"。[④]

光武帝将此事交给公卿大臣们讨论,"议者皆以为天下初定,中国空虚,夷狄情伪难知,不可许"。[⑤]五官中郎将耿国[⑥]力排众议说:"臣以为宜如

---

① 范晔:《后汉书》卷89《南匈奴传》,中华书局,1965年,第2942页。
② 范晔:《后汉书》卷1下《光武帝纪下》,中华书局,1965年,第75页。
③ 范晔:《后汉书》卷90《乌桓传》,中华书局,1965年,第2982页。
④ 范晔:《后汉书》卷89《南匈奴传中》,中华书局,1965年,第2942页。
⑤ 范晔:《后汉书》卷19《耿弇附弟国传》,中华书局,1965年,第715~716页。
⑥ 《东观汉记》《后汉书》均曰:(耿)国为大司农,晓边事,能论议,数上便宜事,天子器之。然皆不详任期。而《后汉书·耿国传》称:耿国于建武二十七年代冯勤为大司农。此言建武二十四年事,耿国时任五官中郎将。

孝宣故事受之①,令东捍鲜卑,北拒匈奴,率厉四夷,完复边郡,使塞下无晏开之警,万世有安宁之策也。"②光武帝听从耿国之议,遂立比为南单于。东汉派中郎将段柳(《后汉书·南匈奴传》作"段郴")出使匈奴,单于拜伏受诏。同年冬,比自立为呼韩邪单于,率其所辖南边八部众四五万人南投于汉。东汉政府将他们安置在北地、朔方、五原、云中、定襄、雁门、代郡等边郡,助汉守边。从此匈奴分裂为南、北二部。③南、北匈奴"各自朝着不同的历史方向前进,因而汉匈之间的关系也与西汉大为不同"。④

在东汉的支持与庇护下,南匈奴公开与北匈奴抗衡。建武二十五年(49)春,南匈奴单于比派遣部属攻打北单于弟薁鞬左贤王,将其生擒;又破北单于帐下,俘获其部众一万余人,马七千匹,牛羊万头。"北单于震怖,却地千里。"为了巩固与东汉的关系,南匈奴单于比又遣使至洛阳,表示愿意"奉藩称臣",贡献珍宝,请求派使者监护,愿"遣侍子,修旧约",此时"旧约"指稽侯珊与宣帝时的旧约。⑤

建武二十六年(50),东汉设置使匈奴中郎将,主管南匈奴事务。东汉大体上仿照西汉宣帝时对待稽侯珊的旧例,给南匈奴单于优厚的礼遇。颁给南单于黄金玺,赐给冠带、衣裳、车马、弓剑、甲兵、黑节、用具、乐器、黄金,以及大量的锦绣、缯、絮等物。又从河东郡调拨粮食二万五千斛、牛羊三万六千头,接济他们。从此,南匈奴政权在汉朝的支持下稳定下来。

2. 建武二十七年(51)的灾害。这次旱、蝗、疫链发的灾害,见于《后汉书·臧宫传》,而《后汉书·南匈奴传》未载。

　　(臧)宫以谨信质朴,故常见任用。后匈奴饥疫,自相分争,帝以问宫,宫曰:"愿得五千骑以立功。"帝笑曰:"常胜之家,难与虑敌,吾方自

① 西汉宣帝甘露二年(前52),呼韩邪单于款塞请朝。帝发所过郡二千骑迎之,宠以殊礼,位在诸侯王上,赞谒称臣而不名。(班固:《汉书》卷94下《匈奴传下》,中华书局,1962年,第3798页)

② 范晔:《后汉书》卷19《耿弇附弟国传》,中华书局,1965年,第715页。

③ 《东观汉记》卷20《匈奴南单于传》:二十四年"十二月癸丑,匈奴始分为南北单于"。(吴树平:《东观汉记校注》,中华书局,2008年,第885页)

④ 林幹:《匈奴通史》,人民出版社,1986年,第96页。

⑤ 范晔:《后汉书》卷89《南匈奴传》,中华书局,1965年,第2943页。

思之。"二十七年,宫乃与杨虚侯马武上书曰:"匈奴贪利,无有礼信,穷则稽首,安则侵盗,缘边被其毒痛,中国忧其抵突。虏今人畜疫死,旱蝗赤地,疫困之力,不当中国一郡。万里死命,县在陛下。福不再来,时或易失,岂宜固守文德而堕武事乎?今命将临塞,厚县购赏,喻告高句骊、乌桓、鲜卑攻其左,发河西四郡、天水、陇西羌胡击其右。如此,北虏之灭,不过数年。臣恐陛下仁恩不忍,谋臣狐疑,令万世刻石之功不立于圣世。"①

这段文字中有两处提到匈奴地区的灾害:一是"后匈奴饥疫,自相分争",指建武二十二年(46)匈奴因"连年旱蝗"而造成"人畜饥疫",内部发生分裂斗争,至建武二十四年(48)分裂为南、北二部。二是建武二十七年(51),臧宫与杨虚侯马武上书中说:"虏今人畜疫死,旱蝗赤地,疫困之力,不当中国一郡。""虏今人畜疫死"中的"今",所指时间为建武二十七年是确凿无疑的,而且前文已经说过其事,如果是追述五年前的灾害,不应当用"今"。再从后文"北虏之灭,不过数年"来看,因前文已有匈奴"自相分争"之语,此"北虏"当专指北匈奴而言。《后汉纪·光武皇帝纪》将"臧宫上书,劝上征匈奴",记为建武二十八年(52)三月。光武帝答复臧宫的诏书中亦称是时有灾,"今无善政,灾变不息,忧念岁阙"。而司马光系臧宫上书事于建武二十七年②,并且对上引文字照录未改。此次灾害似应以建武二十七年为妥。《后汉书·南匈奴传》为何没有记载此次灾害已难以考知。中华书局点校本《后汉书》点校说明中指出,李贤的"注书工作似没有全部完成,如《南匈奴传》的注,复沓纰缪,至于不可究诘,体例和文字也跟前后各卷不同,可能不是出于他们之手,而是后人补撰"。③

北匈奴内逢连年的严重天灾,外遭南匈奴、乌桓和鲜卑的攻击,遁居漠北,社会经济衰退,实力大减,于是主动谋求缓解与东汉的关系,在建武二十七年(51)、二十八年(52)、三十一年(55)多次遣使至汉请求和亲。林幹

---

①　范晔:《后汉书》卷18《臧宫传》,中华书局,1965年,第695页。

②　司马光等:《资治通鉴》卷44《汉纪·世祖光武皇帝下》,中华书局,1956年,第1417页。

③　范晔:《后汉书》,中华书局,1965年,"点校说明"第3页。

指出,北匈奴请求和亲有这样几个目的:一是惧怕汉朝乘虚北伐;二是企图离间南匈奴与汉朝的关系;三是欲借和亲抬高自己的政治威望,巩固对西域的控制;四是希望通过和亲与汉"合市"。[①]东汉顾虑南单于新立,如果答应与北匈奴和亲,恐怕有碍南单于亲汉之意,因而对北匈奴实行羁縻政策,没有接受其和亲之请,"颇加赏赐,略与所献相当"[②],只以玺书报答,而不派遣使者。后来,因为北匈奴迫切需要合市而发兵寇边,东汉惧怕重开边衅,直至永平七年(64)才答应合市,并遣使回聘。

3. 章帝建初元年(76)的灾害。75年至76年,东汉与北匈奴展开对西域的争夺,双方互有胜负。由于中原地区遭遇大旱,谷价腾贵,人民生活困难;加上征伐北匈奴,经营西域,频年服役,转输繁费,东汉力有不及[③],于是撤回西域都护及戊己校尉。建初元年,北匈奴皋林温禺犊王率部众还居涿邪山,南单于闻知,派遣轻骑与缘边郡兵及乌桓兵出塞击之,斩首数百级,降者三四千人。同年,南匈奴部"苦蝗,大饥",东汉虽然遭受旱灾,汉章帝仍然"禀给其贫人三万余口"。[④]此次蝗灾虽然对南匈奴的社会生活和军事活动都产生了不小的影响,但由于有东汉的帮助,向受灾的三万多"贫人"提供衣食,灾民得以在短时间内恢复正常的生产和生活。至于匈奴地区其余六个年次的灾害救助如何进行,由于资料的缺乏,不得而知。

4. 章帝章和二年(88)的灾害。《后汉书·南匈奴传》记载,从建初八年(83)起,北匈奴人便不断南下归汉。同年夏天,三木楼訾部落大人稽留斯等率领三万八千人,马二万匹,牛、羊十余万,至五原塞附汉。元和二年(85),北匈奴大人车利、涿兵等入塞附汉,凡七十三批。北匈奴的力量大大削弱,加上东汉和南匈奴的打击,平时受北匈奴控制和奴役的部族或部落乘机反抗,"南部攻其前,丁零寇其后,鲜卑击其左,西域侵其右",北匈奴在漠北难以立足,退居安侯河(今蒙古境内的鄂尔浑河)以西。章和元年(87)鲜卑

---

① 林幹:《匈奴通史》,人民出版社,1986年,第102页。

② 范晔:《后汉书》卷89《南匈奴传》,中华书局,1965年,第2946页。

③ 范晔《后汉书》卷48《杨终传》载:"建初元年,大旱谷贵。"(中华书局,1965年,第1597页)《后汉书》卷45《杨安传》载,东汉政府在西域岁费七千四百八十万钱。(中华书局,1965年,第1521页)

④ 范晔:《后汉书》卷89《南匈奴传》,中华书局,1965年,第2950页。

又从左地猛攻北匈奴,大破北匈奴,斩优留单于。北匈奴大乱,有意内附的屈兰、储卑、胡都须等五十八部、二十万口、胜兵八千人,南下至朔方、五原、云中、北地附汉。

章和二年(88),漠北发生蝗灾,人民有饥馑之苦,内部矛盾更加尖锐,"降(汉)者前后而至"。[①]优留单于被杀后,兄弟争立,社会危机更加深重。这就为汉朝北征提供了非常有利的条件,在建初二年(77)中止的军事远征,又被重新提上了议事日程。

永元元年(89),为了彻底解决北匈奴之患,东汉派车骑将军窦宪、执金吾耿秉等率北军五营、黎阳营、雍营及缘边十二郡骑士八千人,会同南匈奴骑兵及羌、胡兵三万人,分三路深入漠北进攻北匈奴。三路大军会师涿邪山后,窦宪又命副校尉阎盘、司马耿夔、耿谭与南匈奴左谷蠡王师子、右呼衍王须訾等,领精骑万余,进击稽洛山,向北单于发动猛攻,大破其军。北单于逃走,窦宪率军追击,直至私渠比鞮海(今蒙古国乌布苏泊),斩杀名王以下一万三千人,获牲畜百万余头。北匈奴八十一部,共二十万人投降。窦宪、耿秉一直北进至燕然山(今蒙古国杭爱山),出塞三千余里,登山刻石记功而还。经过这一战,北单于元气大伤,残部被迫西迁至伊犁河流域,衰落已成无可挽回之势。北匈奴在这次战役中不堪一击,是因为以自然灾害为突出问题的社会危机的全面爆发,严重削弱了北匈奴的力量。

北匈奴败亡后,南匈奴曾数次叛汉,但都被东汉平定。内附日久,南匈奴社会生产和生活方式逐渐发生了变化,与汉族一样过定居生活。南单于的地位也有了变化,或由东汉朝廷所立,或须经东汉朝廷认可,同内地诸侯王基本上没有什么区别。

就现有的汉代匈奴地区的灾害记录来看,这些灾害具有北方牧区的鲜明特点:北方降雨少,没有水灾;灾害链发,西汉时雪灾、寒冻灾引发人民疫病,造成牲畜和人口死亡,谷稼不熟;东汉旱灾和蝗灾链发,导致人畜饥疫,大量死亡。雪灾、寒冻灾、旱灾和蝗灾是气候变化所致。人畜疫灾是由其他灾害引起的链发性灾害,如:汉武帝后元元年(前88)匈奴地区连续降雪

---

① 范晔:《后汉书》卷89《南匈奴传》,中华书局,1965年,第2952页。

数月,引发民众疫病;光武帝建武二十二年(46)和二十七年(51)匈奴都发生了大旱灾和蝗灾,赤地千里,草木尽枯,造成人畜疫死。西汉年间,匈奴地区没有旱灾记录,东汉年间旱灾严重,由于这些旱灾记录都是在记述汉匈间的军事和政治关系时所提及,资料太少,对于两汉时期灾害的差异原因难以推知。

汉代匈奴人是游牧民族,游牧经济是匈奴的经济基础。游牧经济具有游动性、均衡性、分散性和脆弱性等特征。经济状况时好时坏,暴起暴落。不稳定性几乎成了游牧生产和生活的规律。游牧经济的生存和发展,受到季节变换、环境和气候变化的直接影响。严酷恶劣的自然环境经常把自然灾害带给游牧畜牧业。关于游牧经济的脆弱性,学术界已有很多深入研究。英国历史学家汤因比(Arnold Joseph Toynbee)早就指出:"游牧民族和爱斯基摩人一样,都变成了每年气候和植物生长周期的囚犯;他们对草原取得了主动权,却对世界上一般环境失去了主动权。"[1]"游牧"作为一种经济形态,其性质本来就是"非常不安定的"。[2]游牧经济通常有很大的脆弱性。"大量的史料和文献记载都说明,自古以来威胁……游牧经济的因素是很多的,这便使游牧经济具有极大的不稳定性。"[3]脆弱的游牧经济结构,经不起巨大灾害的发生。两汉时期发生在匈奴地区的灾害种类虽然不同,但危害程度都非常严重,影响巨大,有时甚至是致命的创伤。概言之,自然灾害与由此带来的人畜饥疫,表现为游牧畜牧业经济的脆弱和波动。灾害破坏了匈奴人的生存环境,沉重打击了匈奴的畜牧业,给匈奴人民的生活带来了极大的困难,严重削弱了匈奴的经济实力和军事力量,激化了匈奴社会的内部矛盾,匈奴的分裂和南匈奴附汉均与灾害有密切的关系,汉、匈间军事活动的规模、频次以及双方的和、战关系走向往往也因重大自然灾害的发生而做出调整。

不要说是距今两千年的汉代,就是清代人们对自然灾害,仍然几乎无

---

① [英]汤因比:《历史研究》,曹未风等译,上海人民出版社,1959年,第210页。

② 李宗海:《畜牧业经济若干理论问题》,《内蒙古社会科学》1981年第6期。

③ [日]原山煌:《关于蒙古游牧经济的脆弱性问题》,吉文译,《蒙古学资料与情报》1984年第1期。

能为力。天灾人祸,疾病流行,导致牲畜的死亡率大大增加。一次重灾的损失一般需要三年到五年的时间才能恢复。[①] 即使在现代,天灾严重危害社会经济并影响社会稳定的事例也不胜枚举。因此,对发生在汉代匈奴地区的自然灾害及其影响应当进行深入的思考。

　　气候变迁导致自然灾害频繁发生,包括水灾、旱灾、虫灾与寒冻灾害等。据不完全统计,秦汉时期累计自然灾害有水灾 119 次,旱灾 117 次,虫灾 71次,风灾 39 次,雹灾 38 次,雪灾 20 次,寒冻灾害 15 次,霜灾 10 次,既有旱灾又有蝗灾的年份累计有 28 次,疫病 50 次,因灾害导致的饥荒累计有 39 次。[②]

　　严重的自然灾害和疫病致使人民流离失所,漂泊流浪。自吕后年间至汉亡四百余年,根据史书记载,流民达数百次。[③] 气候变化所带来的灾民的流散和死亡,使灾区劳动力和人口数量急剧减少,社会经济受到沉重的打击。

　　气候的变迁对游牧民族的影响尤为明显。由于游牧民族“逐水草而居”,对自然环境的依赖性更强。气候变迁导致游牧民族内部生存环境发生重大变化,为了躲避灾害,寻找适宜畜牧的地区,游牧民族不断迁徙。秦汉年间,气候几经变迁,最为明显反映游牧民族变化的就是气候由暖转寒时期。由于气候变冷变干,使得原本处于干旱半干旱地区的游牧民族面临牧草枯竭、水源干涸的威胁,他们不断南下,对中原进行骚扰,有的干脆要求举族内徙。[④]

　　中原汉族与北方匈奴游牧民族之间的战争是秦汉历史中重要的组成部分。有学者通过研究北方草原游牧民族南侵与气候变迁的对应关系,发

---

① 包玉山:《内蒙古草原畜牧业的历史与未来》,内蒙古教育出版社,2003 年,第 40 页。

② 王文涛:《秦汉社会保障研究——以灾害救助为中心的考察》,中华书局,2007 年,第 313 页。

③ 根据《史记》《汉书》《后汉书》统计。

④ 《史记·高祖本纪》载:七年(前 200),匈奴攻韩王信马邑,信因与谋反太原。白土曼丘臣、王黄立故赵将赵利为王以反,高祖自往击之。会天寒,士卒堕指者什二三,遂至平城。匈奴围我平城,七日而后罢去。(中华书局,1959 年,第 385 页)《史记·文帝本纪》载:十四年(前 166)冬,匈奴谋入边为寇,攻朝那塞,杀北地都尉卬。上乃遣三将军军陇西、北地、上郡,中尉周舍为将军,郎中令张武为车骑将军,军渭北,车千乘,骑卒十万。(中华书局,1959 年,第 485 页)《后汉书·匈奴传》载:建武二十二年(46),匈奴“连年旱蝗,赤地数千里,草木尽枯,人畜饥疫,死耗太半”。严酷的生存环境迫使南匈奴入塞附汉。(中华书局,1965 年,第 2942 页)

现"中原汉族向北扩张拓边的时期几乎都是温暖期,而北方少数民族'窥边候隙''入居中壤'的时候则多在寒冷期"。[①] 据统计,秦汉时期匈奴南下的时间,绝大多数发生在秋冬寒冷季节,匈奴利用秋马肥的优势南下侵扰中原。《汉书》记载,汉武帝元狩三年(前120)"秋,匈奴入右北平、定襄,杀略千余人。"天汉三年(前98),"秋,匈奴入雁门,太守坐畏懦弃市"。中原汉族则是"冬屯夏罢","汉王朝军队北征匈奴,则多在春夏之季出军"。[②] 汉朝与匈奴的战争表现出明显的季节性规律。许倬云认为:"气温变化与北方民族入侵的时代如此契合,不能说完全是巧合。""北土植物生长期本已短促,塞外干寒。可以容忍的变化边际极为微小。气候一有改变,越在北边,越面临困境,于是一波压一波,产生了强大的推力"。[③] 从某种意义上来说,气候的冷暖也是影响汉匈战、和的重要因素之一。

第四节 ｜ **秦汉时期气候变化的研究方法**

恢复或重建古气候,搜集和调查古气候变化的证据,是现在进行古气候研究的两项重要内容。我国是拥有五千年历史的文明古国,历史文献浩如烟海。从殷商时代的甲骨文到金石竹简再到纸质文献,文字记载从未间断,这在世界上是独一无二的。历史文献中包含大量气候信息,为后人研究秦汉时期的气候变化提供了宝贵的资料。此外,我国疆域极其辽阔,不同地区有着类型多样而且能够记录气候信息的载体,如孢粉、石笋和树木年轮等。对历史文献中有关气候记录的解读,以及对载体一类的环境代用指标的分析,是进行古气候研究常用的方法,使我们能够具体了解秦汉时

---

① 翁经方、叶文宪、朱立平:《中国历史上民族迁徙的气候背景》,《华东师范大学学报》(哲学社会科学版)1987年第4期。

② 林幹:《匈奴通史》,人民出版社,1986年,第53~59页。

③ 许倬云:《汉末至南北朝气候与民族移动的初步考察》,《许倬云自选集》,上海教育出版社,2002年,第221、225页。

期某些时段内的气候变化情况。

一、历史文献推测的气候变化

历史资料中有大量关于古代气候的记录,对这些文献资料加以整理和分析,可以得到相关时期的气候状况。竺可桢通过历史文献分析,得出我国五千年来气候变迁的基本情况,为研究我国历史气候奠定了基础。本节根据秦汉时期的历史文献,从黄河流域竹林生存状况、二十四节气的形成与变化、北方主要粮食作物的变化三个方面初步推断秦汉时期的气候变化。

(一) 黄河流域竹林的繁盛和衰败

竹子属禾草类植物,茎为木质,主要分布在热带、亚热带的暖温带地区。现在,中国混生竹林区的北界大致位于华中亚热带地区的长沙、南昌、宁波一线。散生竹林区的北界则在北纬 35° 附近。虽然黄河以北至山东半岛一线的暖温带落叶阔叶林区,还存有少量栽培的竹林和零星分散的野生竹类,但已不是主要的竹林分布区。

从相关历史文献的记载中发现,秦汉初期竹类生长区的北界比现在的纬度高。竺可桢在《中国五千年来气候变迁的初步研究》中指出,司马迁在汉武帝时期(前 140—前 87)完成《史记》,书中的《货殖列传》详尽描述了当时经济作物的地理分布, "蜀、汉、江陵千树橘;……陈、夏千亩漆;齐、鲁千亩桑麻;渭川千亩竹"。[1] 竺可桢认为,同今天相比,这些植物的分布北界要偏北得多。[2] 元封元年(前 110),汉武帝下令斩伐今河南淇县西北淇园的竹林,编成装石头的容器来堵塞决口的黄河。可见淇县淇园的竹林在当时比较繁盛,由此推断黄河流域的气候应该比较温和。[3] 东汉初年,光武帝率军北征燕、代,河内太守寇恂"伐淇园之竹,为矢百余万"[4],供给前线。《水经注·淇水》载:"《诗》云:瞻彼淇澳,菉竹猗猗。毛云:菉,王刍也;竹,编竹

---

① 司马迁:《史记》卷 129《货殖列传》,中华书局,1959 年,第 3272 页。

② 竺可桢:《竺可桢文集》,科学出版社,1979 年,第 480、481 页。

③ 王子今:《黄河流域的竹林分布与秦汉气候史的认识》,《河南科技大学学报》(社会科学版)2006 年第 3 期。

④ 范晔:《后汉书》卷 16《寇恂传》,中华书局,1965 年,第 621 页。

也。……今通望淇川，无复此物。"[1] 这两则史料反映了从西汉至北魏时期淇园的竹林由繁茂到衰败的过程。据考证，淇园自商代起便是帝王的自然保护区，受到人为破坏的可能性很小。[2] 另据《后汉书·五行志二》记载，延熹九年(166)，寒冷的天气使洛阳城"竹柏叶有伤者"[3]。可推知与汉武帝时相比，东汉后期的气候更偏于寒冷，淇园地区已不适合大面积种植竹林。黄河流域中竹林的衰败是汉武帝时期至东汉末期气候变冷的一个缩影。

（二）二十四节气的形成与变化

二十四节气源于古代劳动人民对气候规律观察的长期积累和总结。它反映出我国古代劳动人民对农业气候的精辟认识，成为劳动人民掌握农事季节、安排农业生产的重要依据。

二十四节气的形成过程比较漫长，关于节气的记载最早见于《尚书·尧典》，书中提到两分、两至四个节气。《管子·轻重乙》又增加了四立，这时共有八个节气。战国末期的《吕氏春秋·十二纪》中有孟春、仲春、孟夏、仲夏、孟秋、仲秋、孟冬、仲冬八个月，又在八个月内插入立春、日夜分、立夏、日长至、立秋、日夜分、立冬、日短至八个节气。"二分""二至""四立"这八个节气是二十四节气的核心，自此除了小满和大雪，其他节气都已有记载。到西汉中期的《淮南子·天文训》，二十四个节气已经完备。

早在宋朝时，就有学者注意到不同时期有些节气的次序发生过变化。宋人王应麟在《困学纪闻·仪礼》中记载：汉初时惊蛰在正月，雨水在二月；到了汉武帝太初年间之后，雨水被提到正月，惊蛰则改到二月。[4] 惊蛰时春雷始鸣，惊醒蛰伏于地下冬眠的昆虫，预示着气温回升。惊蛰次序推迟，说明汉初到汉武帝太初年间，气温有趋于寒冷的迹象。《淮南子》成书于西汉武帝时，书中记载黄河中下游地区的霜降时间大致为阳历的 10 月 24 日，而现在这一时间平均为 10 月 30 日，比现在早 6 天左右，这说明当时的气候比现在要冷。今本《淮南子·天文训》所列二十四节气次序和现在相同。清代

---

① 郦道元:《水经注校证》卷 9《淇水》,陈桥驿校证,中华书局,2007 年,第 237 页。

② 王子今:《黄河流域的竹林分布与秦汉气候史的认识》,《河南科技大学学报》(社会科学版)2006 年第 3 期。

③ 司马彪:《后汉书》志 14《五行志二·草妖条》,中华书局,1965 年,第 3299 页。

④ 王应麟:《困学纪闻注》卷 5《礼记》,翁元圻辑注,中华书局,2016 年,第 666 页。

学者已经指出："惊蛰"本在"雨水"前，"谷雨"本在"清明"前。今本"惊蛰"在"雨水"后，"谷雨"在"清明"后者，后人以今之节气改之也。汉代春季节气的变换，是时人为适应气候变化而采取的应对措施。气候较暖时，先"谷雨"而后"清明"，将春播提前，以免"后时"。气候变冷，则先"清明"而后"谷雨"，以推迟春播，避免"先时"，以保证作物的出苗率。[①]《吕氏春秋·十二纪》成书于秦始皇年间，其中记载："二月仲春，雨水之日。桃始华……玄鸟至……五月仲夏，蝉始鸣。"[②]20世纪80年代，刘昭民从物候学上将"桃始华""玄鸟至"和"蝉始鸣"的发生时间和80年代的物候对比后发现，秦汉物候要早一个月，说明当时气候比较温暖。他根据物候学推算出西汉前期和中期年平均气温比20世纪80年代高约1.5℃。[③]用同样的方法比较《魏书》《齐民要术》和春秋战国时期的《夏小正》《吕氏春秋》以及西汉的《礼记·月令》《逸周书》，可以发现魏晋南北朝时期明显要晚一个物候以上，年平均温度也要低2℃以上。这足以说明当时的气候要比秦汉初期寒冷许多。[④]

（三）北方主要粮食作物的变化

1. 北方水稻种植面积的变化

水稻是喜温、喜湿的农作物，分布范围广。现在，我国水稻种植主要分布在温湿度较高的南方地区。由于秦、汉初期气候温暖，水资源丰富，水稻种植面积极大扩展。近年来考古发现，北京黄土岗、河南洛阳和江苏徐州等地的汉代遗址都有大面积水稻田，并出土了大量稻谷。这说明秦汉时北方种植水稻已成为很普遍的一项农事。

先秦时期，北方的粮食作物主要是糜（黍）和粟（稷）。北方水稻的主要种植范围在黄河流域的东部和东南地区，种植面积十分有限。北方地区只有统治阶级才能食用水稻。秦、汉初期，北方水稻种植面积扩大，关中地区、燕蓟地区和黄淮平原等地普遍种植水稻。《汉书·沟洫志》记载："穿凿六辅

---

① 王鹏飞:《节气顺序和我国古代气候变化》，《南京气象学院学报》1980年第1期。

② 吕不韦编:《吕氏春秋集释》卷5《仲夏纪》，许维遹集释，中华书局，2016年，第108页。

③ 刘昭民:《中国历史上气候之变迁》，台湾商务印书馆，1982年。

④ 崔德卿:《中国古代的物候和农业（下）》，《古今农业》2003年第2期。按：一般认为，《逸周书》为战国时人所作。

渠,以益溉郑国傍高仰之田。"[①] 反映出关中地区的人们为种植水稻而大兴水利。此外,由于水稻在北方广泛种植,北方地区的人们反而比南方更早掌握了稻作技术。《氾胜之书》的作者是北方人,其中记载如何种稻。"种稻,春冻解,耕反其土","种稻,区不欲大,大则水深浅不适"。[②] 种植水稻受土壤、地形和气候等因素影响,先秦时期的北方地区不乏适宜种植水稻的土壤和地形,制约这个时期水稻种植面积扩大的重要因素是温度和水分。秦汉时期水稻种植面积增加,除了与政府兴建水利设施有关,当时气候变得暖湿也尤为重要。况且,兴建水利设施本身就说明当时降水较以前有所增加。《氾胜之书》还记载有当时种稻的时间,"冬至后一百一十日可种稻","三月种粳稻,四月种秫稻"。[③] 种稻时间比现在的关中地区早一个物候,说明当时的气候较暖湿。到西汉末年,气温开始下降,北方出现较大的降温,水稻种植面积随气候转冷不断收缩。

2. 由水稻向小麦和大豆的转变

小麦和大豆都具有较强的耐寒、耐旱能力,因而分布范围较广。早在商周春秋时期,黄河中下游地区及关中地区就开始种植小麦,但主要种植区在关中地区。《淮南子·坠形训》明确提到:"东方宜麦。"[④] 古时大豆称为"菽",先秦时期与粟并称,是当时的主要粮食作物。《周礼·夏官·司马》等文献记载,菽的种植范围主要分布在黄河流域北部(太原以北和河北中北部)和豫州(河南西部、东部和淮河以北地区)等地。秦汉初气候温暖湿润,水稻种植面积扩张,大豆失去主要粮食作物的地位。此后气候逐渐干冷,小麦和大豆取代水稻,普遍种植。

《汉书·武帝纪》记载,元狩三年(前120),武帝"遣谒者劝有水灾郡种宿麦"[⑤],鼓励灾区人民及时补种冬小麦。有学者认为,政府鼓励大规模种植

---

① 班固:《汉书》卷29《沟洫志》,中华书局,1962年,第1685页。

② 贾思勰:《齐民要术今释》卷2《水稻第十一》,石声汉校释,中华书局,2009年,第164页。

③ 贾思勰:《齐民要术今释》卷2《水稻第十一》,石声汉校释,中华书局,2009年,第166页。

④ 刘安编:《淮南子集释》卷4《坠形训》,何宁集释,中华书局,1998年,第353页。

⑤ 班固:《汉书》卷6《武帝纪》,中华书局,1962年,第177页。

冬小麦,很可能与当时气温变化有关。西汉中期以后,北方地区气候逐渐干冷,土壤开始盐碱化。史料记载,关中地区"临晋民愿穿洛以溉重泉以东万余顷故恶地"[①]。在气候干冷而土壤又出现盐碱化的背景下,耐寒、耐旱的小麦和大豆得到大力推广,种植面积普遍增加。有学者认为,大量考古发现证实,石磨在汉代已被普遍推广使用,再加上铁犁铧等大量铁制农具的出现,说明两汉时期小麦已大面积种植。考古发现中的汉代麦子遗存分布很广,除了黄河流域,南方的长沙马王堆汉墓也出土了大麦、小麦的实物。[②]《氾胜之书》中提倡每人要种 5 亩大豆。"谨计家口数,种大豆,率人五亩,此田之本也",说明那时大豆已普遍种植。东汉后期的《四民月令》中几乎每月都有关于"豆"的种植,说明人们对大豆的重视,大豆已经成为主要的粮食作物之一。粮食作物由水稻向小麦和大豆的转变说明,秦汉时期气候由暖湿向干冷方向发展。

二、环境代用指标揭示的气候变化

单靠历史文献中的描述来推断气候变迁过程不免片面。竺可桢的《中国五千年来气候变迁的初步研究》大部分结论是由历史文献推断得出,其准确性难免令人质疑。他在文章中坦然承认自己的研究只是初步的探索。因此,历史气候的研究需要尽可能多地综合考虑各个方面的因素,才能得出可信结论。文焕然也提到:"研究历史时期的气候,应该将史料和自然观察紧密结合,慎重地、全面地、具体地分析。"[③]据此,20 世纪 80 年代以来,专家学者在研究秦汉时期气候时,除了参考历史文献,也对冰川、雪线、沙漠、海面和古植被等历史气候信息的载体展开研究,从中获得了大量关于秦汉时期气候变化的新证据。通过对这些证据的解读,深化了秦汉时期历史气候的研究。

---

① 司马迁:《史记》卷 29《河渠书》,中华书局,1959 年,第 1412 页。

② 林甘泉主编:《中国经济通史·秦汉经济卷(上)》,经济日报出版社,1999 年,第 227 页。

③ 文焕然:《秦汉时代黄河中下游气候研究》,商务印书馆,1959 年,第 4 页。

（一）气候波动与海面升降

海面升降的原因主要为气候波动、地壳运动及大地水准面变形。气候波动直接影响全球水循环过程，从而控制着海洋中海水量变化，因此气候变化是全球海面升降的关键。[①] 王靖泰和汪品先认为气候变化、冰川波动、海面升降之间联系紧密，气候变化是原因，海面升降只不过是气候变化的直接结果。他们根据生物群的演化过程，并结合根据植被、物候及考古资料试拟的华北和上海、浙北地区气温变化曲线[②]，拟绘出我国东部 11 万年以来的温度曲线。[③]

从图 1.3 中可以发现，不论华北平原还是上海、浙北地区，抑或东海、黄海，秦汉时期的温度普遍比现在高，大约公元后气温开始下降。

有些学者从考古资料中发现，渤海湾西岸滨海平原在西汉末年曾遭受过一次特大海侵灾害。渤海湾滨海平原上发现四座废弃的西汉晚期的古城，遗址中普遍有水浸造成的黑土层覆盖，近海地带的黑土层上有海生介壳动物遗骸，说明西汉后期海水重返沿海低地。[④]《汉书·沟洫志》记载王莽时的一次大风暴潮（海侵事件）与此相应。"王莽时，征能治河者以百数……大司空王横言：'……往者天尝连雨，东北风，海水溢，西南出，浸数百里，九河之地已为海所渐矣。'"[⑤] 现代学者认为，潮灾强弱与海面升降有直接关系，而海平面上升又与当时气候变暖关系密切。

---

① 杨怀仁、谢志仁：《中国东部近 20 000 年来的气候波动与海面升降运动》，《海洋与湖沼》1984 年第 1 期。

② 竺可桢：《中国近五千年来的气候变迁的初步研究》，《中国科学》1973 年第 2 期。中国科学院贵阳地球化学研究所第四纪孢粉组、C[14] 组：《辽宁南部一万年来自然环境的演变》，《中国科学》1977 年第 6 期。刘金陵：《上海、浙江某些地区第四纪孢粉组合及其在地层和古气候上的意义》，《古生物学报》1977 年第 1 期。周昆淑、严富华、梁秀龙等：《北京平原第四纪晚期花粉分析及其意义》，《地质科学》1978 年第 1 期。王开发、张玉兰、叶志华等：《根据孢粉分析推断上海地区近六千年以来的气候变迁》，《大气科学》1978 年第 2 期。

③ 王靖泰、汪品先：《中国东部晚更新世以来海面升降与气候变化的关系》，《地理学报》1980 年第 4 期。

④ 韩嘉谷：《西汉后期渤海湾西岸的海侵》，《考古》1982 年第 3 期。

⑤ 班固：《汉书》卷 29《沟洫志》，中华书局，1962 年，第 1697 页。

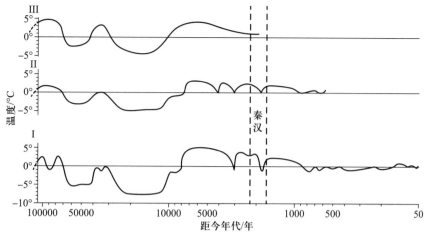

Ⅰ根据植被、物候和考古资料试拟的华北平原古气温曲线；

Ⅱ根据植被、物候和考古资料试拟的上海、浙北地区古气温曲线；

Ⅲ根据海生动物群试拟的东、黄海古水温曲线；

"0°"线代表现代温度

图1.3　中国东部11万年以来的温度曲线

资料来源：王靖泰、汪品先《中国东部晚更新世以来海面升降与气候变化的关系》，《地理学报》1980年第4期。

（二）利用孢粉恢复秦汉时期的气候

孢粉是植物产生的孢子和花粉。研究者利用孢粉恢复古气候，主要是利用那些在地质历史时期留下来的化石孢子和化石花粉。这些孢子和花粉可以反映它们的母体植物所生长时期的自然环境条件。对化石孢粉进行分析，不但可以推断当时古气候条件的干、湿、寒、热特点，而且可以推测古气温的变化、降雨量的大小以及古气候带的扩展及变迁。以此为原理，我国学者利用孢粉恢复了许多地区历史时期的气候状况。

许清海等利用燕山地区几种主要植物的花粉做成气候响应面模型，定量恢复了燕山地区5 000年以来的气候变化情况。（如图1.4所示）

许清海等认为，5 000年来，燕山南麓地区曾发生过两次比较明显的降温事件，一次是在4 500—3 600年前，另一次是2 750—1 750年（春秋至东汉末期，前820—前200）前。整个秦汉时期恰好处于第二次降温期，这一时期7月份的平均温度比现在低2℃左右。燕山地区降水量以公元初为界点，公元前降水量较多，之后降水减少。[1]

---

[1]　许清海、阳小兰、杨振京等：《孢粉分析定量重建燕山地区5000年来的气候变化》，《地理科学》2004年第3期。

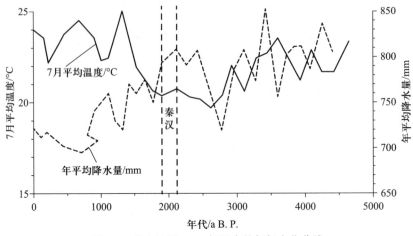

图 1.4　燕山地区 5000 年以来的气候变化曲线

资料来源：许清海、阳小兰、杨振京等《孢粉分析定量重建燕山地区 5000 年来的气候变化》，《地理科学》2004 年第 3 期。

（三）从沙漠的演变看秦汉时的气候变迁

历史上的科尔沁草原是我国四大草原之一，位于内蒙古东南部西拉木伦河和老哈河流域的三角地带，在大兴安岭至松辽平原之间。现在的科尔沁草原地区内拥有大片草原，乔木植物稀少，气候冬季寒冷，夏季炎热，周围有大片沙地，称为科尔沁沙地。据考证，科尔沁沙地在全新世时期植被繁茂，属于草甸草原和森林草原相间的自然景观，还没有出现大规模的流动沙丘。在夏家店下层文化期时（前 2000—前 1500），科尔沁沙地呈现出森林草原景观。在夏家店上层文化期时（前 1000—前 300），科尔沁沙地上森林草原的面积开始缩小，流动沙丘在一些河流沿岸和个别地区呈带状或块状扩大范围。到秦代时沙丘扩展速度变缓，说明当时的气候有暖湿的迹象。但时间不长，至东汉时，科尔沁沙地绝大部分已经被固定沙丘覆盖。[1]

现代学者认为，沙漠化是由环境条件变化和人类活动方式改变（由畜牧业向农业或由农业向畜牧业转化）诱发的。科尔沁沙地的形成，一方面是由于秦汉时期该地区农耕人口激增，对当地的生态环境造成很大破坏，另一方面也反映出秦汉时期尤其是东汉时干冷的气候使当地植被生长环境受到破坏，从而进一步加速了科尔沁沙地的形成。

---

① 张柏忠：《科尔沁沙地历史变迁及其原因的初步研究》，《内蒙古东部区考古学文化研究文集》，海洋出版社，1990 年，第 140~167 页。

（四）高分辨率石笋记录中的秦汉气候

在诸多用来研究古环境古气候的环境代用指标中,石笋的优势明显,它保存的信息完整,分辨率较高,并且能利用生长率、微层厚度灰度和稳定同位素等十余种代用指标来增加古环境重建的可信度,弥补了其他代用指标的不足,是研究古气候理想的资料。

张美良等对贵州荔波董哥洞内的石笋进行了高精度的 ICP-MS 或 TIMS-U 系测年以及碳、氧同位素的分析,建立了荔波地区 2 300 年以来(战国末期至今)高分辨率的古气候变化时间序列。(如图 1.5 所示)

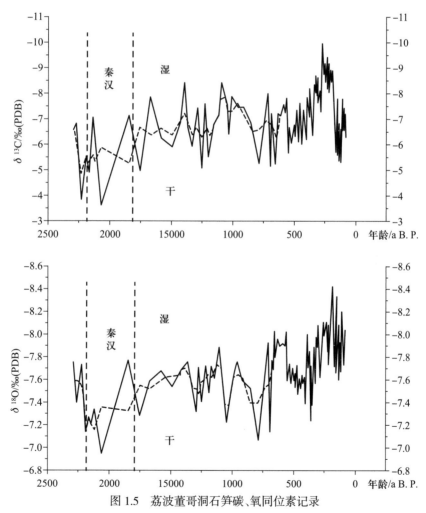

图 1.5　荔波董哥洞石笋碳、氧同位素记录

注:上、下图中的虚线代表碳、氧同位素的平均值,实线表示 10 个点平滑曲线。

资料来源:张美良、程海、林玉石等《贵州荔波地区 2000 年来石笋高分辨率的气候记录》,《沉积学报》2006 年第 3 期。

张美良等根据石笋中的 ICP-MS 或 TIMS-U 系年龄和氧、碳同位素曲线的波动形式,把荔波董哥洞地区 2 300 年以来的气候变化大致分为 8 个气候(亚)期。其中秦汉时期属于干旱寒冷气候期(前 350—150)。这一时段内东亚夏季风减弱,冬季风增强,有效降水相对较少,不利于木本植被生长,以 C4 植物为主(C4 植物占 90% 以上)[①]。

马志邦等对北京大溶洞石笋中的同位素进行研究后认为,北京东部地区的古温度变化在过去 3 000 年中可以分为两大部分:公元前的凉湿期和公元初到现在的热干期。在研究中他们还发现,大约从两汉之际开始,$D_{Mg/Ca}$ 记录表明气温由凉湿快速突变为热干,气温变化幅度达 3.2℃[②]。

(五)其他代用指标对秦汉气候变化的研究成果

对其他含有环境信息的载体(冰芯、磁化率和树木年轮等)的研究中也涉及秦汉时期气候的变迁情况。姚檀栋等在研究敦德冰芯的氧同位素 5 000 年来的变化后认为,该地区在距今 2 000 年(初)以前气温较温暖,之后温度逐渐降低。[③] 钟巍等对塔克拉玛干沙漠南缘沉积物的低频磁化率进行了研究,综合地球化学干湿指标 C 值、$\delta^{13}C$ 及孢粉 A/C 峰值,得出尼雅地区在距今 2 500—1 900 年间(前 550—50,战国至东汉初)具有相对湿润的环境特征,属于相对冷湿期,之后气候变暖干。[④]

总的说来,当前学术界对秦汉气候史的研究取得了令人瞩目的成果,研究成果主要集中在公元初的气候变化,有关秦汉时期其他时段内的气候变化研究还有不足,时间的精度和分辨率等有待进一步提高。此外,研究成

---

① 张美良、程海、林玉石等:《贵州荔波地区 2000 年来石笋高分辨率的气候记录》,《沉积学报》2006 年第 3 期。二氧化碳同化的最初产物是四碳化合物苹果酸或天门冬氨酸的植物,又称 C4 植物。

② 马志邦、夏明、李红春等:《距今 3ka 来京东地区的古温度变化:石笋 Mg/Sr 记录》,《科学通报》2002 年第 23 期。$D_{Mg/Ca}$ 指纯碳酸盐(石笋)中 Mg(镁)元素在固相和液相中的分配系数,代表纯碳酸盐沉积时的温度指标,分配系数值越大,指示温度越高。

③ 姚檀栋、[美]L.G.Thompson:《敦德冰心记录与过去 5ka 温度变化》,《中国科学(B 辑)》1992 年第 10 期。

④ 钟巍、舒强、熊黑钢等:《塔里木盆地南缘沉积物磁化率变化与历史时期环境演化》,《干旱区地理》2001 年第 3 期。

果在某种程度上存在不确定性,一些研究成果和历史记录不符,甚至相反。可能是因为代用指标对暖期和冷期敏感程度不同,要获得准确和高精度的结果,需要我们进一步了解这些气候代用指标对气候的解释意义,以及如何才能从气候代用指标中提取准确的环境信息。[1]

---

① 葛全胜等:《中国历朝气候变化》,科学出版社,2010 年,第 60 页。

第二章

动植物与秦汉生态环境

　　动植物是生态系统的重要组成部分。它们造就了多姿多彩的大自然,对人类的生存和发展起着重要作用。巴芬伯爵(Count Buffon)是直接和密切关注人的活动对自然环境影响的第一位科学家。他对住人和不住人的陆地进行比较后指出:"早就有人居住的地方,森林、湖泊和沼泽都较少,而欧石南属植物和灌木较多,群山光秃。由于树木多被砍伐以及牲畜吃掉草本植物而不能提供有机物质,致使土地贫瘠。"[①] 他还指出:植物和动物的驯化驯养,是人类活动带给自然界的主要变化之一。在最有影响的科学著作之一《地质学原理》中,提及人在环境中的作用,指出:砍伐树木和排干湖泊沼泽,会"大大改变可居住地表的情况"。[②]

　　司马迁在《史记·货殖列传》开篇勾勒了一幅西汉各地物产的大致分布图:

---

　　① ［英］安德鲁·古迪:《人类影响——在环境变化中人的作用》,郑锡荣等译,中国环境科学出版社,1989 年,第 1 页。

　　② ［英］安德鲁·古迪:《人类影响——在环境变化中人的作用》,郑锡荣等译,中国环境科学出版社,1989 年,第 2 页。

　　　　夫山西饶材、竹、穀、纑、旄、玉石；山东多鱼、盐、漆、丝、声色；江南
出楠、梓、姜、桂、金、锡、连、丹砂、犀、玳瑁、珠玑、齿革；龙门、碣石北，
多马、牛、羊、旃裘、筋角；铜、铁则千里往往山出棋置：此其大较也。[①]

以上物产中有不少动植物，"山西"的材、竹、穀、纑，"山东"的鱼、漆，"江南"的楠、梓、姜、桂、犀，还有"龙门、碣石北"的马、牛、羊。此外，旃丝、玳瑁、珠玑、齿革、旃裘、筋角等，从中可见动植物在这些地区的分布状况。这些物产在各地的分布主要遵循自然原则，在时人的经济生活中具有重要作用。《史记·货殖列传》载：

　　　　陆地牧马二百蹄，牛蹄角千，千足羊，泽中千足彘，水居千石鱼陂，
山居千章之材。安邑千树枣；燕、秦千树栗；蜀、汉、江陵千树橘；淮北、
常山已南，河济之间千树萩；陈、夏千亩漆；齐、鲁千亩桑麻；渭川千亩
竹；及名国万家之城，带郭千亩亩钟之田，若千亩卮茜，千畦姜韭：此其
人皆与千户侯等。[②]

上述动植物的分布状况，表现了人类的饲养和种植活动与动植物分布的关系。本书参照《史记》的大致分类，结合现代动植物学科研究的成果，具体考察各地的动植物，探讨秦汉时期的生态状况。

第一节　│　**植物与秦汉生态环境**

一、森林区域分布

　　文献中关于森林分布的资料相对较少而且零散，梳理之后按照地区叙述。

---

① 司马迁：《史记》卷 129《货殖列传》，中华书局，1959 年，第 3254 页。
② 司马迁：《史记》卷 129《货殖列传》，中华书局，1959 年，第 3272 页。

(一) 西北地区

1. 祁连山、焉支山的林木

祁连山位于今青海东北部与甘肃西部的交汇处,在河西走廊南侧,又称"南山"。汉代所知山上有松柏等5种树木,其他不知名的树木繁多,水草丰饶,气候冬暖夏凉,是优良的牧场。

焉支山又称胭脂山、燕支山、删丹山、大黄山、青松山、瑞兽山,现代地理常标注为大黄山。焉支山属祁连山支脉,在今甘肃永昌西、山丹东南。山上生长一种植物名焉支,开红花,可作颜料,多用以涂脸颊或嘴唇。焉支山水草丰美,自古为天然优良牧场。山南麓的大马营滩、大河坝滩,自汉代以来为官马场。[①] 焉支山山势险要,汉将霍去病曾翻越此山大破匈奴。[②]《史记·匈奴列传》引《西河旧事》云:

> (祁连)山在张掖、酒泉二界上,东西二百余里,南北百里,有松柏五木,美水草,冬温夏凉,宜畜牧。匈奴失二山,乃歌云:"亡我祁连山,使我六畜不蕃息。失我燕支山,使我嫁妇无颜色。"[③]

2. 吕梁山的森林

两汉西晋时期,西河郡是一个多森林的地区,汉武帝元朔四年(前125)置,治所在平定(今内蒙古鄂尔多斯东胜区)。西河郡辖境相当于今内蒙古鄂尔多斯东部,山西吕梁山、芦芽山以西,石楼以北及陕西宜川以北黄河沿岸地带。东汉顺帝永和五年(140)移治离石(今山西吕梁)。《水经·原公水注》引西晋《司马子政庙碑》云:"西河旧处山林。"吕梁山在汉代属西河郡。吕梁山的森林是西河郡山林的主要部分。吕梁山东侧一些支阜的森林,如晋水源头悬瓮山"左右杂树交荫,希见曦景"[④],文水所流经的谒泉山"层松饰岩,列柏绮望"[⑤],这些杂木和松柏皆可以显示吕梁山森林地区

---

① 《永昌县志》编纂委员会:《永昌县志》,甘肃人民出版社,1993年,第91页。
② 《史记》卷110《匈奴列传》载:"汉使骠骑将军去病将万骑出陇西,过焉支山千余里,击匈奴,得胡首房万八千余级,破得休屠王祭天金人。"(中华书局,1959年,第2908页)
③ 司马迁:《史记》卷110《匈奴列传》,中华书局,1959年,第2908页。
④ 郦道元:《水经注校证》卷6《晋水》,陈桥驿校证,中华书局,2007年,第174页。
⑤ 郦道元:《水经注校证》卷6《文水》,陈桥驿校证,中华书局,2007年,第171页。

的范围。

3. 六盘山的森林

六盘山古称陇山,在今宁夏西南部、甘肃东部。两千多年前,六盘山一带"其木多樱,其草多竹"。[①]樱,亦作"棕",棕榈树《山海经·西山经》云:"石脆之山,其木多樱、楠。"郭璞注:"樱树高三丈许,无枝条,叶大而员,枝生梢头,实皮相裹,上行,一皮者为一节;可以为绳。一名栟榈。"[②]《汉书·地理志下》载:"天水、陇西,山多林木,民以板为室屋"[③],此山指的就是六盘山。因为这里"山多林木",森林资源丰富,当地的很多百姓用木板修建房屋。《甘肃省志·林业志》云,陇山之上"大山乔木,连跨数郡","峰峦起伏,松林葱蔚"。[④]

东汉初年,六盘山森林的盛况,由汉光武帝西征隗嚣的行军道路可以推知。"(苦)水出高平大陇山苦水谷。建武八年,世祖征隗嚣,吴汉从高平第一城苦水谷入,即是谷也。"[⑤]大陇山就是六盘山,苦水谷为流经今宁夏固原城外清水河的发源处。行军路线选在一条不宜于行军的苦水谷,这一事实说明,其他地面极有可能为森林灌木丛所阻挡。汉灵帝修治宫室征调狄道木材,狄道是陇西郡的治所。董卓说"陇右材木自出,致之甚易"[⑥],也是以当地林区资源丰富为依据的。虽然六盘山的林木没有具体树种的记载,但林木茂盛却是事实。

关于固原,班彪有记述。西汉末年,班彪因不满王莽篡政,在王莽始建国元年(9)离京,经天水到固原。固原的西北地区就是六盘山东麓。他作《北征赋》抒发政治上的失意,赋中有对固原自然环境的描写:"陟高平而周览,

---

① 郭璞:《山海经笺疏》第 2《西山经》,郝懿行笺疏,齐鲁书社,2010 年,第 4709 页。

② 郭璞:《山海经笺疏》第 2《西山经》,郝懿行笺疏,齐鲁书社,2010 年,第 4696~4697 页。

③ 班固:《汉书》卷 28《地理志》,中华书局,1962 年,第 1644 页。

④ 甘肃省地方志编纂委员会编:《甘肃省志》第 20 卷《林业志》,甘肃人民出版社,2003 年,第 23 页。

⑤ 郦道元:《水经注校证》卷 2《河水》,陈桥驿校证,中华书局,2007 年,第 53 页。

⑥ 范晔:《后汉书》卷 54《杨震传》,中华书局,1965 年,第 1787 页。

望山谷之嵯峨。野萧条以莽荡,迥千里而无家。"[1]千里之地没有人烟,山谷嵯峨,原始林野之貌,跃然纸上。

4. 秦岭的森林

秦代和西汉相继以关中的咸阳和长安为都。关中南部即为秦岭。"有鄠、杜竹林,南山檀柘,号称陆海,为九州膏腴。"[2]这里虽然是陆地,但物产丰饶,像大海一样无所不出,故云"陆海"。西汉东方朔称赞关中为"天下陆海之地","其山出玉石,金、银、铜、铁,豫章、檀、柘,异类之物"[3],不胜枚举。这里的"南山"和"其山"都是指秦岭山脉的终南山。秦岭有檀、柘、豫章等林木,生长茂密,"崇山隐天,幽林穹谷"[4]。秦岭的褒斜道两旁有"材木竹箭之饶"[5]。司马相如《上林赋》提到"崇山龍嵸""深林巨木"[6],郁郁葱葱。

5. 阴山的森林。

西汉时,阴山山脉的森林开始有了记载。汉元帝时,郎中侯应曾说:"外有阴山,东西千余里,草木茂盛,多禽兽。"[7]阴山山中草木茂盛,匈奴人利用山上的材木,制作弓矢,阴山实际上成了匈奴人的苑囿。侯应的这段话反映了阴山森林地区广大,有很多可用的良材。阴山南麓雨水较为充沛,适宜发展农业。

(二)东北地区

我国东北地区地域辽阔,自然资源丰富,森林密布,天然植被茂盛,尤其是大、小兴安岭和长白山等迄今都是我国重要的森林资源基地。先秦时,东北地区出现了青铜文化,人类活动进一步增强。东北南部地区人们的生

---

① 严可均编:《全上古三代秦汉三国六朝文·全后汉文》卷23《班彪·北征赋》,中华书局,1958年,第1194页。

② 班固:《汉书》卷28《地理志下》,中华书局,1962年,第1642页。

③ 班固:《汉书》卷65《东方朔传》,中华书局,1962年,第2849页。

④ 范晔:《后汉书》卷40上《班彪传上》,中华书局,1965年,第1338页。

⑤ 司马迁:《史记》卷29《河渠书》,中华书局,1959年,第1411页。"褒斜"指褒斜道,在秦岭山脉中,有一条贯穿关中平原与汉中盆地的山谷,其南口曰褒,北口曰斜,长235千米。自战国起,就有人在谷中凿石架木,修筑栈道,历代踵继,多次增修,后人称之为"褒斜道"。

⑥ 《史记》卷117《司马相如列传》中录《上林赋》言:"其南则隆冬生长,踊水跃波;……其北则盛夏含冻裂地,涉水揭河。"(中华书局,1959年,第3022页)所言当指秦岭。秦岭—淮河是中国地理上最重要的南北分界线,秦岭南北气候差别明显。

⑦ 班固:《汉书》卷94《匈奴传下》,中华书局,1962年,第3803页。

活方式仍是农牧渔猎结合,多以游牧生活为主,人类生产活动对自然环境的影响比较轻微。

秦汉时期,以农耕为生产方式的地区主要集中在今辽宁的部分地区和辽河下游平原区的汉族聚居区,这里原始自然植被受人类活动的影响较为显著。《辽史·地理志》记载,现在的科尔沁和呼伦贝尔沙地在当时为温带森林草原区,松林丛生,史称"平地松林"。

(三) 江南地区

秦汉时期,江南地区地域辽阔,地势起伏,河流湖泊众多,森林植被丰茂。地形以丘陵山地为主,少平原。气温高,多"暑湿",山川纵横,交通不便,防涝压力大,猛兽毒蛇众多。

江南地区的气候特点为气温高热,降水充沛,干旱、霜冻等自然灾害远远少于北方。这样的气候条件,非常有利于江南地区植被和农作物的生长。考古研究发现,当时江南地区的农作物种类相当丰富,农耕技艺也显著提高。时人对植物生长环境、农作物耕作等都有了较高的认识。《史记·货殖列传》载:"江南……多竹木",盛产"楠、梓、姜、桂",又有"千树橘"。《淮南子·坠形训》云:"汉水重安而宜竹,江水肥仁而宜稻。"[1] 人们还掌握了利用温泉水改变局部小气候,使水稻可以一年三季成熟的种植技术。[2] 江汉地区有"川泽山林之饶",当地农户多以"渔猎山伐为业"。[3]《盐铁论·本议》载:"江南之楠梓竹箭……养生送终之具,待商而通,待工而成。"[4]《后汉书·王充传》载:"京师贵戚,必欲江南橚楠豫章之木。"[5] 可知江南地区不仅林木众多,而且已被人们广泛开发利用。汉代长沙附近有自然分布的柏、楠、杉、梓等树木,有人工栽培的梨、桃、柑等果树。马王堆汉墓中出土的棺木全为楸木,椁室木材为杉木,木俑用香椿和木莲,封泥匣是枫杨和杉木制的。《楚辞·大诏》所载作物种类有橘、柚、梨、板栗、椒等。森林蕴藏着丰富的动植物

---

①　刘安编:《淮南子集释》卷4《坠形训》,何宁集释,中华书局,1998年,第353页。

②　王福昌:《秦汉时期江南的农业开发与自然环境》,《古今农业》1999年第4期。

③　班固:《汉书》卷28《地理志下》,中华书局,1962年,第1666页。

④　桓宽撰集:《盐铁论校注》卷1《本议》,王利器校注,中华书局,1992年,第4页。

⑤　范晔:《后汉书》卷89《南匈奴传》,中华书局,1965年,第1636页。

资源,成为古代人民天然的食品库,在一定程度上缓解了当地农业发展落后百姓难以自足的困境。岭南地区的水果在汉代已成为主要供品,东汉末年交趾刺史士燮向朝廷进献"奇物异果,蕉、邪、龙眼之属,无岁不至"[①]。东汉杨孚的《异物志》也明确记载了海南岛槟榔、椰子等热带作物的广泛种植。

《汉书·地理志下》载,巴、蜀、广汉"土地肥美,有江水沃野,山林竹木疏食果实之饶"。巴蜀地区气候温暖湿润,属于典型的亚热带季风气候。沃野千里,植被以常绿阔叶林和草本植物为主。"果实所生,无谷而饱。女工之业,覆衣天下,名材竹干,器械之饶,不可胜用。"[②]

为适应江南"卑湿"的气候环境,人们掌握了"编木为城"和建造"干栏式房屋"的技艺。[③]干栏式建筑流行于南方百越族群的居住区。晋人张华《博物志·五方人民》云:"南越巢居,北溯穴居,避寒暑也。"[④]这种建筑以竹木为主要材料,多为两层建筑,下层放养动物和堆放杂物,上层住人,与地面隔离,既安全又防潮。

从西汉末年开始,人们对江南"卑湿"的观念逐渐转变。到了东汉末年,北方人已经把江南地区当作"沃野千里,民富兵强"的"东土"了。[⑤]随着江南地区人类活动的逐渐加强,森林和植被等自然资源也造成了一定破坏。据《汉书》《后汉书》记载:秦汉时期江南的自然灾害有 31 次,其中长江以北 10 次,长江以南 6 次;西汉共 5 次,东汉共 26 次。东汉比西汉的自然灾害次数增加,可能和当时经济的快速发展对自然环境的破坏密不可分[⑥],也和人类活动范围扩大,与自然环境联系增多有关。

二、居延地区的植被

(一)居延地区植被的变化

居延为额济纳河下游带状沿河绿洲区,古居延绿洲的面积有 1 200 平

①　陈寿:《三国志》卷 49《吴书·士燮传》,中华书局,1959 年,第 1192 页。

②　范晔:《后汉书》卷 13《公孙述传》,中华书局,1965 年,第 535 页。

③　范晔:《后汉书》卷 65《陈球传》,中华书局,1965 年,第 1831 页。

④　张华:《博物志·第一·五方人民》,凤凰出版社,2017 年,第 13 页。

⑤　陈寿:《三国志》卷 54《吴书·鲁肃传》注引《吴书》,中华书局,1959 年,第 1267 页。

⑥　王福昌:《秦汉时期长江中下游地区的环境保护》,《社会科学》1999 年第 2 期。

方千米。汉代以前,居延地区一直是匈奴的居住区。两汉是居延地区最繁荣的时期。汉武帝时,为防御匈奴入侵,派大将军霍去病北击匈奴。汉军进入居延地区,在这里设立居延都尉府,并大规模修筑军事设施,发展农业,屯田戍边,居延成为汉朝的辖区。居延汉简的研究表明,居延地区的移民,多来自中原地区。这些来自传统农业区的移民带来了先进的生产经验和工具,对当地农业的发展起到了积极的促进作用。

对居延遗址古植被的考古研究表明,西汉时期该地区水源充沛,气温较今天温暖,湿度也大,适宜森林和植被生长。汉宣帝时,赵充国在祁连山军屯,在给朝廷的奏疏中说:"臣前部士入山,伐材木大小六万余枚。"[①] 可见当时人们对森林资源的采伐力度相当大。到西汉晚期,气候逐渐变得干燥,植被不断退化,乔木向灌木、草原演化,水生植物陆续消失,旱生植物明显增多。汉代以后,居延遗址地区多处于大陆性季风气候,天气干燥,逐渐过渡到荒漠植被区。[②] 加之战乱不断,人口剧增,自然环境遭到了严重破坏。

(二) 汉简所见几种重要的草本植物

草本植物和木本植物一起组成地表植被,但草本植物比木本植物的分布广泛。在山地和宫廷苑囿内,草本植物和木本植物往往交杂而生;在草原和陂池湖泊中,草本植物多单独出现。

1. 茭

据王子今研究,汉代河西简牍资料中多见有关"茭"的文书遗存。简文有"伐茭""积茭""运茭""载茭""守茭""取茭""出茭""入茭""始茭"等内容,又有专门簿记《省卒伐茭簿》(55.14)、《省卒茭日作簿》(E.P.T52:51)、《省卒伐茭积作簿》(E.P.T50:138),以及《出茭簿》(E.P.T52:19)、《茭出入簿》(E.P.T56:254)、《官茭出入簿》(4.10)、《余茭出入簿》(142.8)、《茭积别簿》(E.P.T5:9)、《卒始茭名籍》(E.P.T43:25)、《买口茭钱直钱簿》

---

① 班固:《汉书》卷69《赵充国传》,中华书局,1962年,第2986页。

② 孔昭宸、杜乃秋、朱延平:《内蒙古自治区额济纳旗汉代烽燧遗址的环境考古研究》,《环境考古研究》第1辑,科学出版社,1991年。汤卓炜:《中国北方草原地带青铜时代以来气候、植被变化研究综述》,《边疆考古研究》第1辑,科学出版社,2002年。王子今:《秦汉时期生态环境研究》,北京大学出版社,2007年,第48页。

(401.7B)等,可知"茭"在河西军事屯戍生活中有相当重要的意义。① 汉代河西文物遗存中有关"茭"的信息,对认识当时当地的植被状况以及人与自然环境的关系,显然是有益的。

所谓"茭",释者常举五义,除了可归于"菰"的蔬菜茭白与本书讨论的内容距离甚远,尚有四解:"茭"即饲草,"茭"为草索,"茭"是芦苇,"茭"是农作物。王子今同意饲草一说。② 有研究者指出,祁连山山地草原供马牛食用的饲料植物种数颇多,主要集中于豆科(40 种)、芝菜科(3 种)、禾本科(96 种)、莎草科(48 种)等。③ 汉代河西地区的"茭",应当是其中一种或数种的称谓。王子今认为,"茭"指苜蓿草一类牧草的可能性比较大。④

居延汉简所见"大司农茭"或"大农茭",提示了一个重要的历史事实。这既是一个重要的军事史和经济史的事实,也是一个重要的生态史的事实:戍卒刈取饲草,预告河西地区有数量可观的生长"茭草"的土地,在规划中即将其辟为农田。自然的生态环境受到人为的、农业因素的干扰。当然,也不能完全排除这种可能,即"大司农所属的农都尉或田官"在居延地区有经营牧草种植的职责。当然,就此问题进行论证,还需要新的资料。

居延汉简记载:"七月辛巳卒□二人,一人守茭。一人除陈茭地"(E.P.T52:29)。⑤ "除陈茭地"很可能是清理"伐茭"之后的"茭地"。此举究竟是为了耕种,还是有其他目的,尚不能明了。但可以明确的是,"陈茭地"既已清理,有很大可能不会再作为"茭地"。也就是说,这里的原有植被被破坏了。当时河西地区的开发,是以原有自然生态环境的破坏为代价的。

敦煌汉简有简文反映了有关"茭"的更具体的信息。"为买茭,茭长二

———————————

① 王子今:《汉代河西的"茭"——汉代植被史考察札记》,《甘肃社会科学》2004 年第 5 期。

② 王子今:《汉代河西的"茭"——汉代植被史考察札记》,《甘肃社会科学》2004 年第 5 期。

③ 中国科学院青甘综合考察队编著:《青甘地区资源植物及其评价》,科学出版社,1964 年,第 16 页。

④ 王子今:《汉代河西的"茭"——汉代植被史考察札记》,《甘肃社会科学》2004 年第 5 期。

⑤ 甘肃省文物考古研究所、甘肃省博物馆、文化部古文献研究室等编:《居延新简》,文物出版社,1990 年,第 144 页。

尺,束大一韦。马毋谷气,以故多物故"(164)。又如:"谷气,以故多病物故。"(164)[1] "今茭又尽,校"(169)。[2] 王子今指出,"'茭长二尺'值得我们特别注意",并对此进行了详细的考证。[3] 按照汉尺与现在尺度的比率,"二尺"相当于46.2厘米。西北地区的天然牧草符合"茭长二尺"这一高度条件的,有诸多草种。分布在今内蒙古和甘肃的,有芨芨草、雀麦、大野麦、老芒麦(也称西伯利亚草)等。[4]

2. 苇、蒲、慈其

除了传世文献,汉简中有不少关于水生草本植物的记载。

河西汉简除了前文所论"伐茭",又提到了"伐苇"和"伐蒲"。例如:"十一月丁巳卒廿四人,其一人作长,三人养,一人病,二人积苇,有解除七人,定作十七人伐苇五百□,率人伐卅,与此五千五百廿束。"(133.21)[5] 又有关于"伐蒲"的简例:"廿三日戊申卒三人,伐蒲廿四束大二韦,率人伐八束,与此三百五十一束。"(161.11)[6] 还有一枚简说到"取蒲"和"作席":"二月十二日见卒桼人,卒解梁苇器,卒沐恽作席,卒邴利作席,卒郭并取蒲"(E.P.T59 :46)。[7]

看来,"苇"和"蒲"主要是用作手工业原料。"作席"和编制"苇器"应当是其主要用途。[8] "苇"和"蒲"都是水生草本植物。[9] 王子今认为:"'伐苇'

① 甘肃省文物考古研究所编:《敦煌汉简释文》,吴礽骧、李永良、马建华释校,甘肃人民出版社,1991年,第15页。
② 甘肃省文物考古研究所编:《敦煌汉简释文》,吴礽骧、李永良、马建华释校,甘肃人民出版社,1991年,第15页。
③ 王子今:《秦汉时期生态环境研究》,北京大学出版社,2007年,第276~278页。
④ 崔友文:《中国北部和西北部重要饲料植物和毒害植物》,高等教育出版社,1958年,第24~83页。
⑤ 谢桂华、李均明、朱国炤:《居延汉简释文合校》,文物出版社,1987年,第223页。
⑥ 谢桂华、李均明、朱国炤:《居延汉简释文合校》,文物出版社,1987年,第265页。
⑦ 甘肃省文物考古研究所、甘肃省博物馆、文化部古文献研究室等编:《居延新简》,文物出版社,1990年,第362页。
⑧ 芦苇在陕西、甘肃、宁夏、青海、新疆等地区也是一种较重要的饲料植物。马、牛皆喜食其青叶。(崔友文:《中国北部和西北部重要饲料植物和毒害植物》,高等教育出版社,1958年,第111页)
⑨ 《说文解字·艸部》:"苇大葭也。""蒲,水艸也,可以作席。"(王平、李建廷编:《〈说文解字〉标点整理本》,上海书店,2016年,第14页)

数量一例竟然多至'五千五百廿束',可以作为反映居延地区植被和水资源状况的重要信息。"①

居延汉简中还有"伐慈其""艾慈其"的词语。如:"左右不射皆毋所见檄到令卒伐慈其治薄更着务令调利毋令到不办毋忽如律令"(E.P.F22：291)②,"凡见作七十二人得慈其九百□□"(E.P.S4.T2：75)③,"第十候史殷省伐慈其"(133.15)④,"一人□慈其七束","廿人艾慈其百束率人八束"(33.24)⑤。"艾慈其"即"刈慈其"。后一句原文整理之后应为"廿人艾慈其百六十束,率人八束"。

关于"慈其",于豪亮注意到"第十候史殷省伐慈其"(甲编765)简例⑥,认为:"慈其疑即茈萁,慈是从母字,茈既可以是从母字,又可以是精母字、崇母字,茈萁之茈,当系从母字,故慈和茈以双声通假;萁从其得声,萁和其通假是没有问题的。因此慈其就是茈萁。《广雅·释草》:'茈萁,蕨也。'茈萁名为萁、紫萁或茈其,《尔雅·释草》:'萁,月尔',郭注:'即紫萁也,似厥,可食。'《后汉书·马融传》'茈其芸蒩'则写作茈其。"于豪亮又说:"罗愿《尔雅翼》云:'蕨生如小儿拳,紫色而肥,野人今岁焚山,则来岁蕨莱繁生,其旧生蕨之处,蕨叶老硬敷披,人志之谓之蕨基。《广雅》云:'蕨,紫萁。基岂萁之转邪?'按:现在有许多地方仍称蕨为蕨其,正是从慈其、茈其或紫其而来,其不当书作基字。"⑦李天虹引简例"慈其"写作"兹其",于是指出:"兹其"疑即"茈萁",也就是蕨莱,则兹其属于食用莱类。⑧王子今以为,"河西汉简所见'慈其'并不'属于食用莱类',其实也是饲草。"他认为于豪亮和

①　王子今:《汉代河西的"茭"——汉代植被史考察札记》,《甘肃社会科学》2004年第5期。

②　甘肃省文物考古研究所、甘肃省博物馆、文化部古文献研究室等编:《居延新简》,文物出版社,1990年,第495页。

③　甘肃省文物考古研究所、甘肃省博物馆、文化部古文献研究室等编:《居延新简》,文物出版社,1990年,第560页。

④　谢桂华、李均明、朱国炤:《居延汉简释文合校》,文物出版社,1987年,第222页。

⑤　谢桂华、李均明、朱国炤:《居延汉简释文合校》,文物出版社,1987年,第62页。

⑥　陈直:《居延汉简研究》,天津古籍出版社,1986年,第708页。

⑦　于豪亮:《居延汉简释丛·慈其》,中华书局,1985年,第176页。

⑧　李天虹:《居延汉简簿籍分类研究》,科学出版社,2003年,第135页。

李天虹两人的说法是不准确的。"《酉阳杂俎·毛篇》有'马'条,其中说到马的饲草:'瓜州饲马以薘草,沙州以茨其,凉州以敦突浑,蜀以稗草。以萝卜根饲马,马肥。安北饲马以沙蓬根针。'所说'沙州以茨其'中'茨其'正是'慈其'无疑。"[①]

三、农作物变化与环境变迁

传统农业生产方式中,影响农作物分布的因素虽然很多,其中热量、降水、土壤、气候等因素非常重要。从农作物的分布变化,可见环境的影响和变迁。

人类对环境的影响,一般是从植被开始,因为人类对植物生命的影响比对周围环境的其他组成部分的影响更大。人类通过给植物带来的变化改造土壤,影响气候,影响地貌变化过程,并改变某些天然水体的质和量。有农作物分布的地区是一种被改变的耕种环境,森林被砍伐,农作物取代草类植被。当然,有些农作物品种的变化,也有人类适应环境能力提高的因素。

(一) 粮食作物

1. 粮食作物种类

秦汉时期主要经济区的农作物以粮食作物为主,当时人们仍把粮食作物统称为五谷。《吕氏春秋·审时》中列举的6种主要作物分别是:禾、黍、稻、麻、菽、麦。《吕氏春秋·任地》首次提到了大麦。西汉《氾胜之书》论及的粮食作物有禾、黍、大麦、小麦、稻、大豆、小豆、麻,"大小麦同属麦类,大小豆属豆类,合计起来也是六种。"[②]《四民月令》《淮南子·坠形训》《急就篇》等文献的记载也大致相同。《说文解字》中的粮食作物名称有近40种,分为粟、黍、稻、麦、菽、麻等类。因此,当时主要种植的粮食作物应为《吕氏春秋》所列6种。

考古发掘的结果与文献的记载相吻合。"出土的农作物90%以上属西

---

① 王子今:《汉代河西的"菱"——汉代植被史考察札记》,《甘肃社会科学》2004年第5期。

② 林甘泉主编:《中国经济通史·秦汉经济卷》,经济日报出版社,1999年,第224页。

汉时期,东汉遗物较少。其中长沙马王堆汉墓出土的种类最多,保存最完整。概括这些出土的农作物种类,主要有粟、稻、小麦、大麦、黍、豆、麻等,与文献的记载相吻合。"① 看来,禾、黍、稻、麻、菽、麦为秦汉时期人们主要的粮食作物无疑。

2. 黍、稷、菽、粟、麦在生产比重中的变化

从文献和出土资料的对比看,秦汉时期粮食作物的品种与春秋战国时期变化不大,但各种作物的名称和在粮食生产中所占的比重却发生了变化。其中一个突出的变化是:"黍稷"被"菽粟"所代替。在先秦时期的文献中,稷与黍在农作物中占据首要地位,当时人们称"稷"为"五谷之长"。在两汉文献中,稷却逐渐消失。而在先秦时不多见的粟,在两汉时则成为农作物之首,是当时北方地区的主要粮食作物。对于"稷""粟"是否为同一物,林甘泉对历代所持观点进行分析,认为"稷即粟"②。黍即现在人们俗称的黄米。居延汉简中所载的"黄米"可能就是指黍。在春秋以前,"黍稷"是最重要的粮食作物,《诗经》中歌咏最多。从春秋战国时代起,黍的地位开始下降,至秦汉时期更不如前。主要是因为黍的单位面积产量不及粟,而且人的肠胃也不太适应黍的黏性,从日常饭食来说,黍不如粟更易食用。但生长期较短且抗旱力极强的黍,更适于高寒和干旱地区种植,因此在西北地区仍有大面积栽培。

粟在两汉时居于农作物之首。汉代粟也称禾,即今天人们俗称的小米。禾指的是作物的茎,粟指禾所结籽粒。因此,禾、粟常被用作一般作物的总称。而原本作为粮食作物总称的谷,在汉代也开始成为粟的专名。《尚书·考灵曜》云:"春,鸟星昏中,以种稷。"③《淮南子·主术训》曰:"昏张中则务种谷,大火中则种黍、菽,虚中则种宿麦。"④ 把粟称为"谷子"的习惯一直流传至今。汉代入粟可以拜爵免罪,足见粟之重要。当时南北方都普遍种粟。

---

① 林甘泉主编:《中国经济通史·秦汉经济卷》,经济日报出版社,1999 年,第 224~225 页。

② 林甘泉主编:《中国经济通史·秦汉经济卷》,经济日报出版社,1999 年,第 225 页。

③ 贾思勰:《齐民要术今释》卷 1《种谷第三》,石声汉校释,中华书局,2006 年,第 52 页。

④ 其意为:黄昏张宿位于正南方中天的时候,就要抓紧种植谷物;大火星宿位于正南方中天的时候,就要抓紧播种黍豆;虚星宿位于正南方中天的时候,就要抓紧种好越冬麦子。

河南洛阳、新安，陕西西安、咸阳，山东临沂，山西平陆，内蒙古乌兰布和沙漠、居延遗址，甘肃敦煌，新疆民丰，江苏徐州、扬州，湖北江陵、襄阳，湖南长沙，四川成都，广西贵港等地都曾发现秦汉时期的粟。陕西米脂东汉画像石牛耕图的上方，刻画着成熟的谷（粟）穗。[①]据所见的实物分析，粟与现在的谷子相同，颗粒圆，薄皮，白色或黄色，大小也基本一样。粟在汉代已经出现许多品种。根据《齐民要术》的记载，魏晋南北朝时粟有97个品种，可以推断其中相当一部分是汉代存在甚至培育的。好粟在汉代称为"粱"。

菽（大豆）在春秋战国时代是最重要的粮食作物之一，以"菽粟"并提代表民食，屡见于这一时期相关典籍。[②]秦汉时，菽仍是重要作物。秦二世在元年（前209）令"郡县转输菽粟刍稿"。[③]汉昭帝在元凤二年（前79）和六年（前75）两次下诏，令"三辅、太常郡得以叔粟当赋"。[④]河南洛阳、湖南长沙、广东广州、广西梧州、贵州赫章可乐等地均发现了大豆遗存。《淮南子·主术训》载："肥浓甘脆，非不美也，然民有糟糠菽粟不接于口者，则明主弗甘也。"[⑤]《汉书·贡禹传》载："妻子糠豆不赡，裋褐不完。"[⑥]说明大豆是贫苦百姓用以充饥的最基本的食粮，富贵人家通常不会食用。大豆作为备荒的粮食，在灾荒年代相当受重视。

"小麦"一词首见于西汉《氾胜之书》，此时人们已经区分出春种的旋麦（春小麦）和秋种的宿麦（冬小麦）。西汉时期麦类种植尤其是冬小麦的种植获得推广。一般谷类作物都是春种秋收，而冬小麦成熟在夏初，正当青黄不接之际，可以接济民食，因此小麦的作用日益为人们所认识。石转磨的推

---

① 陕西省博物馆、陕西省文管会：《米脂东汉画像石墓发掘简报》，《文物》1972年第3期。

② 《墨子·尚贤》："耕稼树艺聚菽粟是以菽粟，多而民足平食。"（吴毓江：《墨子校注》，中华书局，2006年，第75页）《孟子·尽心上》："圣人治天下，使有菽粟如水火。"（焦循：《孟子正义》，中华书局，1987年，第912页）《荀子·王制》："工贾不耕田而足菽粟。"《战国策·齐策》："无不被绣衣而食菽粟者。"（何建章注释：《战国策注释》卷11《齐策四》，中华书局，1990年，第393页）

③ 司马迁：《史记》卷6《秦始皇本纪》，中华书局，1959年，第269页。

④ 班固：《汉书》卷7《昭帝纪》，中华书局，1962年，第228页。

⑤ 刘安编：《淮南子集释》卷9《主术训》，何宁集释，中华书局，1998年，第684页。

⑥ 班固：《汉书》卷72《贡禹传》，中华书局，1962年，第3073页。

广使麦食的精细化成为可能,这也是麦类种植普及的重要原因。从土壤条件来说,黄河下游适合小麦的种植。《淮南子·坠形训》云:"东方""其地宜麦"。[1]春秋战国时期,黄河下游地区开始推广种麦,不过它在食粮中的地位显然不及菽粟。汉代,黄河下游麦作继续发展,汉武帝元狩三年(前120)"劝(关东)有水灾郡种宿麦"。[2]关中地区小麦的推广晚于黄河下游地区,董仲舒曾上书说:"今关中俗不好种麦,是岁失《春秋》之所重,而损生民之具也",建议汉武帝令大司农"使关中益种宿麦,令毋后时"。[3]汉成帝时(前33—前7),氾胜之以轻车使者的身份,督导三辅(今陕西平原)"种麦,而关中遂穰"。[4]于是,冬小麦的种植在关中地区推广开来。东汉安帝诏令"长吏案行在所,皆令种宿麦蔬食,务尽地力,其贫者给种饷"。[5]考古发现,汉代小麦的遗存分布很广,除了黄河流域,南方如长沙马王堆汉墓也出土了小麦的实物。

3. 水稻的发展

水稻在先秦两汉时期又称稌,《说文解字》称"稻,稌也;稌,稻也。"[6]汉代水稻已有秏、粳(秔、稉)、穄、穫、秫等品种,现在稻科的三大品种粳、籼、糯在汉代都已出现。《说文解字·禾部》载:"秏,稻属,伊尹曰:'饭之美者,玄山之禾,南海之秏。'"[7]"秔,稻属",或作"粳",亦即粳稻,黏性比籼稻强。穄、穫是籼稻。《说文解字·禾部》载:"穄,稻不黏者。"[8]"穫,稻紫茎不黏者。"[9]"籼"首见于成书于魏明帝时期的《广雅》,可推知汉代已有籼稻。秫、

① 刘安编:《淮南子集释》卷4《坠形训》,何宁集释,中华书局,1998年,第352页。

② 班固:《汉书》卷6《武帝纪》,中华书局,1962年,第177页。

③ 班固:《汉书》卷24《食货志上》,中华书局,1962年,第1137页。

④ 房玄龄等:《晋书》卷26《食货志》,中华书局,1982年,第791页。

⑤ 范晔:《后汉书》卷5《安帝纪》,中华书局,1965年,第213页。

⑥ 许慎:《标点注音〈说文解字〉》,崔枢华、何宗慧校点,北京师范大学出版社,2000年,第284页。

⑦ 许慎:《说文解字注》卷7上《禾部》,段玉裁注,许惟贤整理,凤凰出版社,2007年,第564页。

⑧ 许慎:《标点注音〈说文解字〉》,崔枢华、何宗慧校点,北京师范大学出版社,2000年,第284页。

⑨ 许慎:《标点注音〈说文解字〉》,崔枢华、何宗慧校点,北京师范大学出版社,2000年,第283页。

糯(稬)是黏性强的糯稻。《氾胜之书》明确区别了秔(秔)稻和秫稻"三月种秔稻,四月种秫稻。"《广雅》云:"秫,秬也。"[1] 晋代崔豹《古今注》云:"稻之枯者为秫。"[2] 晋代吕忱《字林》云:"稬作糯,黏稻也。"[3]《论语·阳货》曰:"食夫稻,衣夫锦,于汝安乎?"[4] 看来先秦时期稻在北方是珍贵之物,普通百姓一般不常食用。秦汉时期,稻的种植在长江流域及其以南地区十分普遍,以"饭稻羹鱼"著称。目前,考古发现的汉代稻谷有 22 处,出土于长江流域及其以南地区 12 处,淮河流域 1 处,黄河流域 8 处,北京 1 处。

邹逸麟认为:"黄河流域……由于气候、降水、土壤等自然条件的限制,水稻生产始终没有在当地的粮食作物中占主要地位。"但是,由于黄河流域开发较早和耕作技术比较先进,"水稻生产曾有过相对发展的时期"。[5] 秦汉时期是北方水稻的一个相对发展时期。随着农田水利的发展,水稻的种植范围扩大。《汉书·东方朔传》记载,东方朔在称赞关中为"天下陆海之地"时说:"又有秔稻梨栗桑麻竹箭之饶",将秔(秔)稻放在关中所有物产的首位。总结西汉关中地区农耕经验的《氾胜之书》写道:"种稻,春冻解,耕反其土。种稻区不欲大,大则水深浅不适。冬至后一百一十日可种稻。稻地美,用种亩四升。始种,稻欲温,温者,缺其塍[6]令水道相直;夏至后,大热,令水道错",以及"三月种秔稻,四月种秫稻"[7] 等,都详细地描述了水稻种植技术的要点,可知关中地区已有长期栽培水稻的经验。建元三年(前138),汉武帝游猎于长安以北渭河一带,"驰骛禾稼稻秔之地"[8],《长杨赋》中也有汉

---

① 张揖:《广雅》卷 10《释草》,《文渊阁四库全书》影印本,第 221 册,台湾商务印书馆,1986 年,第 464d 页。

② 崔豹:《新世纪万有文库·古今注》卷下《草木第六》,焦杰校点,辽宁教育出版社,1998 年,第 15 页。

③ 厉荃原辑,关槐增纂:《事物异名录》卷 24《蔬谷下·稻》,吴潇恒、张春龙点校,岳麓书社,1991 年,第 329 页。

④ 刘宝楠:《论语正义》卷 20《阳货第十七》,中华书局,1990 年,第 704 页。

⑤ 邹逸麟:《历史时期黄河流域水稻生产的地域分布和环境制约》,《复旦学报》(社会科学版)1985 年第 3 期。

⑥ 《说文解字·土部》:"塍,稻田之畦也。"(王平、李建廷编:《〈说文解字〉标点整理本》,上海书店,2016 年,第 358 页)

⑦ 石声汉译释:《氾胜之书今释》,科学出版社,1959 年,第 18 页。

⑧ 班固:《汉书》卷 65《东方朔传》,中华书局,1962 年,第 2847 页。

武帝"驰骋粳稻之地"的描写。[1] 关中地区还设有"稻田使者"的官职,《汉书·昭帝纪》颜注引如淳云:"特为诸稻田置使者,假与民收其税入也。"[2] 这表明黄河流域的稻作经济在汉代受到朝廷的密切关注。居延汉简中多见"稻"字,甚至河西地区也有水稻种植的记载。敦煌汉简也多见"粟米""稷米""黍米"和"黄米"等,这几种米都有可能指稻米。上述史料表明,当时关中水稻种植已经相当普遍。王子今认为,"西汉时期,稻米曾经是黄河流域的主要农产",在关中地区,"稻米生产列为经济收益第一宗"。[3] 他不同意何德章提出的"粟才是西汉时黄河流域的主要粮食作物"[4] 的观点。"在汉代黄河流域,水稻确实曾经是'主要物产',至少应当承认是'主要物产'之一"[5],这个结论是可以成立的。

东汉建武年间,渔阳郡太守张堪引潮白河河水灌溉,"乃于狐奴开稻田八千余顷,劝民耕种,以致殷富"。[6] 狐奴县,治今北京顺义区东北。这是两汉时期水稻种植北界的力证。北京植物园所藏北京黄土岗的汉代稻谷遗存是这一地区种稻的实物证明。许倬云指出,虽然早稻不是唯一可选的农作物,居住在水源较为充足地区的汉代农民,仍然可以在多种作物中做出更好的选择。[7] 由于粟与豆类作物能适应大多数的气候条件,农民可以将之与水稻进行轮作,在淮河流域,甚至可以将麦与稻一起轮作。河南、河北、陕西、苏北等地均发现了稻谷的遗存。洛阳汉墓出土的稻谷经鉴定为粳稻。[8] 就黄淮平原的水稻种植而言,邹逸麟认为比较集中在"三河地

---

① 班固:《汉书》卷 87《扬雄传下》,中华书局,1962 年,第 3564 页。

② 班固:《汉书》卷 7《昭帝纪》,中华书局,1962 年,第 227 页。

③ 王子今:《秦汉时期生态环境研究》,北京大学出版社,2007 年,第 37 页。

④ 何德章:《高教版〈中国历史·秦汉魏晋南北朝卷〉的几个问题》,《中国大学教学》2003 年第 7 期。

⑤ 王子今:《关于〈中国历史〉秦汉三国部分若干问题的说明》,《中国大学教学》2003 年第 9 期。

⑥ 范晔:《后汉书》卷 31《张堪传》,中华书局,1965 年,第 1100 页。

⑦ 许倬云:《汉代农业:中国早期农业经济的形成》,王勇译,广西师范大学出版社,2005 年,第 95 页。

⑧ [日]中尾佐助:《河南省洛阳汉墓出土的稻米》,王仲殊译,《考古学报》1957 年第 4 期。

区"（河内郡、河东郡和河南郡）"黄淮平原"和"幽蓟地区"，这些都有史料佐证。[①]

秦汉时期南方地区还出现了双季稻。杨孚《异物志》曰："交趾稻夏、冬二熟，农者一岁再种。"[②] 这一记载得到了考古发掘的证明，广东佛山澜石汉墓发现的陶水田模型，展示了双季稻抢收抢种的场面。

（二）蔬菜

汉代蔬菜的种类相当多，据《氾胜之书》《四民月令》《南都赋》等记载，有：葵、冬葵、芋、芥、芜菁、蓼、苏、薤、韭、大葱、小葱、胡葱、大蒜、小蒜、胡蒜、杂蒜、此姜、瓜、瓠、笋、蒲、芸、荠、蘘荷、胡豆、豍豆等 20 多种。考古发现了葵、芥、甜瓜、葫芦、笋、藕、姜、小茴香、薤、蔓菁、花椒等实物遗存。例如，河北保定满城一号汉墓的铜枕内出土有芸香科花椒属的花椒，即现在最常用的商品花椒。这种花椒产于河北，我国很多地方均有分布。[③] 在上述蔬菜中，除了韭、薤、葵、姜、葱、蒜、瓜、瓠、芸、笋、蒲在先秦时已开始种植，其余都是汉代才有人工栽培的明确记载，其中有一些是从少数民族地区引进的，如胡蒜、胡葱、胡豆（即豇豆），皆为张骞通西域后传入中原。[④] 随着人工陂塘的发展及其综合利用，莲藕等水生蔬菜的栽培也有所发展。如《水经·渭水注》记载，东汉初年，侍中习郁在家中的鱼池里种植莲芡。汉代出土的陂塘模型中有种菱角和莲藕的形象，四川出土的画像砖中有"采莲图"和"莲池图"。[⑤]

《说文解字》中的蔬菜名称有 80 多种，大多数是"艹部"字，"韭部"字和"瓜部"字分别有几种。书中的解释很简略，而且有些已难知其详，但仍可由此获知东汉蔬菜种类在增多的事实。

① 邹逸麟：《历史时期黄河流域水稻生产的地域分布和环境制约》，《复旦学报》（社会科学版）1985 年第 3 期。

② 杨孚：《异物志》，广东科技出版社，2009 年，第 22 页。

③ 中国社会科学院考古研究所、河北省文物管理处：《满城汉墓发掘报告》，文物出版社，1980 年，第 408 页。

④ 《博物志·第六·物名考》："张骞使西域得大蒜、胡荽。"（凤凰出版社，2017 年，第 81 页）《齐民要术》引《本草经》："张骞使外国得胡豆。"（中华书局，2009 年，第 114 页）

⑤ 余德章、刘文杰：《记四川有关农业生产方面的汉代画象砖》，《农业考古》1983 年第 1 期。

（三）经济作物

汉代经济作物其栽培技术较先秦有所进步，种类也比战国时期增多。有些经济作物栽培面积较大，似已形成大规模的专业化生产。本章开篇引述《史记》列举的一些经济作物，种植区域广泛，还反映出枣、栗、橘、萩、漆、桑麻、卮（栀）茜、姜韭都是当时重要的经济作物，由"千树""千亩""千畦"的数量可以想见其种植规模。

黄河流域是传统的桑麻产区，秦汉时期，特别是齐鲁地区，桑麻业继续发展。齐"宜桑麻"，邹、鲁"颇有桑麻之业"。① 四川地区是蚕桑业发展较快的地区，东汉以后，蜀锦颇负盛名，较之齐临淄、陈留襄邑，有后来居上之势。《汉书·地理志下》记述儋耳、珠崖郡时说，"男子耕农，种禾稻纻麻，女子桑蚕织绩"②，可知两广地区以南的海南早在西汉时便有蚕桑业。《后汉书·卫飒传》记载，东汉初期，太守茨充在桂阳郡（今湖南南部一带）推广种桑养蚕。③ 李贤注引《东观记》曰："建武中，桂阳太守茨充教人养桑蚕，人得其利。至今江南颇知桑蚕织履，皆充之化也。"④ 内蒙古呼和浩特和林格尔汉墓壁画表明，至迟在东汉后期，定襄郡（山西北部和内蒙古境内）也有了桑蚕业。⑤ 甘肃嘉峪关出土的汉晋时期画像砖，也有不少关于蚕桑的画面。⑥ 植桑技术也有了进步。麻是麻类植物的总称，雌雄分株，枲（也叫牡）是雄麻，苴是雌麻。雄麻的茎部韧皮是重要的纺织原料，雌麻的籽则可以食用。因此麻既是粮食作物，又是纤维作物。汉代麻的种植十分广泛，《史记·货殖列传》称"齐鲁千亩桑麻"⑦，可知齐鲁地区有种麻达千亩之多者。洛阳烧沟汉墓出土了写有"麻万石"字样的陶仓，长沙马王堆和广西贵港罗泊湾还发现了大麻子的实物。

汉代染料作物有蓝、卮、茜等。蓝的种植见于《四民月令》。蓝是古老

---

① 司马迁：《史记》卷 129《货殖列传》，中华书局，1959 年，第 3265、3266 页。
② 班固：《汉书》卷 28《地理志下》，中华书局，1962 年，第 1670 页。
③ 范晔：《后汉书》卷 76《循吏传·卫飒传》，中华书局，1965 年，第 2460 页。
④ 范晔：《后汉书》卷 76《循吏传·卫飒传》，中华书局，1965 年，第 2460 页。
⑤ 盖山林：《和林格尔汉墓壁画》，内蒙古人民出版社，1978 年，第 46 页。
⑥ 嘉峪关市文物清理小组：《嘉峪关汉画像砖墓》，《文物》1972 年第 12 期。
⑦ 司马迁：《史记》卷 129《货殖列传》，中华书局，1959 年，第 3272 页。

的染料作物,汉代在有些地区已经形成大规模的专业化生产。东汉后期的《蓝赋序》记载:陈留郡一带,"人皆以种蓝染绀为业,蓝田弥望,黍稷不植"。[①]《四民月令》曰:"榆荚落,可种蓝",五月可别蓝,六月"可种冬蓝"。[②]卮即栀子,是一种常绿灌木,果实可作黄色染料。茜,又名红蓝花,多年生草本植物,花可作染料或胭脂,种子可用来榨油。《史记·货殖列传》载,种植卮茜千亩的收入可比千户侯。[③]

张骞出使西域后,中原与西域地区的交往开始增多,西域原产的一些物种如胡麻、苜蓿等陆续传入中原,增加了中原地区经济作物的种类。汉武帝时,开始在京城长安试种苜蓿,然后在陕西、甘肃一带推广。《史记·大宛列传》载:"马嗜苜蓿,汉使取其实来,于是天子始种苜蓿、蒲陶肥饶地。及天马多,外国使来众,则离宫别观旁尽种蒲陶、苜蓿,极望。"[④]《汉书·西域传》颜师古注:"今北道诸州,旧安定、北地之境,往往有目宿者,皆汉时所种也。"[⑤]苜蓿作为优质饲料的广泛种植,对繁育良种马、增强马牛的体质和挽力具有重要意义。晋代《博物志》记载,胡麻是张骞出使西域后传入中原的。[⑥]《氾胜之书》和《四民月令》都谈到了种植胡麻。胡麻含油量高,大大丰富了植物油的来源。

油料作物"荏"的栽培亦见于记载,"荏"的种子通称苏子,可榨油。《礼记·内则》云:"雉,芗无蓼。"郑玄注:"芗,苏、荏之属。"[⑦]《氾胜之书》提到区种荏。[⑧]在黑龙江宁安牛场、大牡丹、东康等地(相当于汉代挹娄遗址)出土的炭化谷物中发现了"荏"。[⑨]这大概是迄今最早的荏的实物遗存。不过,

---

①　严可均编:《全上古三代秦汉三国六朝文·全后汉文》卷62《赵歧·蓝赋序》,中华书局,1958年,第1627页。

②　崔寔:《四民月令校注·六月》,石声汉校注,中华书局,2013年,第52页。

③　司马迁:《史记》卷129《货殖列传》,中华书局,1959年,第3272页。

④　司马迁:《史记》卷129《货殖列传》,中华书局,1959年,第3272、3173页。

⑤　班固:《汉书》卷96《西域传》,中华书局,1962年,第3896页。

⑥　张华:《博物志校证·佚文·〈艺文类聚〉引》,范宁校证,中华书局,2014年,第125页。

⑦　孙希旦:《礼记集解》卷27《内则第十二》,中华书局,1989年,第749~750页。

⑧　贾思勰:《齐民要术今释》卷1《种谷第三》,石声汉校释,中华书局,2009年,第60页。

⑨　干志耿、孙秀仁:《黑龙江古代民族史纲》,黑龙江省文物出版社编辑室,1982年,第105页。

汉代苴是否用于榨油尚不得而知。

汉代甘蔗的种植范围亦有扩展。据《楚辞》载,至迟战国时代甘蔗种植已从岭南地区向北扩展到湖北。[1]东汉时河南南阳地区已种甘蔗,《南都赋》中所列举的园圃作物中就有"藷蔗",即甘蔗。[2]《异物志》曰:"甘蔗,远近皆有,交趾所产甘蔗,特醇好:本末无薄厚,其味至均。围数寸,长丈余,颇似竹,斩而食之既甘;榨取汁为饴饧,一名之曰'糖',益复珍也。又煎而曝之;既凝,如冰,破如博其。食之,入口消释。时人谓之'石蜜'者也。"[3]这是我国有关制造蔗糖的最早文字记载。

一般认为,秦汉时成都是茶的贸易中心。茶树适合在南方酸性的土地上生长,种植主要集中在丘陵地区。大量的丘陵土地得到开发,茶叶也给巴蜀地区人民带来了丰厚的收益。

汉代茶叶贸易的记载,首见于西汉王褒的《僮约》。《僮约》原文已佚,唐代的《初学记》有辑录,该书《人部下·奴婢六·约·汉王褒僮约》载:"烹茶尽其铺","武阳买茶杨氏池中,担荷往来市聚"。[4]

《太平御览·文部十四·契券》的辑文有所不同,其文曰:"武都买茶,杨氏池中担荷。"[5]清人严可均《全上古三代秦汉三国六朝文·全汉文》的辑文又有不同,其文为:"烹茶尽具","武都买茶,杨氏担荷"。[6]

由此便产生了"武都买茶"和"武都买茶"的不同说法。茶,是"茶"的古字。南宋魏了翁在《邛州先茶记》中云:"且茶之始,其字为茶。……若《尔雅》,若《本草》,犹从甘从余。惟自陆羽《茶经》、卢仝《茶歌》、赵赞《茶禁》

---

① 《楚辞·招魂》中的"柘",王逸认为即是"蔗"。(王逸:《楚辞章句补注》,岳麓书社,2013 年,第 206 页)

② 严可均编:《全上古三代秦汉三国六朝文·全后汉文》卷 53《张衡·南都赋》,中华书局,1958 年,第 549 页。

③ 贾思勰:《齐民要术校释》卷 10《五谷果蔬菜茹非中国物产者》,石声汉校释,中华书局,2009 年,第 1038 页。此处所说交趾,当为交趾刺史部,包括中国两广和越南北部。

④ 徐坚:《初学记》卷 19《人部下·奴婢第六》,中华书局,2004 年,第 467 页。

⑤ 李昉等:《太平御览》卷 598《文部十四·契券》,《文渊阁四库全书》影印本,第 898 册,台湾商务印书馆,1986 年,第 509 页。

⑥ 严可均编:《全上古三代秦汉三国六朝文·全汉文》卷 42《王褒·僮约》,中华书局,1958 年,第 717 页。

以后,遂易'荼'为'茶',其字为廿,为人、为木。"[1] 清人顾炎武《日知录·茶》云:"茶字自中唐始变作茶。"[2]

目前,学术界一致认可西汉时已有茶叶贸易,但对于王褒买茶的地点即西汉茶叶贸易的市场所在地有几种不同的认识:(1)武都。汉代的武都郡辖境相当今甘肃陇南武都、成县、徽县、西和、两当、康县及陕西凤县、略阳等地。(2)武阳。武阳县,治所在今四川眉山武阳平茯村,属蜀郡。前316年秦灭蜀后设置。(3)茶叶产于巴蜀,在成都和武都销售。[3](4)与前说略有不同,综合(1)(2)两说,认为茶叶市场在陇蜀交界区域。[4]

此外,巴蜀地区的漆林也值得一提。大巴山、巫山、武陵山、邛崃山是我国漆树的主要分布区。依托丰富的漆树资源,巴蜀地区的漆器业快速发展。蜀郡和广汉郡(西汉治今四川成都金堂东,东汉移治今四川广汉北)的漆器非常有名。

秦汉时期,各民族文化交流加强,园艺生产技术提高,见于记载的果树品种显著增多。果树的种类,除了已见于先秦文献的梨、桃、李、枣、棠、杏、梅、柑、橙、柿等十余种,始见于秦汉时期的记载也很多,如卢桔(枇杷)、杨梅、蒲陶(葡萄)、离支(荔枝)、龙眼、安石榴、槟榔、留球子、千岁子、橄榄等。其中杨梅、甘蔗、橄榄、龙眼、荔枝等原产于我国南方。[5] 据《汉书·地理志》《异物志》载,汉代在南海郡设圃羞宫(掌种植进献瓜果),岁贡龙眼、荔枝、橘、柚等珍贵果品。交趾郡的羸陵有羞官,巴郡的朐忍县(治今重庆云阳东)有橘官。《盐铁论·未通》曰,汉武帝统一岭南,以其地为园圃,橘柚被大量运到中原,出现了"民间厌橘柚"的现象。广西合浦堂排二号汉墓出土有荔

---

① 刘昌明:《巴蜀茶文学史》,四川大学出版社,2012年,第100页。

② 顾炎武:《日知录》卷7《茶》,《文渊阁四库全书》影印本,第858册,台湾商务印书馆,1986年,第557d页。

③ 程启生在《武都——中国最早的茶叶市场》中认为:"巴蜀盛产的茶叶,首先集中于成都,再运往武都,成为这个对外商市上最主要的商品。因而,武都和成都是中国最早的茶叶市场,这是理所当然的"(《社会科学》1983年第4期)。

④ 李振华、王楠在《"武都(武阳)买茶"考辨》中主张,虽然不能确定买卖茶叶的市场是在"武都"还是"武阳",但可以说此时"陇蜀交界区域茶叶贸易十分活跃"(《安康学院学报》2012年第1期)。

⑤ 辛树帜编著,伊钦恒增订:《中国果树史研究》,农业出版社,1983年。

枝标本。[①] 葡萄、核桃、安石榴等则是张骞从西域带回中原的,并迅速推广开来。汉代遗址中发现有栗、枣、梨、桃、杏、李、梅、杨梅、橄榄、乌榄、枇杷等实物。

四、人类活动与植被生态的变化

(一) 植被破坏

秦汉时期社会经济快速发展,农耕技术不断提高,人们改造自然、利用自然的能力也逐渐增强。农业开发促进了社会进步和经济的恢复发展。例如,关中水利建设改变了原来干旱、盐碱的田地面貌,为咸阳、长安政治中心地位的巩固提供了物质基础。郑国渠不仅工程宏大,而且兼具灌溉、施肥和改良盐碱地等多种作用。龙首渠、六辅渠等水利工程的修建与郑国渠有异曲同工之妙,也取得了较高的经济效益。樊惠渠、成国渠、灵轵渠等中小型水利工程也为局部地域带来一定经济价值,这不能不说是农业开发对宜农地区生态环境的改善。

秦汉时期有丰富的森林资源,国家提倡造林育林,禁止不按时令滥伐林木,但随着人口的增长和各项生产事业的发展,对木材的需要量日益增加。加之皇室和贵族官僚豪富奢侈风气盛行,大兴土木,广建宫廷殿宇,对森林资源的破坏相当严重。一些经济发达的地区,自然生态环境因发展生产而改变,森林被大量采伐,自然灾害频繁发生,自然环境发生了很大变化。[②]一些农业生产比较落后的地区,由于实行"伐木而树谷,燔莱而播粟"[③]的耕作方式,也使大片林木变为灰烬。因而秦汉时期有些地区已经出现了百姓"苦乏材木"的情况。[④]

人口稀少的"江南"地区和人类活动未及的山区还保持着原始森林的风貌,而人口众多的"山西""山东"地区的平原上除了帝王苑囿陵墓区和

---

① 蒋廷瑜:《广西汉代农业考古概述》,《农业考古》1981 年第 2 期。

② 于希谦:《略谈秦汉时代的自然环境问题》,《云南师范大学学报》(自然科学版) 1986 年第 3 期。

③ 桓宽撰集:《盐铁论校注》卷 1《通有》,王利器校注,中华书局,1992 年,第 42 页。

④ 陈寿:《三国志》卷 16《魏书·任俊传》,中华书局,1959 年,第 511 页。

私人园林,已经被开垦得基本没有林地了。

大量移民实边,建立许多城防和军事设施,开发了大面积的农田,对防御北边匈奴和边疆建设起到了一定的积极作用。但是,这种大规模的移民屯垦使边郡的生态环境遭到了严重破坏,很多地区的绿洲变为沙漠。侯仁之等对乌兰布和沙漠的汉代垦区进行考察后指出,在屯垦军民撤出之后,当地生态环境形势严重恶化:田野荒芜,造成了非常严重的后果,这时地表已无任何作物覆盖,大大助长了强烈的风蚀,大面积表土被破坏,覆沙飞扬,逐渐导致了这一地区沙漠的形成。[①] 还有学者注意到:"汉代大规模开发的进行,使得大片绿洲原野渐次被辟为农田,绿洲天然水资源被大量纳入人工农田垦区之中,从而大大改变了原有绿洲水资源的自然分布格局和平衡状态,绿洲自然生态系统已在很大程度上被人类的活动所影响和改造。""人工开发破坏固沙植被,流沙活动加剧,遂使下游尾闾的一些地方首先遭受沙患之害。"[②]

边郡地区因为军屯、民屯和土地的过度垦殖,致使生态环境遭到破坏,水土流失加剧。生态环境的恶化导致自然灾害发生的频度提高。"由于大批的士兵、农民移入鄂尔多斯地区进行开垦,在一定范围内破坏了原始植被,自然灾害增加,这个时期全蒙古旱灾增加了 27 次,其中鄂尔多斯地区就有 5 次。"[③] "绿洲农业生产开发强度越大,绿洲废弃的频度就越高,其频度与绿洲农业生产的强度呈正相关。"[④] 人口增长的超负荷、天然植被的破坏、自然灾害的增加都加速了生态恶化,造成了恶性循环。史念海指出,西汉一代在内蒙古鄂尔多斯草原所设的县达 20 多个,这个数字尚不包括一些未知确实地址的县。当时的县址,有 1 处今天已经在沙漠之中,有 7 处已经接

---

① 侯仁之、俞伟超、李宝田:《乌兰布和沙漠北部的汉代垦区》,《治沙研究》(第 7 号),科学出版社,1965 年。

② 李并成:《居延古绿洲沙漠化考》,《历史环境与文明演进——2004 年历史地理国际学术研讨会论文集》,商务印书馆,2005 年,第 139 页。

③ 王尚义:《历史时期鄂尔多斯高原农牧业的交替及其对自然环境的影响》,《历史地理》第 5 辑,上海人民出版社,1987 年,第 17 页。

④ 王录仓、程国栋、赵雪雁:《内陆河流域城镇发展的历史过程与机制——以黑河流域为例》,《冰川冻土》2005 年第 4 期。

近沙漠。"应当有理由说,在西汉初在这里设县时,还没有库布齐沙漠。至于毛乌素沙漠,暂置其南部不论,其北部若乌审旗和伊金霍旗在当时也应该是没有沙漠的。"[①]

(二) 竹子的种植分布与生态环境

竹子是秦汉时期黄河流域人工种植的重要经济作物,不仅在经济生活中意义重大,而且在人们考察其与秦汉生态环境的关系时也有着非同寻常的意义。

《史记·货殖列传》载:"江南卑湿,……多竹木","巴蜀亦沃野,地饶",有"竹木之器"。[②] 在秦岭北坡上也有散生的野生竹类。不过秦汉时期野生竹林在人们生产生活中的地位远不如北方黄河流域人工培育的竹林。

《汉书·地理志下》记述:秦地"有鄠、杜竹林,南山檀柘,号称陆海,为九州膏腴",表明竹林成为当时资源富足的首要条件。东方朔以关中有"竹箭之饶",称之为"天下陆海之地"。[③] 若有"渭川千亩竹",其经济地位堪比当时的"千户侯"。[④]《汉书·景武昭宣元成功臣表》记载,将军杨仆因"击朝鲜畏懦"而获罪,"入竹二万个(枚)"得以减轻处罚,"赎完为城旦"[⑤],也说明当时关中地区竹的种植数量很多。《西都赋》记载:"源泉灌注,陂池交属,竹林果园,芳草甘木,郊野之富,号为近蜀。"[⑥]《西京赋》曰:"筱簜敷衍,编町成篁,山谷原隰,泱漭无疆。"[⑦] 这些都说明,当时的关中地区,竹林已成为人们的"富给之资"。《史记·货殖列传》记载:"山西饶材、竹、穀、纑、旄、玉石","江南出楠、梓、姜、桂、金、锡"。[⑧] 可见当时黄河流域竹的丰富程度,"竹"在"山西"物产中位列前茅,却没有出现在江南物产之中,表明了当时"山

---

① 史念海:《两千三百年来鄂尔多斯高原和河套平原农林牧地区的分布及其变迁》,《河山集(三集)》,人民出版社,1988年。

② 司马迁:《史记》卷129《货殖列传》,中华书局,1959年,第3261页。

③ 班固:《汉书》卷65《东方朔传》,中华书局,1962年,第2849页。

④ 司马迁:《史记》卷129《货殖列传》,中华书局,1959年,第3272页。

⑤ 班固:《汉书》卷16《景武昭宣元成功臣表》,中华书局,1962年,第532页。

⑥ 范晔:《后汉书》卷40上《班彪传上》,中华书局,1965年,第1338页。

⑦ 严可均编:《全上古三代秦汉三国六朝文·全后汉文》卷52《张衡·西京赋》,中华书局,1958年,第1522页。

⑧ 司马迁:《史记》卷129《货殖列传》,中华书局,1959年,第3253页。

西"之竹在经济生活中的地位之高。关于关中地区竹子的种植,王子今认为,自西汉起,关中地区沿渭河两岸就已经有大量的人工种植竹林。竹子被广泛应用于社会生活的各个方面:下层社会人民普遍以竹器作为生活用器,军队需要以竹子为主要材料的弓、箭、积竹柄等兵器,文人官吏需要的日常用具诸如尺、笔等都以竹材制作。最重要的一点就是当时人们多以竹子为建筑材料,这在考古中多有发掘。至于竹林在关中地区的消失,除了前面提到的东汉以后气候的变化导致不适宜竹子种植,王子今认为还有三个方面原因:(1)北方人们大量挖食冬笋,破坏了竹林的正常发育;(2)由于人口的大量增加,大面积地拓垦农田;(3)纸和陶瓷器逐渐普及,取代了竹子成为人们的日常用品。[①]

竹林生长的环境要求是有肥沃的土壤、温暖湿润的气候。晋代《竹谱》载:"竹虽冬蓓,性忌殊寒,九河鲜育,五岭实繁。"[②]说明竹类是喜温湿气候的植物,其分布区域与气候的变迁是紧密相关的。《后汉书·襄楷传》记载:桓帝延熹七年(164)冬大寒,"杀鸟兽,害鱼鳖,城傍竹柏之叶有伤枯者。"[③]《后汉书·五行志二》亦云:"桓帝延熹九年,洛阳城局竹柏叶有伤者。"[④]这些记载表明气候的变化对北方中原地区竹类生长有很大的影响。秦汉时期竹林分布范围的变化,也反映了当时气候的历史变迁。黄河以北至山东半岛一线,是暖温带落叶阔叶林分布区域,已经不是竹类的主要生长地区。虽然局部地区还栽培竹林,野生竹林也有星散分布。《水经注·清水》曰:"白鹿山东南二十五里有嵇公故居,以居时有遗竹焉。"这也是对中原竹林分布区域的佐证。《后汉书·西羌传》记述:"无复器甲,或持竹竿木枝以代戈矛。"东汉《长笛赋》曰:"惟箘笼之奇生兮,于终南之阴崖。"[⑤]表明当时陇山、秦岭北坡一带仍有竹林的分布。

---

①　王子今:《秦汉时期的关中竹林》,《农业考古》1983 年第 2 期。

②　白寿彝主编:《中国通史(修订本)》第 5 卷下《中古时代·三国两晋南北朝时期》,上海人民出版社,2004 年,第 981 页。

③　范晔:《后汉书》卷 30 下《襄楷传》,中华书局,1965 年,第 1076 页。

④　司马彪:《后汉书》志 14《五行志二·草妖条》,中华书局,1965 年,第 3299 页。

⑤　严可均编:《全上古三代秦汉三国六朝文·全后汉文》卷 18《马融·长笛赋》,中华书局,1958 年,第 1129 页。

（三）过度砍伐林木对环境的影响

砍伐林木的程度超过生态系统的自我修复状态就是过度砍伐,产生的危害广泛而巨大,会造成水土流失、流沙淤积、灾情频繁等严重后果。秦汉时期过度砍伐林木的情况通过以下大量使用木材可以窥见。

1. 建筑、丧葬耗材

秦汉建筑以木构架为主。宫殿楼阁修筑和民居建造都要使用大量木材。人类居住区周围的林木资源几乎被采伐殆尽。关中地区是秦汉帝都和帝陵所在,人口稠密,林木资源的采伐大,破坏比较严重。

两汉时期宫殿的建造极为奢华。西汉长安、东汉洛阳及其附近地区都有大规模的宫殿、台观。仅《汉书》所载长安之宫,就有未央、长乐等 30 余座,另外散见于《三辅黄图》等文献的尚有 12 座,计 40 余座宫殿。宫中之殿更是不胜枚举,仅未央宫就有殿 30 座。[1] 汉武帝的上林苑离宫别馆竟多达 300 余所,其"神明台、井干楼,度五十余丈,辇道相属焉",其中的井干楼,积"累万木,转相交架"。[2] 关于这些宫殿的奢侈富丽,《西都赋》中有这样的描述:"肇自高而终平,世增饰以崇丽,历十二之延祚,故穷奢而极侈。"[3]东汉末年,为了修建长安城宫殿,从陇山伐木,秦岭的林木再次遭到破坏。

东汉都城洛阳位于今河南洛阳以东 15 公里处,北靠邙山,南临洛水。《后汉书·郡国志》引《帝王世纪》曰:"城东西六里十一步,南北九里一百步。"又引晋《元康地道记》曰:"城内南北九里七十步,东西六里十步,为地三百顷一十二亩有三十六步。"[4] 由考古调查可知,"东城垣残长 3 895 米,西城垣残长 4 290 米,北城垣残长 3 700 米"。[5] 南面城垣由于被洛水冲毁,具体长度无法得知,但是由东西城垣之间的距离推测,大致可以认为其长度为 2 460 米。张衡在《东京赋》中盛赞洛阳宫殿之盛况。"逮及显宗,六

---

[1]　林剑鸣、余华青、周天游等:《秦汉社会文明》,西北大学出版社,1985 年,第 223~224 页。

[2]　司马迁:《史记》卷 12《武帝本纪》,中华书局,1959 年,第 482 页。

[3]　范晔:《后汉书》卷 40 上《班固传》,中华书局,1965 年,第 1336 页。

[4]　司马彪:《后汉书》志 19《郡国志一·序》,中华书局,1965 年,第 3385 页。

[5]　中国科学院考古研究所洛阳工作队:《汉魏洛阳城初步勘查》,《考古》1973 年第 4 期。

合殷昌,乃新崇德,遂作德阳……建象魏之两观,……其内则含德、章台、天禄、宣明、温饬迎春,寿安永宁。飞阁神行,莫我能形。"① 在众多宫殿中,以德阳殿为最。《汉职典仪》曰:"德阳殿周旋容万人。陛高两丈,皆文石作坛。"②《洛阳宫阁簿》载:此宫"南北行七丈,东西行三十七丈四尺"。③

帝王崇尚华丽的宫殿,贵族、官僚和富商巨贾也竞相仿效,大起宅第。"秦汉贵族府第之奢华,较先秦更甚,而后汉由于木结构楼阁建筑的兴起,犹为达官贵人阉宦之流提供了争奇斗胜的条件。"④ 大小贵族"缮修第舍,连里竞巷"。⑤ 东汉后期权臣梁冀府第的建筑足可与皇宫相媲美,"作阴阳殿,连阁通属。鱼池钓台,梁柱门户"。⑥ "广开园圃,采土筑山,十里九坂,以像二崤,深林绝涧,有若自然,奇禽驯兽,飞走其间。"⑦ 其林苑的范围,"西至弘农,东界荥阳,南极鲁阳,北达大河、淇,包含山薮,远带丘荒,周旋封域,殆将千里。又起菟苑于河南城西,经亘数十里,发属县卒徒,缮修楼观,数年乃成"。⑧

成书于西汉中期的《盐铁论·散不足》记载:"饰宫室,增台榭,梓匠斫巨为小,以圆为方,上成云气,下成山林"⑨;"今富者井干增梁,雕文槛楯,垩幔壁饰"⑩。这时富人的房屋种类增多,住宅面积增大,有闾巷、高堂邃宇,装饰更加豪华,有雕文槛楯、涂屏错跗。

秦汉时期,陵墓修筑也极其奢侈。有学者做过统计,秦始皇陵园东侧的兵马俑坑使用的立柱、棚木、枋木、封门木,一号、二号、三号俑坑共用木材

①　严可均编:《全上古三代秦汉三国六朝文·全后汉文》卷 53《张衡·东京赋》,中华书局,1958 年,第 1529 页。

②　司马彪:《后汉书》志 5《礼仪志中》引《汉职典仪》,中华书局,1965 年,第 3130 页。

③　司马彪:《后汉书》志 5《礼仪志中》引《洛阳宫阁簿》,中华书局,1965 年,第 3130 页。

④　林剑鸣、余华青、周天游:《秦汉社会文明》,西北大学出版社,1985 年,第 231 页。

⑤　范晔:《后汉书》卷 78《宦者传·曹节传》,中华书局,1965 年,第 2526 页。

⑥　袁宏:《后汉纪校注》卷 20《质帝纪》,周天游校注,天津古籍出版社,1987 年,第 556 页。

⑦　范晔:《后汉书》卷 34《梁统传附玄孙冀传》,中华书局,1965 年,第 1182 页。

⑧　范晔:《后汉书》卷 34《梁统传附玄孙冀传》,中华书局,1965 年,第 1182 页。

⑨　桓宽撰集:《盐铁论校注》卷 1《通有》,王利器校注,中华书局,1992 年,第 22 页。

⑩　桓宽撰集:《盐铁论校注》卷 6《散不足》,王利器校注,中华书局,1992 年,第 202 页。

8 000 余立方米。①汉代盛行厚葬之风,棺材厚重,使用木料多。营造一具"黄肠题凑",耗费木材之多超乎想象。如北京大葆台一号墓中的"黄肠题凑",使用柏木多达 15 880 根。每根柏木的长度为 90 厘米,断面为 10×10 厘米。②

2. 冶炼耗用的木材

秦汉时期,随着铁器的普遍使用,冶炼业迅速发展起来。《汉书·地理志》记载,汉代设置铁官 49 处,大部分在中原地区。东汉铁官的设置范围比西汉广泛,不仅在中原地区仍有设置,而且在北边的渔阳郡(治今北京密云西南)也设有铁官。

矿业生产包括诸多环节,其中最主要的是开矿和冶炼。矿产开采对环境的破坏很大。《汉书·贡禹传》曰:"攻山取铜铁,……凿地数百丈。"③冶炼需要耗费许多燃料,当时冶炼的燃料主要是木材,在考古中已有发现。④在郑州古荥考古发现的一座西汉冶铁炉,日产生铁 1 吨左右,平均每产 1 吨生铁约需木炭 7 吨。若按日产生铁半吨计算,每年约需木炭 1 280 吨,相当于 3 200 立方米的木材产量(依木材比重每立方米 0.5 吨、出炭率 20% 计算)。以每亩林取 1 立方米计算,一座高炉一年耗用 300 余亩山林。⑤

《淮南子·本经训》在描述冶铁熔铜的场景时云:"上掩天光,下殄地财"⑥,可见对木材的消耗之剧。此外,冶炼造成巨大的灰尘污染,遮天蔽日,严重影响矿区周围居民的生存。西汉大臣贡禹给汉元帝的奏疏中痛陈冶矿生产对环境的破坏:"今汉家铸钱,及诸铁官皆置吏卒徒,攻山取铜铁,一岁功十万人已上,中农食七人,是七十万人常受其饥也。凿地数百丈,销阴气之精,地藏空虚,不能含气出云,斩伐林木亡有时禁,水旱之灾未必不繇

---

①　袁仲一:《秦俑坑的修建和焚记》,《秦俑馆开馆三年文集》,秦始皇兵马俑博物馆,1982 年,第 15 页。

②　北京市古墓发掘办公室:《大葆台西汉木椁墓发掘简报》,《文物》1977 年第 6 期。

③　班固:《汉书》卷 72《贡禹传》,中华书局,1962 年,第 3075 页。

④　在郑州古荥镇汉代冶铁遗址和南阳瓦房庄汉代冶铁遗址出土了木炭。

⑤　郑州市博物馆:《郑州古荥镇汉代冶铁遗址发掘简报》,《文物》1978 年第 2 期。河南省博物馆、石景山钢铁公司炼铁厂、《中国冶金史》编写组:《河南汉代冶铁技术初探》,《考古学报》1978 年第 1 期。

⑥　刘安编:《淮南子集释》卷 8《本经训》,何宁集释,中华书局,1998 年,第 597 页。

此也。"① 由此可知,当时矿产开挖的规模之大,耗用人力、木材之多,所及之处林木植被遭到破坏,恶化了生态环境。

3. 炊薪取暖的木材

樵采作为百姓日常生活所需,虽然没有对生态环境造成严重的破坏,但也产生了局部影响。在日常生活中,人们主要以木柴为燃料,特别是季节性采用的需求量非常大。在当时有人专门从事"艾薪樵""担束薪""卖以给食"。②《史记·外戚世家》载,窦皇后兄窦长君年幼时,"为其主入山作炭"③。在居延汉简中,有许多戍卒"运薪""转薪""积薪"的内容。《四民月令》也有二月"收薪炭",五月"淋雨将降,储米谷薪炭"④的记载,可见木炭的广泛应用。《盐铁论·通有》载,江南地区,以"山伐为业"⑤。将采伐作为生存的必要手段,可见当时对林木的依赖程度。

有学者推算,汉代一户五口之家一年需要大约 1 800 公斤鲜柴,这个需求量相当于毁掉 1.34 公顷土地上的植被。⑥ 许惠民研究北宋开封的燃料供应,认为每人每年约消耗燃料 500 千克。⑦ 龚胜生在分析唐代长安与元明清北京的燃料供应问题时指出,传统时代平均每人每年生活用薪柴量约为 0.5 吨。两者数值完全一致。⑧ 又据龚胜生考证,1 吨木柴平均折合原木 1.46 立方米,则可进而推算出每年所消耗的薪柴相当于多大体积的原木。赵九渊依据薪柴折算的原木体积平均值对获取薪柴需采伐的森林面积进行了推算,编制了"战国以降华北燃料消耗原木量表"。⑨ 本书据此改制出表 2.1,

① 班固:《汉书》卷 72《贡禹传》,中华书局,1962 年,第 3075 页。

② 班固:《汉书》卷 64《朱买臣传》,中华书局,1962 年,第 2791 页。

③ 司马迁:《史记》卷 49《外戚世家》,中华书局,1959 年,第 1973 页。

④ 崔寔:《四民月令校注·四民月令内容提要表》,石声汉校注,中华书局,2013 年,第 1 页。

⑤ 班固:《汉书》卷 28《地理志下》,中华书局,1962 年,第 1666 页。

⑥ 盛承禹:《我国西北地区的气候环境与古代的"丝绸之路"》,邹进上主编:《气候学研究——"天、地、生"相互影响问题》,气象出版社,1989 年,第 254 页。

⑦ 许惠民、黄淳:《北宋时期开封的燃料问题——宋代能源问题研究之二》,《云南社会科学》1988 年第 6 期。

⑧ 龚胜生:《唐长安城薪炭供销的初步研究》,《中国历史地理论丛》1991 年第 3 期。龚胜生:《元明清时期北京城燃料供销系统研究》,《中国历史地理论丛》1995 年第 1 期。

⑨ 赵九渊:《古代华北燃料问题研究》,南开大学博士学位论文,2012 年。

可供参考。

表 2.1 汉代北方燃料消耗原木量表

	西汉初期	西汉末期	东汉中期
原木体积较大值 /(万立方米 / 年)	146.809	847.189 8	929.833 1
原木体积保守值 /(万立方米 / 年)	88.085 4	508.313 9	557.899 9
原木体积平均值 /(万立方米 / 年)	117.447 2	677.751 9	743.866 5
灌木林面积较小值 /(平方千米 / 年)	402.216 4	2 321.068 2	2 547.488
灌木林面积较大值 /(平方千米 / 年)	804.432 9	4 642.136 3	5 094.976
阔叶林面积较小值 /(平方千米 / 年)	587.236	3 388.759 5	3 719.332 5
阔叶林面积较大值 /(平方千米 / 年)	1 174.472	6 777.519	7 438.665

假设薪材全部取自灌木林,且每平方千米灌木林可提供的薪柴量均为 2 920 立方米,则可得出汉代采伐薪炭至少需采伐的森林面积变动情况。战国秦汉时期,每年需采伐森林的面积以 2 000 平方千米为中心波动。[1] 龚胜生研究唐代长安与元明清北京城的燃料时估测,每年有 10% 的森林被过度采伐,若将这一比例用在秦汉时期的燃料问题上,则每年遭到破坏的森林面积在 400 平方千米以上。秦汉时期,累计破坏的森林面积达 1 600 万平方米。这是理论计算,实际情况并非如此,一般情况下,人们在采伐薪柴时,往往只砍取树木的旁枝,很少砍伐树木的主干。扣除林木的再生和人工栽培等因素,森林实际减少的面积要小很多。即便如此,薪柴需求仍是秦汉时期北方地区林木面积减少的重要原因。

西汉中叶,汉武帝亲临黄河瓠子决口处指挥封堵黄河决口,"令群臣从官自将军以下皆负薪寘决河。是时东郡烧草,以故薪柴少,而下淇园之竹以为楗"。[2]《盐铁论·通有》记载:"曹、卫、梁、宋采棺转尸。"[3] 曹、卫、梁、宋位于黄河下游平原地区,由于林木匮乏,只能用柞木制作简陋的棺材,甚至弃尸不葬。可见当时北方地区因植被破坏造成薪柴和木材使用的紧张状况。

伐林是人类改变自身环境最长久和最重要的方式之一。砍伐林木的目的主要有:耕种、取得燃料、获得建材。林木的过分采伐会引发水土流失,

① 赵九渊:《古代华北燃料问题研究》,南开大学博士学位论文,2012 年。
② 班固:《汉书》卷 29《沟洫志》,中华书局,1962 年,第 1682 页。
③ 桓宽撰集:《盐铁论校注》卷 1《通有》,王利器校注,中华书局,1992 年,第 43 页。

进而加剧生态环境的破坏。降雨之后,雨水冲刷下来的土石使河流淤积,降低了河流调节疏通和防洪的能力,造成河水暴涨、洪水倒灌,灾害发生频率很高。两汉时期对林木的大量需求、砍伐,连同发展农业、手工业生产的毁林,使黄河流域的森林覆盖率大为下降,各地生态条件更为脆弱。[①]

五、秦汉时期的林木保护实践

(一)宫廷苑囿保护

由于农业的开垦,除了宫廷苑囿和帝王陵墓,秦汉时期关中平原地区主要的森林基本上损失殆尽,保存下来的只是一些小块的林区。秦汉时期风景优美的帝王苑囿受到朝廷的严格保护,普通百姓不能进入,严禁砍伐树木、毁坏花草和自然植被。林木茂盛的帝王苑囿成为实际上的自然保护区。

平原上的林区主要分布在帝王、贵族、官僚的宫廷苑囿中。《风俗通》云:"苑,蕴也,言薪蒸所蕴积也。"[②]薪为粗木,蒸为柴草,可见古人是将大量草木生长的某一境域称之为苑。《说文·口部》云:"苑,有垣也,一曰所以养禽兽曰囿。"[③]《淮南子·本经训》高诱注:"有墙曰苑,无墙曰囿。所以畜禽兽也。"[④]对苑和囿做了解释并加以区分。苑囿内养有禽兽。在西周至春秋战国时期,苑囿是以游憩狩猎为主要活动的场所。战国时期,秦有凤台(在今陕西宝鸡东南)、具囿(在今陕西凤翔附近)等苑囿,赵有丛台(在邯郸城内,数台连聚,故名),楚有章华台、荆台,齐有青丘,魏有漳渠,卫有淇园,蜀有橘林,吴有长洲、华亭、姑苏台,韩有乐林苑,郑有原囿。秦统一后,基本上保留了这些诸侯国的游乐场所,又修建了上林、甘泉、宜春等新苑。发展至秦汉时期的宫廷苑囿,动植物是主要的景观。

宫廷苑囿一般都选在生态环境好、水源充沛、植被丰茂的地方,其中有

① 陈业新:《灾害与两汉社会研究》,上海人民出版社,2004年,第137页。
② 徐坚:《初学记》卷24《居处部·苑囿第十二》,中华书局,2004年,第312页。
③ 许慎:《说文解字注》卷7上《禾部》,段玉裁注,许惟贤整理,凤凰出版社,2007年,第489页。
④ 刘安编:《淮南子集释》卷8《本经训》,何宁集释,中华书局,1998年,第593页。

大量自然生长的树木,当然也不乏人工栽培的珍奇植物。汉武帝建元三年(前138)拓建了上林苑。① 西汉上林苑范围广大,几乎包罗了西汉长安渭南的全部宫苑。各类文献对西汉上林苑有丰富的记载。司马相如《上林赋》说上林苑"崇山龍嵷","深林巨木",上林苑中"檍檀木兰,豫章女贞,长千仞,大连抱。"② 檀树、木兰、豫章、女贞树高千仞,粗大的树干需数人合抱,虽有夸张的成分,亦可推知这些大树在建苑之前就已经存在。班固《西都赋》写道:"上囿禁苑,林麓薮泽,陂池连于蜀、汉。"③ "上囿禁苑"说的就是上林苑,《谷梁传·僖公》曰:"林属于山为鹿(麓)"④,上林苑的低山上林木郁郁葱葱之景,可见一斑。

除了自然生长的树木,统治者为了满足自己观赏游玩的需要,从全国各地搜罗各种珍奇植物栽培到宫廷苑囿内,以上林苑最为突出。据《西京杂记》载:"初修上林苑,群臣远方,各献名果异树,亦有制为美名,以标奇丽。"⑤ 并列举梨十种,枣七种,桃十种,李十五种,柰三种,查三种,椑三种,棠四种,梅七种,杏二种,桐三种,以及林檎、枇杷、橙、安石榴等,其他异木还有桱、白银树、黄银、千年长生树、万年长生树、扶老木、守宫槐、金明树、摇风树、鸣风树、琉璃树、池离树、离娄树等。西汉后期,刘歆从上林令虞渊手中得到一份"朝臣所上草木名二千余种"。⑥ 其中如秦桃等应为长安当地

---

① 关于上林苑的范围,《汉书·东方朔传》载:"阿城以南,盩屋以东,宜春以西。"(班固:《汉书》,中华书局,1962年,第2847页)阿城即阿房宫,盩屋即今周至。宜春似非县名,而系长安东南的宜春苑。但据《宋著长安志图》说明,上林苑东至今潼关东面灵宝境内荆山下的鼎湖。"阿城以南"实即包含了秦岭北麓的终南山。其北界则为渭河。如此,则东西长约100千米,南北宽约60千米。(宋敏求、李好文:《长安志·长安志图》,三秦出版社,2013年,第197页)司马相如《上林赋》云:"日出东沼,入于西陂。其南则隆冬生长,踊水跃波;……其北则盛夏冻裂地,涉水揭河。"(班固:《汉书》,中华书局,1962年,第2556页)所言略有艺术夸张,班固《两都赋》所讲上林苑"缭垣绵联四百余里"还是属实的。它几乎包罗了西汉长安渭南的全部宫苑和西周古都丰京、镐京。

② 司马迁:《史记》卷117《司马相如列传》,中华书局,1959年,第3022、3028页。

③ 范晔:《后汉书》卷40上《班彪传上》,中华书局,1965年,第1338页。

④ 钟文烝:《春秋谷梁经传补注·僖公经传第四·补注第十》,中华书局,2009年,第295页。

⑤ 葛洪:《西京杂记》卷1《上林名果异树》,三秦出版社,2006年,第52页。

⑥ 葛洪:《西京杂记》卷1《上林名果异树》,三秦出版社,2006年,第53页。

的果树,而西域、西南巴蜀、北方燕地、东方鲁地的果木均在此生长。

《三辅黄图》也有汉武帝时在上林苑移植南方奇草异木的记载:

> 扶荔宫,在上林苑中,汉武帝元鼎六年,破南越起扶荔宫,以植所得奇草异木:菖蒲百本,山姜十本,甘蕉十二本,留求子十本,桂百本,蜜香、指甲花百本,龙眼、荔枝、槟榔、橄榄、千岁子、甘橘皆百余本。上木,南北异宜,岁时多枯瘁。荔枝自交趾移植百株于庭,无一生者,连年犹移植不息。后数岁,偶一株稍茂,终无华实,帝亦珍惜之。一旦萎死,守吏坐诛者数十人,遂不复莳矣。[①]

司马相如《上林赋》亦描写上林苑中的珍奇植物:

> 于是乎卢橘夏孰,黄甘橙楱,枇杷橪柿,楟柰厚朴,樗枣杨梅,樱桃蒲陶,隐夫薁棣,榙遝荔枝,罗乎后宫,列乎北园。貤丘陵,下平原,扬翠叶,杌紫茎,发红华,垂朱荣,煌煌扈扈,照曜巨野。[②]

古人指出,《上林赋》中言过其实者甚多,"此虽赋上林,博引异方珍奇,不系于一也"。[③]赋中所列植物虽不可全信,但足可从中了解上林苑中植物的概貌和西汉时果木的种类。

甘泉山下的离宫内外有"豫章杂木,梗松作械,女贞乌勃,桃李枣檍"。[④]不仅树种不少,而且株数繁多。《汉书·郊祀志下》记载:汉成帝时,"大风坏甘泉竹宫,折拔畤中树大十围以上百余"。[⑤]一次大风竟然吹折了甘泉宫内十围以上的大树百余株。西郊苑也是"林麓薮泽连亘"[⑥],茂密的树木与水草连成一片,葱郁之景可以想见。《汉书·东方朔传》载长安顾城庙有"萩竹籍田"。[⑦]顾城庙即文帝庙,在长安城南。颜师古认为,"萩"即"楸"字,

---

① 何清谷校释:《三辅黄图校释》,中华书局,2005 年,第 209 页。

② 司马迁:《史记》卷 117《司马相如列传》,中华书局,1959 年,第 3028 页。

③ 司马迁:《史记》卷 117《司马相如列传》,中华书局,1959 年,第 3029 页。

④ 严可均编:《全上古三代秦汉三国六朝文·全汉文》卷 40《刘歆·甘泉宫赋》,中华书局,1958 年,第 691 页。

⑤ 班固:《汉书》卷 25《郊祀志下》,中华书局,1962 年,第 1258 页。

⑥ 陈直校证:《三辅黄图校证》,陕西人民出版社,1980 年,第 90 页。

⑦ 班固:《汉书》卷 65《东方朔传》,中华书局,1962 年,第 2853 页。

即楸树。长安城南顾成庙旁有楸树林和竹林。"秦汉宫观多有以树木命名者,可以推想其中生植的有代表性的树种,如长杨宫、桂宫、葡萄宫、棠梨宫、竹宫、扶荔宫、五柞宫、兰林殿、椒风殿、青梧观、白扬观、细柳观等。"[1]

有些诸侯王的园林规模宏大,也成为林木的保护区。汉景帝时,梁孝王"筑东苑,方三百余里,广睢阳城七十里,大治宫室,为复道,自宫连属于平台三十余里"[2]。其范围之大,几可与上林苑比肩。梁孝王"作曜华之宫,……奇果异树,瑰禽怪兽毕备"[3]。园内的"奇果异树"也当是从全国各地搜罗来的珍品。

汉赋虽有夸饰之辞,但《上林赋》所言"深林巨木""攒立丛倚""长千仞,大连抱",仍可视为对上林苑自然景观的真实描写。班固《西都赋》云:关中"竹林果园,芳草甘木,郊野之富,号为近蜀"[4]。长安"西郊则有上囿禁苑",内则"茂树阴蔚",宫殿区中亦"灵草冬荣,神木丛生"。[5]皇家禁苑四周有竹篱围护,即使贵族也不得"阑入"(无凭证而擅自进入,后泛指擅自进入不应进去的地方),一般人更严禁进入,林木植被受到严格保护。天然林木的保护,可以起到保持水土、调节气候、涵养水源等作用。

汉代统治者在先代帝王陵寝和帝王郊祀之地周围种植大量树木,禁止砍伐,并迁徙平民守护陵寝,也在客观上形成了一定范围的自然保护区。

(二) 护林和育林

除自然更新外,林木也有人为的更新。人为更新快,也更符合人类生存发展的需要。在秦汉经济发展时期,培育、保护森林以取得木材和其他林产品的林业,作为重要的社会生产部门得到发展。当时护林、育林的实践活动,反映出秦汉统治者具有的生态意识,也对后世有启示。

秦汉时期的帝王大都是植树造林的积极倡导者。秦始皇焚书,"医药

---

① 王子今:《秦汉时期的护林造林育林制度》,《农业考古》1996 年第 1 期。
② 司马迁:《史记》卷 58《梁孝王世家》,中华书局,1959 年,第 2083 页。
③ 葛洪:《西京杂记》卷 2《梁孝王好营宫室苑囿》,三秦出版社,2006 年,第 114 页。《三辅黄图》中也有记载。(陈直校证:《三辅黄图校证》,陕西人民出版社,1980 年,第 81 页)
④ 范晔:《后汉书》卷 40 上《班彪传上》,中华书局,1965 年,第 1338 页。
⑤ 范晔:《后汉书》卷 40 上《班彪传上》,中华书局,1965 年,第 1338、1348、1342 页。

卜筮种树之书", "不去"。[①] 两汉帝王下达的有关植树造林、禁止乱砍滥伐的诏令有 20 多道。《汉书·文帝纪》前元十二年(前 168)诏曰:"吾诏书数下,岁劝民种树。"[②]《汉书·景帝纪》后元三年(前 141)春正月,诏曰:"其令郡国务劝农桑,益种树,可得衣食物。"[③]《汉书·韩安国传》曰:"种树以时,仓廪常实,匈奴不轻侵也。"[④] 倪根金对"种树"的含义另有一解,"种树"指"种植或栽种",主要是指栽种"粮食作物,同时也不排斥含有某些特定的经济林木,如桑、枣等"。[⑤] 王莽时规定:"城郭中宅不树艺者为不毛,出三夫之布。"颜师古注:"树艺,谓种树果木及菜蔬。"[⑥] "三夫之布"是指三个劳动力的布帛税。王莽用增加收税的办法强迫城市中的民众种树。

一些地方行政官员奉行朝廷植树造林的命令,在动员民间植树方面做出了重要成绩。龚遂任渤海太守,"劝民务农桑,令口种一树榆"。[⑦] 东汉时,也有此类政令见诸文献记载。东汉初,樊晔任扬州牧,"教民耕田种树理家之术"。[⑧] 郑浑在山阳郡和魏郡太守任上,"以郡下百姓苦乏材木,乃课树榆为篱,并益树五果,榆皆成藩,五果丰实",于是"民得财足用饶"[⑨] 郑浑也因此迁升将作大匠。汉代长安城街道两旁种植着茂盛的槐、榆、松、柏等行道树,[⑩] 林木茂盛,蔽日成荫,御史府"列柏树,常有野鸟数千栖宿其上"[⑪],一幅生态和谐良好的美丽景象。《三辅黄图》记载,长安城中"树宜槐与榆,松柏茂盛焉",城门亦皆"周以林木"。[⑫]

经过帝王和地方官员的大力推广种植,秦汉时期道路旁多有树木。《汉

① 司马迁:《史记》卷 6《秦始皇本纪》,中华书局,1959 年,第 255 页。
② 班固:《汉书》卷 4《文帝纪》,中华书局,1962 年,第 124 页。
③ 班固:《汉书》卷 5《景帝纪》,中华书局,1962 年,第 152 页。
④ 班固:《汉书》卷 52《韩安国传》,中华书局,1962 年,第 2399 页。
⑤ 倪根金:《秦汉"种树"考析》,《农业考古》1992 年第 1 期。
⑥ 班固:《汉书》卷 24《食货志下》,中华书局,1962 年,第 1180 页。
⑦ 班固:《汉书》卷 89《循吏列传·龚遂传》,中华书局,1962 年,第 3640 页。
⑧ 范晔:《后汉书》卷 77《酷吏列传·樊晔传》,中华书局,1965 年,第 2491 页。
⑨ 陈寿:《三国志》卷 16《魏书·郑浑传》,中华书局,1959 年,第 511 页。
⑩ 刘运勇:《西汉长安》,中华书局,1982 年,第 42 页。
⑪ 班固:《汉书》卷 83《朱博传》,中华书局,1962 年,第 3405 页。
⑫ 陈直校证:《三辅黄图校证》,陕西人民出版社,1980 年,第 19、27 页。

书·贾山传》记载,秦时"为驰道于天下,东穷燕、齐,南极吴、楚,江湖之上,
濒海之观毕至。道广五十步,三丈而树,厚筑其外,隐以金椎,树以青松"①。
汉代人追述秦时苛政,多有从事转运的卒徒"自经于道树"以致"死者相望"
的记载。所谓"松柏夹广路"②似乎已经成为交通道路制度的既定内容。行
道树可以明确划定路界,可以减少路尘飞扬,夏日还可以遮阳避暑。这种
情况在汉代画像砖中也有反映。四川成都北郊出土的《容车侍从》画像砖,
道路两边备有树一株,左右对称。雅安高颐阙石刻《出行车骑》画像砖,有
轺车和骑从在道路中间奔驰,道旁有树和恭立观看的行人。③汉代蜀地的
官道宽阔平坦,道路两边种有树木,称之为林荫大道亦不为过。《后汉书·百
官志四》载:将作大匠"掌修作宗庙、路寝、宫室、陵园木土之功,并树桐梓之
类列于道侧"。刘昭注:"《汉官篇》曰:'树栗、漆、梓、桐。'胡广曰:'古者列
树以表道。并以为林囿。四者皆木名,治宫室并主之'"④。"并以为林囿"是
说行道树栽植也是林业经营的内容。《太平御览》引陆机《洛阳记》记述洛
阳城中交通道路制度,也说到"夹道种榆、槐树"。东汉宋子侯《董娇娆》诗
曰:"洛阳城东路,桃李生路旁,花花自相对,叶叶自相当。"⑤说明也有以果
树作为行道树的。

　　民间林木的广泛种植与人们从中获得经济收益有很大关系。经济林
的种植对社会经济生活和经营此种林木的人们的经济地位产生了显著影
响。其他的林木种植已经成为重要的社会生产项目。"十岁,树之以木"⑥,
由此取得木材和其他林产品,已经成为基本谋生手段之一。有文献中说到
"树竹木""以为民资"的经济形式,"教民养育六畜,以时种树,务脩田畴,
滋植桑麻,肥垅高下,各因其宜。丘陵坂险不生五谷者,以树竹木。春伐枯槁,

①　班固:《汉书》卷51《贾山传》,中华书局,1962年,第2328页。
②　司马迁:《史记》卷112《平津侯主父列传》,中华书局,1959年,第2958页。
③　刘志远、余德章、刘文杰编著:《四川汉代画象砖与汉代社会》,文物出版社,1983
年,第64页。
④　范晔:《后汉书》卷114《百官志四·将作大匠条》,中华书局,1965年,第3609页。
⑤　徐坚:《初学记》卷28《果木部》,中华书局,2004年,第673页。
⑥　司马迁:《史记》卷129《货殖列传》,中华书局,1959年,第3271页。

夏取果蓏,秋畜疏食,冬伐薪蒸,以为民资"。[1] "种植竹木除取得材木外,还可以得到果品薪柴等综合性收益,于是成为农桑经济的重要补充。所谓'春伐枯槁',又有森林更新的意义。"[2]

秦汉时期,人工护林育林措施中值得一提的还有培植榆溪塞。榆溪塞是指种植榆树,形同一道边塞。榆溪塞的培植始于战国末年,是沿着秦国长城栽种的。战国末年的秦国长城东端始于今内蒙古托克托县黄河右岸的十二连城,长城西南行,越秃尾河上游,过今榆林、横山北,再缘横山山脉西去。[3] 至秦始皇时,在旧长城之北复筑长城,过今兰州,循黄河而下,再循阴山山脉而东。今兰州东南有榆中县,亦可为曾在此"树榆为塞"的佐证。西汉时,这条榆溪塞再经培植扩展,散布于准格尔旗及神木、榆林之北。这使得当时的长城附近复有一条绿色长城,比长城更为宽广。

秦汉时期种植和保护林木,改善了生态环境,一定程度上反映了统治者生态意识的增强,亦可从中发现生态意识对生态环境保护的重要意义。

第二节 ｜ 动物与秦汉生态环境

秦汉时期的动物种类繁多,分布广泛,密林高山和水草丰美的草原地区都有野生动物的身影。为了满足生产、生活和娱乐等需要,人工养殖的动物也比战国时期多。

一、主要野生动物

随着人类活动范围的扩大,与战国时期相比,秦汉时期野生动物的生

---

① 刘安编:《淮南子集释》卷9《主术训》,何宁集释,中华书局,1998年,第685~686页。

② 王子今:《秦汉时期的护林造林育林制度》,《农业考古》1996年第1期。

③ 史念海:《黄河中游战国及秦时诸长城遗迹的探索》,《陕西师大学报》(哲学社会科学版)1978年第2期。

存空间相对缩小。不过,在人类经常活动的地区,也常有大型野生动物出没,"猛虎伤人"就是突出的事例。至于人迹罕至的深山密林,野生动物仍然广泛分布。可以说,自然植被的覆盖程度直接决定了野生动物的生存空间。秦汉时期,人口集中在"山西"与"山东"地区,这里的气候不如"江南"湿热,植被没有"江南"茂盛,黄河流域的野生动物不管从种类上还是数量上来说,都比"江南"少很多。"山西"与"山东"地区野生动物的生存区域呈点状分布,而在"江南"地区呈片状分布。"龙门、碣石北"是传统的畜牧区,由于地广人稀,野生动物也比较多。

(一)陆生动物

气候条件的变化影响水资源和自然植被的形态。气候湿热,植被茂盛,相对来说比较适合野生动物生存,尤其是大型野生动物。秦汉时期许多野生动物生存的北界普遍比现在要偏北,而且活动的范围更广大。根据史书记载,生活在当时的主要大型野生动物有象、犀、猩猩、虎、鹿、野马、野驴、野骆驼等,另外关于孔雀、鹦鹉的记载也比较多。

1. 象

在距今六七千年到 2 500 年前左右的时间里,象的分布以殷(今河南安阳殷墟)一带为北界。[①] 降至战国秦汉时期,象的分布南移至秦岭、淮河以南地区。《尔雅·释地》在记叙我国古代一些地区的著名物产时称:"南方之美者,有梁山之犀、象焉。"[②] 汉代的南方是指我国秦岭、淮河以南的广大地区。这意味着春秋末战国初期象分布的北界已移至秦岭、淮河一带。《淮南子·坠形训》在记载四方及中央地区的气候、物产时说:"南方阳气之所积,暑湿居之。……其地宜稻,多兕象。"[③]《淮南子》对"南方""多兕象"说法

---

① 文焕然、何业恒、江应樑等:《历史时期中国野象的初步研究》,《思想战线》1979 年第 6 期。

② 郝懿行:《尔雅义疏》中之五《释地》,齐鲁书社,2010 年,第 3372 页。关于"梁山",文焕然认为今地的说法很多,其中比较正确的有三说:浙江绍兴一带、四川盆地中梁山县高梁山一带和福建漳浦县梁山一带。《尔雅》大概泛指战国到西汉时代秦岭、淮河以南许多山地、丘陵的著名物产中有象、犀。(文焕然:《再探历史时期的中国野象分布》,《思想战线》1990 年第 5 期)

③ 刘安编:《淮南子集释》卷 4《坠形训》,何宁集释,中华书局,1998 年,第 353 页。

的沿用更证实了这一点。《淮南子·人间训》记载,秦始皇三十三年(前214)统一岭南时,两广等地有"犀角、象齿、翡翠、珠玑"。[①] 这表明秦初岭南一带犀象众多,所以"犀角、象齿"才作为主要特产被提及。看来秦汉时期秦岭、淮河以南的广大地区都是象的分布区。

四川盆地象栖息的历史很早。《国语·楚语上》载,前6世纪初,楚国的"巴(巴郡)浦(合浦)之犀、牦、兕、象,其可尽乎"。[②]《华阳国志·蜀志》称,古代蜀国之宝有犀、象。这些都反映出战国时期四川盆地有野象的分布。东汉扬雄指出四川盆地有犀、象。[③] 文焕然等考证,秦汉时期四川盆地的地理环境非常适合象的生存。"北有秦岭、大巴山的阻挡,东有巫山的纵列和三峡之险,南和西均为高原,地形比较闭塞,但盆地内的年平均和冬季的气温一般较其以东同纬度的长江中下游平原为高,植物繁茂,更适于野象的栖息。由于地形比较闭塞,野象在四川盆地的活动与长江中下游不同,野象的流动主要在区内,区际之间的流动较难。"[④]

秦汉时期象在长江中下游区域的分布北界还在长江以北地区。战国时屈原《楚辞·天问》提到当时楚国有象。汉代司马相如在《子虚赋》中也谈到战国时代楚国云梦游猎区,"兕象野犀"。[⑤]《子虚赋》中虽不无夸大,但说明当时长江中游有象、犀的分布却是事实。汉代桓宽《盐铁论·本议》有"荆、杨(扬)之皮革骨象"语,可见汉代本区产象。《汉书·地理志上》提到扬州、荆州皆贡"齿、革",其中"齿"就是指象牙。《盐铁论·崇有》言:"夫犀象兕虎,南夷之所多也。"[⑥] 扬雄《荆州箴》指出,当时荆州物产有"象齿元龟"。[⑦] 这些都反映汉代长江中游有象分布。

————————

① 刘安编:《淮南子集释》卷18《人间训》,何宁集释,中华书局,1998年,第1289页。

② 此为白公子张对楚灵王(前540—前529)之语,当说于前529年之前。

③ 扬雄:《蜀都赋》,商务印书馆,1999年,第517页。

④ 文焕然、何业恒、江应樑等:《历史时期中国野象的初步研究》,《思想战线》1979年第6期。

⑤ 司马迁:《史记》卷117《司马相如列传》,中华书局,1959年,第3004页。

⑥ 桓宽:《盐铁论校注》卷7《崇礼》,王利器校注,中华书局,1992年,第438页。

⑦ 严可均编:《全上古三代秦汉三国六朝文·全汉文》卷54《杨雄·荆州箴》,中华书局,1958年,第834页。

云南产象历史记载很早。《史记·大宛列传》记载:"昆明之属无君长,善寇盗,辄杀掠汉使,终莫得通,然闻其西千余里,有乘象国,名曰滇越。"[①] 这个昆明不是现在的地名,而是族名,分布地在金沙江西岸至洱海、滇池之间,"其西千余里",正是现在的德宏州境。据乾隆《腾越州志》载,张骞所称的滇越,即云南腾越(治今腾冲)。说明早在西汉,今腾冲以南一带,不仅产象,而且以象为乘骑,因而称为"乘象国"。《华阳国志·南中志》云:"永昌郡,古哀牢国","土地沃腴",物产丰富,有"孔雀、犀、象"等珍禽异兽。[②] 哀牢为古国名。东汉永平十二年(69)以其地置哀牢(治今云南盈江东)、博南(治今云南永平)两县,属永昌郡。当时永昌郡所辖范围甚广,"其地东西三千里,南北四千六百里"[③],大体相当于今云南大理州、保山、临沧、德宏及西双版纳等地。

秦代以前,世人以金、玉、银、犀、象等为珍品。当时犀角、象牙制品已很流行,所以,李斯在《谏逐客书》中说:"犀象之器不为玩好。"[④] 由于象牙的稀有广用,当时已成为一种特殊商品。

2. 犀

文焕然等认为,犀、兕为一物。"古籍在记载野犀的时期和产地上用字往往不同。大约自本草著作问世以前,对北方野犀常用兕。而自东汉的《神农本草经》以后多用犀角字样代表南方的野犀。"[⑤] 文焕然的观点系沿用明代李时珍之说。《本草纲目·兽二·犀》(释名)云:"大抵犀、兕是一物,古人多言兕,后人多言犀,北音多言兕,南音多言犀,为不同耳。"[⑥] 不过,古籍中犀、兕并提的情况很多,《四库全书》中有 400 多例,"犀""兕"似不可视

---

① 司马迁:《史记》卷 123《大宛列传》,中华书局,1959 年,第 3166 页。

② 常璩:《华阳国志校注》卷 4《南中志·永昌郡》,刘琳校注,巴蜀书社,1984 年,第 430 页。《后汉书》卷 86《哀牢》也称哀牢国出"孔雀""犀、象"。

③ 常璩:《华阳国志校补图注》卷 4《南中志》,任乃强校注,上海古籍出版社,1987 年,第 284~285 页。

④ 司马迁:《史记》卷 87《李斯列传》,中华书局,1959 年,第 2543 页。

⑤ 文焕然、何业恒、高耀亭:《中国野生犀牛的灭绝》,《武汉师范学院学报》(自然科学版)1981 年第 1 期。

⑥ 李时珍:《本草纲目》卷 51 上《兽二·犀》,《文渊阁四库全书》影印本,第 774 册,台湾商务印书馆,1986 年,第 472d 页。

作一种动物。如《左传》宣公二年(前 607)云:"牛则有皮,犀兕尚多,弃甲则那?"[1]《汉书·扬雄传上》有"犀兕之抵触"[2]句,《淮南子·兵略训》提到"蛟革犀兕"。[3]

文献中往往"犀、象"并称,如《尔雅·释地》称"南方之美者,有梁山之犀、象焉"[4],《上林赋》言"兕象野犀",《华阳国志·南中志》说永昌郡的物产有"孔雀、犀、象"[5]等。看来犀和象的生存环境大致相同。

《尚书·禹贡》云:"扬州""荆州"皆贡"齿、革","革"指犀革。《神农本草经》引《范子计然》云:犀角,"出南郡,上价八千,中三千,下一千"。[6]汉代南郡的辖境相当于今湖北枌青河及襄樊以南,荆门、洪湖以西,长江和清江流域以北,西至四川巫山。高诱注《淮南子·坠形训》曰:"长沙、湘南有犀角、象牙,皆物之珍也。"[7]长沙郡的治所在临湘(今长沙)。湘南包括今衡阳、零陵、郴州等地,都在长江以南地区。东汉末年,犀角的主要产地可能移到江南了。

古代云南的犀与象的分布范围大致相同。仍以滇西南为主,即包括保山地区、德宏州境、西双版纳州和思茅地区。《华阳国志·南中志》载,永昌郡有孔雀、犀、象等珍禽异兽。[8]从汉代以来,这一带一直是犀、象的主要分布区,出产犀角、犀皮等珍贵物品。

犀牛角可入药,也可制作器皿。《周礼·地官司徒》载:"掌其比觵挞罚之事。"郑玄注云:"觵用酒,其爵以兕角为之。"犀角用作盛酒的器皿。[9]《神

---

① 洪亮吉:《春秋左传诂》卷 10《宣公二年》,中华书局,1987 年,第 397 页。

② 班固:《汉书》卷 87《扬雄传上》,中华书局,1962 年,第 3549 页。

③ 刘安编:《淮南子集释》卷 15《兵略训》,何宁集释,中华书局,1998 年,第 1062 页。

④ 郝懿行:《尔雅义疏》中之五《释地》,齐鲁书社,2010 年,第 3372 页。

⑤ 常璩:《华阳国志校注》卷 4《南中志·永昌郡》,刘琳校注,巴蜀书社,1984 年,第 430 页。

⑥ 李昉等:《太平御览》卷 890 引《范子计然》,《文渊阁四库全书》影印本,第 901 册,台湾商务印书馆,1986 年,第 621 页。

⑦ 刘安编:《淮南子集释》卷 4《坠形训》,何宁集释,中华书局,1998 年,第 337 页。

⑧ 常璩:《华阳国志校注》卷 4《南中志·永昌郡》,刘琳校注,巴蜀书社,1984 年,第 430 页。

⑨ 孙诒让:《周礼正义·地官司徒·阍胥》,中华书局,2013 年,第 887 页。

农本草经》谈到犀角在医疗上的应用①,《名医别录》说到犀角的产地,②可见犀角的用途日益广泛,对犀的猎杀也在所难免。

3. 猩猩

秦汉文献中关于猩猩的记载,提供了猩猩活动的信息。《后汉书·哀牢》记载:"出……犀、象、猩猩、貊兽。"③《后汉书·冉駹》称其地"有五角羊、麝香、轻毛毨鸡、牲牲"。④王子今认为,"这里所谓'牲牲',就是'猩猩'"。⑤《华阳国志·南中志》记载,"永昌郡,古哀牢国","有……猩猩兽,能言"。⑥任乃强说,"其地(古哀牢国)与今保山、德宏、临沧、怒江、耿马、思茅等专区与自治州相当"。⑦可以看出,滇西南一带是秦汉时期猩猩的主要生活地区。蓝勇也称"在汉晋时期,中国西南还有较多猩猩分布","滇西南、滇南、滇东南和黔西南是猩猩重要产地"。⑧

猩猩的唇曾经是一种美食。《吕氏春秋·本味》记载:"肉之美者,猩猩之唇。"⑨另外,人们也了解猩猩的一些习性。《礼记·曲礼上》记载猩猩会讲话,"猩猩能言,不离禽兽"。⑩《淮南子·氾论训》云:"猩猩知往而不知来",高诱注曰:"猩猩,北方兽名,人面兽身,黄色。……见人狂走,则知人姓字,此'知往'也。又嗜酒,人以酒博之,饮而不耐息,不知当醉,以禽其身,故曰

---

① 《神农本草经》载:"犀角:味苦寒。主百毒虫注,邪鬼,障气杀钩吻鸩羽蛇毒,除不迷或厌寐。久服轻血。生山谷。"(王子寿、薛红主编:《神农本草经》,四川科学技术出版社,2008 年,第 78~79 页)

② 《神农本草经》提到《名医别录》称"犀角""生永昌及益州",此亦可为犀牛的产地作注。(王子寿、薛红主编:《神农本草经》,四川科学技术出版社,2008 年,第 79 页)

③ 范晔:《后汉书》卷 86《南蛮西南夷列传·哀牢》,中华书局,1965 年,第 2849 页。

④ 范晔:《后汉书》卷 86《南蛮西南夷列传·冉駹》,中华书局,1965 年,第 2858 页。

⑤ 王子今:《秦汉时期生态环境研究》,北京大学出版社,2007 年,第 218 页。

⑥ 常璩:《华阳国志校注》卷 4《南中志·永昌郡》,刘琳校注,巴蜀书社,1984 年,第 430 页。

⑦ 常璩:《华阳国志校补图注》卷 4《南中志》,任乃强校注,上海古籍出版社,1987 年,第 285 页。

⑧ 蓝勇:《历史时期西南经济开发与生态变迁》,云南教育出版社,1992 年,第 102 页。

⑨ 吕不韦编:《吕氏春秋集释》卷 14《孝行览·本味》,许维遹集释,中华书局,2009 年,第 316 页。

⑩ 《十三经注疏》整理委员会整理:《十三经注疏·礼记正义》,北京大学出版社,1999 年,第 15 页。

'不知来'也。"① 这里虽然有一些夸大性的描述,但是人们已经注意到猩猩比其他动物的智商高,能与人类进行情感交流。《华阳国志·南中志》说到用猩猩的血作染料,"可以染朱罽"②。当时人们对猩猩的捕杀导致猩猩数量减少。

4. 虎

汉代山林多虎。东汉时,汝南(治今河南平舆北)人费长房,"入深山,践荆棘于群虎之中"③。此处所言"深山",当距汝南不会太远。秦汉时期,对虎的记载往往跟猛虎残害人畜有关。《论衡·遭虎》说到"动于林泽之中,遭虎搏噬之时"的情形。汉代画像石所见群虎凶猛扑逐噬杀行人的场面④,可以看作"虎狼所为来之患"的反映。东汉时期,"虎患""虎灾"相当严重。当时的画像遗存中多有表现虎的画面。王子今是今人最早撰文论及秦汉虎患、虎灾的。⑤ 与虎的斗争在汉代以来的文献中一直有记述。《史记·李将军列传》载:"(李)广所居郡闻有虎,尝自射之。及居右北平射虎,虎腾伤广,广亦竟射杀之。"⑥《后汉书·循吏列传·童恢》载:童恢除东莱郡不其县令,"民尝为虎所害,乃设槛捕之"。⑦《后汉书·宋均传》记载,宋均迁九江太守,"郡多虎暴,数为民患,常募设槛阱而犹多伤害"。⑧《后汉书·法雄传》云,法雄迁南阳太守,"郡滨带江沔,又有云梦薮泽,永初中,多虎狼之暴,前太守赏募张捕,反为所害者甚众"。⑨《太平御览》引谢承《后汉书·陈林传》云,

①　刘安编:《淮南子集释》卷13《氾论训》,何宁集释,中华书局,1998年,第958页。

②　常璩:《华阳国志校注》卷4《南中志·永昌郡》,刘琳校注,巴蜀书社,1984年,第430页。

③　范晔:《后汉书》卷82下《方术列传下·费长房传》,中华书局,1965年,第2743页。

④　韩玉祥、李陈广主编:《南阳汉代画像石墓》,图五,河南美术出版社,1998年,第52页。

⑤　王子今:《秦汉虎患考》,《华学》第1辑,中山大学出版社,1995年,第189页。王子今:《汉代驿道虎灾——兼质疑几种旧题"田猎"图像的命名》,《中国历史文物》2004年第6期。王子今:《秦汉时期的"虎患"、"虎灾"》,《中国社会科学报》2009年7月16日。

⑥　司马迁:《史记》卷109《李将军列传》,中华书局,1959年,第2872页。

⑦　范晔:《后汉书》卷76《循吏列传·童恢》,中华书局,1965年,第2482页。

⑧　范晔:《后汉书》卷41《宋均传》,中华书局,1965年,第1412页。

⑨　范晔:《后汉书》卷38《法雄传》,中华书局,1965年,第1278页。

刘陵为长沙安成长，其地"先时多虎，百姓患之，皆徙他县"。[①] 只是虎患严重，人们选择离开家园躲避灾祸也是无奈之举。

秦汉时期，"虎患""虎灾"往往直接造成对交通运输的严重危害。最典型的史例是《后汉书·儒林列传·刘昆传》记载的："崤、黾驿道多虎灾，行旅不通。"[②] "崤、黾驿道"是秦汉时期至为重要的交通路段，联系着长安和洛阳两个政治、经济、文化中心地区。[③]《淮南子·坠形训》说，东方"多虎"，其实也暗示关中地区与关东地区之间的交通道路虎灾比较严重。《汉书·地理志上》"京兆尹"条记载："蓝田，有虎候山祠，秦孝公置也。"[④]《后汉书·郡国志一》"京兆尹""蓝田"条刘昭注补："《地道记》：有虎候山。"[⑤] 由"虎候山"之定名，可推知自蓝田东南越秦岭，经武关直抵南阳的古武关道上，很早就有虎灾的危害。王子今认为，秦汉时期自然条件、生态环境、人口密度均与现在多有不同。总的来说，当时还处于人口稀少的时期，猛虎为害是人类活动的严重威胁。[⑥]

5. 鹿

我国境内鹿的种类很多，有麝、麂、水鹿、梅花鹿、白唇鹿、马鹿、麋鹿、驼鹿、驯鹿、獐、狍等。从文献记载和文物图像看，鹿曾经是秦汉时期生存数量甚多的野生动物。在农耕开发程度不高而山林植被条件较好的地区尤其如此。在农耕发达区域，鹿群的活动往往危害人们的正常生活，"群鹿犯暴，残食生苗，处处为害。"[⑦]

野生鹿以草木茂盛的林区作为基本生存环境。《史记·魏世家》记载："秦七攻魏，五入囿中，边城尽拔，文台堕，垂都焚，林木伐，麋鹿尽。"[⑧] "林木

———————

① 李昉等：《太平御览》卷891引《兽部三·虎上》，《文渊阁四库全书》影印本，第900册，台湾商务印书馆，1986年，第749页。

② 范晔：《后汉书》卷79上《儒林列传上·刘昆传》，中华书局，1965年，第2550页。

③ 王文楚：《古代交通地理丛考》，中华书局，1996年，第83页。辛德勇：《崤山古道琐证》，《中国历史地理论丛》1989年第4期。

④ 班固：《汉书》卷28《地理志上》，中华书局，1962年，第1543页。

⑤ 司马彪：《后汉书》志19《郡国志一》，中华书局，1965年，第3401页。

⑥ 王子今：《秦汉虎患考》，《华学》第1辑，中山大学出版社，1995年，第189页。

⑦ 陈寿：《三国志》卷24《魏书·高柔传》，中华书局，1959年，第688页。

⑧ 司马迁：《史记》卷44《魏世家》，中华书局，1959年，第1860页。

伐"则"麋鹿尽",体现了麋鹿以林木为生存条件的现实。《淮南子·道应》载:"石上不生五谷,秃山不游麋鹿,无所阴蔽隐也。"①麋鹿之游,甚至被作为荒芜苍凉的标志。《史记·李斯列传》记载,李斯感叹秦朝的政治危局:"今反者已有天下之半矣,⋯⋯吾必见寇至咸阳,麋鹿游于朝也。"②

秦汉时期鹿分布广泛,即便是在人口稠密的关中地区,鹿也常见于记载。《史记·田叔列传》记载,"邑中人民俱出猎,任安常为人分麋鹿雉兔",这里的"邑"指"武功","扶风西界小邑也,谷口蜀划道近山"③。《汉书·东方朔传》云:建元三年(前138),汉武帝出行打猎,"入山下驰射鹿豕狐兔"④。此"山"指的是终南山。《汉书·扬雄传下》记载,汉武帝"命右扶风发民入南,西自褒斜,东至弘农,南驱汉中,张罗罔罝罘,捕熊罴豪猪虎豹狖玃狐菟麋鹿,载以槛车,输长杨射熊馆"⑤,可知京都周围有鹿。王褒《僮约》中有"登山射鹿"⑥的文字,说明鹿生活在山高林茂的地方,这是四川地区有关鹿的记载。

鉴定马王堆一号汉墓出土动物标本的学者指出:"梅花鹿几乎主要分布在我国境内,北方的体大,南方的体小些。在7个亚种之中,我国共有5个亚种。梅花鹿过去分布很广泛,据不完全的记载,产地有黑龙江、吉林、河北、山西、山东、江苏、浙江、江西(九江),以及广东北部山地、广西南部、四川北部和台湾等地。湖南近邻省份,以往皆有梅花鹿分布,估计在汉朝时期,长沙一带会有一定数量的梅花鹿分布,为当时狩猎、捕捉、饲养梅花鹿提供自然资源。由于晚近时期对梅花鹿长期滥猎,专供药用,以致数量减少,分布区缩小,现在湖南省无梅花鹿的分布记载,很可能系近代受人为影响分

---

① 王念孙:《读书杂志》卷9《淮南内篇杂志》第十二"阴蔽隐"条写道:"'隐'字盖'蔽'字之注而误入正文者。《广雅》:'蔽,隐也。'《文子》无'隐'字,是其证。"(刘安编:《淮南子集释》卷12《道应训》,何宁集释,中华书局,1998年,第903页)

② 司马迁:《史记》卷87《李斯列传》,中华书局,1959年,第2560页。

③ 司马迁:《史记》卷104《田叔列传》,中华书局,1959年,第2779页。

④ 班固:《汉书》卷65《东方朔传》,中华书局,1962年,第2847页。

⑤ 班固:《汉书》卷87《扬雄传下》,中华书局,1962年,第3557页。

⑥ 严可均辑:《全上古三代秦汉三国六朝文·全汉文》卷42《王褒·僮约》,中华书局,1958年,第434页。

布区缩小所致。"① 马王堆一号汉墓出土的梅花鹿骨骼和相关资料,可以增进我们对汉代生态史的认识。

秦汉时期人们对鹿的利用多种多样。皇家苑囿中有许多鹿供玩赏与游猎,上文捕杀麋鹿等动物后"输长杨射熊馆"就是一例,《史记·平准书》称,汉武帝时,"禁苑(上林苑)有白鹿而少府多银锡"。东方朔说:"且盛荆棘之林,而长养麋鹿。"② 鹿肉可加工成食品,从先秦时就开始了。晏婴说:"鹿生于野,命县(同"悬")于厨。"③ 先秦秦汉以鹿肉加工食品,是相当普遍的。其形式大致有脯臡、胏、腥、菹、胲、羹等。对此,王子今有详细的考察。④《金匮要略·禽兽鱼虫禁忌并治》载:"鹿肉不可和蒲白作羹,食之发恶疮。麋脂及梅李子,若妊妇食之,令子青盲,男子伤精。"⑤ 人们对鹿的药用已有一定了解。鹿皮可做衣物御寒,《史记·太史公自序》云:"夏日葛衣,冬日鹿裘。"⑥ 东汉人承宫将鹿"肉分门下,取皮上师。"⑦ 从中亦可推知秦汉时期鹿的数量随着人类活动范围扩大而减少。

6. 野马

文焕然指出:"野马栖息于环境较恶劣的荒漠、草原、丘陵、戈壁及多水草地带。春夏季节常结群,游移生活;冬季结成大群以御狼群袭击和共同寻找食料。食物以禾本科、豆科、菊科、莎草科等为主,诸如节节草、琐琐柴、艾草、野葱、芦苇等的茎叶,等等。"⑧ 秦汉时期野马的分布大致在以下几个地区。

---

① 中国科学院动物研究所脊椎动物分类区系研究室、北京师范大学生物系:《动物骨骼鉴定报告》,湖南农学院、中国科学院植物研究所:《长沙马王堆一号汉墓出土动植物标本的研究》,文物出版社,1978 年,第 64~65 页。

② 班固:《汉书》卷 65《东方朔传》,中华书局,1962 年,第 2849 页。

③ 孙彦林、周民、苗若素:《晏子春秋译注》,齐鲁书社,1991 年,第 224 页。

④ 王子今:《秦汉时期生态环境研究》,北京大学出版社,2007 年,第 179~181 页。

⑤ 张仲景:《金匮要略》,胡菲、高忠樑、张玉萍校注,福建科学技术出版社,2011 年,第 104 页。

⑥ 司马迁:《史记》卷 130《太史公自序》,中华书局,1959 年,第 3290 页。

⑦ 周天游辑注:《八家后汉书辑注》,上海古籍出版社,1986 年,第 372 页。

⑧ 文焕然等著,文榕生选编整理:《中国历史时期植物与动物变迁研究》,重庆出版社,1995 年,第 240 页。

（1）东北地区。本书该区包括今黑龙江、吉林、辽宁三省,内蒙古东部和河北北部这一广大区域。据《后汉书·鲜卑传》《三国志·魏书·鲜卑传》和南朝宋裴松之注引《魏书》等记载,距今两千年前分布在该区域的少数民族鲜卑族(秦汉时游牧于西拉木伦河与洮儿河之间)所见到的野兽就有野马。

（2）北部地区。本书指内蒙古中部、陕西北部、山西北部、宁夏和甘肃东部、河北南部及河南北部一带。该区产野马的记载很早就有[①],分布也较广,甲骨文中记载有野马,反映距今三四千年前河南安阳一带有野马存在(但消失得较早,后未见记载,似与春秋战国时期这一带的人类活动有关)。东汉时,晋北代郡(治今山西阳高)一带还有野马活动的记载。《史记·匈奴列传》和《汉书·匈奴传》都提到汉代及以前,今内蒙古一带一直是骆驼、(野)驴、骡、野马等的产地。晋代《尔雅·释兽·野马》注:"(野马)如马而小,出塞外。"[②]

（3）西北地区。本书该区包括内蒙古高原西部、河西走廊、祁连山区及天山南北,是我国野马的主要产区之一。敦煌地区和黑河流域的张掖、酒泉地区都有关于野马的记载。

《汉书·武帝纪》记载敦煌地区有野马存在。元鼎四年(前113),"尝得神马渥洼水中"。李斐注:"南阳新野有暴利长,当武帝时遭刑,屯田敦煌界,数于此水旁见群野马中有奇异者,与凡马异,来饮此水旁。利长……持勒靽,收得其马,献之。"[③]另外,汉简中也有关于野马的记载。

（1）即野马也尉亦不诣迹所候长迹不穷(EPT8：14)

（2）野马一匹出殄北候长皆(EPT43：14)

（3）□以为虏举火明旦踵迹野马非虏政放举火不应(EPF22：414)[④]

"中国科学院动物研究所周嘉裪曾于1981年在敦煌壁画上看到野马,

---

① 《战国策》卷32《宋卫策·智伯欲伐卫》云:"智伯欲伐卫,遗卫君野马四百",说明山西中部在战国时有不少野马。(中华书局,1990年,第1221页)

② 郝懿行:《尔雅义疏》中之五《释地》,齐鲁书社,2010年,第3771页。

③ 班固:《汉书》卷6《武帝纪》,中华书局,1962年,第184页。

④ 马怡、张荣强主编:《居延新简释校》,天津古籍出版社,2013年,第76、149、793页。

这应是古人写实而作,可为西汉敦煌有野马的旁证。"[1]

20 世纪前期黑河流域仍有野马。《民国新修张掖县志·物产》有野马、野骡记载。[2]《民国高台县志·舆地下·物产》中也记载有"野马、野骡、野驴"。[3]

7. 野骆驼

自汉代迄今,黑河流域境内都有骆驼的分布,但是明确记载为野骆驼的史料不多。[4] 根据居延汉简记载,居延所在的塞外地区有"野橐佗"。居延新简载:"状何如? 审如贤言也,贤所追野橐"(EPT5 :97)。[5] 居延汉简 229·1 和 229·2 记有一件因为追野骆驼而累死马匹的官司。简文中说:"宗见塞外有野橐佗, ……宗马出塞逐橐佗行可卅余里,得橐佗一匹还。未到队,宗马莘僵死。……以死马更所得橐佗归宗,宗不肯受。"[6]

8. 鹦鹉

鹦鹉作为一种会说话的鸟,在我国出现得很早。《礼记·曲礼上》中有"鹦鹉能言,不离飞鸟"[7] 的记载。《说文解字·鸟部》载:"鹦、鹦鹉,能言鸟也。从鸟,婴声。"[8] 鹦鹉分布得非常广泛,温带、亚热带、热带的树林中皆有其身影。秦汉时期,见于典籍的分布地区有成都、滇东北和陇山等地区。

成都一带自古就有鹦鹉。《淮南子·说山训》载:"鹦鹉能言,而不可使长。"汉高诱注:"鹦鹉,鸟名,出于蜀郡,赤喙者是,其色缥绿,能效人言。"[9]《后汉书·南蛮西南夷列传·滇》载:益州郡,"河土平敞,多出鹦鹉、孔雀,有

① 文焕然等著,文榕生选编整理:《中国历史时期植物与动物变迁研究》,重庆出版社,1995 年,第 245 页。

② 凤凰出版社编选:《中国地方志集成·甘肃府县志辑 45 :民国新修张掖县志》,凤凰出版社,2008 年,第 348 页。

③ 凤凰出版社编选:《中国地方志集成·甘肃府县志辑 47 :民国高台县志》,凤凰出版社,2008 年,第 85 页。

④ 史志林:《历史时期黑河流域环境演变研究》,兰州大学博士学位论文,2017 年。

⑤ 马怡、张荣强主编:《居延新简释校》,天津古籍出版社,2013 年,第 36 页。

⑥ 谢桂华、李均明、朱国炤:《居延汉简释文合校》,文物出版社,1987 年,第 371 页。

⑦ 孙希旦:《礼记集解》卷 1《曲礼上》,中华书局,1989 年,第 11 页。

⑧ 许慎:《说文解字注》卷 4 上《鸟部》,段玉裁注,许惟贤整理,凤凰出版社,2007 年,第 277 页。

⑨ 刘安编:《淮南子集释》卷 16《说山训》,何宁集释,中华书局,1998 年,第 1108 页。

盐池田渔之饶,金银畜产之富"。[①]《华阳国志·南中志》载:"晋宁郡,本益州也。……治滇池,……郡土大平敞,原田多长松皋,有鹦鹉、孔雀、盐池、田渔之饶。"[②]东汉《鹦鹉赋》云:"飞不妄集,翔必择林。绀趾丹嘴,绿衣翠衿。采采丽容,咬咬好音。……命虞人于陇坻,诏伯益于流沙"[③],描述的是陇山一带的鹦鹉。

9. 孔雀

秦汉时期,孔雀主要分布在长江流域和岭南、云南地区。

(1)长江流域。《楚辞·大招》载:"孔雀盈园。"汉王逸注:"言园中之禽,则有孔雀群聚,盈满其中。"[④]这里虽然指的是饲养的孔雀,其来源可能为野生孔雀,今湖北、湖南等地当有野生孔雀分布。《蜀都赋》云:"孔翠群翔,犀象竞驰。"[⑤]唐刘良注:"孔,孔雀;翠,翠鸟也。"说明3世纪末四川盆地有野生孔雀。《后汉书·南蛮西南夷列传·滇》中也有益州郡,出孔雀的记载。[⑥]

(2)岭南、云南地区。《汉书·南粤传》记载,汉文帝前元元年(前179),南粤王赵佗遣使上书,进献"孔雀二双"[⑦],说明当时岭南地区有孔雀分布。《盐铁论·崇礼》言:"南越以孔雀饵门户"[⑧],西汉时,岭南一带就以孔雀毛装饰门户。《后汉书·南蛮西南夷列传·滇》载,东汉哀牢人生活的哀牢、博南两县,位于今云南地区,有孔雀。这些记载说明,一千多年前滇东北一带的野生孔雀不少。

(二) 水生动物

这里主要分为鱼类和两栖类作说明。

---

① 范晔:《后汉书》卷86《南蛮西南夷列传·滇》,中华书局,1965年,第2846页。

② 常璩:《华阳国志校注》卷4《南中志·晋宁郡》,刘琳校注,巴蜀书社,1984年,第394页。

③ 严可均编:《全上古三代秦汉三国六朝文·全后汉文》卷87《祢衡·鹦鹉赋》,中华书局,1958年,第1883页。

④ 王闿运:《楚辞释》卷10《大招》,岳麓书社,2013年,第172页。

⑤ 高步瀛:《文选李注义疏》卷4《赋乙·京都中·左太冲三都赋序一首·蜀都赋》,中华书局,1985年,第906页。

⑥ 范晔:《后汉书》卷86《南蛮西南夷列传》,中华书局,1965年,第2846页。

⑦ 班固:《汉书》卷95《西南夷列传》,中华书局,1962年,第3852页。

⑧ 桓宽撰集:《盐铁论校注》卷7《崇礼》,王利器校注,中华书局,1992年,第438页。

1. 鱼类

我国鱼类资源十分丰富,具有发展渔业生产的悠久历史和有利条件。甲骨文中虽然没有反映鱼类品种的文字,但有"获鱼"的记载。《诗经》中出现的鱼名,已有"鲤""鲂""鳠""鳣""鲔""鳟""鲿""鲦"等十余种。《尔雅》记载 30 多种鱼名,反映了战国到西汉初年人们对鱼类品种的认识。《说文解字》中的鱼名达 70 多种。"鱼类品种名称不断增多的现象,反映出人们捕获的鱼类品种越来越多,对于鱼类也有了比较精细的分类认识。"①《说文解字·鱼部》列举了多种出产于朝鲜半岛沿海的海鱼。如:"鱳,鱳鱼也,出乐浪潘国。""鮸,鮸鱼也,出乐浪潘国。""魣,魣鱼也,出乐浪潘国。""鰅,鰅鱼也,出乐浪潘国。""魦,魦鱼也,出乐浪潘国。""鱂,鱂鱼也,出乐浪潘国。""鰅,鰅鱼也,皮有文,出乐浪东暆。神爵四年初捕收输考工。""魵,魵鱼也,出薉邪头国。""鮂,鮂鱼也,出薉邪头国。""鮮,鮮鱼也,出貉国。"②王子今认为,"貉国"的"鲜鱼",与"朝鲜"地名有关。③

秦汉文献中有不少关于"大鱼"的记载。《史记·秦始皇本纪》中有秦始皇在巡察四方的途中亲自射杀大鱼的记载:"令入海者赍捕巨鱼具,而自以连弩候大鱼出射之","至之罘,见巨鱼,射杀一鱼"。④《汉书·五行志》中有北海、东莱出大鱼的记录:"成帝永始元年春,北海出大鱼,长六丈,高一丈,四枚","哀帝建平三年,东莱平度出大鱼。"⑤《后汉书·五行志三》中也有"灵帝熹平二年,东莱海出大鱼二枚,长八九丈,高二丈余"⑥的记载。这些内容虽然作为一种奇特的现象被记载下来,并且也不清楚这些"大鱼"是否为同一种类,但都说明东部海洋中有大鱼这一事实。汉武帝于元封五年(前106)冬南行巡狩时,"自寻阳浮江,亲射蛟江中,获之"。⑦

---

①　余华青:《秦汉时期的渔业》,《人文杂志》1982 年第 5 期。

②　李恩江、贾玉民主编:《文白对照〈说文解字〉译述》,中原农民出版社,2000 年,第1085~1086 页。

③　王子今:《秦汉渔业生产简论》,《中国农史》1992 年第 2 期。

④　司马迁:《史记》卷 6《秦始皇本纪》,中华书局,1959 年,第 263 页。

⑤　班固:《汉书》卷 27《五行志中之下》,中华书局,1962 年,第 1431 页。

⑥　司马彪:《后汉书》志 15《五行志三·鱼孽条》,中华书局,1965 年,第 3317 页。

⑦　班固:《汉书》卷 6《武帝纪》,中华书局,1962 年,第 196 页。

　　《史记·货殖列传》中记载"通邑大都""亦比千乘之家"的资产,包括所谓"鲐鮆千斤,鲰千石,鲍千钧"。[①]其中价格较高的"鲐",就是海鱼。《说文解字·鱼部》中说到的海鱼,还有鲌、鳆、鲛等。"鳣,海大鱼也","鮚鱼出东莱",鰡鱼"出辽东","鲕,鱼子也,一曰鱼之美者,东海之鲕"[②],这些都是海鱼汉时人以鳆鱼为美食,见《汉书·王莽传下》《后汉书·伏隆传》的记载。《史记·秦始皇本纪》载,秦始皇陵地宫"以人鱼膏为烛,度不灭者久之。"裴骃《集解》引《异物志》云:人鱼"出东海中,今台州有之"。[③]秦始皇崩于沙丘平台,李斯、赵高秘不发丧,棺载辒辌车中,"会暑,上辒车臭,乃诏从官令车载一石鲍鱼,以乱其臭"。[④]可见,沿海一带还有渔产品。

　　当时的一些海鱼品种,已为中原人士所熟知。例如《吕氏春秋·本味》云:"鱼之美者",有"东海之鲕"。[⑤]《西京杂记》云:南海"尉他献高祖鲛鱼"。[⑥]《汉书·王莽传》云:王莽喜食"鳆鱼"。东汉张步遣使"诣阙上书献鳆鱼"。[⑦]曹操亦"喜食鳆鱼"。[⑧]

　　从春秋战国以至秦汉时期的东部沿海地区,北起上谷、辽东、乐浪,中经齐、楚,南达南海,普遍从事渔业生产,其特点是以近海捕鱼为主,而尤以齐地的近海渔业最为发达,齐国早就有"便鱼盐之利"的生产传统。至秦汉时,更是出现了"莱、黄之鲐,不可胜食"[⑨],"燕齐之鱼盐……待商而通"[⑩]的盛况。上述地区的海产品不仅为当地人民提供了重要的食品,而且源源不断地输往中原,成为与内地交易的重要商品。

　　①　司马迁:《史记》卷129《货殖列传》,中华书局,1959年,第3274页。

　　②　李恩江、贾玉民主编:《文白对照〈说文解字〉译述》,中原农民出版社,2000年,第1077、1085、1087、1091页。

　　③　司马迁:《史记》卷6《秦始皇本纪》,中华书局,1959年,第265页。

　　④　司马迁:《史记》卷6《秦始皇本纪》,中华书局,1959年,第264页。

　　⑤　吕不韦编:《吕氏春秋集释》卷14《孝行览·本味》,许维遹集释,中华书局,2016年,第317页。

　　⑥　葛洪:《西京杂记》卷3《尉佗贡献》,三秦出版社,2006年,第145页。

　　⑦　范晔:《后汉书》卷26《伏隆传》,中华书局,1965年,第899页。

　　⑧　严可均编:《全上古三代秦汉三国六朝文·全三国文》卷15《曹植·求祭先王表》,中华书局,1958年,第2265页。

　　⑨　桓宽撰集:《盐铁论校注》卷1《通有》,王利器校注,中华书局,1992年,第42页。

　　⑩　桓宽撰集:《盐铁论校注》卷1《本议》,王利器校注,中华书局,1992年,第3页。

2. 两栖类

由于马来鳄和扬子鳄多生活在淡水沼泽、湖泊和河流中，所以本书将它们置于此处叙述。

(1) 马来鳄。宋代有文献记载，马来鳄"以尾取物"①，如象之用鼻，往往卷食人家所畜羊豕，也吃人。1963 年，广东顺德桂洲公社出土的鳄鱼完整上鳄骨，属马来鳄，有人反映它为西汉时代的遗物。② 可见马来鳄在我国存在的历史至少应追溯到两千多年以前，此后历史文献有不少关于中国马来鳄的记载。《说文解字·虫部》载："蜥，似蜥易，长一丈，水潜，吞人即浮，出日南。从虫，屰声。"③ "许慎如果对于马来鳄没有详细的了解，就不能做出这样合乎实际的解释。可见马来鳄在华南热带地区的出现，决不始于东汉末年。上述 1963 年顺德县桂洲公社出土的西汉马来鳄遗骨，就是很好的见证。"④

(2) 扬子鳄。中国古籍称鼍，也称鼍龙、猪婆龙。战国时成书的《山海经·中次九经》提到当时长江下游"多鼍"⑤，鼍就是扬子鳄。《墨子·公输》叙述墨子到郢（治今湖北江陵西北）与公输盘谈话，指出"江汉之鱼鳖鼋鼍，为天下富"。⑥ 秦代李斯的《谏逐客书》中有"树灵鼍之鼓"⑦，看来扬子鳄的皮可以做鼓。西汉司马相如《子虚赋》中，也提到战国时代江汉楚王游猎区西部有"鼍"，可与《墨子·公输》相印证。《礼记·月令》和《吕氏春秋·季夏纪》都谈到战国末至西汉初年，江淮之间等地区季夏（阴历六月，即阳历七月）取鼍。汉代郑玄《礼记·月令》注和汉代高诱《吕氏春秋·季夏纪》注，鼍是贱物，易得，所以言取，可见当时这一带的扬子鳄是很多的。

---

① 罗愿：《尔雅翼》卷 30《释鱼·鳄》，黄山书社，2013 年，第 350 页。

② 王将克：《广东西樵山亚洲象——新业种头骨的记述》，《古脊椎动物与古人类》1978 年第 2 期。

③ 李恩江、贾玉民主编：《文白对照〈说文解字〉译述》，中原农民出版社，2000 年，第 1261 页。

④ 文焕然、何业恒、黄祝坚等：《历史时期中国马来鳄分布的变迁及其原因的初步研究》，《华东师范大学学报》（自然科学版）1980 年第 3 期。

⑤ 郭璞：《山海经笺疏》第 5《中山经》，齐鲁书社，2010 年，第 4855 页。

⑥ 吴毓江：《墨子校注》，中华书局，2006 年，第 764 页。

⑦ 司马迁：《史记》卷 87《李斯列传》，中华书局，1959 年，第 2543 页。

由上可见,战国至西汉时代,江淮之间,长江中下游等地区是当时扬子鳄的主要分布区域。从当时在季夏取鼍,联系《荀子·王制》中的记载:"圣人之制也:……鼋鼍鱼鳖鳅鳝孕别之时,罔罟毒药不入泽,不夭其生,不绝其长也"①,可以推断出季夏是扬子鳄等的生长旺季。

二、驯养的动物

人类对动物的影响很大,可以归纳为这样几个方面:驯养、传播、灭绝、扩大和缩小。驯养动物是人类对自然界最大的影响之一,意义深远。

(一)畜牧物种

1. 西北地区

秦汉疆域内的畜牧业主要分布在北方。《史记》记载,"龙门、碣石北多马牛羊",燕代地区"田畜而事蚕"。②尤其是河西六郡(即天水、陇西、安定、北地、西河、上郡)土地辽阔,水草丰美,适合以畜牧为业的匈奴等游牧民族生存,也为发展畜牧业创造了极好条件,"畜牧为天下饶"。③汉代官府畜牧业的基地设置在西北地区,畜牧业大规模发展。《盐铁论·西域》称:"募人田畜以广用,长城以南,滨塞之郡,马牛放纵,蓄积布野","水草丰美,土宜产牧,牛马衔尾,群羊塞道"。④

长城沿线地区和陇西地区饲养的畜类主要有马、牛、驼、羊、猪等牲畜,也有鸡等家禽,以马、牛、羊的数量居多。有学者根据居延汉简中基本没有猪的记录推测汉代陇西地区尚未养猪。⑤不过,从西汉中期开始,随着中原地区的移民不断进入陇西,朝廷在这里屯田,养猪的习俗和技术也从内地传到这里。东汉时期,养猪已成为当地重要的家庭饲养业。武威磨咀子东汉墓群出土有女子养猪的木板画⑥,嘉峪关东汉画像砖上绘有杀

---

① 杨柳桥:《荀子诂译》,齐鲁书社,2009年,第151页。

② 司马迁:《史记》卷129《货殖列传》,中华书局,1959年,第3254、3270页。

③ 司马迁:《史记》卷129《货殖列传》,中华书局,1959年,第3262页。

④ 桓宽撰集:《盐铁论校注》卷8《西域》,王利器校注,中华书局,1992年,第500页。

⑤ 黄展岳:《汉代人的饮食生活》,《农业考古》1982年第1期。

⑥ 张朋川:《河西出土的汉晋绘画简述》,《文物》1978年第6期。

猪的场面。只是到了家庭养猪业已有很大发展的东汉后期,猪的数量仍然不如牛、羊、马的数量。嘉峪关画像砖上宰杀牛、羊的场景就远远超过杀猪的场景。①

2. 匈奴地区

匈奴以畜牧为业,畜养的物种以大牲畜为主,所在地区具有良好的畜牧条件。史载匈奴人"其畜之所多则马、牛、羊,其奇畜则橐驼、驴、蠃、䮨騠、騊駼、驒騱"。②《盐铁论·崇有》曰:"骡驴馲驼,北狄之常畜也"③,其中,马、牛、羊是最为常见的牲畜。内蒙古、宁夏出土的汉代匈奴墓地中发现了很多牛头、羊头和马的遗骸,出土的带饰上还有马、羊、驼等动物图案。④呼伦贝尔草原鲜卑族墓地中也发现有殉葬的马、牛、羊骨骸。⑤这里是蒙古马种的原产地。西汉初年,汉高祖所率 32 万大军被匈奴骑兵包围在平城,"匈奴骑,其西方尽白马,东方尽青駹马,北方尽乌骊马,南方尽騂马"。⑥一次军事行动能调动如此之多毛色不同的马匹,养马数量可想而知。汉武帝元朔二年(前 127),汉军从匈奴白羊王处掳得牛羊百余万头;汉宣帝本始二年(前 72),又从匈奴获得马、牛、羊、骆驼 70 余万头。这些均反映出匈奴畜牧业的发达。

3. 西域地区

据汉代文献记载,西域的婼羌、鄯善、西夜、蒲犁、依耐、无雷、休循、捐毒、乌孙、温宿、蒲类等部族主要从事畜牧业,饲养马、牛、羊、驴、骆驼。⑦该地区盛产优良马种,对中原地区马匹的改良起了重要作用。

---

① 嘉峪关市文物清理小组:《嘉峪关汉画像砖墓》,《文物》1972 年第 12 期。
② 司马迁:《史记》卷 110《匈奴列传》索隐引《说文》云:"䮨騠马父蠃子也。""䮨騠"亦作"䮖题",良马名。"騊駼",良马名。"驒騱",野马名。(中华书局,1959 年,第 2880 页)
③ "馲驼",亦作"馲䮴",骆驼。(桓宽:《盐铁论·崇有》,中华书局,1962 年,第 2879 页)
④ 伊克昭盟文物工作站、内蒙古文物工作队:《西沟畔汉代匈奴墓地调查记》,《内蒙古文物考古》1981 年第 1 期。宁夏文物考古研究所、中国社会科学院考古所宁夏考古组、同心县文物管理所:《宁夏同心倒墩子匈奴墓地》,《考古学报》1988 年第 3 期。
⑤ 程道宏:《伊敏河地区的鲜卑墓》,《内蒙古文物考古》1982 年第 2 期。
⑥ 司马迁:《史记》卷 110《匈奴列传》,中华书局,1959 年,第 2894 页。
⑦ 司马迁:《史记》卷 123《大宛列传》,中华书局,1959 年,第 3157~3180 页。班固:《汉书》卷 96《西域传》,中华书局,1962 年,第 3871~3932 页。

4. 东北地区

东北地区的夫余部落(居住在今黑龙江及吉林中部)"土地宜五谷,不生五果",其官均以六畜为名,有马加、牛加、猪加和狗加等,说明畜牧业较为普遍,故史称夫余人"善养牲,出名马"。[①] 挹娄(西汉时称肃慎)居住在夫余东北千余里(今黑龙江东部),饲养牛、马、猪,尤好养猪,猪圈设在居室中央,"人围其表居"。[②]

5. 西南地区

马、牛、羊和特产封牛等大型畜类是西南地区重要的畜类产品。封牛是一种颈上有肉隆起的牛,也叫"峰牛""犎牛"。《汉书·西域传上·罽宾国》载:"(罽宾国)出封牛。"颜师古注:"封牛,项上隆起者也。"[③]《后汉书·顺帝纪》载:"疏勒国献师子、封牛。"李贤注:"封牛,其领上肉隆起若封然,因以名之,即今之峰牛。"[④]《尔雅·释畜》"犦牛"晋郭璞注:"即犎牛也。领上肉犦胅起高二尺许,状如橐驼,肉鞍一边。健行者日三百余里。今交州合浦徐闻县出此牛。"[⑤] 居住在武都郡的白马氏"出名马、牛、羊",[⑥] 冉駹夷出产旄牛、名马、灵羊和五角羊。[⑦] 汉武帝开通西南夷后,从当地得到"牛马羊属三十万"。[⑧] 从考古资料看,当地居民饲养牛的比重最大,其次是马和猪羊。[⑨] 当地文物资料中多有铜雕封牛,"为北方动物艺术中所无"。[⑩] 汉代巴蜀

---

① 陈寿:《三国志》卷30《魏书·东夷传·夫余》,中华书局,1959年,第841页。

② 陈寿:《三国志》卷30《魏书·东夷传·夫余》,中华书局,1959年,第848页。

③ 班固:《汉书》卷96《西域传》,中华书局,1962年,第3885页。

④ 范晔:《后汉书》卷6《顺帝纪》,中华书局,1965年,第263页。

⑤ 郝懿行:《尔雅义疏》下之七《释畜弟十九·牛属》,齐鲁书社,2010年,第3781~3782页。

⑥ 范晔:《后汉书》卷88《西域传》,中华书局,1965年,第2922页。

⑦ 范晔《后汉书》卷86《南蛮西南夷传·冉駹》云:"有灵羊,可疗毒。""灵羊"即羚羊,角可入药。李贤注引《本草经》云:"零羊角味咸无毒,主疗青盲、蛊毒,去恶鬼,安心气,强筋骨。"(中华书局,1965年,第2859页)

⑧ 常璩:《华阳国志校注》卷4《南中志·晋宁郡》,刘琳校注,巴蜀书社,1984年,第393页。

⑨ 云南省博物馆编:《云南晋宁石寨山古墓群发掘报告》,文物出版社,1959年,第94页。

⑩ 孙机:《汉代物质文化资料图说》,文物出版社,1991年,第435页。

商贾已在这里进行马匹和其他畜产贸易,其中筰马和牦牛是巴蜀的重要资源。[1] 东汉在四川、云南设置马苑,把这里作为饲养马匹的重要基地。

(二)苑囿中的动物

秦汉帝王的苑囿和私人园林中有许多动物,多为从全国各地搜罗来的珍禽异兽。司马相如《上林赋》云:上林苑"其南⋯⋯兽则庸旄貘牦,沈牛麈麋,赤首圜题,穷奇象犀。其北⋯⋯兽则麒麟角端,騊駼橐驼,蛩蛩驒騱,駃騠驴骡"。[2] 班固说,上林苑"中乃有九真之麟,大宛之马,黄支之犀,条枝之鸟,踰昆仑,越巨海,殊方异类,至三万里"。[3] 这里虽然有夸张之词,但上林苑中的动物种类之多、动物之奇也非虚言。

西汉梁孝王"作曜华之宫,筑兔园。园中有百灵山,山有肤寸石、落猿岩、栖龙岫。又有雁池,池间有鹤洲凫渚。其诸宫观相连,延亘数十里。奇果异树,瑰禽怪兽毕备。王日与宫人宾客弋钓其中"。[4] 可以看出,百灵山与雁池是鸟兽的自由天地。西汉袁广汉的私人园林中"养白鹦鹉、紫鸳鸯、牦牛、青犀,奇禽怪兽委积其间。积沙为洲屿,激水为波潮。其中致江鸥、海鹤,孕雏产,蔓延林池。奇树异草,靡不具植"。[5] 这里都提到了"瑰禽怪兽""奇禽怪兽",可见这些"瑰禽怪兽"是天子和诸侯苑囿中动物的主角。

从射猎活动中也可见苑囿里的部分动物种类。射猎是皇帝贵族的一种享乐方式,上林苑的一项重要功能就是供皇帝贵族等狩猎,因而苑中禽兽众多,广设兽圈,是与困兽相斗的竞技场。河南洛阳出土的汉彩画砖有"上林虎圈斗兽图"。南阳出土的数千块汉画像石刻,表现斗兽的占了很大一部分。

《淮南子·主术训》载,统治者如果"志专在于宫室台榭、陂池苑囿、猛兽熊罴、玩好珍怪",那么就会导致"贫民糟糠不接于口,而虎狼熊罴厌刍豢;百姓短褐不完,而宫室衣锦绣"。[6] 看来,帝王苑囿中蓄养动物是以牺牲百

① 司马迁《史记》卷116《西南夷列传》云:"巴蜀民或窃出商贾,取其筰马、僰僮、牦牛,以此巴蜀殷富。"(中华书局,1959年,第2993页)

② 司马迁:《史记》卷117《司马相如列传》,中华书局,1959年,第3025页。

③ 范晔:《后汉书》卷40上《班彪传》,中华书局,1965年,第1338页。

④ 葛洪:《西京杂记》卷2《梁孝王好营宫室苑囿》,三秦出版社,2006年,第114页。

⑤ 陈直校证:《三辅黄图校证》,陕西人民出版社,1980年,第84页。

⑥ 刘安编:《淮南子集释》,何宁集释,中华书局,1998年,第652页。

姓的利益为代价的,统治者不应忽视民生。

(三) 家禽家畜

农业地区的人们在进行农作物种植的同时,也经营一些家庭副业。在先秦的漫长时期里,我国劳动人民逐渐形成了饲养马、牛、羊、鸡、犬、猪六畜的传统。在秦汉时期的家庭副业中,饲养家禽、家畜是最普遍的活动。《淮南子·主术训》载:"是故人君者, ⋯⋯教民养育六畜。"汉宣帝时,渤海太守龚遂劝农民每家养"二母彘、五鸡"。① 猪、鸡、狗当是当时农民饲养最为普遍的家畜,也是肉食的主要来源。"猪的饲养更为普及,这一点已经为日益丰富的考古发现所验证。考古发掘的汉代墓葬和遗址中出土了大量陶猪圈模型,都是和陶灶、陶仓等模型同出,这一发现说明汉代家庭养猪和谷物生产具有同等重要的地位。"②

考古发现的陶制家畜有马、牛、羊、狗,陶制家禽有鸡、鸭、鹅等。马、牛主要是用作挽车挽犁的动力。陕西东汉王得元墓出土的画像石有牧马、牧牛、牧羊图③,米脂官庄东汉画像石也有与王得元墓相似的内容。④《汉书·地理志上》记载,豫州、兖州"畜宜六扰",颜师古云,"六扰"即"马、牛、羊、豕、犬、鸡也。谓之扰者,言人所驯养也"。青州"畜宜鸡、狗",雍州"畜宜牛、马",幽州"畜宜四扰",即马、牛、羊、猪,冀州"畜宜牛、羊",并州"畜宜五扰",即马、牛、羊、犬、猪。看来各种家畜的分布有一定的地域性。在两汉墓葬中大量发现猪圈及猪圈与厕所相连的模型⑤,在今陕西、河南、山东、江苏、浙江、广东、湖北、湖南、贵州等地的汉墓中大量出土有鸡骨残骸或家鸡的模型,其中,马王堆一号汉墓出土的家鸡达 22 只⑥,反映出养鸡业的广泛

① 班固:《汉书》卷 89《循吏传·龚遂》,中华书局,1962 年,第 3640 页。

② 林甘泉主编:《中国经济通史·秦汉经济卷》,经济日报出版社,1999 年,第 247 页。

③ 陕西省博物馆、陕西省文物管理委员会合编:《陕北东汉画象石刻选集》,文物出版社,1959 年,第 9 页。

④ 陕西省博物馆、陕西省文物管理委员会合编:《米脂东汉画像石墓发掘简报》,《文物》1972 年第 3 期。

⑤ 中国社会科学院考古研究所编:《新中国的考古发现和研究》,文物出版社,1984 年,第 462 页。

⑥ 湖南农学院、中国科学院植物研究所:《长沙马王堆一号汉墓出土动植物标本的研究》,文物出版社,1978 年,第 63 页。

性。吃狗肉是秦汉时期人们的饮食习俗,有专事屠犬者。《史记·樊哙列传》说沛人樊哙"以屠狗为事"[1]。据统计,在今山东和苏北地区出土的汉画像石庖厨图上,剥狗的场景远远多于杀猪、宰羊的场景,而且在总数上这两个地区画像石上的屠狗场景也大大超过其他地区。[2] 此外,马王堆一号汉墓出土的犬肋骨数量甚多,"可设想墓内所用之狗,有可能是为食用而饲养的"[3],说明吴楚地区也大量养狗。

南方地区鸭子的饲养较为普遍,出土陶鸭的地区主要有河南南部、四川、湖南、江西、广东等。其中,河南桐柏出土的陶鸭数目与陶鸡相同,而广东佛山出土的陶鸭数量则超过了陶鸡,四川彭山除了成鸭还有雏鸭,反映出养鸭业的兴旺。上述地区除了河南,均属于长江和珠江流域。这些地区水网众多,适合鸭子生长。

(四) 人工养殖的鱼类

楚越之地盛产鱼类。《史记·货殖列传》云:"楚越之地,地广人希,饭稻羹鱼。"[4] 江汉地区江河湖泊交错纵横,淡水鱼类的自然资源十分丰富。史籍记载:"江汉之鱼龟,为天下富"[5],"江湖之鱼,莱、黄之鲐,不可胜食。"[6] 马王堆汉墓随葬的鱼类有 6 种:鲤鱼、鲫鱼、刺鳊、银鮈、鳡鱼和鳜鱼[7],说明云梦地区渔业生产十分发达。《吕氏春秋·本味》云:"鱼之美者:洞庭之鱄,东海之鲕。"[8] 曹操云:"今日高会,珍羞略备,所少吴松江鲈鱼耳。"[9] 李贤注引《神仙传》云:"松江出好鲈鱼,味异它处。"[10] 三国孙吴迁都武昌,民谣曰:"宁

---

① 司马迁:《史记》卷 95《樊郦滕灌列传》,中华书局,1959 年,第 2651 页。

② 杨爱国:《汉画像石中的庖厨图》,《考古》1991 年第 11 期。

③ 湖南农学院、中国科学院植物研究所:《长沙马王堆一号汉墓出土动植物标本的研究》,文物出版社,1978 年,第 50 页。

④ 司马迁:《史记》卷 129《货殖列传》,中华书局,1959 年,第 3270 页。

⑤ 李昉等:《太平广记》卷 5《神仙五》,中华书局,1961 年,第 31 页。

⑥ 桓宽撰集:《盐铁论校注》卷 1《通有》,王利器校注,中华书局,1992 年,第 42 页。

⑦ 湖南农学院、中国科学院植物研究所:《长沙马王堆一号汉墓出土动植物标本的研究》,文物出版社,1978 年,第 74~79 页。

⑧ 吕不韦编:《吕氏春秋集释》卷 14《孝行览·本味》,许维遹集释,中华书局,2009 年,第 317 页。

⑨ 范晔:《后汉书》卷 82 下《左慈传》,中华书局,1965 年,第 2747 页。

⑩ 范晔:《后汉书》卷 82 下《左慈传》,中华书局,1965 年,第 2747 页。

饮建业水,不食武昌鱼。"① 可见鲈鱼、武昌鱼在当时已颇具盛名。

黄河中游一带盛产鲤鱼和鲂鱼,先秦时期即享有盛名。《诗经》曰:"岂其食鱼,必河之鲂。……岂其食鱼,必河之鲤。"西晋人陆机疏曰:"今伊、洛、济、颍鲂鱼,广而薄,脆甜而少肉细鳞,鱼之美者也。"② 巩水和洛水所产的鳟鱼,也是东汉京畿地区重要的食用鱼。张衡《七辩》云:"巩、洛之鳟,割以为鲜。"③

秦汉时期的皇室苑围占地十分广阔,河流陂池广布,"水多蛙鱼"④,养有许多鱼鳖。《上林苑令箴》载,上林苑令还负责"鱼鳖以时"⑤,可知上林苑中所养鱼鳖数量不少。汉赋中记载有不少苑池所养的鱼类。如《上林赋》云:苑池中"鼋鼊渐离,鰅鰫鳍魠,禺禺鲢鳎"。⑥《西京赋》云:苑池捕捞水产时,"钓鲂鳢,纕鳗鲉,搣紫贝,搏耆龟,……樑昆鲕"。⑦ 仅此所言鱼类品种就有十余种。

巴蜀地区发现大量池塘遗迹,所见鱼类有草鱼、鲤鱼、乌龟、黄绿、闭壳龟、鳖等。

三、动物分布与生态环境

(一) 野生动物与环境

地理环境是野生动物分布的决定性因素。《淮南子·原道训》载:"鸲鹆不过济,貐渡汶而死,形性不可易,势居不可移也。"⑧ 意思是说,八哥不能越过济水,狗獾过了汶水就活不了,它们长期养成的习性难以改变,生长条件是无法转移的。有学者认为,这段话可以理解为"水土的限制作用像生物

---

① 陈寿:《三国志》卷 61《吴书·陆凯传》,中华书局,1959 年,第 1401 页。

② 周振甫译注:《诗经译注》卷 3《国风·陈风·衡门》,中华书局,2010 年,第 179 页。

③ 严可均编:《全上古三代秦汉三国六朝文·全后汉文》卷 55《张衡·七辩》,中华书局,1958 年,第 1550 页。

④ 班固:《汉书》卷 65《东方朔传》,中华书局,1962 年,第 2849 页。

⑤ 严可均编:《全上古三代秦汉三国六朝文·全汉文》卷 54《扬雄·上林苑令箴》,中华书局,1958 年,第 841 页。

⑥ 司马迁:《史记》卷 117《司马相如列传》,中华书局,1959 年,第 3017 页。

⑦ 萧统编:《文选全译》,张启成、徐达等译注,贵州人民出版社,1994 年,第 122 页。

⑧ 刘安编:《淮南子集释》卷 1《原道训》,何宁集释,中华书局,1998 年,第 41 页。

的形态和性状一样,不能轻易改变"。①气候变化使一部分热带、亚热带植物逐渐退出黄河流域,而植物物种的变迁则会导致动物的生存环境发生重大变化。对素食动物来说,植物的减少意味着食物的减少,为了生存,它们不得不离开黄河流域,逐渐南迁,肉食动物也追随素食动物进行大规模的迁移。

野象对气温的变化比较敏感。它不耐寒冷,体型大,食草,食量大。草木面积的大小,直接关系到它食料来源的多寡。秦汉时期,野象分布的北界南移至秦岭淮河以南地区,当时这里人口密度小,对野象的捕杀也少。天然植被有森林,有草原,有水生植被,还有沼泽植被等。野象的食料充足,而且易于取得。这一地区气候暖湿,是野象栖息、繁殖的良好场所。

"野犀是陆栖大型动物之一,适宜在温暖、湿润的森林、草地及河湖沼泽环境栖息"②,野犀食量甚大,耕作业的发展和农田的垦辟都使得适宜它生存活动的范围缩小。野犀的分布地域逐渐南移,除了人类出于物用需求而大量猎杀它们这一直接因素和农耕生产发展压缩它们生存空间这一间接因素,气候的变化也是重要因素。许多资料表明,秦汉时期气候确实发生了相当显著的变化,大致在两汉之际,可以看到由暖而寒的历史转变。考察秦汉时期的文化遗存,可以发现气候条件的变化确实曾经造成相当重要的历史影响。③野犀作为热带亚热带动物,对温度的要求相当高。作为野犀基本生存条件的气温逐渐转为寒冷,对于其分布区域的变化必然有重要的作用。

我国的野马在地质时代分布甚广,到历史时代分布地域缩小。汉代文献中载有家马和野马的区别。《史记·匈奴列传》记载:匈奴的畜产以马、牛、羊为多,还有橐驼、驴、骡、駃騠、騊駼、驒騱。④《说文解字·马部》云:"驶

---

① 郭郛、[英]李约瑟、成庆泰:《中国古代动物学史》,科学出版社,1999年,第363页。

② 文焕然、文榕生:《中国历史时期冬半年气候冷暖变迁》,科学出版社,1996年,第75页。

③ 王子今:《试论秦汉气候变迁对江南经济文化发展的意义》,《学术月刊》1994年第9期。王子今:《秦汉时期气候变迁的历史学考察》,《历史研究》1995年第2期。

④ 司马迁:《史记》卷110《匈奴列传》,中华书局,1959年,第2879页。

骡,马父赢子也。"① 一说由公马和母驴所生的杂种为驮骡。《山海经·海外北经》云:"北海内有兽,其状如马,名曰騊駼。"②"騊駼"是普氏野马的一类。"騨骢"在《汉书·匈奴传上》作"騨奚",是现代野马的一类。《史记》的记载表明,西汉时的匈奴人养有騊駼和騨骢两种野马③,与家马不同。《上林赋》云:"蛩蛩騨骢,驮骡驴骡。"郭璞注:"騨骢,駏驉类也。"④ 看来,汉武帝时,在陕西长安附近的皇家林苑上林苑中也圈养有騊駼和騨骢两种野马。汉代有专门养野马的场所、官吏和机构,叫作騊駼厩和騊駼监。晋朝郭璞云:"騊駼","分背翘陆,……终不能服"。⑤ 到东晋,人们始终未能驯服野马騊駼。18、19 世纪以来,野马分布范围急剧缩小,数量也大幅度减少。文焕然认为,造成这样后果的原因主要是由于野马自身习性的限制,以及生态环境的变化和人类活动的影响。⑥

秦汉时期,马来鳄在我国华南地区不仅分布广泛,而且为数众多,主要是由于当时该地区人口较少。唐宋以后,马来鳄的分布区域逐渐缩小,数量减少。

扬子鳄是亚热带爬行动物,秦汉时期广泛分布在长江中下游等地区。扬子鳄穴居,冬眠,食性较广,耐饥饿,对生活环境和食物的适应性都较强。秦汉时期长江中下游地区人口比较稀少,人们对当地生态环境的破坏小,这是扬子鳄分布的原因。

生态环境的变化从两个方面影响野生动物的分布。第一,气候变化影响植被的生长状况。尤其是生活在荒漠、半荒漠地区的野生动物,因为生态环境恶劣,它们被植被的载畜量限制了发展程度。第二,自然灾害恶化了野生动物的生存环境。每当严重的旱蝗、暴风雪、寒冻等灾害发生,都使

① 李恩江、贾玉民主编:《文白对照〈说文解字〉译述》,中原农民出版社,2000 年,第889 页。

② 郭璞:《山海经笺疏》第 8《海外北经》,郝懿行笺疏,齐鲁书社,2010 年,第 4914 页。

③ 司马迁:《史记》卷 110《匈奴列传》,中华书局,1959 年,第 2879 页。

④ 班固:《汉书》卷 57《司马相如传》,中华书局,1962 年,第 2556 页。

⑤ 张溥辑:《汉魏六朝百三家集选》卷 57《晋郭璞集·騊駼》,杭州:杭州人民出版社,1985 年,第 584d 页。

⑥ 文焕然等著,文榕生选编整理:《中国历史时期植物与动物变迁研究》,重庆出版社,1995 年,第 251 页。

野生动物数量剧减,或死或逃,或遭天敌伤害。

人类的活动是野马分布和生存的更重大的、直接的威胁,同时也改变着它的生存环境。历史时期农耕的兴起,增长的人口,占据了昔日野马的乐园。我国的地区开发大致上是从中原向南、向北发展,由东向西推进,这与野马的分布从东向西、由南而北的缩小和减少是一致的。同样,历史时期野骆驼分布变迁之大,是环境变化、人类活动及野骆驼自身弱点等综合作用、相互影响的结果,以人类活动的影响为甚。[1]

此外,动物保护受到秦汉时期人们的关注。《礼记》中已有对打猎季节的规定。《曲礼》载:"国君春田不围泽,大夫不掩群,士不取麑麛卵。"[2]《王制》记载,正月獭祭鱼以后,管理水泽的虞人可以下水作业捕鱼,八月鸠化为鹰之后,可以张设罗网捕鸟,九月豺祭兽之后,可以进行打猎活动。《云梦龙岗秦简·禁苑》记载:

欧(古驱字)入禁苑中勿敢擅杀,擅杀者□(183)

诸禁苑为奭,去苑廿廿里禁,毋敢取面奭中兽,取者□罪盗禁中□□(274)。[3]

《睡虎地秦墓竹简·秦律十八种·田律》中有鸟兽繁殖季节不可捕猎的规定:

不夏月,毋敢夜草为灰,取生荔,麛(卵)鷇,毋□□□□□□毒鱼鳖,置阱罔(网),到七月而纵之。……邑之紤(近)皂及它禁苑者,麛时毋敢将犬以之田。百姓犬入禁苑中而不追兽及捕兽者,勿敢杀;其追兽及捕兽者,杀之。河(呵)禁所杀犬,皆完入公;其他禁苑杀者,食其肉而入皮。[4]

汉宣帝下诏禁止捕杀益鸟,保护害虫的天敌。"令三辅毋得以春夏摘

---

[1]　文焕然:《历史时期中国野骆驼分布变迁的初步研究》,《湘潭大学自然科学学报》1990 年第 1 期。

[2]　孙希旦:《礼记集解》卷 27《内则第十二》,中华书局,1989 年,第 123 页。

[3]　梁柱、刘信芳:《云梦龙岗秦简》,科学出版社,1997 年,第 29 页。

[4]　睡虎地秦墓竹简整理小组编:《睡虎地秦墓竹简·秦律十八种·田律》,文物出版社,1990 年,第 26 页。

巢探卵,弹射飞鸟。"[①]

(二) 人工养殖与环境

人工养殖的动物受人类的影响远远大于自然生长的动物,没有自然生长的动物与生态环境的关系密切。饲养家禽、家畜满足了农耕地区的人们获取肉、奶、蛋的需要,是耕作以外重要的家庭副业。在农耕地区,生态环境对饲养家禽、家畜的限制较少。统治者为了自己的享乐从全国各地搜罗奇禽异兽,圈养在苑囿中,尽可能为禽兽提供接近自然的生活环境。比较而言,畜牧养殖的动物和人工养殖的鱼类受自然环境的影响更多。

1. 畜牧养殖与生态环境

畜牧区的分布及其在各地所占比重受自然条件和人为因素的影响。林甘泉指出:"秦汉时期畜牧业的区域构成以自然环境和生产方式为其基本前提:长城以北和西域地区的植被以多年生、旱生低温草本植物为主,适合各种牲畜生长,因此,这个地区成为单一畜牧业或以畜牧业为主的经济区域。"[②]西南地区的羌族和西南夷中,半农、半牧业居主导地位。黄河流域、长江流域和珠江流域地区,包括农田、果园、菜圃在内的农业植被居于优势地位,这些地区的畜牧业主要是作为农业生产的补充或辅助。可以看出,不同的区域环境造就了不同的畜牧养殖模式。

畜牧区动物的生存受天气状况和各种自然灾害的影响很大。匈奴人以畜牧业为主,"随畜牧而转移"。[③]《汉书·匈奴传上》记载,汉元封六年(前105),"其冬,匈奴大雨雪,畜多饥寒死"[④],这年冬天雨雪多,畜养的动物难以抵挡持续寒冷天气的侵袭,多半死亡。"畜产冻死,还者不能什一"[⑤],"连年旱蝗,……人畜饥疫,死耗太半"[⑥]之类的记载,反映出塞北地区畜牧经济具有显著的不稳定性,对环境的依赖性很大。

适度放牧可以提高野生牧场的生产能力。啃食可提高植物的活力并

---

① 班固:《汉书》卷 8《宣帝纪》,中华书局,1962 年,第 258 页。

② 林甘泉主编:《中国经济通史·秦汉经济卷》,经济日报出版社,1999 年,第 251 页。

③ 司马迁:《史记》卷 110《匈奴列传》,中华书局,1959 年,第 2879 页。

④ 班固:《汉书》卷 94《匈奴传上》,中华书局,1962 年,第 3775 页。

⑤ 班固:《汉书》卷 94《匈奴传上》,中华书局,1962 年,第 3787 页。

⑥ 范晔:《后汉书》卷 89《南匈奴列传》,中华书局,1965 年,第 2942 页。

促进植物生长,有些草种的粗茎和死茎被啃食后,会促使更多的叶芽抽出。一些植物的籽被牛羊吃进胃里带走,能得到有效传播。而过度放牧则是不利的,超出生态系统调节能力,会使草场退化,乃至沙漠化,造成环境破坏。

　　2. 鱼类养殖与生态环境

　　秦汉时期,渔业是社会经济的重要生产部门。水产品也是当时社会饮食生活中的主要消费品。"秦汉渔业在生产手段和经营方式等方面,都达到相当成熟的水平。通过秦汉时期渔业的发展水准及其在经济生活中的地位,也可以从另一角度察知当时水资源的基本状况。"①

　　《汉书·地理志下》在介绍各地风俗物产时称:巴、蜀、广汉"民食稻鱼";颍川、南阳"好商贾渔猎",上谷至辽东"有鱼盐枣栗之饶",齐地"通鱼盐之利",楚地"民食鱼稻,以渔猎山伐为业",吴地则有"三江五湖之利"。②看来,秦汉时期相当广阔的地区都将渔业作为主要产业。"所谓'江湖之鱼','不可胜食',体现出当时江湖天然水面的广大及其未经人为严重破坏的自然生态。"③鱼池数量之多,以水资源的充备为基本条件,鱼池的密集也改善了生态条件。

　　帝王诸侯"绝陂池水泽之利"④,虽然主观目的是享受山水之乐,但客观上保护了水和林木资源等生态环境。宫苑平时严禁平民进入,但是在某些情况下,如发生严重灾荒时,把苑囿"假"给贫民,令得渔采,由朝廷收取"假税",以此法赈济灾民和饥民。汉昭帝元凤三年(前78),"罢中牟苑赋贫民"。⑤汉宣帝地节三年(前67)诏:"池籞未御幸者,假与贫民。"⑥汉元帝初元元年(前48)诏:"江海陂湖园池属少府者以假贫民,勿租赋。"⑦次年,又诏罢水衡禁囿、宜春下苑、少府佽飞外池、严籞池田,"假与贫民"。⑧汉章帝建初元

---

① 王子今:《秦汉时期生态环境研究》,北京大学出版社,2007年,第142页。
② 班固:《汉书》卷28《地理志下》,中华书局,1962年,第1645、1654、1657、1660、1666、1668页。
③ 王子今:《秦汉时期生态环境研究》,北京大学出版社,2007年,第144页。
④ 班固:《汉书》卷65《东方朔传》,中华书局,1962年,第2849页。
⑤ 班固:《汉书》卷7《昭帝纪》,中华书局,1962年,第229页。
⑥ 班固:《汉书》卷8《宣帝纪》,中华书局,1962年,第249页。
⑦ 班固:《汉书》卷9《元帝纪》,中华书局,1962年,第279页。
⑧ 班固:《汉书》卷9《元帝纪》,中华书局,1962年,第281页。

年(76),"诏以上林池篽田赋与贫人"。① 汉和帝多次颁布诏书,令民得入陂池渔采,"不收假税"。② 汉安帝永初三年(109),"京师大饥,民相食","诏以鸿池假与贫民"。③ 这些受到特殊"保护"的水域,起到了改善生态环境的作用。很多权贵豪强庄园广大,占有大量渔产资源。西汉蜀郡的卓氏"田池射猎之乐,拟于人君"④,宛城的孔氏"规陂池,连车骑,游诸侯,因通商贾之利"⑤,颍川灌夫广占"陂池田园"。⑥《盐铁论·刺权》载:"贵人之家云行于涂,毂行于道,攘公法,申私利,跨山泽,擅官市,非特巨海鱼盐也。"⑦ 樊宏的田庄有"陂池灌注,又池鱼牧畜,有求必给"⑧,阳翟黄纲恃势"求占山泽以自营植"⑨,王子今指出:"这种形式则在客观上限制了开发,或许也在某种意义上实现了对包括水资源等自然生态的保护。"⑩

四、人类活动对动植物变化的影响

动物和植物是环境中十分重要的一部分,并且是最活跃的一部分。美国著名环境学者唐纳德·休斯(J.Donald Hughes)认为,人类是生态系统的一部分,并且每时每刻地参与着改变生态系统的过程。⑪ 因此,在考察人与生态环境关系的时候,尤其是与动植物关系的时候,我们不应该把人当作与动植物对立的主体来看待。

秦汉是封建国家的形成时期,生产方式基本上是自给自足的小农经济。小农经济对植被最大的影响是使人口稠密的平原地区的森林渐渐退

---

① 范晔:《后汉书》卷 3《章帝纪》,中华书局,1965 年,第 134 页。

② 范晔:《后汉书》卷 4《和帝纪》,中华书局,1965 年,第 185 页。

③ 范晔:《后汉书》卷 5《安帝纪》,中华书局,1965 年,第 212 页。

④ 司马迁:《史记》卷 129《货殖列传》,中华书局,1959 年,第 3277 页。

⑤ 司马迁:《史记》卷 129《货殖列传》,中华书局,1959 年,第 3278 页。

⑥ 司马迁:《史记》卷 107《魏其武安侯列传》,中华书局,1959 年,第 2847 页。

⑦ 桓宽撰集:《盐铁论校注》卷 2《刺权》,王利器校注,中华书局,1992 年,第 122 页。

⑧ 范晔:《后汉书》卷 32《樊宏传》,中华书局,1965 年,第 1119 页。

⑨ 范晔:《后汉书》卷 81《独行传·刘翊传》,中华书局,1965 年,第 2695 页。

⑩ 王子今:《秦汉时期生态环境研究》,北京大学出版社,2007 年,第 148 页。

⑪ [美]J.唐纳德·休斯:《什么是环境史》,梅雪芹译,北京大学出版社,2008 年,第 4~5 页。

去,农作物的种植范围越来越大,尤其是在国家"奖励耕织""轻徭薄赋"政策的影响下。在南方和北方的山区等人口稀少、开发不充分的地区,森林植被基本保持着原始状态。

自然植被的覆盖程度直接决定野生动物的生存空间。社会发展的总趋势是人类活动范围不断扩大,野生动物的生存空间逐渐缩小。野生动物的生存空间还跟气候、水资源等其他环境要素有关,人类活动对野生动物生存空间的影响只是长时段影响的重要因素之一。

在农业经济区,畜牧业是农业的补充;在国家边境地区和一些少数民族地区,畜牧业是主要经济方式,发展得比较充分,主要表现为大规模的马牛羊养殖。畜牧业发展直接导致植被减少,如果在植被可再生的承受范围内,那么畜牧业对环境的影响则可以忽略不计。

边境开发对动植物有很大影响。秦汉时期为保护边境,朝廷在边境地区屯驻数量庞大的军队,为了解决士兵的衣食问题,除了远距离运输,还移民垦殖,北方边境地区的生态环境大多比较脆弱,因为人口的大量增加而遭到破坏。

人类能够根据自身需要调整自己的行为。秦汉时期人们的护林、育林思想和行为便是突出的表现。在人口密集的地区修建水利灌溉工程,不仅有利于农业的发展,而且改善了局部的生态环境。人类和生态环境是一个互动的、有机的整体。

除了人类的影响,动植物与生态环境内部的其他要素也存在相互影响、相互制约的关系。气候变化导致一些自然植被和野生动物分布北界的南移,这时候自然植被就有了气候指示意义,例如竹子。根据野生动物在这一时期分布范围的变化,也可以判断气候的变化。象、犀分布北界的南移,可以推断秦汉时期的气候较此前有变冷的趋势。从马来鳄、扬子鳄在秦汉时期分别在华南和长江中下游地区的广泛分布,可以看出这些地区受人类的影响比较小,说明这些地区的人口分布比较少。气候的变化还会影响一些地区农作物种植上的选择。关中地区农作物由稻到麦的转换或许跟当时气候的变寒有关。动植物的变化既受人类影响,同时也受生态系统中其他因素的影响。

第三章

水资源与秦汉生态环境

  秦汉时期的水资源在水利史、黄河史、运河史及相关的历史地理著作中均有论述。这些论述为人们研究秦汉时期水资源的历史和河流、湖沼的生态环境,奠定了坚实的基础。

  开发利用水资源,最重要的问题是促使人与江河湖泊和谐发展,这也是实现人与自然和谐共处的关键。"以前的水利史研究主要记述水灾的发生、人们对水灾的抵御和水利的开发,很少把水患的发生、水利的开发和大自然、和生态环境联系起来。这无疑是一个不小的缺陷。"[①]在叙述阐释水资源时,运用生态学和环境史学知识,将人口、资源、环境、经济状况、社会治乱等因素综合考察分析,把水资源的开发利用置于自然环境、社会生产关系之中,从这个视角研判水资源问题。秦汉时期黄河、淮河、海河以及长江等主要河流的变迁受到自然和社会多种因素的影响,而人类的经济活动与河流的变迁关系最为密切,相互影响。

---

  ① 程有为主编:《黄河中下游地区水利史》,河南人民出版社,2007年,第5页。

第一节 | **秦汉时期的水文生态**

沟渠河流又称水渎。《尚书·禹贡》讲水渎的内容接近 1/3。汉代以前的文献和北魏《水经注》是了解秦汉时期水资源的主要资料。专论水渎的地理著作始于《史记·河渠书》，被称为中国第一部水利通史，它继承和完善了《尚书·禹贡·导水》中的内容，记载了从大禹到汉武帝时 25 件治河、治水的重要活动。其中防洪 6 件、航运 3 件、灌溉 11 件、航运兼灌溉 5 件。《史记·河渠书》分为三部分：第一部分叙述大禹治水的行迹；第二部分讲解汉以前的水利工程；第三部分记录汉代水利工程，是全篇的重点。《史记·河渠书》指明汉代治水有三个目的：治水害、通漕运、溉农田，记述的主要河流有黄河、长江、淮河、济水、淄水、漳水等。司马迁在篇末说："甚哉，水之为利害也！"深刻地反映了他对水的可为利又可为害的两面性认识和对水利问题的重视。

《汉书·地理志》记载了汉代 250 多条河流，东汉《水经》记述了 137 条河流，《说文解字》记载了 153 条河流并一一注明源流。这些记载虽然不够详细，但它们是汉代时人记载的第一手资料，反映了汉代人们对这些河流的认识及其相互关系。北魏郦道元的《水经注》详细介绍了 6 世纪初中国境内的 1 000 多条河流和流经地区的湖沼，是了解秦汉时期水资源的重要资料。本章内容不是全面详尽地叙述秦汉时期的水资源，而是选取对秦汉社会发展和生态环境影响较大的水资源作为对象，充分吸收水利史、历史地理等领域的研究成果，从水资源的开发利用与自然、社会关系的新视角来审视水资源问题。

一、黄河河道的变迁

已有文献中未见关于秦代黄河河道变迁的记载。与先秦相比，汉代黄河的主河道变化较为频繁,决溢也明显增多。从时间分布上看,黄河的变化和决溢集中在西汉中后期和东汉早期。这种情况主要是由于当时主河道的发育不良和治理不当。

(一) 黄河上中游河道

迄于汉末,黄河上游广大地区因自然条件的限制,人口稀少,很多地方尚未开发,文化落后,有文字记载的资料很少;而黄河中下游地区人口稠密,经济发达,文化先进,长期是全国的政治、经济和文化的中心所在。

秦汉时期,黄河流域的问题主要产生和表现在中下游地区。黄河流域的灾害如决口、改道,多发生在下游。史念海指出:"河患频生,历来多在下游。重视下游,自是当务之急。下游虽多河患,肇因却在中上游。"黄河下游发生灾害的原因主要在中上游的黄土高原地区。"因为黄土高原被侵蚀的泥土和泥土所夹杂的沙粒,随水流下,汇集到黄河之中。黄河流到下游,水流迂缓,泥沙随处沉积,抬高河床,就容易引起泛滥,……若肇致黄河泛滥,灾害就难以幸免。"[1]

秦朝建立初期,地处黄河中游的今陕西境内人口有300多万人,到西汉末平帝时期达3 398 106人,人口数量仅次于河南、山东、河北,居全国第四位。秦和西汉时期,由于朝廷大力推行移民实边及发展农业生产的政策,黄土高原地区的人口大幅增长,至西汉末达684万人,占当时全国总人口的11.5%,仅次于黄河下游平原地区。黄土高原河谷平原地区的人口有364万人,丘陵山原地区有320万人。从增长速度看,丘陵山原地区明显快于平原地区。平原地区人口多于丘陵地区,而且人口密度大。[2]

春秋战国以前,黄土丘陵山原地区的居民仍然保持着射猎畜牧生产方式,天然植被很少遭到破坏。春秋时期,晋国开发了黄土高原东南部地区,将农耕区的界限从汾河、涑河下游平原地区拓展至今山西太原附近。这就是《史记·货殖列传》中勾勒的著名的农牧业地区分界线,即由河北昌黎碣石经山西太原到陕西韩城龙门一线。至西汉,朝廷多次大规模移民开发,农牧业地区分界线变得模糊。今山西、陕西峡谷流域和泾河、渭河、北洛河

---

① 史念海:《黄土高原历史地理研究》,黄河水利出版社,2001年,第9页。

② 朱士光:《黄土高原地区环境变迁及其治理》,黄河水利出版社,1999年,第43页。

上游地区发展成为新的农业区,繁盛程度直追关中地区。

秦和西汉时期,朝廷对陕北黄土高原原有的畜牧业比较重视,畜牧业占有一定的比重,当地居民保持有"车马田狩"的遗风。但是,农业生产随着大规模的移民屯垦发展起来,自然景观因此发生了显著变化,村庄和农田代替了此前的大片草原和森林。

秦和西汉大力推行"移民实边"政策,人类活动对黄土高原原始植被的影响日益明显。不合理的农业垦殖活动破坏了森林和草原。王双怀指出:秦汉时期黄河中游"平原地区规模较大的森林逐渐消失,除关中的上林苑中尚有较多林木外,其他平原上已经很少有森林的记载"。渭河上游地区的木材多被居民用来修建板屋。秦岭等山区的大树往往也被砍伐,用来修建宫室、宅第。"虽然这一时期的史籍对熊耳山、嵩山、王屋山、太行山和子午岭上的森林很少记载,但种种迹象表明,当时这些地方还是有森林的。"[①]

森林草场的毁坏加剧了水土流失,对气候也产生了一定影响,增加了水旱灾害。关于黄土高原地区天然植被破坏的原因,学术界的看法并不一致。有学者认为:"东汉河口镇至龙门间的农耕人口减少了九成以上,该区和整个黄河中游一样,迁入了大量游牧民族,原始游牧对天然植被破坏极大,是造成东汉黄河下游水患频繁的主要原因。"[②]笔者认为,农田垦殖和原始游牧这两种生产方式哪一种对天然植被的破坏更大,还需进一步研究。但是,秦汉时期黄河中游黄土高原地区的生态环境遭到较大破坏,水土流失加剧,则是不争的事实。

渭水现称渭河,是黄河中游的第一大支流,发源于甘肃渭源的鸟鼠山,至陕西潼关汇入黄河。《山海经·海内东经》载:"渭水出鸟鼠同穴山,东注河,入华阴北。"[③]渭河流域包括甘肃、宁夏、陕西,其中陕西占50%,甘肃占44%。渭河中、下游渠道纵横,是秦汉关中漕运要道。渭河与泾河汇合之处,

---

① 王双怀:《五千年来中国西部水环境的变迁》,《陕西师范大学学报》(哲学社会科学版)2004年第5期。

② 王尚义、任世芳:《两汉黄河水患与河口龙门间土地利用之关系》,《中国农史》2003年第3期。

③ 郭璞:《山海经笺疏》第13《海内东经》,郝懿行笺疏,齐鲁书社,2010年,第4862页。

水浊、清分界很明显。渭河北岸有泾河、雒水等支流。泾水现称泾河,是渭河最大的支流,发源于宁夏六盘山东麓泾源,流经平凉、彬县,于陕西高陵南入渭河。雒水今称洛河,黄河支流,发源于陕西蓝田,流经洛南、卢氏、洛阳,于巩义洛口以北入黄河。渭水上游及泾河、雒水等,流经黄土高原,携带大量泥沙,是造成黄河河道变迁的重要原因。

(二) 黄河下游河道

黄河下游的冲积平原在相当长的时期内是中华民族活动的中心,黄河下游河道的变迁对华北地区社会历史的影响是多方面的。谭其骧、岑仲勉、邹逸麟等对黄河变迁做出了卓有成效的研究结果,奠定了深入研究的坚实基础。

战国中期以前的黄河下游河道,《尚书·禹贡》和《山海经·山经》记载有两条,称之为禹贡大河和山经大河。

禹贡大河就是人们所熟悉的古黄河下游河道"禹河"。《尚书·禹贡·导水》载:

> (禹河)东过洛汭,至于大伾;北过降水,至于大陆;又北播为九河,同为逆河入于海。[1]

对这段史料需要做一些解析。《尚书·禹贡》载:孔传:"洛汭,洛入河处。"汭,河流汇合或弯曲的地方。"洛汭"就是洛水流入黄河的地方。"大伾",亦作"大岯",山名。郑玄云:"大岯在修武、武德之界。"[2] 即在今河南浚县。古河水向东流过洛汭后,在今河南荥阳广武山北麓东北流,至今浚县西南大伾山西古宿胥口,沿太行山东麓北行。"降水"即漳水,"大陆"指大陆泽。大河特指黄河,在今河北曲周南接纳自西向东流来的漳水,然后往北流过大陆泽,在今河北深县南与《山海经·山经》大河别流,大体上是穿过今冀中平原东流。"九河"泛指多数,是说黄河下游河道分成多股,而非实指。黄河下游全面修筑河堤大约开始于战国中期,修筑河堤以前,因为黄河泥沙多,造成下游河道在河北平原上漫流,形成多股河道,分别流向渤海。"逆

---

[1]　孙星衍:《尚书今古文注疏》卷3《虞夏书·禹贡》,中华书局,2004年,第193页。

[2]　孙星衍:《尚书今古文注疏》卷3《虞夏书·禹贡》,中华书局,2004年,第193页。

河"是说"九河"的河口段都受到渤海潮汐的顶托,河水倒灌,在今天津东南呈逆流之势流入渤海。

《山海经·山经》中没有关于河水径流的记载,因而一直被世人忽视。谭其骧指出,在《山海经》的《北山经·北次三经》中有丰富的黄河下游河道资料,将这些资料与《汉书·地理志》《水经》《水经注》的记载对照印证,可以知道当时的黄河下游河道。其流向是沿今太行山东麓东北流至永定河冲积扇南缘,在今河北清苑折向东流,经今安新南、霸州北继续东流,至今天津东北入海。

《山海经·山经》和《尚书·禹贡》里记载的两条大河很难确定形成时代,可以认为大致是战国中期以前的河道。《汉书》的《地理志》和《沟洫志》记载的黄河下游河道,即《水经·河水注》的"大河故渎"。清人胡渭认为这是大禹治水以后黄河的第一次改道。他在《禹贡锥指·附论历代徙流》中说:

> 周定王五年,河徙,自宿胥口东行漯川,右迳滑台城,又东北迳黎阳县南,又东北迳凉城县,又东北为长寿津,河至此与漯别行而东北入海,《水经》谓之"大河故渎"。[1]

这条"大河故渎"的径流路线在宿胥口以上与《山海经·山经》《尚书·禹贡》河道相同,下游流经今卫河、南运河和今黄河之间。在河北沧州西、黄骅北从宿胥口东北流至长寿津(今河南滑县东北)的一段,胡渭叙述得比较详细:过长寿津后,河水折而北流,至今馆陶东北折,东经高唐南,再折北至东光西与漳水会合,复下折而东北流经汉代的章武(今河北黄骅)以北流入黄海。

谭其骧认为,这条"大河故渎"始于周定王五年(前602)河徙说虽不足凭信,但其形成很可能早于《尚书·禹贡》河和《山海经·山经》河,在春秋战国时代,它们曾长期并存,迭为主次。"约在前四世纪四十年代左右,齐与赵、魏各在《汉志》(指《汉书·地理志》)河东西两岸修筑了绵亘数百里的堤

---

[1]　胡渭:《禹贡锥指》卷13下《附论历代徙流》,上海古籍出版社,2006年,第487页。

防。此后，《禹贡》《山海经·山经》河即断流，专走《汉志》河，一直沿袭到汉代"。^①《汉书·地理志》记载的河水约为战国后期至西汉末年的河道干流。

《汉书·地理志》河、《尚书·禹贡》河和《山海经·山经》河是见于记载的黄河故道，除此之外，因缺乏记载而难以确指的故道肯定还有若干条。

战国中期黄河下游河道全面筑堤以后，河道基本上被固定下来。当时河北平原中部地广人稀，由于黄河河道游荡，所以修筑的堤防离河床很远。例如河东的齐国和河西的赵、魏修筑的河堤距离河床各 25 里，两堤相距 50 里，如此宽阔的河道十分有利于蓄洪拦沙。

根据《史记·河渠书》《汉书·沟洫志》和《水经·河水注》记载，西汉前期，黄河主河道大概经今河南的荥阳北、延津西、滑县东、浚县南、濮阳西南、内黄东南、清丰北、南乐西北，河北的大名东，山东的冠县西，过馆陶后，经山东临清南、高唐东南、平原南、绕平原西南、由德州东复入河北，自河北吴桥西北流至沧州东折，在黄骅西南一带入海。

这条主河道的分支，较大的有两条。一条是南岸荥阳以下的济水，一条是约在今河南南乐北分水的漯水。济水，原本是古黄河下游北岸的一条支流，发源于今河南济源。古人误以为济水平穿黄河，遂将荥阳以下黄河在南岸的一条分支也称为济水。实际上，黄河南北两岸的两条济水是没有关系的。汉代以前，南岸的济水已纳入以鸿沟为主体的运河水系。入汉以后，这条运河水系仍然有较好的通航作用。漯水也是黄河下游的一条古老分支，《禹贡》有"浮于济、漯，达于河"^②的记载。汉代漯水自东郡东武阳与黄河分流，《汉书·地理志上》东武阳下有"禹治漯水，东北至千乘入海"^③的记载。下经今山东的莘县西、聊城西、荏平西，至禹城南向东，济阳以下略近于现代黄河，至滨州一带入海。

黄河下游河道分支，可以分减主河道的水量，有减轻洪水危害的作用。《水经·河水注》引《地理风俗记》云："漯水，东北至千乘入海。河盛则通津

---

① 谭其骧：《〈山经〉河水下游及其支流考》，《中华文史论丛》第 7 辑，上海古籍出版社，1978 年，第 177 页。

② 孙星衍：《尚书今古文注疏》卷 3《虞夏书·禹贡》，中华书局，2004 年，第 151 页。

③ 班固：《汉书》卷 28《地理志上》，中华书局，1962 年，第 1557 页。

委海,水耗则微涓绝流。"[1]

东汉大河,也就是北魏《水经注》和唐代《元和郡县志》里记载的黄河。这条东汉大河的位置较西汉大河偏东,从长寿津(河南濮阳西旺宾一带)自西汉大河故道别出,沿着古漯水河道东流,经今范水南,在今山东阳谷南与古漯水分流,蜿蜒于今黄河与马颊河之间,至今山东利津附近入海。东汉以后河水含沙量比西汉少,再加上东汉大河距海里程比西汉大河短,河道也比较顺直,因此,经过汉明帝时王景治理的这条大河稳定了800年,其间虽然也有多次决口,但没有发生大的改流。

(三) 汉代黄河河患

汉代黄河之患,大部分集中在西汉中后期和东汉前期。目前,就文献所见,有十八年十九次。[2]决溢情况见表3.1。

表 3.1　汉代黄河决溢表

时间	决溢地点	决溢情况
文帝前元十二年 (前 168)	酸枣	《史记·河渠书》:"河决酸枣,东溃金堤。" 《汉书·文帝纪》:"冬十二月,河决东郡。"
武帝建元三年 (前 138)	平原	《汉书·武帝纪》:"春,河水溢于平原,大饥,人相食。"
武帝元光三年 (前 132)	顿丘	《汉书·武帝纪》:"春,河水徙,从顿丘东南流入渤海。"
	濮阳 瓠子	《汉书·武帝纪》:"夏五月,河决于瓠子,泛郡十六。发卒十万救决河。" 《汉书·沟洫志》:"元光中,河决于瓠子,东南注巨野,通于淮泗。"
武帝元封二年 (前 109)之后	馆陶	《汉书·沟洫志》:"自(元封二年)塞宣房后,河复北决于馆陶,分为屯氏河,东北经魏郡、清河、信都、勃海入海,广深与大河等。"
元帝永光五年 (前 39)	灵县鸣 犊口	《汉书·沟洫志》:"河决清河灵鸣犊口,而屯氏河绝。"

[1]　郦道元:《水经注校证》卷5《河水》,陈桥驿校证,中华书局,2007年,第147页。

[2]　《黄河水利史述要》统计,"仅见于史书记载的有十五年十六次"。比笔者统计少的三次为:成帝建始元年河大决、灵帝光和六年金城河水溢和中平三年河决。(水利部黄河水利委员会《黄河水利史述要》编写组:《黄河水利史述要》,水利电力出版社,1984年,第54页)

续表

时间	决溢地点	决溢情况
成帝建始元年（前32）		《汉书·外戚传下·许皇后传》："河者水阴,四渎之长,今（九月）乃大决,没漂陵邑。"
成帝建始四年（前29）	馆陶及东郡金堤	《汉书·成帝纪》：秋,"大水,河决东郡金堤"。 《汉书·沟洫志》："河果决于馆陶及东郡金堤,泛溢兖、豫,入平原、千乘、济南,凡灌四郡三十二县,水居地十五万余顷,深者三丈,坏败官亭室庐且四万所。"
成帝河平二年（前27）	平原	《汉书·沟洫志》："河复决平原,流入济南、千乘,所坏败者半建始时。"
成帝鸿嘉四年（前17）	勃海、清河、信都	《汉书·沟洫志》：秋,"勃海、清河、信都河水溢溢,灌县邑三十一,败官亭民舍四万余所"。
成帝永始、元延间（前13—前12）	黎阳	《汉书·沟洫志》："往六七岁（指哀帝元年前六七）,河水大盛,增丈七尺,坏黎阳南郭门,入至堤下。"
平帝元始年间（1—5）		《后汉书·王景传》："平帝时,河、汴决坏。"
王莽始建国三年（11）	魏郡	《汉书·王莽传》："河决魏郡,泛清河以东数郡。"
殇帝延平元年（106）		《后汉书·五行志》注引刘昭案：《袁山松书》："（九月）六州（司隶、兖、豫、徐、冀、并）河、济、渭、雒、洧水盛长,泛溢伤秋稼。"
安帝永初元年（107）		《后汉书·天文志》："郡国四十一县三百一十五雨水,四渎溢,伤秋稼,坏城郭,杀人民。"
安帝建光年间（121—122）		《后汉书·陈忠传》："霖雨积时,河水涌溢;""青、冀之域,淫雨漏河。"
桓帝永兴元年（153）		《后汉书·桓帝纪》："秋七月,……河水溢。" 《后汉书·五行志》："秋,河水溢,漂害人物。" 《后汉书·朱晖传附孙穆传》："永兴元年,河溢,漂害人庶数十万户,百姓荒馑,流移道路。"
灵帝光和六年（183）	金城	《后汉书·灵帝纪》："秋,金城河水溢。"
灵帝中平三年（186）		《后汉书·五行志》："中平三年五月壬辰晦,日有蚀之。"刘昭注引《潜潭巴》曰："壬辰蚀,河决海溢,久雾连阴。"

2003年,河南内黄三杨庄发现了西汉时的黄河水灾遗址。该遗址位于内黄东南部,正是汉代黄河下游主河道流经之地。考古工作者发掘清理出一批汉代农田和四处庭院建筑。农田庭院遗存距今地表以下5米,可能是

因一次大规模黄河洪水泛滥而被整体淹没,庭院没有遭到洪水的直接冲击而得以完好保存,发掘清理出了包括屋舍瓦顶、墙体、水井、厕所、池塘、农田、树木等大量重要遗址和遗物,反映了汉代人们的生产、生活状况,再现了汉代乡里的真实景象。"由于该遗址是因黄河洪水泛滥而被淤沙深埋底下,所以庭院布局、农田垄畦保存基本完好,屋顶和坍塌的墙体基本保持原状。""这次发掘还为汉代黄河治理和河道变迁等黄河水文方面的研究提供了新的考古资料。"①从清理出的三枚新莽时的"货泉"铜钱可以推定,三杨庄遗址被黄河淹没深埋就发生在新莽始建国三年(11),那时黄河魏郡决口。内黄三杨庄遗址为我们了解这次黄河泛滥改道造成的灾害提供了珍贵的实证资料。

汉代黄河的多次决溢,不仅使河道发生了剧烈的变化,而且给人们带来了巨大的灾难。

汉代河患始于汉文帝前元十二年(前168)的东郡酸枣决口。之后西汉黄河下游河道有12次决溢。汉武帝元光三年(前132)东郡濮阳瓠子(今河南濮阳西南)决口,是最著名的一次。大量洪水进入巨野泽,经泗水入淮。这是文献记载的黄河第一次夺淮入海,长达20多年,直至元封二年(前109)才堵住决口。不久,黄河又北决于馆陶,分为屯氏河,东北经魏郡、清河、信都、勃海流入渤海,宽深与黄河正流相等。至汉元帝永光五年(前39),黄河又在清河灵县鸣犊口决口,屯氏河遂淤绝。另外几次决口造成的灾情也很严重,但决口经过几年就被堵住了,河复故道。这条河道稳定了很多年,到西汉末年,由于泥沙长期堆积,"河水高于平地"②,重大改道已无法避免。

王莽始建国三年(11),河水在魏郡元城(治今河北大名东)以上决口,淹没清河以东数郡之地。起初,王莽担心黄河溃决危及他在元城的坟墓,当看到黄河决口东去,"元城不忧水,故遂不隄塞"③,洪水在今鲁西、豫东一带泛滥了近60年。至东汉永平十二年(69),明帝命著名水利工程家王景主持修治黄河下游河道,王景"修渠筑堤,自荥阳东至千乘(治今山东高青县

---

①　曲昌荣:《三杨庄遗址可能改变中国农学史》,《人民日报》2006年2月21日。

②　班固:《汉书》卷29《沟洫志》,中华书局,1962年,第1695页。

③　班固:《汉书》卷99《王莽传中》,中华书局,1962年,第4127页。

东北)海口千余里"①。经过这次治理的黄河,历时 800 多年没有发生大改道,决溢次数也不多。

黄河决溢是巨大的灾难,毁坏房屋、道路,甚至毁灭城市,破坏社会生产,造成物质财富的巨大破坏和人口大量死亡。汉武帝时,"河水溢","山东被河灾,岁不登数年",受灾范围竟达"方二三千里"。②元光三年(前 132)黄河决徙的危害,在汉武帝心中留下了深深的印记。过了 20 年③,汉武帝仍在诏书中提及:"间者,河溢皋陆,堤繇不息。"颜师古解释道:"皋,水旁地。广平曰陆。言水泛溢,自皋及陆,而筑作堤防,繇役甚多,不暇休息。"④汉成帝建始四年(前 29)秋大水,河决东郡金堤;"流漂兖、豫二州,坏庐舍且四万所";鸿嘉四年(前 17)秋,"勃海、清河、信都河水溢溢,灌县邑三十一,败官亭民舍四万余所"。黄河决溢导致的人口死亡有直接和间接两种形式,直接死亡不用解释,间接死亡是指因水灾出现的饥荒带来的人口死亡。例如,汉武帝建元三年(前 138)春,"河水溢,大饥,人相食";汉桓帝永兴元年(153)七月,"河水溢,百姓饥;漂害人庶数十万户"。⑤

（四）黄河与渤海湾海岸线的变迁

历史时期,黄河河口摆荡于河北、江苏间,70% 以上的时间是由河北及山东进入渤海的。黄河的来水来沙对渤海湾海岸的变化影响重大。黄河从黄土高原带来大量的细粒黄土物质,经过潮流的搬运,慢慢堆积,在渤海湾西部塑造了世界上规模最大的淤泥质海岸。当黄河改道离开渤海湾时,渤海海岸主要是由海河等河流带来的沙质沉积物组成的沙质海岸。清而咸的海水适合贝类繁殖,海浪把近岸带海底的贝壳冲到岸边,与海岸的沙质沉积物混合,形成一道贝壳堤。由于黄河来回改道,渤海海岸便由淤泥质岸与包括贝壳堤的沙质岸相间,为我们研究渤海海岸在历史时期的变迁

---

① 范晔:《后汉书》卷 76《循吏传·王景传》,中华书局,1965 年,第 2465 页。

② 班固:《汉书》卷 24《食货志下》,中华书局,1962 年,第 1172 页。

③ 司马迁:《史记》卷 28《封禅书》:"间者河溢皋陆,堤繇不息。朕临天下二十有八年。"(中华书局,1959 年,第 463 页)《集解》徐广曰:"元鼎四年(前 113)也。"(中华书局,1929 年,第 1391 页)此时距元光三年(前 132)黄河决徙,已历 20 年。

④ 班固:《汉书》卷 25《郊祀志上》,中华书局,1962 年,第 1223 页。

⑤ 本段史料出处参见表 3.1 "汉代黄河决溢表"。

提供了线索。

渤海湾西海岸,北起宁河,南至黄骅,有四条古海岸线贝壳堤。[①] 自天津北部的育婴堂至静海西北四小屯的第四贝堤,大致形成于 5 000 年前的新石器时代,很可能是冰后期还浸高海面时期或稍后海岸带上的产物,它距离今海岸约 50 千米,表现了 5 000 年内天津附近的陆地向东延伸的幅度。第三贝堤起于天津东南的小王庄,经巨葛庄至沙井子,碳十四测定其年代为 3 400 ± 115 年。[②] 大致代表殷商时代后半期(前 16 世纪至前 11 世纪)的古海岸线。据韩嘉谷考证,禹黄河在距今 3 400 年略后的时间到天津入海,这是黄河第一次到天津入海,从而结束了第三贝堤的生长[③]。在这里发掘到大量战国和秦汉时代的古墓。第二贝堤北起海河北岸的白沙岭,向南经泥沽至歧口。据碳十四测定,其南段歧口附近,下层距今 2 020 ± 100 年,上层距今 1 080 ± 90 年,北段白沙岭附近距今 1 460 ± 95 年。[④] 这条贝壳堤上发现战国、西汉早期及唐宋文化遗址。[⑤] 据此可知,这条贝壳堤线经过 1 000 多年的时间才塑造完成。战国中期大规模筑堤后,《尚书·禹贡》《山海经·山经》河即断流,黄河下游形成唯一的固定河道,史称《汉志》河,它不再由天津入海,而是经汉章武县(治今河北黄骅伏漪)东入海。到王莽始建国三年(11),河决魏郡元城,又改由山东千乘(治今高青高苑北)入海。随着黄河入海口的逐步南撤,渤海湾西海岸因接受黄河来沙减少,更有利于贝类的繁殖,贝壳堤遂得以充分发育,堤厚 5 米,宽一二百米。

由上述可见,黄河每由渤海湾入海一次,就在河口附近形成一片冲积扇,出现一次海岸线的迁移。历史时期延伸的主要是三个冲积扇。[⑥] 第一

---

① 天津市文化局考古发掘队:《渤海湾西岸古文化遗址调查》,《考古》1956 年第 2 期。

② 中国科学院贵阳地球化学研究所 C[14] 实验室:《天然放射性碳年代测定报告之二》,《地球化学》1974 年第 1 期。

③ 韩嘉谷:《论第一次到天津入海的古黄河》,《中国史研究》1982 年第 3 期。

④ 赵希涛:《中国海岸演变研究》,福建科学技术出版社,1984 年,第 3 页。

⑤ 王颖:《渤海湾西部贝壳堤与古海岸问题》,《南京大学学报》(自然科学版)1964 年第 3 期。

⑥ 天津市文化局考古发掘队:《渤海湾西岸考古调查和海岸线变迁研究》,《历史研究》1966 年第 1 期。

个冲积扇是春秋战国时期《山经》河和《尚书·禹贡》河分别在天津及沧县入海形成的,在宁河七里海一带,第二个冲积扇是《汉书·地理志》河在今黄骅入海后,直到西汉末才形成的,在今黄骅东南部。西汉时,海河尚未汇流入海。据《汉书·地理志》记载,西汉在渤海湾沿岸建置的县有絫县(治今河北昌黎南)、海阳(治今河北滦县西南)、昌城(治今河北丰南西北)、雍奴(治今天津宝坻西南)、泉州(治今天津武清西南)、东平舒(治今河北大城)、参户(治今河北青县西南)、浮阳(治今河北沧县东南)、章武(治今河北黄骅西北)、高城(治今河北盐山东南)。这说明汉代渤海岸线可能在今河北乐亭、丰南以南,天津、盐山一线以东,这与第一、第二个冲积扇的范围大体一致。

二、海河的变迁

海河是我国华北地区的重要水系。海河上游有 300 多条支流,经过长期变迁,汇集成五大支流:北运河、永定河、大清河、子牙河和南运河,即华北五河。五河分别自北、西、南三面呈扇状汇流至天津,始名海河。

海河流域西部是太行山脉,北部是燕山山脉,东部和东南部是华北平原的一部分,又名海河平原。南部由西南向东北倾斜,北部从西北倾向东南,河流进入平原后坡度骤减,泥沙淤积,河床垫高,形成地上河或半地上河。人类活动对海河水系变迁影响很大,海河水系在两汉时期经历了重大的变迁。[①]

(一) 西汉以前海河各水系分流入海

海河流域的冲积平原大体上向北、向东微微倾斜,天津一带地势最低,所以历史上海河流域的主要河道,都有向天津汇流入海的趋势。只是由于黄河北流,吸纳了平原的径流,将平原水系附属于黄河水系之中。

春秋时期,沽水(今北运河)、治水(今永定河)、滱水(今沙河)、泒水(今唐河)、呼沱河(今滹沱河)都经天津附近的洼淀分流入海,尚未形成海河水

[①]　主要参考论著有:韩嘉谷《历史时期河北平原河道变迁和海河水系形成》,《海河志通讯》1982 年创刊号。谭其骧《海河水系的形成与发展》,《历史地理》第 4 辑,上海人民出版社,1986 年。

系。当黄河早期《山经》大河由今天津附近入海时,今海河水系中的大清河以南各水均流入黄河,成为黄河的支流,大清河以北的永定河等则分流入海。西汉时黄河下游及其入海河道南移至汉章武县境内,海河水系南部的几条干流也摆脱黄河而分流入海,致使海河水系经历了一个过渡性的分流时期。

据《汉书·地理志》和《水经》记载,今海河五大支流(北运河、永定河、大清河、子牙河、南运河)在西汉时期都于大河以北独流入海。

今北运河,汉朝时期名为沽水。《汉书·地理志下》载:"沽水出塞外,东南至泉州入海,行七百五十里。"[1] 汉代的泉州故城在今天津武清东南杨村附近。《水经注·沽河》记载:

> 沽河从塞外来,南过渔阳狐奴县北,西南与湿余水(今温榆河)合为潞河, ……又东南至雍奴县西为笥沟(潞河别名), ……又东南至泉州县与清河合,东入于海。[2]

今永定河,名称多变,战国、西汉时名为治水,东汉时名为㶟水,在北魏以前又名清泉河,可见含沙量并不很高。汉朝时期,永定河在泉州境内独流入海。"累头山,治水所出,东至泉州入海,过郡六,行千一百里。"[3]《水经注·㶟水》云:"㶟水出雁门阴馆县,东北过代郡桑干县南。"因其过桑干县,故名桑干水。[4] 河流名称改为永定河,"乃康熙三十七年所赐名"。[5] 考古资料显示,北京西部的清河镇附近有三座汉代城堡遗址,其中朱房村古城紧邻一古河道,据分析为汉代永定河出石景山后几条汉河中的一条,从古城的规模可以判定该古河道曾一度作为干流,后来主流他去,才成为支流。[6] 最终断流后故道之内又有次生小河,即今小清河。

今大清河,源出太行山和恒山南麓,历代河道变化大。在海河水系形成

---

[1] 班固:《汉书》卷28《地理志下》,中华书局,1962年,第1623页。
[2] 郦道元:《水经注校证》卷14《沽河》,陈桥驿校证,中华书局,2007年,第339页。
[3] 班固:《汉书》卷28《地理志下》,中华书局,1962年,第1621页。
[4] 郦道元:《水经注校证》卷13《㶟水》,陈桥驿校证,中华书局,2007年,第310页。
[5] 光绪《畿辅通志》卷78《永定河》,河北人民出版社,1985年,第175~176页。
[6] 张步天:《中国历史地理上》,湖南大学出版社,1988年,第230页。

前,大清河的支流有巨马河(今河北拒马河)、滱水、泒河。黄河南徙后,这些河流都分流入海。《水经·巨马水》载:"巨马河出代郡广昌县涞山,东过遒县北,又东南过容城县北,又东过勃海东平舒县北,东入于海。"郦道元注:巨马河"即涞水"。[①]《水经·滱水注》载,滱水故道东南流经今安国南,折东北经高阳西,又北流经安州西,东北流与易水合。泒河的上游是今潴龙河的上游大沙河,下游即天津海河,《水经注》称之为"泒河尾"。[②]"东南至泉州县,与清河合,东入于海。清河者,派河尾也。"[③]这些河流仅在入海处才相汇,实际上仍各为一支,直到东汉末年才在今天津西汇合,并合笥沟入海。[④]

今子牙河,汉朝时期名为虖池水[⑤],是海河的西南支流。其流程大致经下曲阳(河北晋县西)北,深泽、饶阳南,又经东昌(河北武强南合寖水)、弓高(河北阜城南,有虖池别河分出)、乐城(河北献县东南,有虖池别水分出)、成平(河北沧州西南)之北,东至参合(即参户,今河北青县西南木门店)合虖池别水,又于东平舒(河北大城西北)合虖池别水合流入海。

今南运河,先秦时称衡漳或漳水,汉朝时期名为漳水。漳水上游分为清漳和浊漳,均发源于太行山南段西侧。漳水在西汉时仍是黄河一大支流,《汉书·地理志上》载:"鹿谷山,浊漳水所出,东至邺入清漳……大黾谷,清漳水所出,东北至阜城入大河。"[⑥]《水经》云:"清漳水出上党沾县西北少山大要谷,至武安县黍窖邑,入于浊漳。浊漳会虖沱入海。"[⑦]《说文·水部》:"浊漳,出上党长子鹿谷山,东入清漳。清漳,出沾山大要谷,北入河。"段玉裁

---

①　郦道元:《水经注校证》卷 12《巨马水》,陈桥驿校证,中华书局,2007 年,第 302~304 页。

②　郦道元:《水经注校证》卷 11《滱水》,陈桥驿校证,中华书局,2007 年,第 284~293 页。

③　郦道元:《水经注校证》卷 14《沽水》,陈桥驿校证,中华书局,2007 年,第 334 页。

④　张步天:《中国历史地理上》,湖南大学出版社,1988 年,第 230 页。

⑤　"虖池"即"呼沱",相关疏证较多,本书仅举《山海经》为证。《山海经·北山经》:"又东三百七十里曰泰头之山,共水出焉,南注于虖池。'呼''沱'二音。下同。"(郭璞:《山海经笺疏》第 3《北山经》,郝懿行笺疏,齐鲁书社,2010 年,第 4774 页)"又北百八十里曰白马之山,其阳多石、玉,其阴多铁,多赤铜。木马之水出焉,而东北流,注于虖沱。"郭璞云:"呼沱二音。"(郭璞:《山海经笺疏》,郝懿行笺疏,齐鲁书社,2010 年,第 4781 页)

⑥　班固:《汉书》卷 28《地理志上》,中华书局,1962 年,第 1553 页。

⑦　桑钦:《水经》卷下《清漳水》,中国戏剧出版社,1999 年,第 7 页。

注:"《志》言浊漳入清漳,清漳入河,《经》言清漳入浊漳,浊漳会虖沱入海。乖异者,当缘作《水经》时与《志》时异也。"[1] 按今二水于河南林县交漳口相合,言清漳入浊,浊漳入清皆无不可。漳水所经之地有邺(浊漳水入)、邯郸(漳水入)、列人(白渠水入)等。黄河南徙后,漳水不再流入黄河。《水经》所记漳水经河北邺县西、列人县、斥漳县南,由阜城县北,再往下应是走西汉黄河故道,向东北流,过东成陵县,东经成平县南、章武县(治今河北黄骅常郭故县)西,最后在平舒县(治今河北大城)南入海。

由上述可见,海河的五大支流在西汉时,分别从南、西、北三面向天津附近的洼淀分流入渤海,尚未形成一个统一的水系。

西汉以前,海河流域处于黄河下游,黄河的淤决迁徙对海河的影响很大。到了王莽始建国三年(11),黄河又发生大的改道,河道南徙,从山东利津入海,海河的五大支流在一段时期内摆脱了黄河的影响,从而为海河水系的形成提供了客观条件。

(二) 海河水系的形成

海河水系形成的标志是河北平原诸水大都或全部汇流到天津入海。关于海河水系初步形成的具体年代,有的学者提出上限应在《汉书·地理志》《说文解字》等文献所述水系之后,下限在曹操开通白沟以前。今南运河另一上游卫河在汉代为宿胥故渎,原为黄河故道,东汉末称白沟。建安九年(204),曹操在枋头(今河南浚县东)附近筑堤,将注入黄河的淇水拦截,淇水改入白沟,后来发展成一条大支流。谭其骧在《海河水系的形成与发展》一文中提出,海河水系的形成当在东汉末建安年间。海河水系形成的关键是清河的逐步伸展,而建安年间在曹操主持下改造白沟、开凿平虏渠则促进了海河水系的初步形成。[2]

白沟(今河南浚县西)原是黄河故道,流量较小,不能满足通航的需要。建安九年(204),曹操为了消灭盘踞在邺城的袁尚,改造原来的白沟,"遏淇

---

① 许慎:《说文解字注》卷 11《水部》,段玉裁注,许惟贤整理,凤凰出版社,2007 年,第 920 页。

② 中国地理学会历史地理专业委员会编:《历史地理》第 4 辑,上海人民出版社,1986 年。

水入白沟,以通粮道"。^①以前只是把淇水分入白沟,现在则拦截淇水使其不再流入黄河而径入白沟。白沟的河身由苑口向上流延伸二三十里至枋头。从此,白沟及其下游的清河便成为河北平原的主要水运通道。袁尚兵败后投奔东北的乌桓。为统一北方,建安十一年(206),曹操挥师北上,又开凿平虏渠以通粮运。呼沱水经平虏渠向北进入泒水,清河沿平虏渠再向北流与沽水(今白河)相会,船只可从白沟直达今天津附近。

海河流域的一条纵贯南北的水运干线出现以后,呼沱水与漳水的大部分被清河截住冲携北上。它们原来在清河以东的故道逐渐变成了支脉,最后湮没。河北平原上几条大的主流相互连通时,渤海西岸的陆地又向海洋伸展,合流以后的河道转而向东并流泒河后入海,从而形成了"五河下梢"的"泒河尾",即自天津三岔口向东入海的海河尾闾部分。至此,海河水系初步形成。

三、长江中下游河道的变迁

长江是我国第一大河。《尔雅·释水》曰:"江、河、淮、济为四渎。四渎者,发源注海者也。"^②长江位居"四渎"之首,但是,汉代长江中下游地区的开发远远落后于黄河流域,很多地区还处在原始的自然状态,几乎没有受到人类活动的影响。这对于环境保护而言是好事,但也因此记载不多,现有记载又是零散不成体系,我们尽量梳理这一时期长江中下游河道的变迁风貌。

汉代时,长江始称为"大江"。三国时期,有"长江"之名见于典籍。长江干流因两岸地貌差异、水流缓急、河流落差、河床宽窄和河道弯曲等不同特点,自然形成上、中、下游三个江段。

《汉书·地理志》记载的长江支流,反映了汉代以前人们对长江的认识。在南郡(治今湖北江陵)、会稽(秦和西汉时治今江苏苏州)、豫章(治今江西南昌)三郡境内,有漳水、沔水、夏水、沮水、沱水、夷水、涭水、繇水、潘水、柯水、谷水、渠水、天门水、武林水、鄱水、余水、修水、豫章水、盰水、蜀水、南水、彭水等24条河流。长沙马王堆汉墓出土了长沙国南部地形图,所绘湘

---

① 陈寿:《三国志》卷1《魏书·武帝纪》,中华书局,1959年,第25页。
② 郝懿行:《尔雅义疏》中之八《释水弟十二·水泉》,齐鲁书社,2010年,第3442页。

江上游潇水水系中共有 30 多条支流,标记名称的支流有春水、冷水、罗水、
垒水、营水等①,驻军图中标记名称的有潇水、资水、如水、湛水、延水、矛水、
大深水、智水、条水、满水、菖水、袍水、㴤水、蕃水等。②

汉代南方降水充沛,植被保护得完好,有利于涵养水源,江河水量充
沛,集聚到湖沼间的水资源也特别丰富。

长江中下游的主要湖泊有具区泽、云梦泽、洪水湖、彭蠡泽等。

具区泽在吴、越之间,又名震泽,后来演变成了现在的太湖。目前的文
献对汉代具区泽的记载极其简略。《汉书·地理志》云:“具区泽在西,扬州薮,
古文以为震泽。”③《后汉书·郡国志》云:“吴,本国,震泽在西,后名具区泽。”④

云梦泽在早期是一个巨大的湖泊群,只是后来的围垦才使该地区湖泊
的数量和面积不断减少。⑤《史记·司马相如列传》载,云梦“方九百里”⑥。
西汉时,云梦泽的主体已萎缩在今湖北沙市东南和监利县西北之间及郝穴
与江南的公安、石首一线。它的东面(今湖北洪湖以西)、北面(今沔阳以南)
的大片地区,虽然仍叫作云梦泽,实际上只剩下一片浅沼。⑦东汉末年,曹
操在赤壁兵败,残部从乌林(今湖北洪湖境内江边)经华容向西北撤退,就
是从泥泞的云梦沼泽中穿过的。可见此时这片沼泽已经很浅,一条可供步
行的华容道已贯穿其间。

洪水湖位于洞庭平原。在秦汉之际,湘山西南的洞庭洪水湖的水面已
扩展到湘水岳阳河段。此时湘水汇入洪水湖与长江相通。《山海经·海经》
云:“沅水出象郡镡城西,东注江,入下隽(今属长沙)西,合洞庭中。”⑧《汉

---

① 　马王堆汉墓帛书整理小组:《长沙马王堆三号汉墓出土地图的整理》,《文物》1975
年第 2 期。

② 　高至喜:《兵器和驻军图》,湖南省博物馆:《马王堆汉墓研究》,湖南人民出版社,
1981 年,第 305~306 页。

③ 　班固:《汉书》卷 28《地理志上》,中华书局,1962 年,第 1590 页。

④ 　司马彪:《后汉书》志 22《郡国志四·吴郡》,第 3489 页。

⑤ 　谭其骧:《云梦与云梦泽》,《长水集》(下),人民出版社,1987 年,第 105 页。

⑥ 　司马迁:《史记》卷 117《司马相如列传》,中华书局,1959 年,第 3004 页。

⑦ 　罗传栋:《长江航运史(古代部分)》,人民交通出版社,1991 年,第 72 页。

⑧ 　郭璞:《山海经笺疏》订伪一卷《郭注引水经》,郝懿行笺疏,齐鲁书社,2010 年,第
5133 页。

书·地理志上》云:"沅水,东南至益阳入江。过郡二,行二千五百三十里。"[1]
《说文解字·水部》载:沅水,"出牂牁故且兰,东北入江。"段玉裁注曰:"《汉
志》'东南',以地望准之,当从《说文》作'东北'。过郡二,当作三,谓牂柯、
武陵、长沙国也。"《汉书·地理志》误。[2]此时在洞庭平原上缓慢扩大的洞
庭洪水湖,虽有"洞庭"之名,不过是一片无名的小泊。称其为"洞庭"是借
洞庭平原赋名,东汉的桑钦写《水经》时仍不知其名称,《水经注·资水》云:
"资水又东与沅水合于湖中,东北入于江。"[3]当时洞庭平原河网切割地貌景
观仍未有多大改变,资、沅、澧诸河道仍各自与长江相通。特别是衔接灵渠
的湘江,经洪水湖连通长江与漓水,是洞庭平原上的重要水道。[4]

彭蠡泽又称彭蠡。《史记·封禅书》载,汉武帝南巡自寻阳(今湖北黄梅
西南)出枞阳(今安徽枞阳),过彭蠡[5]。西汉以后,彭蠡泽逐渐南移,扩展成
今天的鄱阳湖。至西汉末年,鄱阳湖口一带断陷区已扩展成为较大的水域。
这时,江北原来的彭蠡古泽已和九江分离,面积也日渐萎缩。至东汉时,古
彭蠡泽已不可辨认。《汉书·地理志上》把江北尚残存的彭蠡遗迹和迅速扩
展的湖口断陷水域合称为彭蠡。彭泽境内的湖口断陷水域,被后人称为彭
蠡新泽,即鄱阳新湖。

> 彭泽,《禹贡》彭蠡泽在西,……修水东北至彭泽入湖汉,行
> 六百六十里,……雩都,湖汉水东至彭泽入江,行千九百八十里。[6]

秦和西汉时期,长江以南的洞庭湖、鄱阳湖、太湖等水面都在不断扩
大。研究者根据历史水文资料认为,秦和西汉的气候条件,是长江水位上

---

①　班固:《汉书》卷28《地理志上》,中华书局,1962年,第1602页。

②　许慎:《说文解字注》卷11上《水部》,段玉裁注,许惟贤整理,凤凰出版社,2007年,
第909页。《水经注·沅水》曰:沅水出牂柯且兰县(治今贵州黄平西南),为旁沟水。又东至
镡成县(治今湖南靖州西南),为沅水,东过无阳县(治今湖南芷江东南),又东北过临沅县(治
今湖南常德西)南,又东至长沙下隽县(治今湖北通城西北)西,北入于江。(郦道元:《水经注
校证》卷37《沅水》,陈桥驿校证,中华书局,2007年,第868页)

③　郦道元:《水经注校证》卷38《资水》,陈桥驿校证,中华书局,2007年,第890页。

④　罗传栋:《长江航运史(古代部分)》,人民交通出版社,1991年,第72~73页。

⑤　司马迁:《史记》卷28《封禅书》,中华书局,1959年,第1400页。

⑥　班固:《汉书》卷28《地理志上》,中华书局,1962年,第1593页。

升的因素之一。①

目前,有关秦汉时期长江流域环境的第一手资料缺少,但从成书于6世纪初的《水经注》对长江上游干流三峡江段和清江、湘江、鄱阳湖水系等河流的记载来看,可以认为北魏以前长江流域大部分河流的江水是清澈的。②三峡江段和清江、湘江、鄱阳湖水系分布在长江的上、中、下游,其集水面积占长江流域面积的70%。《水经注·江水》记载:

> 长江三峡江水“春冬之时,则素湍绿潭,回清倒影”。
>
> 《夷水》:“夷水即佷山清江也,水色清照十丈分沙石,蜀人见其澄清,因名清江也。”
>
> 《湘水》:“潇湘之浦潇者水清深也,……湘川清照五六丈下见底石。”
>
> 《赣水》:“其水总纳十川,同臻一渎,俱注于彭蠡也,北入于大江。”“大江南赣水,总纳洪流东西四十里,清泽远涨,绿波凝净,而会注于江。”③

“素湍绿潭,回清倒影”“绿波凝净”,水深五六丈仍然清澈可见底石,纯净之水,令人神往。

四、淮河的变迁

淮河在古代与长江、黄河、济水齐名。淮河水系不仅是我国也是世界大河中变迁最剧、变化最大的一条河流。《尚书·禹贡》《山海经》《周礼·职方》和《尔雅》中只有关于古代淮河水系的简单描述。历史上的淮河是一条从云梯关独流入海的河流,河道宽阔,水流通畅。《尚书·禹贡》载:“导淮自桐柏,东会于沂、泗,东入于海。”④文中提到沂水、泗水再加上沭水这三条河

---

① 中国科学院地理研究所、长江水利水电科学研究院、长江航道局规划设计研究所:《长江中下游河道特性及其演变》,科学出版社,1985年,第64页。

② 林承坤、潘少明:《古代长江江水何时变为混浊》,《自然杂志》,2005年第1期。

③ 郦道元:《水经注校证》卷34《江水》,陈桥驿校证,中华书局,2007年,第791、863、897、924页。

④ 孙星衍:《尚书今古文注疏》卷3《虞夏书·禹贡》,中华书局,2004年,第200页。

流,都发源于沂蒙山,是淮河的下游支流。

《汉书·地理志上》云:"《禹贡》桐柏大复山在东南,淮水所出,东南至淮陵入海,过郡四,行三千二百四十里。"①《说文解字·水部》云:"淮水,出南阳平氏桐柏大复山,东南入海。"段玉裁注:"淮自平氏至入海,大致东北行,东多北少。许云'东南','南'字误。"②《汉书》《说文解字》俱误。

今淮河,在《水经》和《水经注》中称"淮水"。《水经》有 1 卷 194 字记载"淮水",有 6 卷记载支流。《水经》曰:"淮水,出南阳平氏县胎簪山,东北过桐柏山,东过江夏、庐江、九江、下邳诸郡,至广陵淮浦县入于海。"③《水经注》认同《水经》的说法,淮水篇对淮河的发源、流向、支流以及流经的主要地区,做了十分精细的考察和系统记述。从北魏时期淮河干道流经的地域看,上游和中游与今天是一致的。但下游变化巨大,由直接入海变成几条水流绕道或借道入海。《水经》说淮河"至广陵淮浦县入于海"。三国时曹魏的淮浦即今江苏涟水,淮水当时在此入海。而现在淮河大部分水量从江苏扬州南的三江营入长江,另一部分水量经苏北灌溉总渠注入黄海。

淮河下游的最大支流是泗水。泗水源出山东泗水东的蒙山南麓。《山海经·海经·海内东经》载:"泗水出鲁东北而南,西南过湖陵西,而东南注东海,入淮阴北。"④ 我国的河流,大多是从西向东流,而泗水却与众不同,是从北向南流。这样,它就把汶水、济水、菏水、汴水、濉水、沂水、沭水、洸水等沟通在一起,组成淮河下游的水上交通网。泗水入淮处叫泗口,在今江苏清江北。《尚书·禹贡》记载了泗水在运输交通方面的重要作用,它是沟通徐州、扬州连接黄河、淮河、长江的主要水道。《尚书·禹贡》中还记载了对淮、泗、沂三条河流的治理情况:从桐柏山开始疏导淮河,向东与泗水、沂水汇合,一直流入大海。秦汉时期,泗水全长 500 多千米,流经山东、江苏,是连接鲁南、鲁西南、苏北、皖东广大地区的纽带,对该地区经济、文化的发展起到了重要的作用。

---

① 班固:《汉书》卷 28《地理志上》,中华书局,1962 年,第 1564 页。

② 许慎:《说文解字注》卷 11 上《水部》,段玉裁注,许惟贤整理,凤凰出版社,2007 年,第 928 页。

③ 桑钦:《水经》卷下《淮水》,中国戏剧出版社,1999 年,第 17 页。

④ 郭璞:《山海经笺疏》第 13《海内东经》,郝懿行笺疏,齐鲁书社,2010 年,第 4964 页。

　　淮河出桐柏山后,除了汇合沂、沭、泗水,还有汝水、颍水、涡水、睢水、汴水等支流从北面汇入。《汉书·地理志上》载:汝水"过郡四,行千三百四十里"[1]。推算其流域面积,约为 2.5 万平方千米,可见西汉时汝水源流长,流域广,实为中原一大河流。颍水发源于河南登封嵩山西南,迤逦东下,流经河南的登封、禹州、许昌、临颍、周口、颍上、阜阳,至安徽的寿县正阳关汇入淮河,为淮河第一大支流。

　　淮河水系发生巨大变迁的最根本原因是黄河的侵袭。汉武帝元光三年(前 132),黄河开始较大规模地侵淮,鸿沟和菏水被黄泛所侵袭而淤废。自汉迄南宋一直依靠汴渠(汴水)、泗水沟通黄河、淮河和长江的航运。[2]

　　鸿沟又名浪荡渠、蒗荡渠,是我国最早沟通黄河和淮河的运河,始建于战国魏惠王时。秦汉魏晋南北朝时期,鸿沟一直是黄淮间的主要交通线路。鸿沟在今荥阳北引黄河水,向东经过开封折向南部,经过尉氏、太康、淮阳后汇入淮河。《史记·河渠书》对鸿沟水系有这样的概括描述:"荥阳下,引河东南为鸿沟,以通宋、郑、陈、蔡、曹、卫,与济、汝、淮、泗会。"[3]《汉书·沟洫志》照录未改。

　　汴水又称汴渠,因较少迁曲,是鸿沟水系中维系中原与江淮交通的骨干水道。[4]汉武帝至汉宣帝间,"岁漕关东谷四百万斛以给京师"[5],其中大部分经过汴河。东汉以前,汴水或汴渠之名乃至"汴"字都未见于典籍。《汉书·地理志上》作卞水,指今河南荥阳西南的索河。"荥阳,卞水、冯池皆在西南。有狼汤渠,首受沛,东南至陈入颍,过郡四,行七百八十里。"[6]沛即济水。《水经·渠水注》载:"(浪荡)渠水自河与济乱流。"[7]《后汉书》始作汴渠,亦指荥阳一带卞水及其所入之狼荡渠(即古鸿沟)。在浚仪以下至蒙县(治

---

　　① 班固:《汉书》卷 28《地理志上》,中华书局,1962 年,第 1562 页。
　　② 水利部淮河水利委员会《淮河水利简史》编写组:《淮河水利简史》,水利电力出版社,1990 年,第 13 页。
　　③ 司马迁:《史记》卷 29《河渠书》,中华书局,1959 年,第 1407 页。
　　④ 水利部淮河水利委员会《淮河水利简史》编写组:《淮河水利简史》,水利电力出版社,1990 年,第 49 页。
　　⑤ 班固:《汉书》卷 24《食货志上》,中华书局,1962 年,第 1141 页。
　　⑥ 班固:《汉书》卷 28《地理志上》,中华书局,1962 年,第 1555 页。
　　⑦ 郦道元:《水经注校证》卷 12《渠》,陈桥驿校证,中华书局,2007 年,第 525 页。

今河南商丘东北)的河道名叫获渠，"东北至彭城入泗，过郡五，行五百五十里"。[1] 蒙县以东至彭城的一段，名获水。《后汉书·王景传》云："汴渠东侵，日月弥广。"在东汉明帝的诏书中，也有"自汴渠决败，六十余岁"之说。[2] 由此看来，似乎东汉以前就有了汴渠，或者说东汉前这条水道即称汴渠。实则不然，《后汉书》纪、传的作者是南朝刘宋人范晔。他为了叙述的方便，不再以浪荡渠和汳水称呼这条河道，而径直称作汴渠。《说文解字·水部》云："汳水，受陈留浚仪阴沟，至蒙为雎水。"段玉裁注："'雎'当作'获'字之误也。"[3] "汳"《汉志》作"卞"，《后汉书》作"汴"。《说文解字》误。

五、北方湖泊的变迁

秦汉时期，黄河流域湖泊的数量和面积都曾达到历史高峰。《国语·周语下》云："陂障九泽，丰殖九薮。"[4] "九泽"和"九薮"，都是说九州的九大湖泊，其名称与位置，古籍记载不一。《周礼·夏官·职方氏》中泽、薮并称，其名称及位置如下：扬州，具区；荆州，云梦；豫州，圃田；青州，望诸；兖州，犬野；雍州，弦蒲；幽州，貕养；翼州，杨纡；并州，昭余祁。[5]《吕氏春秋·有始》载："九薮：吴之具区，楚之云梦，秦之阳华，晋之大陆，梁之圃田，宋之孟诸，齐之海隅，赵之巨鹿，燕之大昭。"[6] 一般认为，九大湖泊中有七个在北方，故汉代人亦以"九泽"特指北方的湖泊。《淮南子·时则训》载："北方之极，自九泽穷夏晦之极，北至令正之谷。"高诱注："九泽，北方之泽。夏，大也。晦，暝也。"[7]

据《三辅黄图·池沼》记载，仅在长安附近，就有23处池沼。长安附近地区水面密集广阔，地理风貌和现在极不相同。汉武帝元狩三年(前120)

---

① 班固：《汉书》卷28《地理志下》，中华书局，1962年，第1636页。

② 范晔：《后汉书》卷2《明帝纪》，中华书局，1965年，第116页。

③ 许慎：《说文解字注》卷11上《水部》，段玉裁注，许惟贤整理，凤凰出版社，2007年，第931页。

④ 左丘明：《国语集解·周语下·灵王二十二年》，中华书局，2002年，第97页。

⑤ 孙诒让：《周礼正义》卷63《夏官·职方氏》，中华书局，2015年，第3217页。

⑥ 吕不韦编：《吕氏春秋集释》卷13《有始》，许维遹集释，中华书局，2016年，第218页。

⑦ 刘安编：《淮南子集释》卷5《时则训》，何宁集释，中华书局，1998年，第437页。

开凿的昆明池,在今陕西西安西丰、潏二水之间,周40里。昆明池和规模相当大的弦蒲泽(在今陕西陇县西),以及关中当时众多的湖泽,后来都已堙涸不存。

先秦时期在关东地区形成的湖泊沼泽,至秦汉时绝大多数仍然存在,但是由于泥沙淤积,面积有所缩小。尚存的湖泊周边的沼泽地植被保存较好,有利于调节气候,维持生态平衡。

华北大平原又称黄淮海平原,西抵太行山脉和豫西山地,东至渤海、黄海,北界燕山山脉,南至桐柏山、大别山和淮河,面积约30万平方千米,由黄河、海河、滦河、淮河诸水系的冲积平原联合组成。根据邹逸麟的研究,周秦至西汉时期华北平原的湖沼分布很广,见于记载的有40多处,与现在的景观迥然不同。(如表3.2所示)

表3.2 周秦至西汉华北平原湖沼[①]

序号	名称	位置	资料来源
1	鸡泽	今河北永年东	《左传》襄公三年
2	大陆泽	今河北任县迤东一带	《左传》定公元年、《尚书·禹贡·释地》《汉书·地理志上》
3	泜泽	今河北宁晋东南	《山海经·北山经·北次三经》
4	皋泽	今河北宁晋东南	《山海经·北山经·北次三经》
5	海泽	今河北曲周北境	《山海经·北山经·北次三经》
6	大泽	今河北正定附近滹沱河南岸	《山海经·北山经·北次三经》
7	鸣泽	今河北徐水北	《汉书·武帝纪》
8	大陆泽	今河南修武、获嘉间	《左传》定公元年
9	荧泽	今河南浚县西	《左传》闵公二年
10	澶渊	今河南濮阳西	《左传》襄公二十年
11	黄泽	今河南内黄西	《汉书·地理志》《汉书·沟洫志》
12	修泽	今河南原阳西	《左传》成公十年
13	黄池	今河南封丘南	《左传》哀公十三年
14	冯池	今河南荥阳西南	《汉书·地理志》
15	荥泽	今河南荥阳北	《左传》宣公十二年、《尚书·禹贡》

---

① 根据邹逸麟《历史时期华北大平原湖沼变迁述略》第2~5页所列表格绘制。(《历史地理》第5辑,上海人民出版社,1987年)

续表

序号	名称	位置	资料来源
16	圃田泽	今河南郑州、中牟间	《左传》僖公三十三年、《尔雅·释地》
17	萑苻泽	今河南中牟东	《左传》昭公二十年
18	逢泽池	今河南开封东南	《汉书·地理志》
19	孟诸泽	今河南商丘东北	《左传》僖公二十八年、《尚书·禹贡》
20	逢泽	今河南商丘南	《左传》哀公十四年
21	蒙泽	今河南商丘东北	《左传》庄公十二年
22	空泽	今河南虞城东北	《左传》哀公二十六年
23	浊泽	今河南长葛境	《史记·魏世家》
24	狼渊	今河南许昌西	《左传》文公九年
25	棘泽	今河南新郑附近	《左传》襄公二十四年
26	洧渊	今河南新郑附近	《左传》昭公十九年
27	鸿隙陂	今河南南汝河南、息县北	《汉书·翟方进传》
28	菏泽	今山东定陶东北	《尚书·禹贡》《汉书·地理志》
29	雷夏泽	今山东鄄城南	《尚书·禹贡》《汉书·地理志》
30	泽	今山东鄄城西南	《左传》僖公二十八年
31	阿泽	今山东阳谷东	《左传》襄公十四年
32	大野泽	今山东巨野北	《左传》哀公十四年、《尚书·禹贡》《汉书·地理志》
33	泽	约在今山东历城东或章丘北	《山海经·东山首经》
34	泽	约在今山东淄博迤北一带	《山海经·东山首经》
35	巨定泽	今山东广饶东清水泊前身	《汉书·地理志》
36	海隅	山东莱州湾滨海沼泽	《尔雅·释地》
37	沛泽	今江苏沛县境	《左传》昭公二十年
38	丰西泽	今江苏丰县西	《汉书·高帝纪》
39	湖泽	今安徽宿州东北	《山海经·东山经·东次二经》
40	沙泽	约在今鲁南、苏北一带	《山海经·东山经·东次二经》
41	余泽	约在今鲁南、苏北一带	《山海经·东山经·东次二经》
42	柯泽	杜注:郑地	《左传》僖公二十二年
43	汋陂	杜注:宋地	《左传》成公十六年
44	围泽	杜注:周地	《左传》昭公二十六年
45	鄟泽	杜注:卫地	《左传》定公八年
46	琐泽	杜注:地阙	《左传》成公十二年

　　表 3.2 所列湖沼中，以今华北地区的大陆泽最为著名。大陆泽又名巨鹿泽、广阿、泰陆、大麓、沃川、张家泊等[①]，是华北平原上太行山冲积扇边缘的一片浅沼洼地。《尚书·禹贡》导河云"北过绛水，至于大陆"[②]，《尔雅·释地》云"晋有大陆"[③]，即指此泽。《山经》《尚书·禹贡》大河流经泽东，《汉书·地理志上》说此泽为漳北、泜南诸水所汇，水面辽阔，跨今河北隆尧、巨鹿、任县、平乡四地。北魏以后，漳水改经泽西，太行山诸水为其挟而北去，由此大陆泽水源短缺，湖区逐渐缩小。据河北地理研究所《河北平原黑龙港地区古河道图》可知，在河北的巨鹿、任县、南宫、新河、冀县、束鹿、宁晋、隆尧诸地区间有一个古湖泽遗迹，由西南斜向东北，长约 67 千米，巨鹿、隆尧两地区间东西最宽处约 28 千米。根据方位推测当是古代的大陆泽。

　　表 3.2 所列湖沼仅限于文献记载，实际上古代华北平原上的湖沼远不止这些。例如华北平原中部和东部，即所谓"九河"地区，在战国中期黄河下游全面修筑堤防以前，河道决溢频繁，迁徙游荡无定，而留下的废河床、牛轭湖和岗间洼地，为湖沼的发育提供了条件。《左传》庄公十七年有"冬，多麋"[④]的记载。20 世纪 50 年代以后，在华北平原滨海地区发现过很多适于在温暖湿润的沼泽环境下生活的四不像麋鹿遗骸，反映出华北平原地区早期沼泽密布、洼地连片、盛产芦苇和蒲草等水生植物的自然景观。战国末年，在今涿州、固安、新城等地区交界的督亢地区是燕国最富饶的水利区。荆轲刺秦王即以督亢地图进献，说明督亢陂在当时已经出现。《水经·巨马水注》和《魏书·裴延俊传》都记载这里有一个"径五十里"的督亢陂。《淮南子·说林训》载："十顷之陂可以灌四十顷，而一顷之陂可以灌四顷。"[⑤] 这些大泽后来大都在北方大地上消失了，现在已经难寻旧迹。谭其骧指出："古代中原湖泊，大多数久已淤涸成为平地。冯池在《水经注》中叫作李泽，此后即不再见于记载。"[⑥]湖泊逐渐淤为平地，是历史时期常见的地貌变迁

---

① 顾祖禹：《读史方舆纪要》卷 15《北直六·顺德府》，中华书局，2005 年，第 670 页。
② 孙星衍：《尚书今古文注疏》卷 3《虞夏书·禹贡》，中华书局，2004 年，第 191 页。
③ 王闿运：《尔雅集解·释地弟九》，岳麓书社，2010 年，第 196 页。
④ 洪亮吉：《春秋左传诂》卷 1《春秋经一·庄公十七年》，中华书局，1987 年，第 33 页。
⑤ 刘安编：《淮南子集释》卷 17《说林训》，何宁集释，中华书局，1998 年，第 1194 页。
⑥ 谭其骧：《〈汉书·地理志〉选释》，《长水集》（下），人民出版社，1987 年，第 367 页。

形式。湖泊池沼淤埋的一个重要原因就是严重的水土流失。

关于当时北方湖沼分布的规律,由于资料缺乏,尚难论定。这些湖沼大多是由浅平洼地灌水而成的。因补给不稳定,湖沼水体洪枯变率很大。许多湖沼中滩地、沙洲和水体交杂,湖沼植物茂盛,野生动物如麋鹿等大量生长繁殖,鲁定公元年(前509),魏献子即田猎于河北的大陆泽。

秦至西汉时期温暖湿润的气候能够保证一定的降水量,为华北平原湖沼提供了比较丰富的水源。[1] 西汉以前,黄河流域植被覆盖良好,森林稠密茂盛,水土流失情况不严重,除了黄河,其他河流中挟带的泥沙比后世要少。[2] 这是湖沼淤废缓慢的一个重要原因。古代在太行山东麓河流冲积扇和古大河河堤之间有许多洼地,东汉以前黄河主要在华北平原地区泛滥,淤了一些湖沼,在淤高了一些洼地的同时,又形成了许多岗间洼地。

随着人类活动对自然界影响的加深,特别是农业发展以后扩大耕地面积的要求,以及自然界本身的变化,平原湖沼的分布和兴废发生过较大的变迁,有的湖泊群收缩、淤浅以至消亡,有的湖泊则引起水体的移位,直接影响人们的生存环境。[3]

第二节 ｜ **秦汉时期水资源利用**

水是自然环境的重要构成要素,水资源不可替代,与其他资源密切相关,与人类的生产生活联系紧密。秦汉时期,我国水利工程建设出现了一个

---

① 中国科学院《中国自然地理》编辑委员会编:《中国自然地理·历史自然地理》,科学出版社,1982年,第16页。

② 史念海:《论两周时期黄河流域的地理特征》(上)(下),《陕西师范大学学报》(哲学社会科学版)1978年第3、4期。

③ 邹逸麟:《历史时期华北大平原湖沼变迁述略》,《历史地理》第5辑,上海人民出版社,1987年。王育民:《中国历史地理概论》(上册),人民教育出版社,1985年。王会昌:《河北平原的古代湖泊》,《地理集刊》第18号,科学出版社,1987年。

新的发展高潮,兴建了一批大型水利工程。这些水利工程一般都具有防洪治水、航道运输、农田灌溉和排水等功能。排水是人类为提高农业生产率所采取的成功的办法之一,对大面积沼泽地和洪泛平原进行排水可以获得良田。兴修水利改良了土壤和扩大了耕地面积,直接促进了农业的迅速发展。兴修水利也是治理水害的优先选择,"除五害之说,以水为始"①。汉代黄河堤防工程建设取得重大成果,有效地减轻、遏制了洪水的危害。

一、黄河流域的水利工程

黄河中下游地区是秦汉时期的发达地区,也是我国水、旱灾害的多发区。秦汉时期对黄土高原地区的农业开发,一定程度上使自然植被遭到破坏,加剧水土流失。关东平原地区由于人口增多、土地过度开发和河道淤积等因素,黄河灾害频繁。水、旱灾害危害巨大,严重影响农业生产发展,秦汉的统治者也在努力解决这些涉及民生的重大问题。

(一) 两汉时期黄河下游的治理

西汉时黄河多次决口,造成严重的水灾。朝廷曾多次组织人力、物力治理黄河。汉文帝十二年(前168),黄河在酸枣(治今河南延津西南)决口,东溃金堤,"于是东郡大兴卒塞之"。②元光三年(前132)春,黄河在顿丘(治今河南清丰西南)决口,从东南流入渤海。同年五月,"河决于瓠子,东南注巨野,通于淮、泗"。③洪水殃及16个郡,范围相当于今豫东、鲁西南、苏北等广大地区,大部分都在淮河流域。汉武帝派大臣汲黯、郑当时调集10万名士卒去堵塞决口,但堤坝很快又被冲垮。汉武帝只得听从丞相田蚡和占星家不"以人力强塞"④黄河之议,任由黄河泛滥达23年之久。黄河肆意横流给黄河流域地区的经济造成极大破坏。"岁因以数不登,而梁、楚之地尤甚。"⑤这是最早见于史籍的黄河侵淮的明确记载。瓠子决口长期不堵塞,

---

① 管仲:《管子译注》卷18《度地》,刘柯、李克和译注,黑龙江人民出版社,2003年,第365页。

② 班固:《汉书》卷29《沟洫志》,中华书局,1962年,第1678页。

③ 班固:《汉书》卷29《沟洫志》,中华书局,1962年,第1679页。

④ 班固:《汉书》卷29《沟洫志》,中华书局,1962年,第1679页。

⑤ 班固:《汉书》卷29《沟洫志》,中华书局,1962年,第1682页。

灾民无以为生,颠沛流离,影响国家的安定。西汉元封二年(前109),黄河又"决于瓠子"。此次汉武帝下决心治理黄河水患,"自临决河",调发士卒数万人堵塞决口,"令群臣从官自将军以下皆负薪填决河"[1],终于堵住了决口。汉武帝在瓠子决口处建了一座"宣防"宫,以表彰此次堵塞决口之功,还作歌称颂。瓠子决口被堵住后,出现了"用事者争言水利"的局面。[2]

堵住瓠子决口不久,黄河又在馆陶(治今河北馆陶镇)决口,从东北冲出一条新河,即屯氏河,经魏郡、清河、信都、渤海入海,其规模与黄河原流大致相当。只是它起到了分散水势的作用,汉武帝便顺其自然,未加堵塞。屯氏河与黄河正河并行达70年之久,此间,馆陶东北的四五个郡虽然"时小被水害",[3]但兖州以南的六个郡没有发生大的水患。

汉成帝建始四年(前29),黄河在馆陶和东郡金堤决口,"泛溢兖、豫,入平原、千乘、济南,凡灌四郡三十二县,水居地十五万余顷,深者三丈,坏败官亭室庐且四万所"。[4]御史大夫尹忠因对策疏阔,遭到汉成帝的严厉斥责,引咎自杀。汉成帝调动漕船500艘,把9.7万多灾民运送到地势较高的丘陵地区,派河堤使者王延世堵塞决口。王延世命人在长四丈宽九围的竹落上装上石块,用两只船夹着竹落驶向决口处放下,仅用36天就修复了河堤。为了庆祝这次堵塞决口成功,汉成帝特意改元为河平。河平三年(前26),"河复决平原,流入济南、千乘"[5],王延世再次奉命治河,用6个月修复了堤坝。

王莽始建国三年(11),黄河在魏郡决口,泛滥"清河以东数郡"。[6]此时王莽忙于巩固统治,无暇顾及黄河水患问题,此后黄河泛滥近60年。由于黄河长期失修,河水"侵毁济渠,所漂数十许县","汴渠东侵,日月弥广,而水门故处,皆在河中,兖、豫百姓怨叹"。[7]永平十二年(69),汉明帝令著名的

①　司马迁:《史记》卷29《河渠书》,中华书局,1959年,第1413页。

②　司马迁:《史记》卷29《河渠书》,中华书局,1959年,第1414页。

③　班固:《汉书》卷29《沟洫志》,中华书局,1962年,第1688页。

④　班固:《汉书》卷29《沟洫志》,中华书局,1962年,第1689页。

⑤　班固:《汉书》卷29《沟洫志》,中华书局,1962年,第1689页。

⑥　班固:《汉书》卷99《王莽传中》,中华书局,1962年,第4127页。

⑦　范晔:《后汉书》卷76《循吏列传·王景传》,中华书局,1965年,第2464页。

水利工程专家王景、王吴修治黄河。此前,二人曾受命修浚仪渠,采用"堨流法",将涌入堤内过量的水有控制地排出堤外,"水乃不复为害"。东汉朝廷调集了几十万百姓和军队,在王景、王吴的领导下治理黄河下游河道,修渠筑堤,又通过设立水门等方式彻底解决隐患。所谓"水门",大致是在某些险要地段的堤防上设置的减水水门。汛期洪水可由上一水门泄出,洪峰过后,在堤外沉淀的清水,由下一水门归槽。这样既可以减水滞洪,又可以防淤固堤,还可以用清水冲刷河道,一举数得。工程历时1年多,费钱以亿计,终于战胜了黄河水患。[①]河渠修成后,汉明帝亲自巡行视察,下诏令沿河郡国设置维护河堤的官吏,"如西京旧制"。[②]此后八百年间,黄河没有改道,水患也大大减少。东汉王景治河,修堤千里,是水利史上的重大事件,也是水资源利用的重要成果。

（二）秦汉时期黄河流域的水利灌溉

秦和西汉分别建都咸阳、长安,大力经营关中。为了保证首都的粮食供应,在漕运关东粮食的同时,充分利用关中地区的水资源,大规模兴修农田水利,发展农业。

秦和西汉在关中的水利措施重点是开发农田灌溉。著名的灌渠有郑国渠、六辅渠、白渠、漕渠、龙首渠、成国渠、灵轵渠、小沣渠、蒙茏渠等。

郑国渠于战国晚期建成,其规模超过此前建成的都江堰,秦统一后又得以维护,继续发挥其在抵御水旱灾害和发展农业生产方面的重要作用。郑国渠流经的平原地区,地势西北略高,东南略低,干渠分布在灌溉区最高地带,不仅最大限度地控制了灌溉面积,而且形成了全部自流灌溉系统,可以灌溉渭水北面的农田4万余顷,有效缓解了渭北旱塬农业生产的水源供应问题。郑国渠水流挟带的肥沃淤泥,在农田灌溉时起到了淤灌压碱和培肥的良好作用,把盐碱地改造成了良田沃野。《汉书·沟洫志》云:"渠成而

---

① 《后汉书》卷76《循吏列传·王景传》载:"自荥阳东至千乘海口千余里。景乃商度地势,凿山阜,破砥绩,直截沟涧,防遏冲要,疏决壅积,十里立一水门,令更相洄注,无复遗漏之患。"(中华书局,1965年,第2465页)

② 《后汉书·王景传》注引《十三州志》曰:"成帝时河堤大坏,泛滥青、徐、兖、豫,四州略遍,乃以校尉王延代领河堤谒者,秩千石,或名其官为护都水使者。中兴,以三府掾属为之。"(中华书局,1959年,第2466页)

用注填阏之水,溉舄卤之地四万余顷,收皆亩一钟。于是关中为沃野,无凶年,秦以富强,卒并诸侯。"①关中地区也被誉为"天下陆海之地"。②《汉书·沟洫志》还记载有一首当时咏唱郑国渠的民歌,描绘了郑国渠的风貌:

> 郑国在前,白渠在后,举臿为云,决渠为雨。泾水一石,其泥数斗,既溉且粪,长我禾黍。衣食京师,亿万之口。③

汉武帝元鼎六年(前111),左内史兒宽主持兴建了六辅渠以扩大郑国渠灌溉面积。《汉书·沟洫志》记载:"穿凿六辅渠,以益溉郑国傍高卬之田。"④六辅渠灌溉的是在郑国渠旁地势较高而郑国渠无法自流灌溉的农田。兒宽在六辅渠的管理运用上也有贡献,在中国历史上第一次制定了灌溉用水制度。灌溉用水制度的制定,使水资源的利用更加合理,在我国水资源管理史上有着重要意义。

关中地区的灌渠有利于漕运,对灌溉农田、发展农业更是作用重大。例如,白渠的灌溉面积达4 500顷,漕渠可以灌溉10 000多顷,灵轵渠、成国渠和小沣渠的溉田面积合计10 000多顷,再加上郑国渠,当时关中大型渠道的灌溉总面积达6万顷左右,约合2 400平方千米,占关中22 160平方千米耕地面积的10.8%。在当时的条件下,这是很了不起的事情。⑤关中农业区粮食产量大幅度提高,灌区粮食亩产量可达到一钟左右,合今亩产粟谷三四百斤,在当时是最高产量。⑥

元狩三年(前120),汉武帝在长安城西南开凿了人工湖——昆明池,兼行灌溉之利。汉武帝在河东地区也引汾水、黄河水溉田。在黄土高原地区大兴屯田、水利,移民70万人,调用60万兵卒且垦且守。

东汉的水利建设和西汉大兴水利的做法有所不同,侧重于对已有水利设施的恢复和整修,注重充分发挥现有水利工程的经济效益。永元十年(98)

---

① 司马迁:《史记》卷29《河渠书》,中华书局,1959年,第1408页。
② 班固:《汉书》卷65《东方朔传》,中华书局,1962年,第2849页。
③ 班固:《汉书》卷29《沟洫志》,中华书局,1962年,第1685页。
④ 班固:《汉书》卷29《沟洫志》,中华书局,1962年,第1685页。
⑤ 马正林:《秦皇汉武和关中农田水利》,《地理知识》1975年第2期。
⑥ 钟立飞:《战国农业发展评估》,《农业考古》1990年第2期。

汉和帝诏曰：

> 堤防沟渠，所以顺助地理，通利壅塞。今废慢懈弛，不以为负。刺史二千石其随宜疏导。勿因缘妄发，以为烦扰，将显行其罚。[①]

这是根据当时的条件，少建或尽量不建新的水利工程，而把重点放在"通利壅塞"上。这样可以节省大批人力物力，体现了一种讲求实效的精神。《后汉书·张湛传》记载，渔阳太守张湛"于狐奴开稻田八千余顷"[②]，武威太守任延了解到河西"旧少雨泽"，"乃置水官吏，修理沟渠，皆蒙其利"[③]。东汉注重兴修水利的地方官员还有许多，如：陇西太守马援"起坞候，开导水田"[④]；汝南郡"多陂池，岁岁决坏，年费常三千余万"，太守鲍昱"作方梁石洫（洫，类似现在的水闸），水常饶足，溉田倍多，人以殷富"。[⑤]

东汉中期继续修旧理废，进行区域性的水利设施整治。例如，汉安帝元初二年(115)，"修理西门豹所分漳水为支渠，以溉民田"[⑥]。元初三年(116)，"修理太原旧沟渠，溉灌官私田"[⑦]。汉顺帝时，汲县县令崔瑗"开稻田数百顷"，"百姓歌之"[⑧]；会稽太守马臻修治镜湖，筑塘蓄水，"溉田九千余顷"。[⑨]这些水利工程治理了危害人们生产、生活的水患，扩大了灌溉面积，同时也便利了交通。

（三）贯通河北平原航道的运河工程

东汉建安年间，曹操在平定河北的过程中，为解决军粮运输的需要，利用河北平原河流的自然特点，沿途筑渠加以连缀，从南到北形成一条通航的运道。

---

① 范晔：《后汉书》卷 4《和帝纪》，中华书局，1965 年，第 184 页。
② 范晔：《后汉书》卷 31《张湛传》，中华书局，1965 年，第 1100 页。
③ 范晔：《后汉书》卷 76《循吏传·任延传》，中华书局，1965 年，第 2463 页。
④ 范晔：《后汉书》卷 24《马援传》，中华书局，1965 年，第 836 页。
⑤ 范晔：《后汉书》卷 29《鲍永传附子昱传》，中华书局，1965 年，第 1022 页。
⑥ 范晔：《后汉书》卷 5《安帝纪》，中华书局，1965 年，第 222 页。
⑦ 范晔：《后汉书》卷 5《安帝纪》，中华书局，1965 年，第 224 页。
⑧ 范晔：《后汉书》卷 52《崔骃传附子瑗传》，中华书局，1965 年，第 1724 页。
⑨ 乐史：《太平寰宇记》卷 96《江南东道八》，中华书局，2007 年，第 1926 页。

1. 白沟

白沟是黄河南徙后留下的故道,又名宿胥渎,由于水源不充足,不能承担大量军粮的运输。建安九年(204),曹操为了北征雄踞邺城(治今河北磁县东南)的袁绍之子袁尚,亲率大军从许昌渡河,"遏淇水入白沟,以通粮道"。[1]《水经·淇水注》对此记载较详:

> 淇水又南历枋堰旧淇水口,东流迳黎阳县界,南入河。《沟洫志》曰:"遮害亭西十八里至淇水口"是也。汉建安九年魏武王于水口下大枋木以成堰,遏淇水东入白沟,以通漕运,故时人号其处为枋头。[2]

淇水即今淇河,本来流入黄河,与白沟并不相通,二水之间相距约18里。曹操为了解决进攻邺城所需军粮的漕运问题,阻止淇水流入黄河,改道注入白沟,以增加白沟的水量。所采取的工程措施主要有三点:第一,在距淇水入黄河处几里的淇水口(今河南淇县东卫贤镇附近),下大枋木为堰,阻截淇水流入黄河,"其堰悉铁柱、木石参用";[3]第二,在堰北开凿运渠,让淇水改道流入白沟,使淇水和原来不相通的白沟连接成一条河;第三,在顿邱遮害亭东、黎山西黄河故道宿胥口北、西会淇水处,建筑石堰,以堵塞淇水南出入河的旧道。由于淇水的加入,白沟水量大增。两水相汇沿着黄河故道向北延伸,至少和洹水(今安阳河)相接。这样一来,军粮就可以运到邺城以东一带。白沟东北流经馆陶(治今河北馆陶镇),北至广宗(治今河北威县东),沿着纵贯河北平原的清河故道,至今河北青县附近注入呼沱河(今滹沱河),成为河北地区的水运干道。

2. 平虏渠

平虏渠与泉州渠、新河这三条运河,同为曹操在建安十一年(206)所开凿,且首尾相衔接。先说平虏渠。袁尚被曹操打败后,投奔辽西乌桓首领蹋顿,为了消除后患,曹操决定北征乌桓,平虏渠由此得名。呼沱河下游流经今河北青县北入海。泒水上游是今大沙河,下游相当于今大清至海口段。

---

① 陈寿:《三国志》卷1《魏书·武帝纪》,中华书局,1959年,第25页。

② 郦道元:《水经注校证》卷9《淇水》,陈桥驿校证,中华书局,2007年,第237页。

③ 郦道元:《水经注校证》卷9《淇水》,陈桥驿校证,中华书局,2007年,第237页。

平虏渠的开凿把呼沱河和泒水联在一起。《水经注》呼沱河和泒水两篇亡佚，据此无法知道平虏渠具体方位。

《元和郡县志》载："平虏渠，在(鲁城县)郭内，魏武北伐匈奴开之。"[①]《太平寰宇记》的记载较为详细：

> 平虏渠在县南二百步，魏建安中于此穿平虏渠，以通军漕，北伐匈奴；又筑城在渠之左。[②]

乾符与鲁城实为一地，在今沧州市东北 40 千米。据《旧唐书·地理志》记载："隋鲁城县，武德四年属景州，贞观九年改属沧州，乾符年改为乾符。"[③]由此可见，平虏渠应从乾符起向北开凿，亦即此为平虏渠南口所在。[④]至于平虏渠会合泒水的北口，则无记载可考。从今南运河与大清河汇流的情况看，约在今天津静海的独流镇。平虏渠的故道，大体上位于青县到独流镇，相当于以后京杭大运河南运河的北段。

3. 泉州渠

平虏渠凿成后，曹操接着开凿了泉州渠。"从泒河口凿入潞河，名泉州渠。"[⑤]大概因为渠道南起泉州(故址在今天津武清城上村)境而得名。据《水经·淇水注》记载：

> 清河又东北迳穷河邑南，东北至泉州县北入潞沱。《水经》曰：笥沟东南至泉州县，与清河合，自下为泒河尾也，又东，泉州渠出焉。[⑥]

穷河邑在今静海县南，平虏渠流经此地，说明汉代沟通呼沱河与泒水后，清河已在泉州县境与潞河下游(笥沟)会合。如此泉州渠南口当在潞河下游即今天津以东的海河之上。

《水经·鲍丘水注》记泉州渠的北口云：

---

① 李吉甫：《元和郡县图志》卷 18《河北道三》，中华书局，1983 年，第 519 页。
② 乐史：《太平寰宇记》卷 65《河北道十四》，中华书局，2007 年，第 1328 页。
③ 刘昫等：《旧唐书》卷 39《地理志二·河北道》，中华书局，1986 年，第 1508 页。
④ 黄盛璋：《曹操主持开凿的运河及其贡献》，《历史研究》1982 年第 6 期。
⑤ 陈寿：《三国志》卷 1《魏书·武帝纪》，中华书局，1959 年，第 28 页。
⑥ 郦道元：《水经注校证》卷 9《淇水》，陈桥驿校证，中华书局，2007 年，第 244 页。

北迳泉州县东,又北迳雍奴县东,西去雍奴故城百二十里,自潨沱北入。春下历水泽百八十里,入鲍丘河,谓之泉州口。①

雍奴故城在今天津宝坻东南约 5 千米的秦城。泉州渠西到雍奴故城约 60 千米,从所经广阔的水泽地区来看,泉州渠的渠道当自今天津市东,经七里海、黄庄洼等洼地北上,北入鲍丘水。《水经·鲍丘水注》记载:"水出右北平无终县西山白杨谷"的沟水,"又南入鲍丘水,鲍丘水又东合泉州渠口"。②这说明泉州渠的北口,当在沟水进入鲍丘水处的下方。《水经》中的鲍丘水今称潮河,《水经》曰:(鲍丘水)"从塞外来,南过渔阳县东,又南过潞县西,又南至雍奴县北,屈直于海。"③

4. 新河

曹操原拟利用潞水运道由今古北口出塞,北征蹋顿,后因潞水下游有几处水势湍急,不利于行船,于是决定在下游加开泉州渠通鲍丘水,再开运道转而向东达濡水(今滦河),以便由辽西进军乌桓。曹操在开凿泉州渠的同时,又自鲍丘水开运渠东入濡水,谓之新河。据《水经·濡水注》记载:

渎自雍奴县承鲍丘水东出,谓之盐关口,魏太祖征蹋顿,与沟口俱导也,世谓之新河矣。陈寿《三国志·魏志》云:以通海也。新河又东北绝庚水,又东北出迳右北平,绝巨梁水,又东北迳昌城县故城北,新河又东分二水,枝渎东南入海,新河自枝渠东出,合封大水,谓之交流口。……新河又东出海阳县与缓虚水会,……新河又东与素河会,谓白水口。……新河又东迳海阳县故城南,新河又与清水会,……新河东绝清水,又东木究水出焉,南入海。新河又东,左迤为北阳孤淀,淀水右绝新河,南注海。新河又东,会于濡水。④

关于新河迤流的记载相当详细,但这一带历史地理变化较大。新河迤流不仅地名多有改变,而且河流、城邑的位置亦不可尽考。新河既与泉州渠

---

① 郦道元:《水经注校证》卷 14《鲍丘水》,陈桥驿校证,中华书局,2007 年,第 343 页。
② 郦道元:《水经注校证》卷 14《鲍丘水》,陈桥驿校证,中华书局,2007 年,第 342 页。
③ 桑钦:《水经》卷下《清漳水》,中国戏剧出版社,1999 年,第 8 页。
④ 郦道元:《水经注校证》卷 14《濡水》,陈桥驿校证,中华书局,2007 年,第 3492 页。

运道相连接,其承鲍丘水东出的盐关口,当在泉州渠进入鲍丘水的沟河口下方不远处。沿途横截的庚水即今州河,巨梁水即今还乡河,封大水为今徒河,缓虚水为今沙河,素河即今沂河,清水今名清河。新河最后与濡水在乐安亭会合,乐安亭即汉乐安故城。《乐亭县志》载:"新河套,旧志云:在县西二十五里,夹于河、滦之间,即古所谓新河也。"① 今新河套地名尚可访问,其地并无遗迹。新河自西向东穿过这些由北而南注入海的河流,横截之处必采取一定措施。如何施工开凿,因记载简略已无从得知,但可以肯定,新河开凿工程比较大,也比较复杂,并且是前所未有。这大概就是"新河"得名的原因。

平虏、泉州、新河三渠,由西南转向东北呈弧形,与海岸线基本平行,用以代替海运,可避海上风浪之险。但这些地方靠着海边,自古就是一片沮洳之地,夏秋之交常形成水洼,浅不能行车,深不及载舟。渠成后翌年,建安十二年(207)曹操北伐乌桓,"夏五月,至无终,秋七月,大水,傍海道不通","引军出卢龙塞,塞外道绝不通,乃堑山堙谷五百余里,……东指柳城"②,只好改由陆路进军。

5. 利漕渠

建安十八年(213),曹操被封为魏公,废幽州、并州,以其郡国并入冀州,黄河以北尽入其势力范围。曹操为经营"王业本基"的邺城(治今河北磁县东南),又开凿引漳水入白沟的利漕渠。《水经·浊漳水注》在漳水"又东北过斥漳县南"下记载:"汉献帝建安十八年,魏太祖凿渠,引漳水东入清、洹,以通河漕,名曰利漕渠。"③ 斥漳在今河北曲周东南,引漳水入白沟处,即为利漕渠的北口。《水经·淇水注》在馆陶故城南述及:"白沟又东北径罗勒城东,又东北,漳水注之,谓之利漕口。自下清、漳、白沟、淇河,咸得通称也。"④ 罗勒城址已不可考,馆陶故城在今馆陶(即南馆陶),利漕渠南口即在其西南。

---

① 蔡志修等修、史梦兰纂:《乐亭县志》卷2,清光绪三年(1877)刻本,第22页。
② 陈寿:《三国志》卷1《魏书·武帝纪》,中华书局,1959年,第29页。
③ 郦道元:《水经注校证》卷10《浊漳水》,陈桥驿校证,中华书局,2007年,第263页。
④ 郦道元:《水经注校证》卷9《淇水》,陈桥驿校证,中华书局,2007年,第239页。

利漕渠的开凿,使白沟与漳水直接相通,船只可由白沟通过利漕渠进入漳水,直抵邺城。白沟在得到漳水的补给后,水量丰盈,其连接清河的运道,亦得以畅通无阻。

以上贯通河北平原的运河工程兴建之后,使船只由淇水进入白沟,溯清河北上,通过平虏渠、泒水、潞水、泉州渠、新河等运渠直抵辽西;对于河北重镇邺城,南由白沟入黄河以转江淮,北通平虏诸渠以达边陲。北魏御史崔光云:"邺城平原千里,漕运四通。"[1]这对加强邺城的经济和战略地位起了一定的作用,并为以后南北大运河的开发奠定了基础。

二、长江水资源利用

我国大规模的漕运创始于秦代,至两汉时期,漕粮的征调地区已发展到了长江水系。秦汉时期的长江航运较战国有了很大的发展,水系干支流航运与邻近水系已经贯通,建设了长江沟通淮、黄、渭诸水的漕路。

(一)秦朝长江水资源利用

开凿运河,是水资源的利用方式之一。我国古代劳动人民很早就发明了开凿运河的技术,秦汉时期也开凿了一些运河来补充天然航道的不足。这也影响了当时社会经济的发展和地理环境的变化。秦统一后,秦始皇多次巡游全国,其中多次取道水路,直接开发了这些河道的水运交通。

1. 开凿灵渠

秦代在人工运河的修建上,最具历史意义的是开凿灵渠,将长江水系和珠江水系连接起来。

岭南与北方的交通被东西绵亘的五岭隔断,从中原到岭南,或攀越五岭山路,或绕道海上,迂回难行。秦始皇二十八年(前219),为了解决征伐南越军和戍卒的后勤供应粮道,命监禄负责转运粮饷。[2]监禄主持开凿了沟通湘江、离江的运渠。秦汉时期仅笼统称之为"渠",至唐代始有灵渠之称。灵渠位于今广西东北部兴安境内湘江和漓江源头的崇山峻岭间,工程艰巨,修建数年告竣。完成时间史无记载,大致在秦始皇三十三年(前214)

---

① 乐史:《太平环宇记》卷55《河北道四·相州》,中华书局,2007年,第1134页。

② "监"是官职,即郡监御史,也称史禄。

以前。开凿的初衷是为方便转运粮草。灵渠连接湘江和漓江,沿湘水而下可入大江,沿漓江而下可入西江,沟通了长江与珠江两大水系,从此成为中原与岭南交通的重要通道,"实三楚两广之咽喉,行军运粮以及商贾百货之流通。唯此水是赖"。[1]

东汉建武十八年(42),光武帝派遣伏波将军马援平定岭南地区叛乱。马援大军走水路,对年久失修的灵渠进行了有秦以来的第一次大规模整修和扩建,用于运输军队和粮草。此事最早见于唐朝咸通年间的《桂州重修灵渠记》。唐代光化年间《桂林风土记》也有记载:马援"开川浚济……节斗门以驻其势"[2],整治灵渠。其后,《太平寰宇记》引唐代《郡国志》云:"后汉伏波将军马援开湘水,为渠六十里,穿度城,今城南流者是,因秦旧渎耳。"[3]清代《读史方舆纪要·广西一》也说:"东汉建武十七年马援讨征侧,因史禄旧渠开湘水六十里,以通粮饷。"[4]

2. 连通江南运河

秦始皇统一中国后,为震慑六国残余势力、巩固秦王朝统治,十年内先后五次巡游全国。最后一次巡游是在秦始皇三十七年(前210)。汉代《越绝书·越绝外传记地传》记载:"始皇三十七年,东游之会稽。道渡牛渚,奏东安、丹阳、溧阳、故鄣、余杭柯亭南。东奏槿头,道度诸暨、大越。以正月甲戌到大越。留舍都亭,取钱塘浙江岑石,石长丈四尺,……刻丈六于越东山上,乃更名大越曰山阴。已去,奏诸暨、钱塘,因奏吴,上姑苏台,……去,奏曲阿、句容、度牛渚。"[5]

为配合这次出巡,秦始皇开浚了江南运河。这条运河的基础是春秋吴国古东南运河和百尺渎。由镇江开运河,其路线为:东经丹阳与原吴国故

---

① 陈元龙:《重修灵渠石堤、陡门记》,载道光《兴安县志》卷9《艺文志》,清道光四年(1824)刻本。

② 莫休符:《桂林风土记》,中华书局,1985年,第7页。

③ 乐史:《太平寰宇记》卷162《岭南道六》,中华书局,2007年,第3104页。

④ 顾祖禹:《读史方舆纪要》卷106《广西一·山川险要·勾漏山》,中华书局,2005年,第4802页。引文中建武十七年应为建武十八年。

⑤ 袁康撰、李步嘉校释:《越绝书》卷8《越绝外传记地传》,中华书局,2013年,第231页。

水道沟通,抵达苏州,又将从苏州至钱塘江的百尺渎改在杭州附近入长江,由此江南运河初步形成。秦始皇开凿贯通江南运河,沟通了钱塘江和长江两大江河。

唐代《元和郡县图志·江南道》载:丹徒县"本旧云阳县,秦时望气者云有王气,故凿之以败其势,截其直道,使之阿曲,故曰曲阿"。[①]秦始皇开凿的丹徒阿曲,就是今镇江市东南新丰上下的运河,南接丹阳界。《南齐书·州郡志》所记"丹徒水道入通吴会"[②],指的正是这段运河。秦始皇在这里开凿驰道和开辟运河,方便了东巡,加强了对东南地区的政治军事控制。

汉代《越绝书·越绝外传记吴地传》记载:"秦始皇造通陵南,可通陵道,到由拳塞,同起马塘,湛以为陂,治陵水道致钱唐,越地,通浙江。秦始皇发会稽适戍卒,治通陵高以南陵道,县相属。"[③]工程从通陵(约在今苏州附近)向南施工,到达由拳(今浙江嘉兴)。这项工程的初衷是修筑加高通陵以南的陆路,结果挖掘出一条人工渠道。于是塞塘为陂,这条"治陵水道"得到水源,沟通了江、浙之间的河流,船只通到杭州,从而便利了江南运河的贯通和航运的发展。

(二)汉代长江水资源利用

两汉时期朝廷利用江南充沛的水资源,把防洪、灌溉、通航和渔业生产结合起来,走综合利用水资源的开发道路。[④]西汉初年,萧何、曹参兴修的山河堰,远及汉水上游的褒水,"灌溉甚广"。[⑤]山河堰是陕西汉中引褒水灌溉农田的一项伟大水利工程,与关中的郑国渠、白公渠和四川的都江堰齐名。清乾隆《淮安府志·运河》记载:"汉吴王濞开邗沟,自扬州茱萸湾通

① 李吉甫:《元和郡县图志》卷25《江南道一·润州·丹阳》,中华书局,1983年,第593页。

② 萧子显:《南齐书》卷14《州郡志上·南徐州条》,中华书局,1972年,第246页。

③ 袁康撰、李步嘉校释:《越绝书》卷2《越绝外传记吴地传》,中华书局,2013年,第41页。

④ 王福昌:《秦汉时期长江中下游地区的环境保护》,《社会科学》1999年第2期。

⑤ 脱脱等:《宋史》卷95《河渠志五·漳河》,中华书局,1977年,第2377页。《宋史》卷173《食货志上一·序》载:"兴元府山河堰世传汉萧、曹所作。"(中华书局,1977年,第4186页)

海陵仓及如皋蟠溪。"① 此事不见《史记·河渠书》和《汉书·沟洫志》,亦不见这两本史书的吴王濞本传,惟《淮安府志》提及此事,当有所本。吴王刘濞为了开通沿海一带航运,他从扬州的茱萸湾经海陵(治今江苏泰州)到如皋开凿了一条运河,名为邗沟。这条运河,是现在通扬运河的一部分,属于大运河的支流,并不是大运河的本身。

汉代长江流域的灌溉以汉水支流唐白河的水利事业发展最为显著。唐白河的灌溉以今河南南阳、邓县、唐河、新野一带较为发达。汉元帝时,南阳太守召信臣对南阳的水利建设有特殊贡献。《汉书·召信臣传》记载,召信臣"行视郡中水泉,开通沟渎,起水门提阏凡数十处,以广溉灌,岁岁增加,多至三万顷,民得其利,畜积有余"②。在他的领导下,几年之内当地建设引水渠数十处,灌溉面积约合今 200 多万亩。召信臣还重视灌溉管理,制定了"均水约束,刻石立于田畔",合理调配用水。"均水约束"相当于现在的灌溉用水制度。"郡中莫不耕稼力田,百姓归之,户口增倍。"③

六门碣(又称六门陂,碣亦作"碣")是召信臣兴建的数十处水利工程中最著名的一处。汉元帝建昭五年(前 34),召信臣在穰县(治今河南邓州)西汉水支流湍水上兴建石碣。至汉平帝元始五年(5),"更开三门为六石门,故号六门碣也,溉穰、新野、昆阳三县五千余顷"。④ 此渠最长的一段渠道,由汉代穰县经朝阳县达新野县,全长约 100 千米,沿渠筑堰陂 29 处,灌溉农田 3 万顷。现邓州城区新华西路北尚存渠首,通往堤凹村北也有一段残留的干渠遗迹。湍水上游南阳冠军县建有楚碣,"周十里"。⑤ 湍水下游的白河流域大型截流工程安众港,由安众碣、黑龙堰等拦截水流工程组成,故址在今河南南阳卧龙区青华、潦河与镇平东南境内。

六门碣在西汉末年修有石质闸门 6 座,修建闸门可以控制河流水位的涨落,是我国古代水利工程的一大进步。东汉时期,南阳水利进一步发展。

---

①　朱偰编:《中国运河史料选辑》,中华书局,1962 年,第 5 页。

②　班固:《汉书》卷 89《循吏传·召信臣传》,中华书局,1962 年,第 3642 页。

③　班固:《汉书》卷 89《循吏传·召信臣传》,中华书局,1962 年,第 3642 页。

④　郦道元:《水经注校证》卷 29《湍水注》,陈桥驿校证,中华书局,2007 年,第 689 页。

⑤　《水经注疏》卷 29《湍水注》杨守敬按:"据《方舆纪要》,楚堰在邓州西北六十里,或曰晋杜预所作,引湍水溉田千余顷,即此所云楚碣也。"(辽海出版社,2012 年,第 1363 页)

《后汉书·杜诗传》记载:南阳太守杜诗重视发展农业,"修治陂池,广拓土田,郡内比室殷足"[①]。杜诗还发明了"水排",即利用河水的冲力转运机械轮轴,使鼓风皮囊张缩,给炼铁高炉加氧,"用力少,见功多"[②]。水排的发明是我国早期水资源利用和冶炼技术重大进步的体现。

南阳樊宏(光武帝的母舅)也很重视陂塘修建,在其新野的庄园附近开凿了樊陂,"东西十里,南北五里","开广田土三百余顷,⋯⋯陂渠灌注"[③]。他还利用陂塘养鱼,在塘岸上种植各种经济林木,获利颇丰。今河南新野西北有邓氏陂等陂渠[④]。与湍水并行的汉水支流淯水(今白河)和比水(今唐河),也兴建有不少陂渠。淯水有安众港、樊陂(俗称凡亭陂,为六门堰水利工程的组成部分,陂址在今新野县上港乡一带)、东陂、西陂以及"下灌良畴三千许顷"的豫章大陂[⑤];比水有马仁陂、赵渠、醴渠、唐子陂等[⑥]。当时南阳地区的水利网,集南北方之优长,南方水利工程以塘堰为主,北方水利工程以沟渠为主,形成渠塘结合、如"长藤结瓜"的水利灌溉系统。

汉代川西平原的灌溉网已有上百条纵横交错的大小河渠,还有以"亿万计"的小沟渠通到田间,《蜀都赋》曰:"沟洫脉散,疆里绮错,黍稷油油,粳稻莫莫。"[⑦]发展农业生产尤其是水稻栽培,必须要有良好的水利条件。四川的劳动人民挖塘蓄水,开凿水井,取地下水源,引岷江水灌溉农田,这些农业生活在画像砖中多有反映。

汉文帝末年,朝廷任命庐江人文翁为蜀郡郡守,"穿湔江口,溉灌繁田千七百顷"[⑧]。《说文解字·水部》云:"湔水出蜀郡绵虒玉垒山,东南入

①　范晔:《后汉书》卷31《杜诗传》,中华书局,1965年,第1094页。

②　范晔:《后汉书》卷31《杜诗传》,中华书局,1965年,第1094页。

③　范晔:《后汉书》卷32《樊宏传》,中华书局,1965年,第1119页。

④　郦道元:《水经注校证》卷29《湍水注》,陈桥驿校证,中华书局,2007年,第689页。

⑤　郦道元:《水经注校证》卷31《淯水注》,陈桥驿校证,中华书局,2007年,第730页。

⑥　郦道元:《水经注校证》卷29《比水注》,陈桥驿校证,中华书局,2007年,第692页。

⑦　高步瀛:《文选李注义疏》卷4《赋乙·京都中·左太冲三都赋序一首·蜀都赋》,中华书局,1985年,第954页。

⑧　常璩:《华阳国志校补图注》卷3《蜀志》,任乃强校注,上海古籍出版社,1987年,第214页。

江。"[1]湔水源出今四川汶川玉垒山,东南至泸州入江。后世自玉垒山发源,南流至灌县西注入岷江的一段,又在灌县与岷江分流而东,至金堂县注入洛水的一段,仍名湔水。1974年,灌县都江堰"鱼嘴"附近的外江边出土"故蜀郡李府君讳冰"石像。立像者为东汉建宁元年(168)的"都水掾尹龙长陈壹"[2],表明东汉时在蜀郡还继续设立专管都江堰(湔堰)水利工程的官吏。湔堰又称金堤,蜀汉时,"诸葛亮北征,以此堰农本,国之所资,以征丁千二百人主护之。有堰官"。[3]

> 又有绵水,出紫岩山,经绵竹入洛。东(当作合)流过资中,会(江)江阳。(绵、洛二水合沱江［毗河］南流经资中,至江阳入江。故东当作合,并重江字)皆溉灌稻田,膏润稼穑。是以蜀人称郫、繁曰膏腴,绵、洛为浸沃也。又识齐(谓盐水。《水经注》引作察。非)水脉,穿广都盐井,诸陂池。蜀于是盛有养生之饶焉。[4]

四川各地汉墓出土的陶水田、水渠模型和以农田、沟洫为背景的画像砖,正反映了上述景象。四川广汉女儿坟出土的《大江行筏》汉代画像砖,则描绘了岷江水利工程修建后水上运输和临江垂钓的情景。画像砖的正面是波涛滚滚的江水,木筏从上游漂泊而来,筏上乘立两人,用竹竿撑航;江岸坐着一人垂竿而钓,江中有鱼、鳖、大虾,一条活泼跳跃的鱼正被钓出水面。[5]1977年,四川峨眉双福公社东汉墓内出土一件浮雕石水塘。浮雕一侧有两块田,一块田里积有堆肥(沤的绿肥),另一块田里两个农夫正俯身农作;水塘中置一小船,还可见鳖、青蛙、田螺、莲蓬等,一只鸭嘴衔鱼鳅,螃蟹正钳着鲢鱼的尾巴。塘角有一小水闸,闸的流水口置一网小鱼的竹笆篓,

---

① 许慎:《标点注音〈说文解字〉》,崔枢华、何宗慧校点,北京师范大学出版社,2000年,第448页。

② 四川省灌县文教局:《都江堰出土东汉李冰石像》,《文物》1974年第7期。

③ 郦道元:《水经注校证》卷33《江水》,陈桥驿校证,中华书局,2007年,第766页。

④ 常璩:《华阳国志校补图注》卷3《蜀志》,任乃强校注,上海古籍出版社,1987年,第189页。

⑤ 刘志远、余德章、刘文杰:《四川汉代画象砖与汉代社会》,图三三,文物出版社,1983年,第32页。

形态生动,具有浓郁的生活气息。①

　　东汉前期,名将马援之子马棱在长江下游今扬州一带"兴复陂湖,溉田二万余顷"。②汉顺帝永和五年(140),会稽太守马臻在浙江会稽、山阴界中兴建了鉴湖,又名长湖、镜湖。他总结借鉴了历代治水的经验,独具匠心地在湖堤上设置了斗门、闸、堰、涵管和水牌(水位尺),从而形成了科学的鉴湖排灌体系。水少泄湖灌田,水多则泄田归海。马臻把历代修筑的湖堤加高培厚,并增筑新堤,连成一座127里长的大堤。大堤以会稽郡城为中心,分为东西两大堤段,东段起自五云门至曹娥江,堤长72里,西段起自常禧门到浦阳江,堤长55里。这条人工大堤拦截了会稽、山阴两县36溪之水,形成了长310里、宽约5里的狭长形大湖。鉴湖修成以后,整个会稽山北部平原从此免遭洪水之苦,曹娥江以西土地平畴千里,稻香阵阵。东汉永元年间,太守张躬筑塘以通南路,兼遏此水。马臻在镜湖、张躬在豫章郡修筑的塘,便是兼有多种功能的综合性水利工程。事实上,江南的三个经济中心——江陵、合肥寿春、吴郡是靠综合利用水资源而发展起来的。下面以彭蠡湖(今鄱阳湖)区为例说明。人们依靠便利的水源,发展灌溉农业。南昌南郊汉墓发现的稻谷遗物就是这一情况的反映。彭蠡湖区广阔的水域可供舟船驰骋,水运业十分发达,寻阳是重要的港口和造船基地。寻阳,汉属庐江郡,在今湖北黄梅西南,位于古彭蠡泽岸边。西汉时,古彭蠡泽水尚未与长江完全分离。秦代及西汉初年,南越、东越没有归顺中央,中央常在这里屯军。"汉有楼船贮在寻阳也",闽越王曾"入燔寻阳楼船"。而越人欲为变亦须先在余干县"伐材治船"。③湖区的渔业也十分发达,当地人们"食水产""食鱼稻",甚至用鱼喂犬豕,《论衡·定贤》云:"彭蠡之滨,以鱼食犬豕。"④《汉书·地理志》记载西汉豫章郡有18个县,湖周围有柴桑、历陵、海昏、南昌、余干、鄱阳、邬阳、彭泽8县,占全郡县数的44.4%。而在其余广大的地区只

---

　　①　刘志远、余德章、刘文杰:《四川汉代画象砖与汉代社会》,图三二,文物出版社,1983年,第29页。

　　②　《后汉书》卷24《马援附马棱传》,李贤注引《东观记》曰:"棱在广陵,蝗虫入江海,化为鱼虾,兴复陂湖,增岁租十余万斛。"(中华书局,1965年,第862页)

　　③　班固:《汉书》卷64上《严助传》,中华书局,1962年,第2781页。

　　④　王充:《论衡校释》卷2《幸偶篇》,黄晖校释,中华书局,1990年,第1112页。

有 10 县。这里的人口密度也大大高于本郡的其他地区。仅南昌 1 县就有 1 万多户,约占全郡户数的 15%。汉南郡太守王宠在宜城引鄢水"灌田七百顷"。鄢水本夷水,东晋权臣桓温之父名夷,改曰蛮水。[①]

三、淮河水资源利用

秦代关于淮河水资源的利用,史籍缺载。西汉汉武帝堵塞瓠子决口后,淮河流域也掀起了治水兴利的高潮,"汝南、九江引淮"。[②]东汉较著名的水利灌溉工程有汴渠、鸿隙陂和芍陂等。

(一) 王景治汴

汉代黄河屡次决溢南侵,严重危害淮河流域人民的生命财产。汉平帝元始元年(1)以后,荥阳境内的水门、水道因黄河大幅度向南摆动遭到破坏,洛阳和淮河流域间的水路交通受阻。《后汉书·王景传》中追述:"(西汉)平帝时,河、汴决坏。"[③]王莽始建国三年(11),黄河在魏郡决口,泛滥清河以东数郡。东汉建武十年(34),阳武县令张汜上书:"河决积久,日月侵毁,济渠所漂数十许县。"[④]汉明帝时,河患愈演愈烈,"自汴渠决败,六十余岁,加顷年以来,雨水不时,汴流东侵,日月益甚,水门故处,皆在河中,……今兖、豫之人,多被水患"。[⑤]兖、豫二州皆在淮河流域。《后汉书·王景传》云:

> 永平十二年(69),议修汴渠,……(王)景陈其利害,应对敏给,帝善之,……夏,遂发卒数十万,遣景与王吴修渠,筑堤自荥阳东至千乘海口千余里。景乃商度地势,凿山阜,破砥绩,直截沟涧,防遏冲要,疏决壅积,十里立一水门,令更相回注,无复溃漏之患。景虽简省役费,

---

①　《水经注·沔水》云:"楚时,于宜城东穿渠上口,去城三里。汉南郡太守王宠又凿之,引蛮水灌田,谓之木里沟,径宜城东而东北入于沔……夷水,蛮水也,桓温父名夷,改曰蛮水,……又谓之鄢水,……木里沟是汉南郡太守王宠所凿故渠,引鄢水也,灌田七百顷。"(中华书局,2007 年,第 667 页)

②　司马迁:《史记》卷 29《河渠书》,中华书局,1959 年,第 260 页。

③　范晔:《后汉书》卷 76《循吏传·王景传》,中华书局,1965 年,第 2464 页。

④　范晔:《后汉书》卷 76《王景传》,中华书局,1965 年,第 2464 页。

⑤　范晔:《后汉书》卷 2《明帝纪》,中华书局,1965 年,第 116 页。

然犹以百亿计。明年夏,渠成。[1]

东汉王景修筑了从荥阳至千乘海口500多千米的堤防,防御黄河南决,侵扰汴渠,他又测量地势开凿疏导汴渠,使河、汴安流,不仅治理了黄、淮间的严重水患,恢复和发展了农业生产,而且大大改善了黄、淮间的漕运条件。

(二) 鸿隙陂和芍陂

《汉书·翟方进传》云:"汝南旧有鸿隙大陂。郡以为饶。"[2]鸿隙陂在汝水之南,淮水之北,约在今河南正阳与息县之间。西汉末鸿隙陂被毁弃,东汉光武帝建武十八年(42),汝南太守邓晨决定修复,委任汝南平舆人许杨为都水掾,主持陂塘修复工程。许杨"起塘四百余里,数年乃立,百姓得其便,累岁大稔"[3]。东汉章帝建初八年(83),庐江太守王景主持整修了被誉为"淮河水利之冠"的芍陂。《后汉书·王景传》载:"迁庐江太守……郡界有楚相孙叔敖所起芍陂稻田,景乃驱率吏民,修起芜废,教用犁耕,由是垦辟倍多,境内丰给。"[4]1959年,安徽文物工作队在安丰塘发掘出土的东汉堨工遗存,提供了东汉芍陂修治工程的具体资料。这座闸坝用草土混合的散草法筑成,可能是蓄泄兼顾,以蓄为主的水利工程。在草土混合层中,有一排排整齐有序的栗树木桩,桩尖穿过礓石层深入生土层内。这种草土混合的散草筑坝,或系王景"堨流法"水利工程遗存。这个遗存的发掘不仅为汉代水利工程建筑找到了实物例证,而且有力证明了古代劳动人民治水的功绩。[5]

(三) 其他陂塘工程

汉代在淮河流域修建了数量众多的陂塘工程。《水经注》记载的淮河流域的陂塘数量,在淮北达90多处,淮南有3处。[6]有相当一部分是在汉代兴建或整修过的。汉武帝元光年间,汲黯守淮阳时,修建陂塘,灌溉民

① 范晔:《后汉书》卷76《循吏传·王景传》,中华书局,1965年,第2465页。
② 班固:《汉书》卷84《翟方进传附子义传》,中华书局,1962年,第3440页。
③ 范晔:《后汉书》卷82上《方术传上·许杨传》,中华书局,1965年,第2710页。
④ 范晔:《后汉书》卷76《循吏传·王景传》,中华书局,1965年,第2466页。
⑤ 殷涤非:《安徽省寿县安丰塘发现汉代闸坝工程遗址》,《文物》1960年第1期。
⑥ 水利部淮河水利委员会《淮河水利简史》编写组:《淮河水利简史》,水利电力出版社,1990年,第65页。

田。据《水经注》记载,汝水两岸,有陂塘 37 处。这里沟渠纵横,陂塘遍布,形成了一个灌溉网。《水经注·汝水》曰:"津渠交络,枝布川隰。"[1] 东汉明帝永平五年(62),汝南太守鲍昱因郡多陂地,岁岁决坏,年费常达 3 000 多万,于是建议修方梁石洫,既可以防渗,又节省了岁修费用,大大提高了灌溉效益。"水常饶足,溉田倍多,人以殷富。"[2] 永元二年(90),汝南太守何敞修理鲖阳(鲖阳属汝南郡,故城在今河南新蔡县北)"旧渠,百姓赖其利,垦田增三万余顷"。[3] 汝南安城人周燮,常勤耕于陂田以自给,"非身所耕渔,则不食"。[4] 元和三年(86),下邳相张禹在徐县(治今江苏泗洪东南)修复蒲阳陂。"陂水广二十里,径县百里,在道西,其东有田可万顷。禹为开水门,通引灌溉,……垦田四千余顷,得谷百万余斛。"[5] 汉章帝章和年间,广陵太守马棱"兴复陂湖,溉田二万余顷"。[6]

东汉末年,淮河流域的水利工程修建在曹操执政期间出现了一个高潮。为了适应屯田的需要,曹操大兴农田水利。临颍、西华境内有屯田都尉枣祗屯田开挖的河道,名为"枣祗河"。这条河道主要用来灌溉,兼作运道。以许昌为中心,运粮的漕河四通八达,经颍水通淮河,方便了曹操统一北方时的军需调度。建安五年(200),曹操"以沛国刘馥为扬州刺史,镇合肥,广屯田,修芍陂、茹陂、七门、吴塘诸堨。以溉稻田,公私有蓄,历代为利"。[7] 陂塘的普遍出现,表明了汉代劳动人民水资源技术利用的进步,标志着当时农业生产水平的提高,以及改善生产、生活环境的认识和技术的发展。

汉献帝建安初年,广陵太守陈登筑高家堰(今洪泽湖大堤)15 千米,遏淮河洪水,保护农田,并修破釜塘灌溉农田。[8] 陈登在春秋邗沟的基础上,

---

① 郦道元:《水经注校证》卷 21《汝水》,陈桥驿校证,中华书局,2007 年,第 508 页。

② 范晔:《后汉书》卷 29《鲍永传附子昱传》,中华书局,1965 年,第 1022 页。

③ 范晔:《后汉书》卷 43《何敞传》,中华书局,1965 年,第 1487 页。

④ 范晔:《后汉书》卷 53《周燮传》,中华书局,1965 年,第 1742 页。

⑤ 吴树平《东观汉记校注》卷 11《张禹传》,中华书局,2008 年,第 707 页。范晔《后汉书》卷 44《张禹传》作"岁至垦千余顷"。(中华书局,1965 年,第 1497 页)

⑥ 《后汉书》卷 24《马援传附族孙棱传》,李贤注引《东观记》曰:"棱在广陵……兴复陂湖,增岁租十余万斛。"(中华书局,1965 年,第 862 页)

⑦ 房玄龄等:《晋书》卷 26《食货志》,中华书局,1982 年,第 784 页。

⑧ 潘季驯:《河防一览》卷 2、9、13,北京:中国水利工程学会,1936 年。

在樊良湖北凿沟引水入津湖，"更凿马濑百里渡湖(即今白马湖)"①，直达末口入淮。经过这次较大规模的裁弯改线，邗沟变成南北向的直线。这条新道史称邗沟西道。

四、汉代漕运工程

汉代在政治中心与经济发达地区之间开设运河。一方面为了加强中央对地方的控制，另一方面为了方便运输漕粮至京城。汉武帝时的水运通道从宝鸡起有成国渠、漕渠，经黄河连通古汴渠，由泗水过淮河，经邗沟过江，通江南运河至杭州；或从长江转湘江，经灵渠入漓江，入西江至广州。

西汉黄河流域的漕运，主要经由渭河、漕渠、黄河和鸿沟水系。"河、渭挽漕天下，西给京师"。②但河水有三门之险，漕船到达潼关附近后，必经陆路转运入渭水，而渭水流量变化无常，流浅沙多，河床曲折，舟行不便。从崤山以东漕运到长安，需费时半年之多。汉武帝元光六年(前129)，大司农郑当时提出开凿直渠通漕的建议：

> 异时关东漕粟从渭中上，度六月而罢，而漕水道九百余里，时有难处。引渭穿渠起长安，并南山下，至河三百余里，径，易漕，度可令三月罢。而渠下民田万余顷，又可得以溉田：此损漕省卒，而益肥关中之地，得谷。③

汉武帝采纳了这一建议，命水利专家徐伯表负责开凿关中漕渠。"发卒数万人穿漕渠"④，工程耗时三年完成。漕渠从长安城西北引渭水穿渠东经长安城南，穿过龙首原北麓东行，与引自长安城西南"昆明池南傍山原"之

---

①　水利部淮河水利委员会《淮河水利简史》编写组：《淮河水利简史》，水利电力出版社，1990年，第41页。《水经注·淮水》引曹魏蒋济《三州论》曰："淮湖纡远，水陆异路，山阳不通，陈敏穿沟，更凿马濑百里渡湖。"(中华书局，2007年，第714页)陈敏在西晋怀帝永嘉元年(307)伏诛，而蒋济在魏文帝黄初六年(225)作《三州论》，比陈敏之死早82年，蒋济不可能记陈敏之事。后人考证，陈敏为"陈登"之误。

②　司马迁：《史记》卷55《留侯世家》，中华书局，1959年，第2043页。

③　司马迁：《史记》卷29《河渠书》，中华书局，1959年，第1409页。

④　班固：《汉书》卷29《沟洫志》，中华书局，1962年，第1679页。

水会合,然后沿着秦岭东下,沿途再收纳灞、浐等河水以增加水源,经今临潼、渭南、华县、华阴和潼关,注入黄河,全长150多千米。关中漕渠这条以长安为起点蜿蜒而东的水路交通线,利用了关中平原渭河以南地势平坦、秦岭北麓流水不绝的良好条件,成为一条沟通关中和关东地区的大动脉,对转输漕粮和活跃黄河中下游地区的经济发挥了重大作用。漕渠开成后,"大便利。其后漕稍多,而渠下之民颇得以溉田矣"。[1]从关东漕运粮食由每年数十万石激增至四百万石,汉武帝元封年间漕运粮食更高达六百万石。

战国时开凿的联结济水、颍水、淮水、泗水和黄河的鸿沟水系,在西汉时也称荥阳漕渠,在沟通黄河、淮河以运输东南物资方面,仍然起着重要作用。[2]灌溉之利,航运之便,为淮河流域的经济恢复和发展提供了重要条件。新莽末期和东汉后期,黄、淮之间的鸿沟一带都成为军队争夺的战场,鸿沟水系一度遭到破坏,已无法发挥作用。好在到了东汉建安年间,鸿沟水系又展现出新的面貌。

曹操在汉献帝建安元年(196)发布了"置屯田令",我国北方开展大规模的屯田活动,为振兴经济和统一北方打下坚实的基础。当时的淮河南北是最大的屯田区。鸿沟一带的屯田水利工程有:领陈留、济阴太守夏侯惇在陈留郡(治今河南开封东南陈留镇)修建的太寿陂,沛郡太守郑浑在萧县(治今安徽萧县西北)和相县(治今安徽宿州一带)兴建的郑陂,豫州刺史贾达修建的从许昌到淮阳的"贾侯渠"(今河南周口以北)。之后建安七年(202),曹操所开的"睢阳渠"从浚仪(治今河南开封)一直到睢阳(治今河南商丘南)。

此外,西汉时期在边远地区也开发了一些航道。在湟水中下游和朔方、金城之间的黄河干流上,均有漕船往来。赵充国在建议开发边塞时曾一再提及黄河、湟水通漕之事,如"冰解漕下","至春,省甲士卒,循河、湟漕谷

---

① 司马迁:《史记》卷29《河渠书》,中华书局,1959年,第1410页。

② 水利部黄河水利委员会《黄河水利史述要》编写组:《黄河水利史述要》,水利电力出版社,1984年,第90页。

至临羌以视羌虏"等。①

东汉定都洛阳,黄河漕运中枢也随之东迁。洛阳位于伊洛河下游洛川平原的西部,相传周代曾在这里修建引水工程。《后汉书·王梁传》记载,河南尹王梁见洛水水道淤浅,不便于漕舟运行,于建武五年(29)建议,"穿渠引谷水注洛阳城下,东写巩川。"② 结果没有成功,"渠成而水不流"。建武二十四年(48),大司空张纯主持开凿阳渠以应漕运之需。阳渠引洛水经过河南县城南,北穿谷水后,极有可能利用王梁所开旧道,绕洛城过太仓入鸿池陂,东至偃师以东又注入洛水。《后汉书·张纯传》曰:"上穿阳渠,引洛水为漕,百姓得其利。"③ 从此,由黄河进入洛水的漕舟得以顺利上溯至洛阳。

汴渠,即西汉时的荥阳漕渠。西汉后期,汴渠因黄河南侵而遭破坏。东汉安帝时,朝廷两次从江南调运粮米赈济受灾的关东地区,很可能就是利用了汴渠。江淮一带的贡赋也是通过汴渠北运,由黄河入洛水达京师。《水经·谷水注》载有汉顺帝阳嘉四年(135)的一篇诏文,文字刻在洛阳建春门石桥柱上,诏文云:"以成下漕渠,东通河济,南引江淮,方贡委输,所由而至。"④

五、捕捞和养殖

渔业是秦汉时期水资源利用的重要方式。秦汉时期水资源丰富,遍布全国的江河湖沼为鱼类捕捞、水产养殖和人们发展多种经营提供了有利条件。秦汉捕鱼技术和渔业经营方式都相当成熟,水产品是当时人们饮食生活中的主要消费品。

《睡虎地秦墓竹简·〈日书〉甲种》载:"凡敫日,利以渔邋"(简号八六七)。⑤《睡虎地秦墓竹简·〈日书〉乙种》载:"可鱼(渔)邋(猎)"(简号九五

---

① 班固:《汉书》卷69《赵充国传》,中华书局,1962年,第2987页。
② 谷水是洛水的一条支流,至今洛阳市东与洛水相汇。
③ 范晔:《后汉书》卷22《列传第十二》,中华书局,1965年,第775页。
④ 郦道元:《水经注校证》卷16《谷水》,陈桥驿校证,中华书局,2007年,第397页。
⑤ 睡虎地秦墓竹简整理小组编:《睡虎地秦墓竹简·〈日书〉甲种》,文物出版社,1990年,第202页。

四）、"鲜鱼从西方来,把者白色,高王父为姓(省)。"(简号一〇六九)、"庚辛有疾,外鬼、伤(殇)死为姓(省),得于肥肉、鲜鱼、卵、□□甲乙病,丙有闲,丁酢(作)。"(简号一〇八〇)[1] 这些反映出渔猎生产是秦人生产和生活的重要内容。西汉初期,汉文帝"开关梁,驰山泽之禁",恢复和发展渔业生产。当时不仅鱼的产量增加,而且市场上也出现了大量商品鱼,司马迁云:"鲐、鮆千斤,鲰(杂小鱼)千石,鲍(咸鱼)千钧。"[2]

（一）渔业捕捞和水产养殖

秦汉时期的渔业捕捞和水产养殖区域,大致可分为沿海地区、江汉地区、巴蜀地区、关中和中原地区几部分。

1. 沿海地区

《汉书·地理志下》云:"上谷至辽东……有鱼盐枣栗之饶","齐地……通鱼盐之利","楚地……民食鱼稻,以渔猎山伐为业"。[3]

北起上谷、辽东、乐浪,南达南海,沿海地区的人们普遍从事渔业生产,以近海捕鱼为主。齐地的近海渔业最为发达,早在春秋战国时期,齐国就有"便鱼盐之利"[4] 的传统。至秦汉时,莱地、黄县的鲐鱼多得吃不完,燕、齐的鱼盐"待商而通"。[5] 海产品不仅是当地人民重要的食品,还是与内地交易的重要商品。

关于南海渔业的记载较少。东汉后期,南海有"合浦还珠"的盛事。《后汉书·孟尝传》记载,合浦郡(治今广西北海合浦)盛产海珠,"常通商贩,贸籴粮食"。由于"宰守并多贪秽",逼迫百姓狂捕滥采,致使海珠数量锐减,采珠渔民失业,"于是行旅不至,人物无资,贫者饿死于道"。后来,孟尝调任合浦太守,"革易前敝,求民病利",保护和繁息资源,使珠业复兴。"百姓皆反其业,商货流通"。[6]

---

① 睡虎地秦墓竹简整理小组编:《睡虎地秦墓竹简·〈日书〉乙种》,文物出版社,1990年,第234、246页。

② 司马迁:《史记》卷129《货殖列传》,中华书局,1962年,第3274页。

③ 班固:《汉书》卷28《地理志下》,中华书局,1962年,第1657、1660、1666页。

④ 司马迁:《史记》卷32《齐太公世家》,中华书局,1962年,第1480页。

⑤ 桓宽撰集:《盐铁论校注》卷1《本议》,王利器校注,中华书局,1992年,第3页。

⑥ 范晔:《后汉书》卷76《循吏传·孟尝传》,中华书局,1965年,第2473页。

2. 江汉地区

拥有"三江五湖之利"和"云梦之饶"的江汉地区,是秦汉渔业的重要生产区域。这一地区江河湖泊交错纵横,淡水鱼类的自然资源十分丰富。晋人《江赋》云:"舳舻相属,万里连樯,溯洄沿流,或渔或商"[1],形象地描绘了长江流域中渔业生产的繁盛情景。

"楚越之地,地广人希,饭稻羹鱼",其地"通鱼盐之货,其民多贾"。[2] 可见江汉地区的渔产品多通过商业渠道输往其他地区。彭蠡之滨的渔产品多到甚至"以渔食犬豕"。[3] 当时,已有不少江湖所产的名贵鱼种驰名于世,例如鲈鱼、武昌鱼在当时即已颇具声名了。

除了捕捞江湖自然水域的鱼,江汉地区人工养鱼生产亦很发达。《陶朱公养鱼经》云:范蠡在太湖一带为"渔父",以养鱼起家,"任足千万,家累亿金"。[4] 这种人工养殖传统,在秦汉时期得到了继承发扬。《水经注》中即有关于汉代官僚贵族在这一地区开池养鱼的记载。

3. 巴蜀地区

巴蜀河湖纵横,水源丰富,当地居民利用广阔的河湖资源发展水产养殖业,增加副业收入,丰富食物品种,提高了水资源利用效率。《汉书·地理志下》云:"巴、蜀、广汉……土地肥美,有江水沃野……民食稻鱼,亡(无)凶年忧。"[5] 东汉桓帝时的巴郡太守但望亦称,其地"桑麻,丹漆,布帛,鱼池,盐铁,足相供给"。[6]《华阳国志·蜀志》记载:广汉郡德阳县(治今四川江油东北)"山原肥沃,有泽渔之利",南安县(治今四川乐山)"多陂池",汉安县(治

①　严可均编:《全上古三代秦汉三国六朝文·全晋文》卷120《郭璞·江赋》,中华书局,1958年,第4296页。

②　司马迁:《史记》卷129《货殖列传》,中华书局,1962年,第3270页。

③　王充:《论衡集解·定贤》,刘盼遂集解,古籍出版社,1957年,第543页。

④　贾思勰:《齐民要术今释》卷6《养鱼第六十一》引《陶朱公养鱼经》,石声汉校释,中华书局,2009年,第343页。

⑤　班固:《汉书》卷28《地理志下》,中华书局,1962年,第1645页。

⑥　常璩:《华阳国志校补图注》卷1《巴志》,任乃强校注,上海古籍出版社,1987年,第20页。

今四川内江西)"鱼池以百数,家家有焉,一郡丰沃"。[1]《华阳国志·巴志》载,巴郡的一个码头"结舫水居五百余家"。[2] 可见这一地区有发展渔业的有利条件和生产传统。《齐民要术·养鱼》记载有利用陂塘养鱼的方法:"鱼池法,……欲令生大鱼。法:要须取薮、泽、陂、湖,饶大鱼之处,近水际土十数载,以布池底,二年之内,即生大鱼。"[3]

在四川出土的汉代鱼塘画像砖石上,画面中的鱼不仅数量很多,而且个体很大,[4] 所见鱼类有草鱼、鲤鱼、乌龟、黄绿、闭壳龟、鳖等。

此外,稻田养鱼已在巴蜀地区出现。曹操在《四时食制》中云:"郫县子鱼、黄鳞、赤尾,出稻田,可以为酱。"[5] 这是我国有关稻田养鱼最早的文献记载。郫县位于川西平原腹心,在成都市近郊。此地利用稻田养鱼,拦截河溪沟渠或在其旁开挖支流用以养鱼,提高了土地和水资源的利用效率。这是古代巴蜀人民的一大创造,也是对我国渔业的一大贡献。

4. 关中和中原地区

就鱼类自然资源而言,关中和中原地区要逊于沿海地区和江汉地区,但黄河中游一带是例外。黄河中游一带盛产鲤鱼、鲂鱼,素负盛名。《诗经·国风·衡门》云:想吃鲜鱼,难道一定要"河之鲂""河之鲤"[6]?伊水、洛水、济水和颖水的鲂鱼,"广而薄,脆甜而少肉细鳞"[7],是鱼中的美味。张衡《七辩》提到巩水和洛水中的鳟鱼,"割以为鲜"[8],当是京畿司隶地区的

① 常璩:《华阳国志校补图注》卷3《蜀志》,任乃强校注,上海古籍出版社,1987年,第180页。

② 常璩:《华阳国志校补图注》卷1《巴志》,任乃强校注,上海古籍出版社,1987年,第49页。

③ 贾思勰:《齐民要术今释》卷6《养鱼第六十一》,石声汉校释,中华书局,2009年,第606页。

④ 段拭编著:《汉画》,中国古典艺术出版社,1958年,第47页。

⑤ 李昉等:《太平御览》卷936引《鳞介部八·鱼上》,《文渊阁四库全书》影印本,第901册,台湾商务印书馆,1986年,第316页。

⑥ 周振甫译注:《诗经译注》卷3《国风·陈风·衡门》,中华书局,2010年,第179页。

⑦ 李昉等:《太平御览》卷937《鳞介部九·鲂鱼》,《文渊阁四库全书》影印本,第901册,台湾商务印书馆,1986年,第320页。

⑧ 严可均编:《全上古三代秦汉三国六朝文·全后汉文》卷55《张衡·七辩》,中华书局,1958年,第1550页。

重要食鱼。

汉武帝时期,朝廷大规模兴修水利,扩大了渔区。以白渠来说,它在渭水之北,西起谷口,尾入栎阳,引泾水,注入渭水,与郑国渠平行,长二百里,渠成之时有歌谣赞曰:"郑国(渠)在前,白渠起后,举臿为云,决渠为雨。水流灶下,鱼跳入釜。"[①] 这首歌谣说明水渠所经之处,产鱼之丰。

秦汉皇室苑囿占地广阔,"水多蛙鱼"的河流陂池有许多。[②] 汉武帝扩建昆明池,"地三百三十二顷"[③],"周回四十里"[④],"游戏养鱼,鱼给诸陵庙祭祀,余付长安市卖之"[⑤]。《太平御览·三辅旧事》也有类似的记载,并且说"余付长安市,鱼乃贱"。[⑥] 昆明池渔产之丰,使得长安市场的鱼价下跌。《初学记》载,"汉上林有池十五所",有的直接命名为"鱼池"。[⑦] 又《三辅黄图·庙记》曰,"长乐宫有鱼池"。[⑧]《三辅黄图》曰,上林苑中除昆明池、镐池等大型池沼外,还有"初池、麋池、牛首池、蒯池、积草池、东陂池、西陂池、当路池、大台池、郎池"十处池沼。[⑨]《汉书·百官公卿表》亦云:少府属官有"上林十池监"。[⑩] 这些苑囿陂池是帝王游览嬉戏的场所,也多养鱼鳖。《上林苑令箴》中指出,上林苑令还负责"鱼鳖以时"[⑪],即按时向皇室供应鱼鳖。关于苑池养鱼的盛况,《上林赋》《西京赋》等两汉文赋有不少形象的描述,苑池的鱼产品,主要供皇室消费。

陂塘中养鱼、种藕、栽莲,是汉代画像砖反映较多的画面。四川德阳出土的《采莲》画像砖,画面展现出广阔的水塘,远处丘陵起伏,鹜鸟飞翔,树

---

① 荀悦:《汉纪》卷15《孝武六》,张烈点校,第260页,中华书局,2002年。

② 班固:《汉书》卷65《东方朔传》,中华书局,1962年,第2849页。

③ 陈直校证:《三辅黄图校证》,陕西人民出版社,1980年,第92页。

④ 班固:《汉书》卷6《武帝纪》,中华书局,1962年,第178页。

⑤ 葛洪:《西京杂记》卷1《昆明池养鱼》,三秦出版社,2006年,第3页。

⑥ 李昉等:《太平御览》卷935引《鳞介部七·鱼上》,《文渊阁四库全书》影印本,第901册,台湾商务书馆,1986年,第303页。

⑦ 徐坚:《初学记》卷7《地部下·昆明池第四》,中华书局,2004年,第149页。

⑧ 何清谷校释:《三辅黄图校释》,中华书局,2005年,第272页。

⑨ 陈直校证:《三辅黄图校证》,陕西人民出版社,1980年,第101页。

⑩ 班固:《汉书》卷19《百官公卿表》,中华书局,1962年,第731页。

⑪ 严可均编:《全上古三代秦汉三国六朝文·全汉文》卷54《扬雄·上林苑令箴》,中华书局,1958年,第841页。

下有弋射者。水塘里野鸭浮泳,莲叶茂密,莲蓬挺立,采莲者泛舟来往于水塘之中。四川新都出土的《采莲》画像砖,池塘内莲斗垂露,游鱼、螃蟹、水鸟、田螺等点缀画中,左下角一蜻蜓伫立莲叶上,采莲者操小船往来其间。成都郊区出土的《弋射收获》画像砖,画面上部是水塘,下部是稻田。水塘里莲花垂露,鱼和野鸭在水里游泳。四川东汉墓中出土许多长方形的陶水塘模型,塘里有船和各种水生动物,与《采莲》画像砖基本相同。成都天回山东汉崖墓出土的陶水塘,塘内有堤埂,左端有排水渠和水闸,相隔为三段,塘内有游鱼、野鸭、莲花和小船等。①画像砖将鱼虾家禽集于稻田或莲池藕塘中,正是多种经营、因地制宜利用水资源的真实写照,充分表现了劳动人民的智慧,也说明了汉代对水利及渔业的重视。

《齐民要术·养鱼》记有种藕之法:"春初,掘藕根节头,着鱼池泥中种之。当年即有莲花。"还有在池中种植莲子、芡、芰(菱)的方法,"多种,俭岁资此,是度荒年"。②可见此类水生植物是古人重要的"度荒"作物。

秦汉渔业在捕捞和养殖等方面,已经发展到了相当成熟的水平。考察秦汉时期渔业生产手段、经营方式及其在经济生活中的地位,可以从另一角度了解当时水资源的状况。

(二)鱼类资源保护和渔业生产管理

秦汉时期,人们对于保护鱼类自然资源的问题非常重视。《吕氏春秋·上农》主张"制四时之禁",规定某些季节禁渔,使"众罟不敢入于渊",以免"为害其时"。③朝廷一般垄断苑囿范围内的各种水域,禁民使用,只作为帝王游览和皇室渔业经营的场所。"规以为苑,绝陂池水泽之利"④,周围或"缭以周墙"⑤,或"拆竹以绳绵连,禁御使人不得往来"⑥。除苑囿内的川泽陂

①　刘志远、余德章、刘文杰:《四川汉代画象砖与汉代社会》,图二九、图三〇、图三一、图三九,文物出版社,1983 年,第 27~29 页。

②　贾思勰:《齐民要术今释》卷 6《养鱼第六十一》,石声汉校释,中华书局,2009 年,第 607、608 页。

③　吕不韦编:《吕氏春秋集释》卷 26《士容论第六·上农》,许维遹集释,中华书局,2009 年,第 687 页。

④　班固:《汉书》卷 65《东方朔传》,中华书局,1962 年,第 2849 页。

⑤　范晔:《后汉书》卷 40 上《班彪传上》,中华书局,1965 年,第 1338 页。

⑥　范晔:《后汉书》卷 60 上《马融传》,中华书局,1965 年,第 1964 页。

池外,其他江河湖海等自然水域亦有类似情况。官营渔业对有些自然水域实行垄断,百姓不能随意从事渔业生产,而官营渔业生产能力有限,因而造成"山泽之利未尽出"的局面①,影响了水资源的充分利用。

秦汉时期,朝廷设置有管理河道的"都水长、丞""都水使者"等官职。②都水丞,秦代设置,奉常属官,治渠堤水门。③秦封泥有"都水丞印",都水丞,官名,都水令、长的佐官,秦代设置,奉常、少府、治粟内史下均辖此职,主管水利,掌陂池灌溉、治河渠。少府属官有"中校令",专"掌舟车、杂兵仗、厩牧"。④秦封泥还有"都船丞印""都船"⑤"上林池郎"等官职;秦代官印有"长夷泾桥""浙江都水"。⑥东汉将中央的都水官改为河堤谒者,地方则仍称都水如旧。《后汉书·百官志五》云:"世祖(光武帝)改都水,属郡国。……其郡有盐官、铁官、工官、都水官者,随事广狭置令、长及丞,……有水利及渔利多者置水官,主平水收渔税。"⑦汉代朝廷在有水利和渔业较发达的郡,设置专掌水利渔税的都水官管理税收。西汉,南郡设云梦官,九江郡设"陂官、湖官"。⑧1965年,长沙出土了一枚西汉的"上沅渔监章"。⑨这些都是北方没有的管理官员。上述专门管理官员的设置,反映出秦汉时期对水资源利用管理的重视。

官府所有的陂池有时以"假"的形式出租给百姓,听民渔采,官府收取假租。汉代关于免除池籞假租的诏令很多,仅汉和帝永元年即先后6次下诏免除采捕假税,永元五年(93)二月规定:"自京师离宫果园上林广成囿悉以假贫民,恣得采捕,不收其税。"同年九月壬午,"官有陂池,令得采取,

---

① 班固:《汉书》卷24《食货志上》,中华书局,1962年,第1130页。

② 《汉书》卷36《刘向传》载:成帝命刘向"领护三辅都水"。颜注引苏林曰:"三辅多溉灌渠,悉主之,故言都水。"(中华书局,1962年,第1949页)

③ 班固:《汉书》卷19《百官公卿表》颜注引如淳曰:"律,都水治渠堤水门。《三辅黄图》云三辅皆有都水也。"(中华书局,1962年,第726页)

④ 杜佑:《通典》卷27《职官九》,中华书局,1988年,第762页。

⑤ 傅嘉仪编著:《新出土秦代封泥印集》,西泠印社,2002年,第9、13、14页。

⑥ 罗福颐:《秦汉南北朝官印征存》,文物出版社,1987年,第6、10页。

⑦ 范晔:《后汉书》卷118《百官志五·亭里条》,中华书局,1965年,第3624页。

⑧ 班固:《汉书》卷28《地理志上》,中华书局,1962年,第1569页。

⑨ 周世荣:《长沙出土西汉印章及其有关问题研究》,《考古》1978年第4期。

勿收假税。"①永元九年(97),诏令"山林饶利,陂池渔采,以赡元元,勿收假税"。②十一年(99),十二年(100),十五年(103)也发布诏令准许百姓进入陂池渔采。安帝永初元年(107),将广成游猎地假与贫民。永初三年(109),"诏以鸿池假与贫民"。③此类诏书频繁颁布,正说明了除少数特许情况外,百姓必须交纳假租。

(三)《说文解字》所见捕鱼器具

《说文解字》中有许多和捕鱼有关的文字,是汉代人渔业知识和水资源利用的反映。

《说文解字·句部》曰:"笱,曲竹捕鱼。"竹制的捕鱼器,鱼笼。④

《说文解字·金部》曰:"钓,钩鱼也。"⑤

《说文解字·隹部》曰:"籱,罩鱼者也。"捕鱼时用来罩鱼的器具。《网部》曰:"罩,捕鱼器也。"《小雅》传曰:"罩,篧也。"《释器》曰:"篧谓之罩。"李巡云:"篧,编细竹以为罩,捕鱼也。"⑥

《说文解字·网部》中和捕鱼相关的文字较多,如网、罩、䍖、罛、罟、罬、罜、罪、罾、䍏等。

"罩,捕鱼器也。"《诗·小雅·南有嘉鱼》曰:"南有嘉鱼,烝然罩罩……南有嘉鱼,烝然汕汕。"《释器》曰:"篧谓之罩。"《毛传》曰:"罩罩,篧也;汕汕,樔也。"篧与樔都是捕鱼的器具,后以"罩汕"泛指用渔具捕鱼。

"䍖,鱼网也。""罬,钓也。"

"罛,鱼罟也。"《诗·卫风·硕人》曰:"施罛濊濊。"《释器》《毛传》皆曰:"罛,鱼罟。"

"罟,网也。"《诗·小雅·小明》毛传曰:"罟,网也。"段玉裁认为:"不言

---

① 范晔:《后汉书》卷4《和帝纪》,中华书局,1965年,第177页。

② 范晔:《后汉书》卷4《和帝纪》,中华书局,1965年,第183页。

③ 范晔:《后汉书》卷6《安帝纪》,中华书局,1965年,第212页。

④ 许慎:《标点注音〈说文解字〉》,崔枢华、何宗慧校点,北京师范大学出版社,2000年,第91页。

⑤ 许慎:《标点注音〈说文解字〉》,崔枢华、何宗慧校点,北京师范大学出版社,2000年,第602页。

⑥ 许慎:《说文解字注》卷5上《竹部》,段玉裁注,许惟贤整理,凤凰出版社,2007年,第346页。

鱼网者，《易》曰：'作结绳而为网罟，以田以渔。' 是网罟皆非专施于渔也。罟实鱼网，而鸟兽亦用之。"故《说文解字》有鸟罟、兔罟。[1]

"罶，曲梁，寡妇之笱，鱼所留也。"同"罶"，捕鱼的竹篓。《诗·小雅·鱼丽》曰："鱼丽于罶，鲿鲨。"毛传曰："罶，曲梁也，寡妇之笱也。"《国语·鲁语上》曰："水虞于是乎讲眔罶，取名鱼，登川禽。"韦昭注："罶，笱也。"

"罜，罜麗，小鱼罟也。"小型渔网。《西京赋》曰："设罜麗。"[2]

"罪，捕鱼竹网。从网非。秦以罪为辠字。"段玉裁《说文解字注》认为："竹字盖衍。小徐无'竹网'二字。从网，非声。声字旧缺，今补。本形声之字，始皇改为会意字也。……秦以为辠字。《文字音义》云：'始皇以辠字似皇，乃改为罪。' 按：经典多出秦后，故皆作罪。罪之本义少见于竹帛。《小雅》：'畏此罪罟。'《大雅》：'天降罪罟。'亦辠罟也。"[3]

"罾，鱼网也。"用木棍或竹竿做支架的方形渔网，形似仰伞，用网捕捞亦称"罾"。《汉书·陈胜传》曰："乃丹书帛曰'陈胜王'，置人所罾鱼腹中。"师古曰："罾，鱼网也，形如仰伞盖，四维而举之。"[4]《论衡·幸偶》曰："渔者罾江湖之鱼，或存或亡。"[5]《初学记》引《风俗通》云："罾者，树四木而张网于水，车挽之上下"[6]，当即指此。

《说文解字·网部》中还记有一种叫作"罧"的有趣的捕鱼方法。"罧，积柴水中以聚鱼也。"[7]先把大树枝连树叶放入水中，渔夫乘船敲击船舷，把鱼驱赶到树叶中，然后用竹帘围起来，拿走树枝，就抓到鱼了。《淮南子·说林训》云："钓者静之，罧者扣舟。"高诱注："罧者，以柴积水中以取鱼。扣，击

---

[1]　许慎：《说文解字注》卷 7 下《网部》，段玉裁注，许惟贤整理，凤凰出版社，2007 年，第 621 页。

[2]　许慎：《说文解字注》卷 7 下《网部》，段玉裁注，许惟贤整理，凤凰出版社，2007 年，第 622 页。

[3]　许慎：《说文解字注》卷 7 下《网部》，段玉裁注，许惟贤整理，凤凰出版社，2007 年，第 621 页。

[4]　班固：《汉书》卷 31《陈胜传》，中华书局，1962 年，第 1786 页。

[5]　王充：《论衡校释》卷 2《幸偶篇》，黄晖校释，中华书局，1990 年，第 39 页。

[6]　徐坚：《初学记》卷 22《地部下·武部·渔第十一》，中华书局，2004 年，第 545 页。

[7]　许慎：《说文解字注》卷 7 下《网部》，段玉裁注，许惟贤整理，凤凰出版社，2007 年，第 622 页。

也。鱼闻击舟声,藏柴下,瓮而取之。"[1]

　　《说文解字》中与捕鱼有关的文字,主要见于《句部》《金部》《隹部》和《网部》,其中以《网部》的文字为多。捕鱼器具主要用竹子制作,如鱼笼、鱼篓,方形渔网"罾"等。东汉,捕鱼技术发展,方形渔网有了改进,不仅渔网规模增大,而且开始使用机械。渔网四角系在四根大木上,用轮轴起放捕鱼,既节省人力,又能提高捕捞效率。这可能是渔业机械的最早应用,反映了汉代人渔业知识和水资源利用的进步。

---

① 刘安编:《淮南子集释》卷 17《说林训》,何宁集释,中华书局,1998 年,1207 页。

第四章

土地资源与秦汉生态环境

　　土地是人类生产活动的物质基础，人类需要开发土地获取物质和能量；土地又是人类赖以生存的生态环境，没有土地，人类就会失去生存的条件和栖息的场所。土地利用方式是影响植被和水土保持情况的决定性因素。"人类生活与土壤密切相关，并依靠土壤而生存。土壤是最微弱、最易被破坏的人类资源之一。不论是有意还是无意，人类对土壤有着非常重要的影响。"[①]

第一节 ｜ 秦汉时期的人口、垦田和土壤分类与改良

　　人类是土地资源利用的主体，人口的分布、迁徙和数量的增减与土地资源利用的关系十分密切。农田开垦和

[①] ［英］安德鲁·古迪：《人类影响——在环境变化中人的作用》，郑锡荣等译，中国环境科学出版社，1989 年，第 81 页。

土壤改良集中反映了农业土地资源利用的情况。土地是农耕社会的民生之本,人类的生产活动在土地上进行,土地的开垦利用与人口数量直接相关。

人类对环境的影响是多方面的。不仅影响土地资源的利用,而且影响水、地貌、动植物、气候等。随着人口的增长,人类对自然的索取和影响也不断增加。因此,本章依据秦汉时期各郡国的人口数,以全国总的垦田数推算各郡国的农业土地开垦情况,作为了解不同地区环境变化的重要数字参考信息。

一、秦汉人口概况

秦代人口具体数字至今已不可考,赵文林、谢淑君在《中国人口史》中提出,前4世纪,人口大致达到3 200万人以上,虽然历经多次战乱,至秦统一全国,人口保守估计也有2 000万左右。王育民在《中国人口史》中推论秦代人口在2 000万以上。此后,学术界一直沿用此说。葛剑雄认为,秦在始皇灭六国之初,人口有4 000万左右。[1]

汉初,经济凋敝,人口锐减。《史记·高祖功臣侯年表》云:"天下初定,故大城名都散亡,户口可得而数者十二三。"[2]《汉书·食货志上》云:"汉兴,接秦之敝,……人相食,死者过半。"[3]葛剑雄推断,西汉初期的人口在1 500万到1 800万之间。[4]此后人口数量起起伏伏。文景时期,人口迅速增长。汉武帝用兵四夷,连年征战,至其晚年,"海内虚耗,户口减半"。[5]经历"昭宣中兴",人口渐渐恢复。至汉平帝元始二年(2),人口达到极盛,"民户千二百二十三万三千六十二,口五千九百五十九万四千九百七十八"。[6]"同时,在今版图内还有些地区不属于西汉朝廷的管辖,或虽属西汉朝廷管辖,

---

① 葛剑雄:《中国人口史》第1卷(导论、先秦至南北朝时期),复旦大学出版社,2002年,第312页。

② 司马迁:《史记》卷18《高祖功臣侯年表》,中华书局,1959年,第877页。

③ 班固:《汉书》卷24《食货志上》,中华书局,1962年,第1127页。

④ 葛剑雄:《西汉人口地理》,人民出版社,1986年,第109~114页,

⑤ 班固:《汉书》卷7《昭帝纪》,中华书局,1962年,第233页。

⑥ 班固:《汉书》卷28《地理志下》,中华书局,1962年,第1639页。

但无正式的户口统计。这些地区也居住着很多不同民族的人口,经粗略考查,大约 750 多万。在今版图内人口总计 6 667 万。"[①] 根据葛剑雄的研究,西汉平帝时,全国平均人口密度为每平方千米 14.73 人,各州人口密度如表4.1 所示。

表 4.1　西汉各州人口密度表

州名	人口密度 / (人 / 平方千米)	州名	人口密度 / (人 / 平方千米)
兖州	103.51	幽州	9.09
豫州	92.04	朔方	8.80
青州	80.79	荆州	7.57
冀州	80.20	扬州	6.16
徐州	58.70	益州	5.44
司隶	42.79	凉州	3.92
并州	14.35	交趾	2.76

资料来源:葛剑雄《西汉人口地理》,人民出版社,1986 年,第 97~99 页。

西汉末年,天下大乱,百姓"有七亡而无一得","有七死而无一生"。[②] 王莽时,"天下连岁灾蝗,寇盗蜂起"[③],"四垂之人,肝脑涂地,死亡之数,不啻太半"[④]。汉光武帝建武中元二年(57)的全国人口数与西汉平帝时相比,50 年间竟然减少了近 2/3。即使东汉初户籍制度不完备,登记有遗漏,但人口锐减确凿无疑。从 25 年东汉建国到 220 年曹魏代汉,有 11 次全国性的人口统计数字,如表 4.2 所示。

表 4.2　东汉人口表

帝王	时间	户口 / 户	人口 / 人	户均人口 /(人 / 户)
光武帝	中元二年(57)	4 279 634	21 007 820	4.91
明帝	永平十八年(75)	5 860 573	34 125 021	5.82

①　路遇、滕泽之:《中国分省区历史人口考》(上),山东人民出版社,2006 年,第 91 页。葛剑雄推算,加上周边少数民族的人数,总人口至少也有 6 300 万。[葛剑雄:《中国人口史》第 1 卷(导论、先秦至南北朝时期),复旦大学出版社,2002 年,第 399 页]

②　班固:《汉书》卷 72《鲍宣传》,中华书局,1962 年,第 3088 页。

③　范晔:《后汉书》卷 1《光武帝纪上》,中华书局,1965 年,第 2 页。

④　范晔:《后汉书》卷 28 上《冯衍传》,中华书局,1965 年,第 966 页。

续表

帝王	时间	户口/户	人口/人	户均人口/(人/户)
章帝	章和二年(88)	7 456 784	43 356 337	5.81
和帝	元兴元年(105)	9 237 112	53 256 229	5.77
安帝	延光四年(125)	9 647 838	48 690 789	5.05
顺帝	永建元年(126)	9 690 630	49 150 220	5.072
顺帝	永和五年(140)	9 698 630	49 150 220	5.067
顺帝	建康元年(144)	9 946 919	49 730 550	5.00
冲帝	永嘉元年(145)	9 937 680	49 524 183	4.98
质帝	本初元年(146)	9 348 227	47 566 772	5.09
桓帝	永寿三年(157)	10 677 960	56 486 856	5.29

资料来源:此表根据《后汉书·郡国志》和《中国历代户口、田地、田赋统计》中甲表 5 改制。(梁方仲:《中国历代户口、田地、田赋统计》,中华书局,2008 年,第 20 页)

东汉存世的人口统计数字虽然比西汉多,但统计方式比较混乱,而且有许多矛盾之处,给正确认识东汉的人口问题带来了一定难度。自东汉初年起就存在豪强地主隐匿依附人口的问题,利用东汉的户口统计考察人口数量时绝对不能离开这个前提。[1] 赵文林、谢淑君推算,东汉桓帝永寿三年(157)的人口当在 6 500 万人。他们又对顺帝永和五年(140)的人口数做了较详细的考证,综合历代史家的订正意见,将所有口户比在 4 以下或 7 以上的 30 多个郡国户口数进行订正,使口户比接近东汉全国平均口户比。订正数增加了 290 565 户、1 257 807 口,即认为:顺帝永和五年有 9 989 195 户、50 408 027 口。[2]

二、汉代垦田概况

土地是农业社会发展最重要的生产资料。中国幅员广阔,地区气候差异明显,各地对土地资源的利用状况不尽相同。《史记·货殖列传》将全国划分为"山西""山东""江南""龙门、碣石以北"四个经济区。"山西"即崤山、函谷关以西,"山西"地区包括关中、巴蜀和关中周围地区。"山东"

---

[1]　葛剑雄:《中国人口发展史》,四川人民出版社,2020 年,第 118 页。

[2]　赵文林、谢淑君:《中国人口史》,人民出版社,1988 年,第 52 页。

即崤山、函谷关以东,与当时所谓关东含义相同。"山东"地区西汉时指今河北、山东、河南大部分地区和山西、安徽、湖北部分地区。"江南"地区即长江以南地区。"龙门、碣石以北"地区指今河北、山西、陕西北部以北地区,是传统意义上的畜牧区。

在考察各经济区土地资源利用情况时,将表 4.1 和表 4.3 结合起来,可以大致了解两汉时期各郡国户口和土地开垦情况。

表 4.3 两汉户口垦田一览表

帝王纪年	年代	户数 / 户	人数 / 人	垦田 / 顷	户均口数 / (户 / 口)	户均亩数 / (户 / 亩)	口均亩数 / (口 / 亩)
西汉平帝元始二年	2	12 233 062	59 594 978	8 270 536	4.87	67.61	13.88
东汉和帝元兴元年	105	9 237 112	53 256 229	7 320 170	5.76	79.25	13.74
安帝延光四年	125	9 647 838	48 690 789	6 942 892	5.05	71.96	14.26
顺帝建康元年	144	9 946 919	49 730 550	6 896 271	4.99	69.33	13.87
冲帝永嘉元年	145	9 937 680	49 524 183	6 957 676	4.98	70.01	14.05
质帝本初元年	146	9 348 227	47 566 772	6 930 123	5.09	74.13	14.57

资料来源:林甘泉主编《中国经济通史·秦汉》(上),中国社会科学出版社,2007 年,第 152~153 页。

《汉书·地理志下》载:平帝元始二年,"凡郡国一百三,县邑千三百一十四,道三十二,侯国二百四十一。地东西九千三百二里,南北万三千三百六十八里。提封田一万万四千五百一十三万六千四百五顷,其一万万二百五十二万八千八百八十九顷,邑居道路,山川林泽,群不可垦,其三千二百二十九万九百四十七顷,可垦不可垦,定垦田八百二十七万五百三十六顷"。[1]

这是西汉时期全国土地相关情况的第一个数字。首先要弄清"提封田"的概念,《汉书》颜师古注曰:"提封者,大举其封疆也。""提封"之意为通共,大凡。[2]《汉书·刑法志》曰:"一同百里,提封万井。"[3] 王先谦《汉书补注·刑

---

① 班固:《汉书》卷 28《地理志下》,中华书局,1962 年,第 1640 页。

② 班固:《汉书》卷 28《地理志下》,中华书局,1962 年,第 1640 页。

③ 班固:《汉书》卷 23《刑法志》,中华书局,1962 年,第 1081 页。

法志》引王念孙曰:"《广雅》曰:'提封,都凡也。'都凡者,犹今人言大凡,诸凡也。……都凡与提封一声之转,皆是大数之名。提封万井,犹言通共万井耳。"[①] 由此可知,"提封田"是指西汉全国的土地面积。依《汉书·地理志下》的记载,这些土地可分为三类:(1)邑居道路、山川林泽等不可开垦的土地,占 70.64%;剩下的是可耕地,即后两类,占 29.36%。(2)可垦不可垦的土地,应为可耕而未开垦的生熟荒地,占比为 23.66%。(3)已经开垦的田地,统计在册的垦田面积为全国总土地面积的 5.7%。

农业区、半农半牧区和牧业区的垦田不同,即使同为农业区,由于地形、地貌、气候、降雨、灌溉、人口等的差异,垦田占当地土地面积的比例存在差别。何炳棣在《中国古今土地数字的考释和评价》中认为此数字较为可信。[②] 汉代 1 顷等于 100 亩。8 270 536 顷即 827 053 600 亩这个垦田数保持了相当长的时期,大约到隋文帝开皇九年(589)才被超越。

秦汉时期的亩制与现在不同,如表 4.4 所示。

表 4.4　秦汉时期田亩丈量尺度表

朝代	时间	每尺厘米数/厘米	每步尺数/尺	每步厘米数/厘米	每亩平方步数/(亩/步)	每亩平方米数/(亩/平方米)	每亩折合市亩数/(亩/市亩)
秦	前 221—前 206	23.1	6	138.6	240	461.04	0.691
西汉	前 206—8	23.1	6	138.6	240	192	0.691
东汉	25—220	23.75	6	142.5	240	285	0.731

资料来源:赵冈、陈钟毅《中国土地制度史》,新星出版社,2006 年,第 53 页。

有研究者采用简单的计算方式,将西汉最大垦田数 8 270 536 顷减去东汉(和帝元兴元年)最大垦田数 7 320 170 顷,认为东汉垦田数比西汉少 950 366 顷。这样的计算方法是有问题的,因为两汉尺的长度不同。西汉最大垦田数 8 270 536 顷折合为 571 494 037.6 市亩。东汉和帝元兴元年垦田

---

① 王先谦:《汉书补注》,中华书局,1983 年,第 494 页。

② 何炳棣:《中国古今土地数字的考释和评价》,中国社会科学出版社,1988 年,第 1~6 页。

7 320 170 顷,折合为 535 104 427 市亩。[①] 则东汉比西汉垦田少 36 389 610 市亩,即 363 896 顷。由于尺度的变化,导致两汉垦田亩数计算的差别多达 586 470 顷。

汉代的亩制有大、小亩之说。表 4.4 中的数据按大亩计算,依据吴承洛《中国度量衡史》。[②] 吴慧有不同意见,他认为:秦朝统一后,在秦国故地以 240 步为亩。对六国故地则以 100 步为亩,这样可以多算出亩数,增加按亩出税的收入,也有加重新征服地区人民负担之意。《汉书·地理志》中的垦田数是小亩。按同期的户数、口数平均,每户为 67.71 亩,每人为 13.88 亩。其所以小于百步为亩,每户平均百亩、每人平均 20 亩(五口之家)之数,是因为把城乡人口一起平均分摊计算。13.88 亩约占 20 亩的 7/10,这当然不能反映汉代农业人口占全国人口的比例。关于中国古代社会农业人口的比重已不可详考。在商品经济不发达的古代社会,绝大多数是农业人口。但是,我国古代社会一直存在士农工商的职业分类,在考察人均占有耕地时,应当考虑半农半牧区和牧区所占耕地的数量大大少于农业区这一因素。东汉,我国垦田数为 730 万余顷,这个亩也是百步为亩的小亩未变。[③]

汉代,各州所占全国垦田面积的比例如表 4.5 所示,可以用下面的公式计算:

$$各州所占耕地比例 = 州人口数 × 人均亩数 ÷ 总耕地数$$

表 4.5　两汉时期各州所占耕地比例表

州名	西汉元始二年 /%	东汉永和五年 /%	增减比例 /%
司隶	11.22	6.38	−43.14
豫州	11.65	12.69	8.93
冀州	8.69	12.18	40.2
兖州	13.22	8.32	−37.07
徐州	8.8	5.73	−34.84

---

① 西汉垦田数的计算方式为:8 270 536 顷 × 100 = 827 053 600(汉亩)。827 053 600 × 0.691 = 571 494 037.6 市亩。东汉垦田数的计算方式为:732 017 000(汉亩)× 0.731 = 535 104 427 市亩。

② 吴承洛:《中国度量衡史》,商务印书馆,1937 年,第 54 页。

③ 吴慧:《新编简明中国度量衡通史》,中国计量出版社,2006 年,第 74 页。

续表

州名	西汉元始二年 /%	东汉永和五年 /%	增减比例 /%
青州	7.03	7.62	8.39
荆州	6.04	12.87	113.07
扬州	5.38	8.91	65.63
益州	8.03	14.87	85.24
凉州	2.15	0.86	−60
并州	3.23	1.43	−76.32
幽州	6.23	4.2	−32.59
朔方	2.81	并入并州	
交趾	2.3	2.29	−0.43

资料来源:林甘泉主编《中国经济通史·秦汉》(上),中国社会科学出版社,2007 年,第 152~153 页。

　　需要注意的问题有两点:(一)两汉时期农、牧经济区的变化。(二)两汉时期州的监察范围有增减变动,面积不完全一样。所以,两汉各州垦田数的增减按平均数计算,在具体使用时应考察行政区和监察区的变动情况。从表 4.5 可知,东汉司隶、兖州、凉州、幽州的垦田比例较西汉下降明显。冀州、荆州、扬州和益州垦田数量有较大增长,所占比例高于全国平均值,除冀州外,其他三州都在长江以南地区,反映了东汉时期江南地区经济的发展。中原地区的豫州、青州和位于岭南的交趾的垦田数没有明显变化。

　　汉代重视农业生产,鼓励农民开垦土地,大大拓展了当时的耕地面积,也改变了许多地区原有的土地利用方式,影响深远。从农业开发和农牧业变化考察土地资源利用对生态环境的影响是本章的研究重点。

三、土壤分类与改良

　　土壤是农业生产的必要条件,不同的农作物对土壤的养分要求不同,因地制宜,可以使土地得到合理利用,提高农作物产量。对土壤进行分类,表现了古人对土壤认识的深入,这种认识也是古人环境思想的重要组成部分。

　　有学者认为"土壤"一词首见于《史记·孔子世家》,"今孔丘得据土壤,贤弟子为佐,非楚之福也"。① 此说不确。"土壤"一词的使用见于先秦文献。《文子·上德》云:"黄金龟纽,贤者以为佩,土壤布地,能者以为富。"②《尉缭子·守权》云:"故为城郭者,非特费于民聚土壤也,诚为守也。"③《战国策·秦策》云:"故楚之土壤土民非削弱,仅以救亡者,计失于陈轸,过听于张仪。"④

《尚书·禹贡》按肥力高低把全国的土壤分为三等九级,又根据土壤的颜色、土壤的质地、植被和水文状况等将土壤分为九类:壤、黄壤、白壤、赤埴坟、坟垆、黑坟、白坟、涂泥、青黎。《周礼·地官·司徒》也有关于土壤分类与改良的记载。《管子·地员》把九州的土壤分为粟、沃、位、隐、壤、浮、怸、垆、剽、沙、塥、犹等十八类,每类又再细分为青、黑、赤、白、黑五种,即"九州之土为九十物"。这些是世界上土壤分类研究的最早成果。⑤

《氾胜之书》记述的土壤种类有:缓土、黑垆土、强土、轻土、弱土。"缓土"即疏松的土壤,适宜种芋,"种芋法,宜择肥缓土近水处,和柔粪之"。"黑垆土"即坚硬强土,春季地气通顺,可以翻耕"坚硬强地黑垆土"。"强土"即黏质土,三月榆树结荚,遇上下雨,"高地强土可种禾"。"轻土、弱土"即沙土,杏花盛开时,"辄耕轻土、弱土"。根据土壤肥力的高低把田地分为美田、薄田两类。"美田"是土壤肥力高的土壤,"薄田"即土壤肥力低的土壤。栽培麻,"美田则亩五十石及百石,薄田尚三十石"。⑥

《四民月令》记述的土壤种类有:美田、缓土、强土、黑垆土、沙地、白土、松土共七种。根据不同的土壤,选择翻耕时间和方法。一月,"雨水中,地气上腾,土长冒橛,陈根可拔,急菑疆土、黑垆之田"。雨水节里,地气向上升,泥土发涨,将埋在地下的木桩顶遮没,去年枯死的根,可以随手拔出时,赶快在强土和黑垆土地里耕翻灭茬。二月,"阴冻毕泽,可菑美田、缓土及

---

① 林蒲田:《中国古代土壤分类和土地利用》,科学出版社,1996年,第9页。

② 王利器:《文子疏义》卷6《上德》,中华书局,2009年,第267页。

③ 钟兆华校注:《尉缭子校注》,中州书画社,1982年,第31页。

④ 何建章注释:《战国策注释》卷4《秦策二》,中华书局,1990年,第119页。

⑤ 侯仁之:《黄河文化》,华艺出版社,1994年,第223页。

⑥ 贾思勰:《齐民要术今释》卷2《种麻子第九》,石声汉校释,中华书局,2009年,第140页。

河渚小处"。向阴地方的冰冻全部融化了,肥田、松土、河汉、沙滩之类的小块田地,都该进行耕作灭茬。三月,"杏花盛,可菑沙、白、轻土之田"。杏花盛开时,可以在沙地、白土、松地里进行耕翻灭茬。

《说文解字》记载、总结前代成果,对土壤的分类和释义精练。《说文解字·土部》载:"壤,柔土也。""垆,刚土也。""埴,赤刚土也。""埴,黏土也。""坫,坚土也。""埵,坚土也。"①"壤"是松软的土,《论衡·率性》载:"深耕细锄,厚加粪壤。"②"垆"为黑色坚硬的土,《尚书·禹贡》载:"下土坟垆。"③"埴"是红色而有一定刚性的土,与古红壤相似。"埴"是一种黏而不板结的土壤,《尚书·禹贡》作"埴"。"坫""埵"是坚硬易于板结的土壤。

《孝经援神契》是东汉时人作的纬书,其中也提到了一些土壤名词。原书已佚,散见于《齐民要术》等书中。《齐民要术》和《群芳谱》引用《孝经援神契》关于土壤的文字:"黄白宜种禾,黑坟宜种麦,赤土宜种菽,污泉宜种稻"④,"山田宜强苗,泽田宜弱苗,良田宜种晚,薄田宜种早"⑤。"黄土"相当于现在的黏土或重黏土。"白土"相当于现在的沙土和盐渍土。"黑坟"相当于现在的黏土壤。"赤土"相当于现在的红土壤。"污泉"相当于《禹贡》中的"涂泥",即低洼存水的地,也就是现在的水稻土。根据地势的高低和水分的多少,将地势高的土壤称为山田,地势低又常积水的土壤称为泽田。按肥力的高低,将肥沃的土壤称为良田,肥力低的土壤称为薄田。

整理土地是土地改良、利用的重要内容。西周时期出现了畎亩法。这种耕作法到战国时期比较流行。为了便于洪涝时排水和干旱时保墒,《吕氏春秋·辨土》主张:整地时"亩欲广以平,畎欲小以深,下得阴,上得阳,然

---

① 许慎:《标点注音〈说文解字〉》,崔枢华、何宗慧校点,北京师范大学出版社,2000年,第577、581页。

② 王充:《论衡校释》卷2《率性篇》,黄晖校释,中华书局,1990年,第74页。

③ 孙星衍:《尚书今古文注疏》卷3《虞夏书·禹贡》,中华书局,2004年,第172页。

④ 赵在翰辑:《七纬(附论语谶)》,中华书局,2012年,第693页。

⑤ 倪倬辑:《农雅》,中华书局,1956年,第66页。

后咸生"。① 田畦应该又宽又平,垄沟应该又小又深。这样,农作物下面能吸收水分,上面能获得阳光,才能苗全苗壮。《吕氏春秋·任地》载,耜的长为 6 尺,用来测定田垄的宽窄;刃宽 8 寸,用来挖出标准的垄沟。锄的柄长为 1 尺,这是作物行距的标准;刃宽 6 寸,是便于间苗。耕地一定要趁土壤湿润,可以使土中有空隙,苗根扎得牢固;锄地一定要在旱时,这样可使地表疏松,保持土壤肥力。②

《说文解字》中也有不少反映汉代人改良、利用土地的知识。③《说文解字·田部》:"略,经略土地也。""略"的本义指整治土地,"疆界""谋略"等意义正是由此引申而来。"畴,耕治之田也。""耕,犁也,一曰古者井田。"按照西周的井田制,耕种的田地为方形,或"方一里""方十里""方百里","田"的字形是对井田制的写实,故《说文解字》云:"田,陈也,树谷曰田。象四口。十,阡陌之制也。""畕,比田也。从二田。"《说文解字》称形状不方的田为"残田"。《说文解字·田部》云:"畸,残田也。""畹,残田也。""町,田践处曰町。"("践"读为残)汉代在田地中开陌修路以便农田灌溉,《说文解字·田部》解字云:"畷,两陌间道也。广六尺。""畛,井田间陌也。"人们十分重视对田界的划分,《说文解字·田部》云:"界,境也。""畔,田界也。""畖,境也。一曰陌也。""畺,界也。从畕,三其界画也。"《说文解字·聿部》云:"畫,介也。象田四界。聿,所以画之。"纵横交错隆起的田界,具有蓄水保墒的作用,低凹的沟洫在大雨降临时能减轻水土的流失,这些都有利于水土保持。汉代,耕作技术更为进步,百姓在整地时注重时令和土质。《氾胜之书》提出了耕作栽培的总原则:"凡耕之本,在于趣时和土。……得时之和,适地之宜,田虽薄恶,收可亩十石。"④ 这两句话阐述了耕作的时机和土壤条件的重要性。

《论衡·效力》载:"地力盛者,草木畅茂,一亩之收,当中田五亩之分。

---

① 吕不韦编:《吕氏春秋集释》卷 26《士容论·辩土》,许维遹集释,中华书局,2009 年,第 695 页。

② 吕不韦编:《吕氏春秋集释》卷 26《士容论·辩土》,许维遹集释,中华书局,2009 年,第 689 页。

③ 王平:《〈说文〉与中国古代科技》,广西教育出版社,2001 年,第 87~88 页。

④ 贾思勰:《齐民要术今释》卷 1《耕田》,石声汉校释,中华书局,2009 年,第 19 页。

苗田,人知出谷多者地力盛。"① "地力"就是土壤的肥力。草木畅茂是土壤肥力的反映,即《齐民要术·自序》所谓"观草木而肥硗之势可知"②。土壤肥力的高低直接影响农作物的产量。土壤改良是人类从利用自然向改造自然迈进的重要一步,也是改变生产和生活环境的重要内容。《周礼》载"草人掌土化之法"汉郑玄注:"化之使美"③,即通过人的垦耕熟化使土壤肥美。《论衡·率性》中也有精辟的论述:"夫肥沃墝埆,土地之本性也。肥而沃者性美,树稼丰茂;墝而埆者性恶,深耕细锄,厚加粪壤,勉致人功,以助地力,其树稼与彼肥沃者相似类也。"④ 王充概述了百姓平整土地、改良土壤的农业实践。土壤具有肥瘠、美恶的自然属性,但可以用人力改变。深耕细作,增施粪肥,可以把瘠薄的土壤变得肥沃;反之,如果只用地而不养地,肥沃的土壤也会变为瘠薄。梁家勉认为,《论衡》"阐述了自然土壤和耕作土壤的本质区别,即自然土壤只具有自然肥力,而耕作土壤则是自然肥力与人工肥力的结合"。⑤

汉代总结出了一些宝贵的土壤改良经验,主要有施肥、灌溉和建设水利工程等。《吕氏春秋·士容论·辩土》认为,耕地的原则是一定要从垆土开始,因为垆土黏而失水慢,早耕必然结块。一定要把柔润的地放到后面耕,因为这种土即使拖延一下也还来得及耕。坚硬的土地要立即耕,水分饱和的土地要缓耕,柔润的土地可以推迟耕。高处的土地耕后要把地面耙平,低湿的土地首先要把积水排净。《说文解字·畕部》:"畕,耕以臿,浚出下垆土也。"段玉裁《说文解字注》:"耕者用鍫抒取地下黑刚土,谓之畕。"⑥ 土壤有强土和弱土的不同,耕作要依据土壤性质的差异确定其耕作目标,要使强土变弱、弱土变强,以改变土壤的结构状况。

汉代施肥的种类有绿肥和粪肥。绿肥是用新鲜植物制成的有机肥料。

---

① 王充:《论衡校释》卷 13《效力篇》,黄晖校释,中华书局,1990 年,第 582 页。

② 贾思勰:《齐民要术今释·序》,石声汉校释,中华书局,2009 年,第 11 页。

③ 孙诒让:《周礼正义·地官·司徒下·草人》,中华书局,2013 年,第 1182 页。

④ 王充:《论衡校释》卷 2《率性篇》,黄晖校释,中华书局,1990 年,第 74 页。

⑤ 梁家勉主编:《中国农业科学技术史稿》,农业出版社,1989 年,第 198 页。

⑥ 许慎:《说文解字注》卷 14 下《畕部》,段玉裁注,许惟贤整理,凤凰出版社,2007 年,第 1278 页。

许倬云认为,古人对绿肥有意识的使用最早可追溯到前 11 世纪的西周时期,最迟也不晚于前 5 世纪。①《礼记·月令》中有专门谈绿肥施用方法的记载。季夏时节把草割下来后焚烧,然后浸入水中,通过高温加速其分解,使其"可以粪田畴,可以美土疆"。②我国自古耕种田地必用粪肥,包含人粪、鸡粪、猪粪、牛粪等。粪肥撒到田地里,通过阳光分解,经雨水渗透,养分渗入土壤,这种方法至今仍有使用。《氾胜之书》不仅把施肥和灌溉作为耕作栽培的基本措施,而且记述了施肥和灌溉的具体技术,提出"务粪、泽"的技术原则,即尽力保持土壤的肥沃和湿润,重视通过精细耕作的措施,让土壤尽可能多接纳一切降水,减少自然蒸发,以保证作物生长对水分的需要。③

灌溉也是改变土质的一种方式。利用天然水池或人造水池和水利工程灌溉农田。《说文解字·水部》云:"洼,深池也。""潢,积水池。""沼,池水。""池,陂也。""湖,大陂也。""汏,水都也。"④"陂"是泽障,即小型拦水坝,既可蓄水,又可放水灌溉农田,是一种小型的农田水利工程。《诗经·陈风·泽陂》云:"彼泽之陂,有蒲有荷。"⑤ "汏",段玉裁《说文解字注》:"水都者,水所聚也。"⑥

在成都平原修建的都江堰工程,不仅解除了岷江对川西平原的危害,而且"溉田万顷",使当地"水旱从人,不知饥馑,时无荒年,天下谓之'天府'"。⑦都江堰历经 2 000 多年,至今仍造福巴蜀地区的人民。关中的郑国渠"溉泽卤之地四万余顷,收皆亩一钟",关中地区从此为沃野,"无凶年"。⑧关中地区的龙首渠、六辅渠、白渠、成国渠,河东地区的河东渠,浙江的鉴湖

---

①　许倬云:《汉代农业:中国农业经济的起源与特性》,广西师范大学出版社,2005 年,第 92 页。

②　孙希旦:《礼记集解》卷 16《月令第六》,中华书局,1989 年,第 460 页。

③　董恺忱、范楚玉主编:《中国科学技术史(农学卷)》,科学出版社,2000 年,第 204~205 页。

④　许慎:《标点注音〈说文解字〉》,崔枢华、何宗慧校点,北京师范大学出版社,2000 年,第 465 页。

⑤　程俊英、蒋见元:《诗经注析·十五国风·陈风·泽陂》,中华书局,1991 年,第 384 页。

⑥　许慎:《说文解字注》卷 11 上《水部》,段玉裁注,许惟贤整理,凤凰出版社,2007 年,第 963 页。

⑦　常璩:《华阳国志校注》卷 3《蜀志·总叙》,刘琳校注,巴蜀书社,1984 年,第 202 页。

⑧　司马迁:《史记》卷 29《河渠书》,中华书局,1959 年,第 1408 页。

和西南夷的"穿龙池"等都是汉代著名的水利工程。[①] 西汉初年,鸿沟水系将附近的河流湖泊连成一个紧密的水网,便利了当地人的灌溉。《史记·河渠书》载:"余则用溉浸,百姓飨其利。至于所过,往往引其水益用溉田畴之渠,以万亿计,然莫足数也。"[②] 鸿沟的修建改变了当地的面貌,有利于农田土壤的改良。[③] 汉文帝末年,蜀都郡守文翁治理蜀地,凿穿成都平原西北山区的湔江口,"溉灌繁田千七百顷"。[④] 西汉武帝时,汲黯等在颍水流域主持修建陂塘,灌溉农田。西汉元帝时,召信臣任南阳太守,"开通沟渎,起水门提阏凡数十处,以广溉灌,岁岁增加,多至三万顷。民得其利,畜积有余"。[⑤] 汝南地区的"鸿都陂""方梁石洫""鲖阳旧渠"、南阳地区"开通沟渎",都是利用灌溉改良土壤的代表性水利工程。

淤灌也是汉代常用的一种灌溉方式,主要在沿河泥沙较多的地区进行,用河流中含有丰富的有机和无机养分的泥沙灌溉农田,补充农作物需要的水、肥,是有效利用水资源改良土壤的方法。

第二节 ｜ "山西"地区土地资源利用

"山西"地区行政范围大致包括三辅地区、益州大部、凉州和朔方的一部分,具体由三部分构成:一是关中地区,二是关中周围的天水、陇西诸郡,三是巴蜀地区。《史记·货殖列传》载:"饶材、竹、谷、纑、旄、玉石"[⑥],物产富

---

① 常璩:《华阳国志校注》卷 4《南中志·朱提郡》,刘琳校注,巴蜀书社,1984 年,第 414 页。

② 司马迁:《史记》卷 29《河渠书》,中华书局,1959 年,第 1407 页。

③ 朱伯康、施正康:《中国经济通史(上)》,中国社会科学出版社,1995 年,第 127 页。

④ 常璩:《华阳国志校注》卷 3《蜀志·总叙》,刘琳校注,巴蜀书社,1984 年,第 214 页。

⑤ 班固:《汉书》卷 89《循吏传·召信臣传》,中华书局,1962 年,第 3642 页。

⑥ 司马迁:《史记》卷 129《货殖列传》,中华书局,1959 年,第 3253 页。

饶。关中地区三面环山,南段可达我国的南北分界线秦岭,北部直达以陕北高原为主的北山山系,西起宝鸡以陇坻为界,东至潼关以黄河为限。地形以平原为主,大致西高东低,冬季寒冷干燥,夏季炎热多雨,属于典型的温带大陆性季风气候,也是湿润半湿润地带。关中周围地区位于黄土高原西部,地形以山地高原为主,介于半湿润与半干的过渡地带,温暖湿润,降水较多,雨热同期,适宜农牧业发展。巴蜀地区北至关中,南御滇僰、僰僮,西近邛笮,[①]地形以盆地、山地为主,受来自西南地区海洋季风的影响,常年温暖多雨,属于典型的亚热带季风气候。

一、"山西地区"人口、垦田概况

《汉书·地理志》按郡国合计的人口总数为 57 671 401 人,比同书统计的总人口数 59 594 978 人少 1 923 577 人。人口数字差异的原因已有诸多研究,本书不再转述。这里要指明的是,由分郡国人口数乘以人均 13.88 亩的垦田数计算出的垦田总数只有 800 479 045.88 亩,比《汉书·地理志》的垦田总数 827 053 600 亩少了 26 574 554.12 亩。垦田总数 827 053 600 亩显然是可信的,要使用这一数字,只有将人均垦田数增加到 14.34 亩(9.909 市亩),才能与总垦田数相合。因此,本书使用人均垦田 14.34 亩这个修正数字来统计"山西"各郡国的垦田数。同理,其他经济区的人均垦田数也使用这个修正后的人均垦田数字。

目前所见的汉代文献中没有记载西汉各郡国垦田数,表 4.6 中所列数字是依据西汉平帝元始二年(2)各郡国总人数乘以 14.34 亩得出的平均数值,而且,这个修正的人均垦田数没有考虑农业区、半农半牧区和畜牧区的差别。它虽然不是百姓实际的垦田数或占田数,只是一个人均土地资源利用的修正数字,与实际垦田数会有出入,但应当相去不远,因为这个修正的人均垦田数依据是可信的《汉书·地理志》中的总垦田数。这种研究方法虽然还谈不上精确,但不失为一种可行的尝试。

---

① 司马迁:《史记》卷 129《货殖列传》,中华书局,1959 年,第 3261 页。

表 4.6 西汉元始二年"山西"地区各郡国户口垦田表

郡国名	户数 / 户	口数 / 口	面积 / 平方千米	推算垦田总数 / 亩	户均数 / 口	户均垦田数 / 亩	人口密度[1]
京兆尹	195 702	682 468	7 145	9 472 655.84	3.49	50.05	95.52
左冯翊	235 101	917 822	22 718	12 739 369.36	3.90	55.93	40.40
右扶风	216 337	836 070	24 154	11 604 651.6	3.86	55.35	33.77
弘农郡	118 091	475 954	40 177	6 606 241.52	4.03	57.79	11.85
陇西郡	53 964	236 824	25 443	3 287 117.12	4.39	62.95	9.31
金城郡	38 470	149 648	34 888	2 077 114.24	3.89	55.78	4.29
天水郡	60 370	261 348	23 238	3 627 510.24	4.39	62.95	11.25
安定郡	42 725	143 294	54 807	1 988 920.72	3.35	48.04	2.62
北地郡	64 461	210 688	55 100	2 924 349.44	3.27	46.89	3.82
上郡	103 683	606 658	63 025	8 420 413.04	5.85	83.89	9.63
西河郡	136 390	698 836	55 000	9 699 843.68	5.12	73.42	12.71
武都郡	51 376	235 560	26 460	3 269 572.8	4.59	65.82	8.90
汉中郡	101 570	300 614	70 488	4 172 522.32	2.96	42.45	4.26
广汉郡	167 499	662 249	50 328	9 192 016.12	3.95	56.64	13.16
蜀郡	268 270	1 245 929	67 266	17 293 494.52	4.64	66.54	18.52
巴郡	158 643	708 148	125 694	9 829 094.24	4.46	63.96	5.63
合计	2 012 652	8 372 110	745 931	116 204 886.8			

资料来源：《汉书》卷 28 上《地理志上》所载元始二年(2)户口数字统计。

　　京兆尹、左冯翊、右扶风是西汉京畿重地,是政治、经济、文化中心,也是"山西"人口密度最大的地区。尽管如此,因为有很多帝王苑囿和贵族、官僚的园林,平均人口密度仍然比关东地区低,人口集中在关中平原,在泾水和渭水交汇处一带,集中了首都长安和 8 个陵县。其中长安、茂陵、长陵 3 个县的人口就有 70 万人,加上其他县,总人口有 100 多万人。"经测算,这一地区的面积不过一千余平方千米,因此其人口密度达到每平方千米千人,是全国人口最稠密的地区。"[2]

　　汉代文献中没有东汉各郡国垦田数的记载,表 4.7 中所列数字依据东汉永和五年(140)"口均亩数"13.74 亩(10.044 市亩)乘以各郡国总人数得出。

---

[1]　葛剑雄:《西汉人口地理》,人民出版社,1986 年,第 96~98 页。

[2]　葛剑雄:《西汉人口地理》,人民出版社,1986 年,第 103 页。

将汉亩换算成市亩之后,我们发现了一个有意义的结果,即使用经过修正的西汉人均垦田数 14.34 亩换算所得 9.909 市亩,与东汉更加接近。即两汉人均垦田数都约为 10 市亩。由于表 4.6 和表 4.7 关于"山西"地区各郡国垦田总亩数的推算没有考虑经济发展条件和发展水平等因素的差异,在自然经济的社会发展时期进行垦田数字的平均计算,虽然不够严谨,但是,做这样的推算并非没有任何意义。一方面,它可以让我们大致了解汉代各郡国土地资源利用的情况;另一方面,将上述两表中的汉代户均垦田亩数与汉代传世文献中记载的五口之家耕田不过百亩进行对照,可以帮助我们正确地认识汉代人口和垦田数字,以及汉代人口与土地资源之间的关系,这正是修正和推算汉代户均垦田亩数的意义所在。

表 4.7 东汉永和五年"山西"地区各郡国户口垦田表 [①]

郡国名	户数 / 户	口数 / 口	面积 / 平方千米	推算垦田总数 / 亩	户均数 / 口	户均垦田数 / 亩	人口密度
京兆尹	53 299	285 574	15 732	3 923 786.8	5.36	73.65	18.15
左冯翊	37 090	145 195	22 571	1 994 979.3	3.91	53.72	6.43
右扶风	17 352	93 091	23 670	1 279 070.3	5.36	73.65	3.93
弘农郡	46 815	199 113	21 793	2 735 812.6	4.25	58.40	9.14
陇西郡	5 628	29 637	26 129	407 212.38	5.27	72.41	1.13
金城郡	3 858	18 947	28 408	260 331.78	4.91	67.46	0.67
安定郡	6 094	29 060	42 508	399 284.4	4.77	65.54	0.68
北地郡	3 122	18 637	54 446	256 072.38	5.97	82.03	0.34
上郡	5 169	28 599	62 525	392 950.26	5.53	75.98	0.46
西河郡	5 968	20 838	45 288	286 314.12	3.66	50.29	0.46
武都郡	20 102	81 728	29 167	1 122 942.7	4.07	55.92	2.80
汉中郡	57 344	267 402	70 488	3 674 103.5	4.66	64.03	3.79
广汉郡	139 865	509 438	39 284	6 999 678.1	3.64	50.01	12.97
广汉属国	37 110	205 652	11 044	2 825 658.5	5.54	76.12	18.62
蜀郡	300 452	1 350 476	32 416	18 555 540	4.49	61.69	41.66
蜀郡属国	111 568	475 629	34 850	6 535 142.5	4.26	58.53	13.65

---

① 葛剑雄:《中国人口史》第 1 卷(导论、先秦至南北朝时期),复旦大学出版社,2002年,第 494~496 页。

续表

郡国名	户数/户	口数/口	面积/平方千米	推算垦田总数/亩	户均数/口	户均垦田数/亩	人口密度
巴郡	310 691	1 086 049	125 694	14 922 313	3.5	48.09	8.64
合计	1 161 527	4 845 065	686 013	66 571 193			

资料来源:《后汉书》志19《郡国志一·序》所载永和五年(140)户口数字统计。

《汉书·食货志上》引晁错《论贵粟疏》载:"今农夫五口之家,其服役者不下二人,其能耕者不过百亩,百亩之收不过百石。"[1]"五口之家耕田百亩"为研究汉代经济史者所习用,从表4.6和表4.7可以看出,即使是经过修正的汉代户均垦田亩数与《汉书·食货志上》所载农夫五口之家"能耕者不过百亩"均相去甚远。西汉"山西"地区户均数为4.16口,户均垦田数为59.65亩;东汉"山西"地区户均数为4.65口,户均垦田数为63.89亩。西汉人均垦田数按14.34亩计算,五口之家为71.7亩;东汉永和五年(140)"口均亩数"为13.74亩,五口之家为68.7亩。即使扣除非农业人口,汉代五口之家也很难达到耕田百亩。这种差异同样存在于"山西"地区之外的其他经济区,有研究者认为,隐漏人口是造成这种差异的最主要原因。这种观点只能勉强解释西汉用分郡国人口计算出的垦田数为什么少于垦田总数,因为隐漏人口的情况东汉超过西汉,所以,应当对晁错《论贵粟疏》所说"能耕者不过百亩"做正确理解,即五口之家能够耕作的土地最多不超过百亩,户均实际耕种几十亩与"能耕者不过百亩"并不相悖。

汉代人口密度较大的地区主要在关中和巴蜀,该地区在西汉时的总人口和人口密度都大约是东汉的两倍。据梁方仲统计,司隶部下辖132个县,有1 519 857户、6 682 602口,在十三州部中,人口数仅次于豫州和兖州,位列第三。[2]东汉永和五年(140),司隶地区的人口约比西汉减少一半,仅高于徐州、凉州、并州、幽州、交州等人口稀少地区,远远低于豫州、冀州、荆州等人口密集区,在全国处于中游。关中周围的陇西郡、金城郡(治今甘肃永靖西北)等地人口下降幅度更为明显,总人口甚至不及西汉的1/9,而人口密度竟然1平方千米不足1人,是典型的地广人稀区域。巴蜀地区几百年间

---

① 班固:《汉书》卷24《食货志上》,中华书局,1962年,第1132页。

② 梁方仲:《中国历代户口、田地、田赋统计》,上海人民出版社,1957年,第14页。

人口一直在稳步上升,尤其是蜀郡人口数量较为稳定,是秦汉时期少有的人口数一直维持在百万以上的大郡之一,每平方千米人口数超过 50 人,远高于东汉同区的其他各郡国。

二、"山西"地区土地资源利用

关中和巴蜀的成都平原地狭人稠,平原面积较广,土壤肥沃,降雨量充足,适合农耕,土地资源的利用以农耕为主。《汉书·地理志上》载:"黑水、西河惟雍州,……厥土黄壤。田上上,赋中下",师古注:"田第一,赋第六"。[①]关中西北部的天水、陇西、北地、上郡地广人稀,水草肥美,"畜牧为天下饶"[②],土地资源利用以草场牧地为主。

关中是"山西"地区经济发展的中心,《史记·货殖列传》载,关中地区的百姓"有先王之遗风,好稼穑,殖五谷,地重"[③];"故关中之地,于天下三分之一,而人众不过什三。然量其富,什居其六"[④]。关中地理位置优越,地形险胜,"膏壤沃野千里"[⑤]。秦和西汉均在此建都。西汉初期,张良和刘敬力主定都长安,长安地处关中,居黄河中游,"独以一面东制诸侯"[⑥],天下若有变,则可顺流而下。此外,长安地处关中平原,物产丰富,有相邻的巴蜀地区农业和西北畜牧业的支持,经济发达。关中地区优越的生态环境为都城长安的建设、物资供应和经济的繁荣提供了物质保证。[⑦] 正是这种得天独厚的政治地理环境优势,秦国得以"横扫六合,并吞八荒",汉高祖"因之以成帝业",建立了汉家四百年天下。[⑧]

巴蜀"沃野千里,土壤膏腴,果实所生,无谷而饱"。[⑨] 楚汉相争时期,巴

---

① 班固:《汉书》卷 28《地理志上》,中华书局,1962 年,第 1532 页。

② 司马迁:《史记》卷 129《货殖列传》,中华书局,1959 年,第 3262 页。

③ 司马迁:《史记》卷 129《货殖列传》,中华书局,1959 年,第 3261 页。

④ 司马迁:《史记》卷 129《货殖列传》,中华书局,1959 年,第 3262 页。

⑤ 司马迁:《史记》卷 129《货殖列传》,中华书局,1959 年,第 3261 页。

⑥ 司马迁:《史记》卷 55《留侯世家》,中华书局,1959 年,第 2044 页。

⑦ 朱士光:《西汉关中地区生态环境特征与都城长安相互影响之关系》,《陕西师范大学学报》(哲学社会科学版)2000 年第 3 期。

⑧ 陈寿:《三国志》卷 35《蜀书·诸葛亮传》,中华书局,1959 年,第 912 页。

⑨ 范晔:《后汉书》卷 13《公孙述传》,中华书局,1965 年,第 535 页。

蜀成为刘邦的大后方,萧何"留收巴蜀,填抚谕告,使给军食"[1],最终赢得相持四年的楚汉战争的胜利。两汉之交,中原满目疮痍,经济凋敝,巴蜀却是"沃野千里,土壤膏腴,果实所生,无谷而饱。女工之业,覆衣天下,名材竹干,器械之饶,不可胜用"[2]。一直到东汉末年,巴蜀仍是南阳、三辅人民避乱就食的殷富之地。

两汉之际的三辅和陇西地区饱受战争荼毒,人民流离失所。东汉政治重心东移,关中、巴蜀的经济虽然不如西汉,但土地利用方式并未发生大的变化。

(一) 农业用地

秦汉时期,"山西"地区农业大多采用精耕细作的模式,属于早期的集约型农业。其中,关中地区集约型的耕作方式与农业开垦是我国古代农业生产可持续发展的典型。关中地区农业一直都比较发达,有"粮仓"之称。秦和西汉时,许多先进的农耕技术在关中发明并推广到国内其他地区。

铁器与牛耕的普遍推广是农业发展的重要标志。"铁使更大面积的农田耕作,开垦广阔的森林地区,成为可能。"[3]代田法和区田法在北方的推广大大扩展了农业用地的面积。代田法是汉代关中人民普遍采用的农田耕作方法。《汉书·食货志上》云:

> (汉武帝)以赵过为搜粟都尉。过能为代田,一亩三甽,岁代处,故曰代田,古法也。后稷始甽田,以二耜为耦,广尺深尺曰甽,长终亩,一亩三甽,一夫三百甽,而播种于三甽中,苗生叶以上,稍耨陇草,因隤其土,以附苗根。[4]

代田法的推行有利于土地的循环利用,提高土地利用效率,具有防风抗倒和保墒抗旱的作用。汉成帝时,著名农学家氾胜之总结出一种新的耕作方法——区田法。"区田以粪气为美,非必须良田也。诸山、陵、近邑高危倾

---

① 司马迁:《史记》卷 53《萧相国世家》,中华书局,1959 年,第 2014 页。

② 范晔:《后汉书》卷 13《公孙述传》,中华书局,1965 年,第 535 页。

③ 恩格斯:《家庭、私有制和国家的起源》,《马克思恩格斯选集》第 4 卷,人民出版社,1972 年,第 159 页。

④ 班固:《汉书》卷 24《食货志上》,中华书局,1962 年,第 1532 页。

坂及丘城上,皆可为区田。区田不耕旁地,庶尽地力。凡区种,不先治地,便荒地为之。"①区田法适用于北方旱作地区,适宜在山岭、丘陵、原地、坡地等荒废硗瘠之地发展农业,最大的特点就是集中人力、物力,在小面积土地上精耕细作,最大限度地发挥土地的潜力以达到增产的目的。它弥补了代田法的不足,扩大了耕地面积。

关中气候适宜,降水丰沛,适宜农作物生长。秦汉时期,五谷在关中的种植广泛。除了旱地作物,在一些水源丰沛的地区还种植水稻,有"秔稻梨栗桑麻竹箭之饶"的景象。②建元三年(前138),汉武帝微服出行,"驰骛禾稼稻秔之地"③。粳(秔)是一种黏性较小的稻。班固盛赞长安地区物产丰富时说:"五谷垂颖,桑麻敷菜。"④考古发现,在汉景帝陵寝阳陵(今陕西高陵西南)中发现大量粟、黍、稻⑤,说明西汉时期关中地区粟、黍、稻种植普遍。东汉时期气候变寒,但关中仍有大面积的水稻种植。《后汉书·杜笃传》云:雍州"水泉灌溉,渐泽成川,粳稻陶遂"⑥。

为了发展农业,关中地区修建了大量水利设施。秦国修建的郑国渠在西汉时发挥了良好的效用,"用注填阏之水,溉泽卤之地四万余顷,收皆亩一钟。于是关中为沃野,无凶年"⑦。《史记·河渠书》载:"凿泾水自中山西邸瓠口为渠,并北山东注洛三百余里,欲以溉田。"因此,"用事者争言水利"。⑧著名的水利工程有西汉的龙首渠、六辅渠、白渠、成国渠等,还有东汉的樊惠渠。这些水利设施在为农业发展提供水源的同时,也改良了土壤。不过,农业开发也破坏了黄河中游的原始植被,水土流失日趋严重,加之泾河、渭河、北洛等河流的含沙量较高,导致人工渠道淤浅,灌溉作用减低。"这是

---

① 贾思勰:《齐民要术校释》卷1《种谷》,缪启愉校释,农业出版社,1982年,第49页。
② 班固:《汉书》卷65《东方朔传》,中华书局,1962年,第2849页。
③ 班固:《汉书》卷65《东方朔传》,中华书局,1962年,第2847页。
④ 范晔:《后汉书》卷40上《班彪传附子固传》,中华书局,1962年,第1338页。
⑤ 杨晓燕、刘长江、张健平等:《汉阳陵外藏坑农作物遗存分析及西汉早期农业》,《科学通报》2009年第13期。
⑥ 范晔:《后汉书》卷80上《文苑传上·杜笃传》,中华书局,1965年,第2603页。
⑦ 司马迁:《史记》卷29《河渠书》,中华书局,1959年,第1408页。
⑧ 司马迁:《史记》卷29《河渠书》,中华书局,1959年,第1408、1414页。

造成黄河下游多次水灾的重要原因。"[1] 谭其骧指出：自秦以来向黄河中游进行大规模的移民和农业开发造成水土流失。因此，黄河中游的水利建设所带来的农业发展在一定程度上是以下游水患加剧为代价的。[2] 大生态系统诸因素有内在关联性，相邻地区生态环境的变化存在密切的联系。

淤灌是一种在沿河泥沙较多地区合理利用水土资源的方法。利用河流中含有丰富的有机和无机养分的泥沙灌溉农田，不但能够补充农作物需要的水和养分，还可以改良土壤。渭河、洛河、泾河流经关中渭河平原，在沿河地区有大量河漫滩、低洼地。人们引水淤灌，在这些土地上种植水稻，增加了水稻的种植面积和产量。这是我国古代劳动人民因地制宜、合理利用土地的典型。

巴蜀地区"沃野千里……民殷国富"[3]。成都平原面积广大，土地平坦肥沃，土地利用以农耕用地为主。《山海经·海经》记载：西南"爰有膏菽、膏稻、膏黍、膏稷"[4]。可知巴蜀地区在先秦时期就已经种植五谷中的四种。秦汉时期，巴蜀地区的农作物和经济作物主要有水稻、麦、芋、瓤、姜、葱、蒜、莲藕等，农作物以水稻为主。《汉书·地理志下》载，巴蜀"民食稻鱼，亡凶年忧"[5]。扬雄说蜀地"有粳有稻，自系徂畛，居攸温饱"[6]；巴地也"有稻田，出御米"[7]。巴地由于地形限制，种植业不甚发达，但也初具规模。《华阳国志·巴志》载："土植五谷，牲具六畜。""川崖惟平，其稼多黍。旨酒嘉谷，可以养父。野惟阜丘，彼稷多有。嘉谷旨酒，可以养母。"《蜀中广记》引《巴志》曰："山峡两岸土石不分之处皆种燕麦。春夏之交，黄遍山谷，土民赖以充实。"在考古发掘中，发现了很多这一时期的水田模型、粮仓模型和有关农业的画像砖资料。中原地区遭遇灾荒，汉代朝廷让灾民、流民就食于巴

---

① 林剑鸣：《秦汉史》，上海人民出版社，2003 年，第 518 页。

② 谭其骧：《何以黄河在东汉以后会出现一个长期安流的局面——从历史上论证黄河中游的土地合理利用是消弭下游水害的决定性因素》，《学术月刊》1962 年第 10 期。

③ 陈寿：《三国志》卷 35《蜀书·诸葛亮传》，中华书局，1959 年，第 912 页。

④ 郭璞：《山海经笺疏》第 18《海内经》，郝懿行笺疏，齐鲁书社，2010 年，第 5023 页。

⑤ 班固：《汉书》卷 28 下《地理志下》，中华书局，1962 年，第 1645 页。

⑥ 扬雄：《扬雄集校注》，张震译注，上海古籍出版社，1993 年，第 334 页。

⑦ 常璩：《华阳国志校注》卷 1《巴志·巴郡》，刘琳校注，巴蜀书社，1984 年，第 65 页。

蜀,把巴蜀生产的粮食运往灾区赈济灾民。《史记·平准书》记载,汉武帝时,"山东被河灾,及岁不登数年,人或相食,方一二千里。"汉武帝下诏救灾,将灾民迁徙到江淮地区,并"下巴蜀粟以振之"[1]。

巴蜀地区的丝织业闻名天下,是我国养蚕织锦最早的地区之一。扬雄《蜀都赋》载,当地人"自造奇锦,緷缲缊縜,……绵茧成衽,阿丽纤靡,……一端数金"[2]。《盐铁论·本议》记载,当地官吏收取赋税时,"非独齐绚之缣,蜀汉之布也,亦民间之所为耳",说明蜀汉地区的布匹可与齐地的绚缣相媲美。可以想见纺织业发达地区桑林遍布的情景。

成都平原河湖沼泽密布,水源众多,因地势低洼,不易排水,先秦时期洪涝灾害频发,影响农业发展。战国末年修建了都江堰水利工程。西汉蜀郡郡守文翁治理蜀地,"穿湔江口,溉灌繁田千七百顷"[3]。东汉继续重视本区的水利建设,水患得到治理,巴蜀被称为"水旱从人"的天府之国。总体说来,秦汉时期巴蜀地区人与生态环境处于一种相对和谐的状态,经济稳步向前发展,没有经历大的战乱和社会动荡,土地资源利用方式也未发生大的变化。

关中西部的陇西诸郡农牧皆宜,是著名的农牧交错区,位于农牧分界线上。秦汉时期,随着人口的增加,大量移民迁居此地,扩大了种植业面积。《汉书·地理志》记载,元始二年(2),陇西诸郡户数达50万,人口约230万。要养活如此多的人口,以当时的粮食产量,必须增加土地开垦面积。随着移民的迁入,陇西地区的土地利用方式逐渐由林牧为主、农耕为辅变为以农耕为主。据谭其骧研究,西汉时期明确涉及陇西地区规模较大的移民垦荒有三次。第一次在汉武帝元朔二年(前127),第二次在元狩三年(前120),第三次是元鼎六年(前111)。汉代朝廷将大批移民安置在"地广民稀,水草宜畜牧"的肥饶之地,从事农业生产,原来的大片草原、森林变为农田。同时,居民、城邑、军营等建筑用材,以及烧火做饭、家具用材等,砍伐的森林

① 班固:《汉书》卷24《食货志下》,中华书局,1962年,第1172页。

② 严可均编:《全上古三代秦汉三国六朝文·全汉文》卷51《扬雄·蜀都赋》,中华书局,1958年,第805页。

③ 常璩:《华阳国志校注》卷3《蜀志·总叙》,刘琳校注,巴蜀书社,1984年,第214页。

越来越多。东汉以后,一些亚热带作物逐渐在陇西地区消逝。例如,建武六年(30),隗嚣为抵御汉兵,"使王元据陇坻,伐木塞道"①。建武八年(32)春,光武帝派中郎将来歙等从番须、回中袭取略阳时,"伐山开道"②。东汉末年,董卓胁迫汉献帝西迁,"引凉州材木东下以作宫室"③。马腾少时居陇西,"贫无产业,常从彰山中斫材木,负贩诣城市,以自供给"。④

(二) 畜牧用地

战国时期,为了满足战争的需要,秦地盛兴养马。《史记·货殖列传》记载,秦始皇时,乌氏倮以"畜牧"致富,秦始皇"令倮比封君,以时与列臣朝请"。⑤ 秦都咸阳曾发现了不少畜养马匹的马厩。秦始皇兵马俑中出土的众多陶马也表明了秦人养马业的兴盛。

秦汉时期,陇西诸郡是著名的养马基地,水草丰美,草原牧场广大。《后汉书·西羌传》载:

> 《禹贡》雍州之域,厥田惟上。且沃野千里,谷稼殷积。又有龟兹盐池以为民利。水草丰美,土宜产牧,牛马衔尾,群羊塞道。北阻山河,乘阨据险。因渠以溉,水春河漕。用功省少,而军粮饶足。⑥

汉文帝前十四年(前166),匈奴单于率兵攻破朝那、萧关,杀北地都尉,"虏人民畜产甚多"。⑦ 朝那在今宁夏固原东南,萧关在今宁夏固原东南,可见北地郡(治今甘肃庆阳西北)居民主要从事畜牧业。汉景帝"始造苑马以广用,宫室列馆车马益增修矣"。⑧ 朝廷设置牧师诸苑 36 所,"分布北边、

---

① 范晔《后汉书》卷 13《隗嚣传》李贤注引郭仲产《秦州记》曰:"陇山东西百八十里,在陇州汧源县西。"(中华书局,1965 年,第 526 页)

② 范晔:《后汉书》卷 15《李通传》,中华书局,1965 年,第 587 页。

③ 陈寿:《三国志》卷 6《魏书·董卓传》引华峤《汉书》,中华书局,1959 年,第 176 页。

④ 陈寿:《三国志》36《蜀书·马超传》裴注引《典略》,中华书局,1959 年,第 945 页。

⑤ 司马迁:《史记》卷 129《货殖列传》,中华书局,1959 年,第 3260 页。《集解》引韦昭曰:"乌氏,县名,属安定。"《正义》曰:"乌氏,县名,古城在泾州安定县东四十里。"即在今甘肃东部地区。(中华书局,1959 年,第 3260 页)

⑥ 范晔:《后汉书》卷 87《西羌传·东号子麻奴传》,中华书局,1965 年,第 2893 页。

⑦ 司马迁:《史记》卷 110《匈奴列传》,中华书局,1959 年,第 2901 页。

⑧ 班固:《汉书》卷 24《食货志上》,中华书局,1962 年,第 1135 页。

西边,……养马三十万匹"。① 汉武帝时,为了征伐匈奴和开拓边疆,鼓励养马,"众庶街巷有马,阡陌之间成群"。② 西汉末年,马援在北地郡种田放牧,"至有牛、马、羊数千头,谷数万斛"。③ 东汉初年,刘秀任命马援为陇西太守,"击破先零羌于临洮,……获马牛羊万余头"。④ 先零羌生活在陇西、青藏一带,以游牧为生,可知汉代陇西、青藏一带分布有大面积的草原牧场。

巴蜀西部地形以山地高原为主,气候较平原地区干燥,不利于农作物种植,适宜林草生长,是当时的大型畜牧业基地。据《华阳国志》等文献记载,巴蜀较著名的畜牧区有巴郡垫江(治今重庆合川)、阆中(治今四川阆中)、安汉(治今四川南充北)、宕渠(治今四川渠县东北)、充国、宣汉、汉昌、广汉属国(治今甘肃文县西北)所属各县道,越巂郡所属各县。

巴蜀地区出产的牲畜和畜产品不仅能满足当地人生产生活的需要,还能大量供给中原地区。巴蜀地区的主要畜种是马牛羊。秦汉时期,作为"兵甲之本"的马是巴蜀最主要的畜类。巴蜀地区培育了当地独有的马种"筰马"。筰马以驰行山路和驮运见长,受到中原人的喜爱。⑤ 中原战乱之时,马匹紧缺,中原人通过各种方式大量获取筰马。"巴蜀民或窃出商贾,取其筰马、僰僮、髦牛,以此巴蜀殷富。"⑥ 巴蜀的牛类有牦牛、水牛和黄牛。许多秦汉时期的遗址中都发现有牛骨,在四川犀浦发现的东汉簿书残碑上,记载当地人民普遍拥有水牛,并且用来交换。川西高原地区盛产牦牛,大量转销内地。平原地区以水牛为主,多数农家都养有一二头,主要用于农耕,也用于短途运输。一些丘陵和浅山地带,以黄牛养殖为主,用于农耕、拉车、驮运等。养羊很普遍。在平原地区和一些比较低缓的丘陵以山羊养殖为主,也分布有野生的羚羊,高原地区主要养殖耐寒冷的绵羊。羊被时人视为吉祥物,其图案普遍见于当时的画像雕刻。

---

① 班固:《汉书》卷5《景帝纪》,中华书局,1962年,第150页。

② 司马迁:《史记》卷30《平准书》,中华书局,1959年,第1420页。

③ 范晔:《后汉书》卷24《马援传》,中华书局,1965年,第828页。

④ 范晔:《后汉书》卷24《马援传》,中华书局,1965年,第835页。

⑤ 罗开玉:《秦至蜀汉巴蜀地区的农林牧副渔业》,《四川文物》1994年第5期。

⑥ 司马迁:《史记》卷116《西南夷列传》,中华书局,1959年,第2993页。

(三) 帝都、皇陵用地

关中都城建设规模宏大,宫殿园林众多。秦始皇统一六国,"每破诸侯,写放其宫室,作之咸阳北坂上,南临渭,自雍门以东至泾、渭,殿屋复道周阁相属"。[①] 灭六国后,秦始皇又把宫殿区扩展到渭南,"咸阳之旁二百里内宫观二百七十"[②],"关中计宫三百,关外四百余"[③]。

西汉长安城位于今西安西北郊,是当时世界上最宏大、繁华的国际性大都市。根据考古实测,都城总面积约为 35.8 平方千米。城内宫殿巍峨。从汉高祖至汉平帝,宫殿"世增饰以崇丽"。[④] 甘泉宫(在今陕西淳化境)是汉武帝在秦朝林光宫的基础上建成的。宫内建造有高光宫、长定宫、竹宫、通天台、迎风馆、露寒馆、储胥馆等,"宫殿台观略与建章相比,百官皆有邸舍"。[⑤] 王莽代汉后,下令拆除汉上林苑中的建章、承光、包阳、大台、储元官等十余处建筑,用所得材料在城南修建新朝九庙,耗资数百万,卒徒死亡近万人。新朝末年,关中遭王莽变乱,宫室焚荡一空。东汉末年,关东大乱,董卓欲迁都长安,先使人营建西都。长安以西二百五十里的"郿坞"富丽堂皇,"高厚七丈,与长安城相埒"。[⑥] 贵族官僚和豪富之家也"竞起宅第,楼观壮丽,穷极伎巧"[⑦],"高堂邃宇,广厦洞房"[⑧],占用土地也相当广大。

除了宫殿建设,皇帝还征用大量土地修建规模宏大的皇家园林。从生态环境的角度来说,划定一大片区域作为帝王园囿,园林内禁止砍伐破坏,客观上形成了固定的自然保护区,有益于生态环境保护。秦有五苑,汉代在秦的基础上修建了门十二、苑三十六、宫十二、观二十五的皇家园林。汉代上林苑地跨咸阳、周至、户县、长安、蓝田五个地区,苑内有"离宫别馆

---

① 司马迁:《史记》卷 6《秦始皇本纪》,中华书局,1959 年,第 239 页。
② 司马迁:《史记》卷 6《秦始皇本纪》,中华书局,1959 年,第 257 页。
③ 司马迁:《史记》卷 6《秦始皇本纪》,中华书局,1959 年,第 256 页。
④ 范晔:《后汉书》卷 40 上《班彪传附子固传》,中华书局,1965 年,第 1136 页。
⑤ 顾祖禹:《读史方舆纪要》卷 53《陕西二·甘泉山》注引《长安舆地志》,中华书局,2005 年,第 2545 页。
⑥ 范晔:《后汉书》卷 72《董卓传》,中华书局,1965 年,第 2329 页。
⑦ 范晔:《后汉书》卷 78《宦者传·单超传》,中华书局,1965 年,第 2521 页。
⑧ 桓宽撰集:《盐铁论校注》卷 7《取下》,王利器校注,中华书局,1992 年,第 462 页。

三十六所"。^①有霸、浐、泾、渭、酆、镐、潦、潏八水出入其中,周回 300 余里,实际面积约为 2 460 平方千米。

皇陵建造也极尽奢华,占地广阔。秦始皇陵修建历时 38 年,工程之浩大,气魄之宏伟,奢侈厚葬。秦始皇陵南依层峦叠嶂的骊山,北临透迤曲转的渭水。西汉帝陵虽然不如秦始皇陵的规模,但也气势恢宏。咸阳北葬有西汉 11 个皇帝中的 9 个,陵墓自西向东依次排列,长近百里,气势宏伟。汉武帝的茂陵在汉代帝王陵墓中规模最大、修造时间最长、陪葬品最丰富,有"中国的金字塔"之称。茂陵位于今西安市西北 40 千米的兴平东北茂陵村,现存残高 46.5 米,墓冢底部基边长 240 米,陵园呈方形,边长约 420 米。至今东、西、北三面的土阙犹存,茂陵周围还有李夫人、卫青、霍去病、霍光、金日磾等人的陪葬墓。为了保护陵寝,陵寝周围种植有郁郁葱葱的树林,并禁止砍伐、开垦,客观上形成了自然保护林,有利于当地生态环境的保护。

第三节 | "山东"地区土地资源利用

"山东"地区指崤山、函谷关以东六国故地(含楚国一小部分),大致范围包括秦汉时期的三河地区、青州、冀州、豫州、徐州、兖州和荆州北部,幽州南部的一部分,相当于今河北中南部、河南全部、山西东南部、山东全部和湖北、安徽、江苏的一部分。地形地貌以平原丘陵为主。人口密集,物产丰富,"多鱼、盐、漆、丝、声色"^②,"山东"地区是秦汉时期最主要的农耕区。

一、"山东"地区人口、垦田概况

根据《汉书·地理志》记载,可得出西汉元始二年(2)"山东"各郡国户

---

① 范晔:《后汉书》卷 40 上《班彪传附子固传》,中华书局,1965 年,第 1338 页。

② 司马迁:《史记》卷 129《货殖列传》,中华书局,1959 年,第 3253 页。

口垦田数字,具体如表4.8所示。东汉永和五年(140)"山东"各郡国户口垦田数字,具体如表4.9所示。

表4.8　西汉元始二年"山东"地区各郡国户口垦田表

郡国名	户数 / 户	口数 / 口	面积 / 平方千米	推算垦田总数 / 亩	户均数 / 口	人口密度[①]/(人 / 平方千米)
河东郡	236 896	962 912	35 237	13 365 218.56	4.06	27.33
河南郡	276 444	1 740 279	12 884	24 155 072.52	6.3	135.07
河内郡	241 246	1 067 097	13 261	14 811 306.36	4.42	80.47
颍川郡	432 491	2 210 973	11 512	30 688 305.24	5.11	192.06
汝南郡	461 587	2 596 148	31 364	36 034 534.24	5.62	82.77
沛郡	409 079	2 030 480	—	28 183 062.4	4.96	69.81
梁国	38 709	106 752	—	1 481 717.76	2.76	69.81
山阳郡	172 817	801 288	42 096	11 121 877.44	4.64	69.81
陈留郡	296 284	1 509 050	12 100	20 945 614	5.09	124.71
济阴郡	290 025	1 386 278	5 225	19 241 538.64	4.78	261.95
泰山郡	172 086	726 604	19 048	10 085 263.52	4.22	38.15
东郡	401 297	1 659 028	13 456	23 027 308.64	4.13	123.29
城阳国	56 642	205 784	2 748	2 856 281.92	3.63	90.42
淮阳国	135 544	981 423	10 256	13 622 151.24	7.24	95.69
东平国	131 753	607 976	2 744	8 438 706.88	4.61	164.50
魏郡	212 849	909 655	—	12 626 011.4	4.27	91.7
钜鹿郡	155 951	827 177	—	11 481 216.76	5.3	91.7
清河郡	201 774	875 422	—	12 150 857.36	4.34	91.7
广平国	27 984	198 558	—	2 755 985.04	7.1	91.7
信都国	65 556	304 384	33 939	4 224 849.92	4.64	91.7
常山郡	141 741	677 956	15 747	9 410 029.28	4.78	43.05
赵国	84 202	349 952	4 186	4 857 333.76	4.16	83.59
真定国	37 126	178 616	937	2 479 190.08	4.81	190.63
中山国	160 873	668 080	7 451	9 272 950.4	4.15	89.66
河间国	45 043	187 662	2 324	2 604 748.56	4.17	80.73
琅邪郡	228 960	1 079 100	21 212	14 977 908	4.71	50.87
东海郡	358 414	1 559 357	19 756	21 643 875.16	4.35	78.93

① 葛剑雄:《西汉人口地理》,人民出版社,1986年,第96~98页。

续表

郡国名	户数/户	口数/口	面积/平方千米	推算垦田总数/亩	户均数/口	人口密度/（人/平方千米）
临淮郡	268 283	1 237 764	28 856	17 180 164.32	4.61	42.89
泗水国	25 025	119 114	2 908	1 653 302.32	4.76	40.96
广陵国	36 773	140 722	6 364	1 953 221.36	3.83	22.11
楚国	114 738	497 804	6 476	6 909 519.52	4.34	76.87
鲁国	118 045	607 381	3 724	8 430 448.28	5.15	165.23
平原郡	154 387	664 543	9 172	9 223 856.84	4.3	72.45
千乘郡	116 727	490 720	4 096	6 811 193.6	4.2	119.80
济南郡	140 761	642 884	6 888	8 923 229.92	4.57	93.33
北海郡	127 000	593 159	4 000	8 233 046.92	4.67	148.29
东莱郡	103 292	502 693	14 592	6 977 378.84	4.87	34.45
齐郡	154 826	554 444	3 928	7 695 682.72	3.58	141.15
菑川国	50 289	227 031	916	3 151 190.28	4.51	247.85
胶东国	72 002	323 331	7 256	4 487 834.28	4.49	44.56
高密国	40 531	192 536	1 032	2 672 399.68	4.75	186.56
南阳郡	359 316	1 942 051	48 831	26 955 667.88	5.4	39.77
合计	7 355 368	35 144 168		487 801 051.8		

资料来源：《汉书》卷28上《地理志上》所载元始二年(2)户口数字统计。

表 4.9　东汉永和五年"山东"地区各郡国户口垦田表

郡国名	户数/户	口数/口	面积/平方千米	推算垦田总数/亩	户均数/口	人口密度[①]/（人/平方千米）
河南尹	208 486	1 010 827	12 884	13 888 762.98	4.85	78.46
河内郡	159 770	801 558	13 453	11 013 406.92	5.02	59.58
河东郡	93 543	570 803	35 237	7 842 833.22	6.1	16.20
颖川郡	263 440	1 436 513	11 646	19 737 688.62	5.46	123.35
汝南郡	404 448	2 100 788	40 332	28 864 827.12	5.19	52.09
梁国	83 300	431 283	6 800	5 925 828.42	5.18	63.42
沛国	200 495	251 393	18 372	3 454 139.82	1.25	68.11
陈国	112 653	1 547 572	6 950	21 263 639.28	13.74	222.67

---

① 葛剑雄：《中国人口史》第1卷(导论、先秦至南北朝时期)，复旦大学出版社，2002年，第494~496页。

续表

郡国名	户数/户	口数/口	面积/平方千米	推算垦田总数/亩	户均数/口	人口密度/（人/平方千米）
鲁国	78 447	411 590	4 176	5 655 246.6	5.25	98.56
魏郡	129 310	695 606	13 124	9 557 626.44	5.38	53.00
钜鹿郡	109 517	602 096	8 420	8 272 799.04	5.5	71.51
常山国	97 500	631 184	16 913	8 672 468.16	6.47	37.32
中山国	97 412	658 195	11 126	9 043 599.3	6.76	59.16
安平国	91 440	655 118	6 856	9 001 321.32	7.16	95.55
河间国	93 754	634 421	11 138	8 716 944.54	6.77	56.96
清河国	123 964	769 418	7 488	10 571 803.32	6.13	101.55
渤海郡	132 389	1 106 500	12 935	15 203 310	8.36	85.54
赵国	32 749	188 381	5 020	2 588 354.94	5.76	37.53
陈留郡	177 529	869 433	11 948	11 946 009.42	4.9	72.77
东郡	136 088	603 393	12 164	8 290 619.82	4.43	49.60
东平国	79 012	448 270	4 061	6 159 229.8	5.67	110. 38
任城国	36 442	194 156	1 456	2 667 703.44	5.33	133.35
泰山郡	8 929	43 737	14 418	600 946.38	49	30.33
济北国	45 689	235 897	3 456	3 241 224.78	5.16	68.26
山阳郡	109 898	606 091	5 150	8 327 690.34	5.52	117.69
济阴郡	133 715	657 554	9 257	9 034 791.96	4.92	71.03
东海郡	148 784	706 416	12 644	9 706 155.84	4.75	55.87
琅邪国	20 804	570 967	18 912	7 845 086.58	27.45	30.19
彭城国	86 170	493 027	6 816	6 774 190.98	5.72	72.33
广陵国	83 907	410 190	26 020	5 636 010.6	4.89	15.76
下邳国	136 389	611 083	19 228	8 396 280.42	4.48	31.78
济南国	78 544	453 308	6 628	6 228 451.92	5.77	68.39
平原郡	155 588	1 002 658	9 696	13 776 520.92	6.44	103.41
乐安国	74 400	424 075	7 156	5 826 790.5	5.7	59.26
北海国	158 641	853 604	16 244	11 728 518.96	5.38	52.55
东莱郡	104 297	484 393	20 440	6 655 559.82	4.64	23.70
齐国	64 415	491 765	2 867	6 756 851.1	7.63	171.53
南阳郡	528 551	2 439 618	60 281	33 520 351.32	4.62	40.47
合计	4 880 409	27 102 881		372 393 584.9		

资料来源:《后汉书》志19《郡国志一·序》所载永和五年(140)户口数字统计。

表 4.9 中有些数字显然有误。略举几例,赵文林、谢淑君认为:"沛国与陈国的口户比,一个少到 1.25,一个多到 13.74,都是非常荒唐的事,显系一百万的字头在传抄过程中搬错了家。"沛郡的口数原文"口二十五万一千三百九十三"应为"百二十五万一千一百九十二"。故沛郡当有 200 495户、1 251 393 口。陈国的口数原文"口百五十四万七千五百七十二"应为"口五十四万七千五百七十二"。[1] 此说甚是。改正之后,沛国的口户比为6.24,陈国口户比为 4.86,都接近平均口户比了。泰山郡在《后汉书·郡国志二》中载:"十二城,户八千九百二十九,口四十二万七千三百一十七。"[2] 每户平均有 48.98 口,明显偏高,户、口必有一误。兖州其他郡国平均每城(县)有 1 万户左右。赵文林、谢淑君将户数订正为 80 929 户。袁延胜认为,泰山郡"户八千九百二十九",当为"户十万八千九百一十九"之误,即漏掉了"十万"二字。果如此,则泰山郡的户数应为 108 929 户。琅邪国在《后汉书·郡国志二》载:"十三城,户二万八百四,口五十七万九百六十七。"[3] 张森楷《校勘记》认为,照此记载,则每城只有千余户,太少,每户凡 30 口,太多,殊不近情,疑"户"下脱去一"十"字。[4] 此说甚是。琅邪国的户数应修订为120 804 户。[5] 以上人口数有误郡国的人均垦田数亦当做相应的修正。

关东是秦汉时期人口的主要聚居地。西汉元始二年(2),关东有7 355 368 户,约占全国总户数的 59.5%,有 35 144 168 口,约占总人口数的 60.9%。东汉永和五年(140),关东地区有 4 880 409 户,约占总户口数的50.3%,有 27 102 881 口,约占总人口数的 55.1%。西汉三个 200 万以上人口的郡都在关东地区。人口 100 万以上的郡国全国有 13 个,蜀郡和会稽郡(治今江苏苏州市)在江南,其余 11 个都在关东地区。同时关东地区也是秦汉时期人口密度最大的地区,每平方千米人口超过 100 人的 13 个郡国全在关东地区,而济阴郡(治今山东定陶西北)更是以每平方千米 223.2 人居全

① 赵文林、谢淑君:《中国人口史》,人民出版社,1988 年,第 68~69 页。

② 司马彪:《后汉书》志 21《郡国志三·泰山条》,中华书局,1965 年,第 3452 页。

③ 司马彪:《后汉书》志 21《郡国志三·琅邪条》,中华书局,1965 年,第 3458 页。

④ 司马彪:《后汉书》志 21《郡国志三·琅邪条》,中华书局,1965 年,第 3465 页。

⑤ 赵文林、谢淑君:《中国人口史》,人民出版社,1988 年,第 68 页。袁延胜:《东汉人口问题研究》,郑州大学博士学位论文,2003 年。

国首位。东汉,关东人口虽较西汉有所减少,但所占人口比例和人口密度并没有显著降低。全国13个100万以上人口的郡国,关东地区占7个,2个200万人口以上的郡也在关东地区。

东汉"山东"地区的人口总数比西汉时下降。有学者认为,这并不是真实情况。随着农业生产技术的推广应用,土地开发利用更加广泛,土地垦殖面积应该扩大,可是,人均耕地不增反减。根据表4.9和表4.10计算,西汉"山东"地区户均口数为4.68口,户均垦田亩数为64.96亩,东汉"山东"地区户均口数为7.44口,户均垦田亩数为102.23亩。许多学者对史籍中记载的东汉户口总数提出质疑。[①]认为这是由于东汉豪强地主庄园的发展,导致越来越多的耕地和人口归入田庄,豪强地主千方百计向朝廷隐瞒自己的土地和人口。[②]

二、"山东"地区的土地资源利用

《汉书·地理志上》载:依据土壤的肥瘠程度,位于两河之间的冀州"厥土惟白壤,厥赋上上错,厥田中中","沇、河惟兖州……厥土黑坟,草繇木条,厥田中下,赋贞,作十有三年乃同","海、岱惟青州,……厥土白坟,海濒广泻。田上下,赋中上","海、岱及淮惟徐州,……厥土赤埴坟,草木渐包。田上中,赋中中","荆、河惟豫州,……厥土惟壤,下土坟垆。田中上,赋错上中"。[③]冀州、兖州、青州、徐州、豫州的土壤质量分列当时九州的第五、第六、第三、第二、第四名。各州情况有别,土壤质地不一。

"山东"地区的黄淮海平原地势平坦,土壤肥沃,便于垦殖。该平原地处暖温带,大陆性季风气候比较明显,雨热同期,为农作物的生长提供了必备的热量与水源,土地资源利用呈现多样化。黄淮海平原属于河流冲积平原,受河流影响较大。有的地区土质肥沃,开发也较早,如河内、河东和河南郡所在的三河地区"土地小狭,民人众"[④],是郡国诸侯聚会之地,

---

① 高敏:《秦汉史论集》,中州书画社,1982年,第406~411页。
② 林剑鸣:《秦汉史》,上海人民出版社,2003年,第837页。
③ 班固:《汉书》卷28《地理志上》,中华书局,1962年,第1530页。
④ 司马迁:《史记》卷129《货殖列传》,中华书局,1959年,第3262页。

也是中华民族文明的主要发源地。黄淮海平原北部的中山地区"地薄人众"[1]。有的地区则呈现大范围的盐碱地特征,土壤不适合农作物耕种,如青州沿海地区"海濒广泻"[2],海水常侵蚀沿岸土地,沿海地带土壤严重盐碱化。

"山东"地区黄河支流密布,河湖众多,有利于农作物的灌溉和水产养殖业的发展,一些水草肥美地区的畜牧业发展也颇具规模。

(一) 农业用地

冀朝鼎认为:"包括泾水、渭水和汾水流域,以及黄河的河南—河北部分在内的这一整个地区,构成了一个基本经济区,这一基本经济区,是从前206年到公元220年整个两汉时期的主要供应基地和政权所在地。"[3]

汉代,三河地区河流纵横交错,水量丰富,形成了别具特色的河流冲积平原,"土地平易"[4],农田密布,是传统的农业区。豫州"谷宜五种"[5],而冀州则"谷宜黍、稷"[6]。三河地区以黍、稷为主的耐旱作物的种植比较广泛,历史悠久。《诗经·魏风·硕鼠》中"硕鼠硕鼠,无食我黍"和《诗经·唐风·鸨羽》中"不能艺稷黍"的诗句描绘了先秦时期黍在河东地区的种植情况。汉武帝时,官员汲黯"发河内仓粟以振贫民"[7]。在伊洛地区出土的汉成帝陶仓,上面写有"小米百石"的铭文。在已发掘的多座汉墓中,也有大量的陶仓模型。大麦、小麦、黍、豆、麻、高粱等耐旱作物的名称都见于陶仓铭文。小麦以冬小麦为主,秋种夏收,农田冬、春两季均种植作物,防止了土壤的流失。

除耐旱作物外,一些水源比较充沛的地区也种植水稻。以洛阳为中心

---

① 司马迁:《史记》卷129《货殖列传》,中华书局,1959年,第3263页。

② 班固:《汉书》卷28《地理志上》,中华书局,1962年,第1526页。

③ 冀朝鼎:《中国历史上的基本经济区与水利事业的发展》,朱诗鳌译,中国社会科学出版社,1981年,第78页。

④ 班固:《汉书》卷28《地理志下》,中华书局,1962年,第1648页。

⑤ 班固:《汉书》卷28《地理志上》,中华书局,1962年,第1539页。五种,师古注:"黍、稷、菽、麦、稻。"

⑥ 班固:《汉书》卷28《地理志上》,中华书局,1962年,第1541页。

⑦ 班固:《汉书》卷50《汲黯传》,中华书局,1962年,第2316页。

的伊洛流域自战国以来就是著名的水稻产区。《战国策·东周策》载:"东周欲为稻,西周不下水,东周患之。……令其民皆种麦。"[1] 近年来,在洛阳西郊、辉县北、洛阳烧沟等地考古发掘中发现了大量稻谷遗迹。洛阳西南的新城(治今河南伊川西南)就以盛产稻米著称。[2] 东汉顺帝时,崔瑗任汲县(治今河南卫辉西南)县令,开垦稻田数百顷。三国时期,曹魏大臣何晏有"河内好稻"的赞语。[3]

两汉时期的"梁宋",是现在以河南商丘为中心的地区,"自鸿沟以东,芒、砀以北","无山川之饶",百姓"好稼穑"[4],"编户齐民,无不家衍人给"[5]。这里一直是秦汉时期全国的粮食供给基地,著名的粮仓敖仓(故址在今河南郑州西北邙山)就在此地。刘邦、项羽在荥阳(治今河南荥阳东北)对峙作战,当时敖仓"有藏粟甚多",郦生向刘邦献策:"据敖仓之粟。"[6]汉初,"漕转山东粟,以给中都官"。[7]汉武帝时,"岁漕关东谷四百万斛以给京师"。[8]桑弘羊曰:"有国之富而霸王之资也。"[9]

豫州"谷宜五种"。汉武帝元狩三年(前120),关东地区遭水灾,"遣谒者劝有水灾郡种宿麦"[10]。百姓根据土壤质地和水质状况种植适宜的作物。《淮南子·坠形训》载:"汾水蒙浊而宜麻,沸水通和而宜麦,河水中浊而宜菽,雒水轻利而宜禾。"[11]东汉章帝年间,秦彭任山阳(治今山东金乡西北)太守,"兴起稻田数千顷"。[12]汉献帝建安年间,夏侯惇"断太寿水作陂,身自

① 何建章注释:《战国策注释》附录一《战国策年表》,中华书局,1990年,第1288页。

② 邹逸麟:《历史时期黄河流域水稻生产的地域分布和环境制约》,《复旦学报》(社会科学版)1985年第3期。

③ 欧阳询:《艺文类聚》卷86《果部上》引何晏《九州论》,汪绍楹校,上海古籍出版社,1982年,第1473页。

④ 司马迁:《史记》卷129《货殖列传》,中华书局,1959年,第3266页。

⑤ 桓宽撰集:《盐铁论校注》,王利器校注,中华书局,1992年,第42页。

⑥ 司马迁:《史记》卷97《郦生陆贾列传》,中华书局,1959年,第2694页。

⑦ 司马迁:《史记》卷30《平准书》,中华书局,1959年,第1418页。

⑧ 班固:《汉书》卷24《食货志上》,中华书局,1962年,第1141页。

⑨ 桓宽撰集:《盐铁论校注》,王利器校注,中华书局,1992年,第120页。

⑩ 班固:《汉书》卷6《武帝纪》,中华书局,1962年,第177页。

⑪ 刘安编:《淮南子集释》卷4《坠形训》,何宁集释,中华书局,1998年,第352页。

⑫ 范晔:《后汉书》卷76《循吏传·秦彭传》,中华书局,1965年,第2467页。

负土,率将士劝种稻"①。山东黄河济水流域是我国大豆的主要产地。这里的土壤多为石灰性冲积土,"非常适合大豆的需要"②。秦朝末年,宋义、项羽率军救赵,行至安阳停留 40 余日,"士卒食芋菽"③,反映出芋菽是这里的主要作物。

两汉时期,颍阳、汝阳、南阳地区的人口数量迅速增加,农业经济发展,土地利用率高,广泛种植多种主要粮食作物。西汉召信臣任南阳太守时,"好为民兴利,务在富之。躬劝耕农,……以广溉灌,岁岁增加,至三万顷"④,"劝民农桑,去末归本,郡以殷富"⑤。颍阳、汝阳、南阳区的作物以稻麦为主,尤其是水稻最为普遍。根据考古发掘和文献记载,当时水稻种植遍及本区。"汉代水稻在南阳已成为一种主要的粮食作物,稻田面积亦很可观。"⑥此外,粟的种植也见诸记载。《南都赋》曰,南阳种有粟、黍,"若其厨膳,则有华芗重秬"。⑦(秬就是黑黍)《南都赋》还记载有麦、豆、黍、翟等粮食作物。

一些土地贫瘠的地区则种植桑、麻类植物。豫州"贡漆、枲、缔、纻、絓纤纩,锡贡磬错"。⑧《氾胜之书》载:"种麻预调和田,……浇不欲数。养麻如此,美田则亩五十石及百石,薄田尚三十石。"⑨陈留郡(治今河南开封东南)的桑麻种植面积甚至超过一些主要农作物。东汉末年,陈留普遍种蓝,"蓝田弥望,黍稷不植"⑩。汉宣帝时,黄霸任颍川(治今河南禹县)太守,极力

---

① 陈寿:《三国志》卷 9《魏书·夏侯惇传》,中华书局,1959 年,第 268 页。
② 山东农学院主编:《作物栽培学(北方本)》(下册),农业出版社,1982 年,第 669 页。
③ 司马迁:《史记》卷 7《项羽本纪》,中华书局,1959 年,第 305 页。
④ 班固:《汉书》卷 89《循吏传·召信臣传》,中华书局,1962 年,第 3642 页。
⑤ 班固:《汉书》卷 28《地理志下》,中华书局,1962 年,第 1654 页。
⑥ 侯甬坚:《南阳盆地农作物地理分布的历史演变》,《中国历史地理论丛》1987 年第 1 期。
⑦ 严可均编:《全上古三代秦汉三国六朝文·全后汉文》卷 53《张衡·南都赋》,中华书局,1958 年,第 1537 页。
⑧ 班固:《汉书》卷 28《地理志上》,中华书局,1962 年,第 1538 页。
⑨ 贾思勰:《齐民要术今释》卷 2《种麻子第九》,石声汉校释,中华书局,2009 年,第 140 页。
⑩ 严可均编:《全上古三代秦汉三国六朝文·全后汉文》卷 62《赵岐·蓝赋》,中华书局,1958 年,第 1627 页。

倡导耕桑、种树。南阳盆地很早就经营桑蚕业。东汉初年,南阳豪强樊宏的田庄"高楼连阁,波陂灌注,竹木成林,六畜放牧,鱼嬴梨果,檀棘桑麻,闭门成市,兵弩器械,赀至百万"①。《南都赋》又云:"其原野则有桑漆麻苎。"②河南北部的襄邑(治今河南睢县)和朝歌(治今河南淇县)是汉代著名的丝织中心。《论衡·程材》云:"襄邑俗织锦,钝妇无不巧。"③《魏都赋》云:"锦绣襄邑,罗绮朝歌。"④

齐鲁地区地形以丘陵为主,丘陵地区土地利用方式多种多样,西部、北部是鲁西北平原,平原地区则以农耕为主。秦汉时期山东半岛以采桑养蚕闻名天下,桑麻种植普遍,纺织业发达。《史记·货殖列传》载:鲁国"颇有桑麻之业,无林泽之饶。地小人众,俭啬"⑤;齐国"带山海,膏壤千里,宜桑麻,人民多文彩布帛鱼盐"⑥。兖州"厥贡漆丝,厥篚织文"⑦。韩安国劝谏汉武帝勿出兵岭南,以"强弩之末,力不能入鲁缟"⑧作比,亦可为鲁地丝织品名闻天下之佐证。民间丝织业的盛行与广泛种桑养蚕密不可分。《论衡·程材》云:"齐部世刺绣,恒女无不能。"⑨丝织刺绣足以和襄邑织锦相媲美。

齐鲁地区的鲁西北平原是传统的农业区。这里是典型的暖温带季风性气候,雨热同期,夏天降雨充沛,水量较大,适宜五谷生长。该区在战国时期已种植有黍、稷和水稻,并且产量较大。苏秦形容齐地"方二千余里,带甲数十万,粟如丘山"⑩。鲁仲连亦称孟尝君的封地"厩马百乘,无不被绣

---

① 郦道元:《水经注校证》卷 29《比水》,陈桥驿校证,中华书局,2007 年,第 693 页。

② 严可均编:《全上古三代秦汉三国六朝文·全后汉文》卷 53《张衡·南都赋》,中华书局,1958 年,第 1536 页。

③ 王充:《论衡校释》卷 12《程材篇》,黄晖校释,中华书局,1990 年,540 页。

④ 严可均编:《全上古三代秦汉三国六朝文·全晋文》卷 74《左思·魏都赋》,中华书局,1958 年,第 3779 页。

⑤ 司马迁:《史记》卷 129《货殖列传》,中华书局,1959 年,第 3266 页。

⑥ 司马迁:《史记》卷 129《货殖列传》,中华书局,1959 年,第 3265 页。

⑦ 班固:《汉书》卷 28《地理志上》,中华书局,1962 年,第 1538 页。

⑧ 班固:《汉书》卷 52《韩安国传》,中华书局,1962 年,第 2402 页。

⑨ 王充:《论衡校释》卷 12《程材篇》,黄晖校释,中华书局,1990 年,540 页。

⑩ 司马迁:《史记》卷 69《苏秦列传》,中华书局,1959 年,第 2256 页。

衣而食菽、粟者"①。本地区粮食还转运外地,秦始皇"使天下飞刍挽粟,起于黄、腄、琅邪鱼海之郡,转输北河"②。《汉书·地理志上》指出,青州"谷宜稻麦",兖州"谷宜四种"(指黍、稷、稻、麦)。③ 在一些低地丘陵和沿海地带也垦荒耕种。东莱、胶东和琅邪地区位于山东半岛,是典型的丘陵地区。汉武帝元鼎年间,博士徐偃假托皇帝诏令,"使胶东、鲁国鼓铸盐铁,……欲及春耕种,赡民器也"④。给百姓铁器以满足他们开垦土地的需要,官府的支持是促进地方经济开发的重要原因。西汉哀帝时,贾让奏请在齐地卑下地区"填淤肥美,民耕田之"⑤。东汉明帝时,琅邪人承宫与其妻在蒙阴山区"肆力耕种"⑥。

随着牛耕和铁器的推广应用,水利灌溉事业的发展,燕赵地区垦田面积日益扩大,农作物品种有所增加,粮食产量也有了大幅度的提高。显著的进步是麦和稻的普遍种植。西汉末年,贾让建议"多穿漕渠于冀州地,使民得以溉田"⑦。"故种禾麦,更为秔稻,高田五倍,下田十倍。"⑧赵国、中山的丝织业也较为繁荣。西汉中期,巨鹿(治今河北平乡西南)即以盛产名缣著称。《西京杂记》记载,巨鹿人陈宝光能织出名贵的散花绫。考古人员在河北各地已发掘的两汉墓葬中,发现绢、畦纹绢、罗纱、绮、罗绮、锦、起毛锦等多种纺织品实物。

(二)畜牧用地

关东地区有许多适合放牧的草场。《汉书·地理志上》载:兖州、豫州"畜宜六扰","六扰"指"马牛羊豕犬鸡"。冀州"畜宜牛羊"。汉武帝为反击匈奴,大规模养马,调往长安的马有数万匹。"卒牵掌者关中不足,乃调旁近郡。"⑨西汉长安东部的旁近郡为弘农和河东,从这两个郡调集会牵

---

① 何建章注释:《战国策注释》,中华书局,1990年,第393页。
② 班固:《汉书》卷112《主父偃传》,中华书局,1962年,第2954页。
③ 班固:《汉书》卷28《地理志上》,中华书局,1962年,第1540页。
④ 班固:《汉书》卷64《终军传》,中华书局,1962年,第2818页。
⑤ 班固:《汉书》卷29《沟洫志》,中华书局,1962年,第1692页。
⑥ 范晔:《后汉书》卷27《承宫传》,中华书局,1965年,第944页。
⑦ 班固:《汉书》卷29《沟洫志》,中华书局,1962年,第1694页。
⑧ 班固:《汉书》卷29《沟洫志》,中华书局,1962年,第1695页。
⑨ 司马迁:《史记》卷30《平准书》,中华书局,1959年,第1425页。

拉管理马匹的"牵掌之卒",说明这里有相当数量的牲畜养牧。而汾阴(治今山西万荣西南宝鼎)、陕县(治今河南陕县老城)等地都设有专门的养马机构。

东汉,政治中心移至洛阳,洛阳附近畜牧业发展的记录也相应增多。东汉初年,河内太守寇恂"移书属县,……伐淇园之竹,为矢百余万,养马二千匹,收租四百万斛"[①],支援光武帝北征燕、代。能养马2 000匹,河内应有相当规模的草场。建武二十六年(50),南匈奴归附,光武帝令"转河东米二万五千斛,牛羊三万六千头,以赡给之"[②],可见河东及附近地区畜牧业的规模。

赵国、中山国一带"地薄人众",不适宜农耕,畜牧业有一定规模。齐鲁一些雨水充足、水草丰美的地区也发展畜牧业,如胶东地区的莱夷临海,不适宜农耕,水草较多,适宜放牧,《汉书·地理志上》"莱夷作牧"颜师古注:"莱山之夷,地宜畜牧"[③],是当时有名的畜牧区。

第四节　｜　"江南"地区土地资源利用

秦汉时期,"江南"地区的范围大致包括长江以南的荆州、扬州、南越和西南夷地区,地域辽阔。

一、"江南"地区人口、垦田概况

西汉末年,"江南"地区的人口约占全国人口的13.19%,垦田数量约占全国垦田数量的13.19%。东汉和帝时,人口和垦田数量均有增长,占比分别约为20.40%和20.39%。反映出东汉"江南"经济的发展和人类对土地

---

① 范晔:《后汉书》卷16《寇恂传》,中华书局,1965年,第621页。
② 范晔:《后汉书》卷89《南匈奴传》,中华书局,1965年,第2944页。
③ 班固:《汉书》卷28《地理志上》,中华书局,1962年,第1526页。

资源利用率的提高,同时,人类对该地区生态环境的影响也有扩大。

根据表 4.10 和表 4.11 计算,西汉"江南"地区户均数为 5.3 口,户均垦田数为 73.56 亩,东汉"江南"地区户均数为 4.7 口,户均垦田数为 64.58 亩。

表 4.10 西汉元始二年"江南"地区户口垦田表

郡国名	户数/户	口数/口	推算垦田总数/亩	户均数/口	户均垦田数/亩	人口密度[①]/(人/平方千米)
江夏郡	56 844	219 218	3 042 745.84	3.86	53.58	3.56
桂阳郡	28 119	155 488	2 158 173.44	5.57	77.31	2.95
武陵郡	34 177	185 758	2 578 321.04	5.44	75.51	1.52
零陵郡	21 092	139 376	1 934 538.88	6.61	91.75	3.09
南郡	125 579	718 540	9 973 335.20	5.72	79.39	11.24
长沙国	43 470	235 825	3 273 251	5.43	75.37	3.56
庐江郡	124 383	457 333	6 347 782.04	3.68	51.08	12.64
九江郡	150 052	780 525	10 833 687	5.20	72.18	29.81
会稽郡	223 038	1 032 604	14 332 543.52	4.63	64.26	北部 14.28,南部 0.32
丹阳郡	107 541	405 170	5 623 759.60	3.77	52.33	7.71
豫章郡	67 462	351 965	4 885 274.20	5.22	72.45	2.12
六安国	38 345	178 616	2 479 190.08	4.66	64.68	15.76
犍为郡	109 419	489 486	6 794 065.68	4.47	62.04	3.90
越嶲郡	61 208	408 405	5 668 661.40	6.67	92.58	4.51
益州郡	81 946	580 463	8 056 826.44	7.08	98.27	4.15
牂牁郡	24 219	153 360	2 128 636.80	6.33	87.86	0.84
南海郡	19 613	94 253	1 308 231.64	4.81	66.76	0.96
郁林郡	12 415	71 162	987 728.56	5.73	79.53	0.56
苍梧郡	24 379	146 160	2 028 700.80	6.00	83.28	2.60
交趾郡	92 440	746 237	10 357 769.56	8.07	112.01	1.02
合浦郡	15 398	78 980	1 096 242.40	5.13	71.20	0.81
九真郡	35 743	166 013	2 304 260.44	4.64	64.40	13.76
日南郡	15 460	69 485	964 451.80	4.49	62.32	2.05
合计	1 512 342	7 864 422	109 158 177.4			

资料来源:《汉书》卷 28 上《地理志上》所载元始二年(2)户口数字统计。

---

① 葛剑雄:《西汉人口地理》,人民出版社,1986 年,第 96~98 页。

表 4.11　东汉永和五年"江南"地区户口垦田表

郡国名	户数 / 户	口数 / 口	推算垦田总数 / 亩	户均数 / 口	户均垦田数 / 亩	人口密度[①]/（人 / 平方千米）
江夏郡	58 434	265 464	3 647 475.36	4.54	62.38	4.30
桂阳郡	135 029	501 403	6 889 277.22	3.71	50.98	9.45
武陵郡	46 672	250 913	3 447 544.62	5.38	73.92	1.98
零陵郡	212 284	1 001 578	13 761 681.72	4.72	64.85	18.15
南郡	162 570	747 604	10 272 078.96	4.6	63.20	12.52
庐江郡	101 392	424 683	5 835 144.42	4.19	57.57	9.08
九江郡	89 436	432 426	5 941 533.24	4.81	66.09	15.72
会稽郡	123 090	481 196	6 611 633.04	3.91	53.72	2.53
丹阳郡	136 518	630 545	8 663 688.3	4.62	63.48	11.77
豫章郡	406 496	1 668 906	22 930 768.44	4.11	56.47	10.06
犍为郡	137 713	411 378	5 652 333.72	2.99	41.08	6.12
犍为属国	7 938	37 187	510 949.38	4.68	64.30	1.31
越嶲郡	130 120	623 418	8 565 763.32	4.79	65.81	6.89
益州郡	29 036	110 802	1 522 419.48	3.82	52.49	1.46
永昌郡	231 897	1 897 344	26 069 506.56	8.18	112.39	6.87
牂牁郡	31 523	267 253	3 672 056.22	8.48	116.52	1.32
南海郡	71 477	250 282	3 438 874.68	3.5	48.09	2.54
郁林郡						
苍梧郡	111 395	466 975	6 416 236.5	4.19	57.57	8.29
交趾郡						
合浦郡	23 121	86 617	1 190 117.58	3.75	51.53	0.89
九真郡	46 513	209 894	2 883 943.56	4.51	61.97	11.57
日南郡	18 263	100 676	1 383 288.24	5.51	75.71	6.87
合计	2 310 917	10 866 544	149 306 314.6			

资料来源:《后汉书》志 19《郡国志一·序》所载永和五年(140)户口数字统计。

由表 4.11 可以看出,东汉"江南"地区的人口无论总量还是密度都有了较大的增长。西汉元始二年(2)该区人口占全国总人口的 13.6%,东汉

① 葛剑雄:《中国人口史》第 1 卷(导论、先秦至南北朝时期),复旦大学出版社,2002年,第 494~496 页。

永和五年(140)人口在未统计郁林郡和交趾郡的情况下已占全国总人口的22.1%。可见本区人口的增长。东汉末年,北方屡遭兵乱,烽烟四起,战火不息,大量百姓为躲避战乱迁往"江南"地区。华峤《谱叙》载:"是时四方贤士大夫,避地江南者甚众。"[①] 建安十八年(213),自庐江、九江、蕲春、广陵一次渡江东迁就有十余万户。[②] 这些掌握北方先进生产技术和文化知识的移民,为该区的土地开发提供了大量高质量的劳动力。孙吴政权重视农业生产发展,荒地大面积开垦,农业经济水平有了显著提高。

"江南"地区人口分布不平衡,东汉时岭南一带人口数虽较西汉有所增长,但在该区所占人口比例中仍然很低。"江南"地区人口主要集中在长江中下游地区、西南夷地区的永昌和益州两郡。根据人口分布来看,人口集中的地方农垦面积有所增加。随着秦汉政府在西南夷地区设置郡县,西南夷地区与中原地区的联系加强,迎来了农业开发的高潮,人口密度迅速增长。

二、"江南"地区土地资源利用

"江南"地区土地辽阔,地势起伏,丘陵山地面积广大。由于降水量较大,土壤有机质含量低并且呈酸性,不利于农田开发。[③] 好在"江南"地区河网稠密,湖泊众多,使得土地资源利用呈现多样化的特点。河谷平原、盆地以农业用地为主,草原广阔的高原和高山地区发展畜牧业,森林较多的山区则以狩猎采集为主。

"江南"地区的荆州、扬州的土壤质量在九州位居第八等和第九等。荆州"厥土涂泥。田下中,赋上下"[④]。扬州"厥土涂泥。田下下,赋下上错"。颜师古注"涂泥"曰:"灒洳湿也。"[⑤]"灒洳"意思为浸泡,土壤因含水分较多,不利于农耕。

---

① 陈寿:《三国志》卷13《魏书·钟繇传》引华峤《谱叙》,中华书局,1959年,第401页。

② 陈寿:《三国志》卷47《吴书·吴主传》,中华书局,1959年,第1118页。

③ 冀朝鼎:《中国历史上的基本经济区与水利事业的发展》,朱诗鳌译,中国社会科学出版社,1981年,第16~33页。

④ 班固:《汉书》卷28《地理志上》,中华书局,1962年,第1529页。

⑤ 班固:《汉书》卷28《地理志上》,中华书局,1962年,第1528页。

岭南地形以山地丘陵为主,耕地面积较少。由于处在亚热带与热带交界处,受海洋性季风气候影响,湿热多雨,土壤酸化严重,不利于农作物种植。

西南夷地区的地形以盆地高原为主,不适宜农耕,仅在狭小的沿河平原或河流谷地有农耕作业。《后汉书·西南夷传》有"土地墝埆""蛮夷贫薄"的记载,但土地种类不详,由于气候条件与"江南"其他地区相差不大,故本书暂且认作是"涂泥"一类,属于不适合农业耕作的土壤。总的说来,西南夷地区"绝域荒外,山川阻深,生人以来,未尝交通中国"[①]。

(一) 农业用地

"江南"地区地形以山地丘陵为主,内部峰峦起伏,山岭相连。地处亚热带季风区,降水丰沛,河流众多,水利资源丰富。因长江冲积,形成众多的河湖平原,有发展农业耕作的便利条件。

秦始皇大量移民江南,但移民不服水土,又都逃回北方。西汉时期,人们仍然认为,"江南卑湿,丈夫早夭"[②]。在相当长的时期内,江南人口稀少,劳动力匮乏。汉武帝时,司马迁"上会稽,探禹穴"[③],以为"楚越之地,地广人希,饭稻羹鱼,或火耕而水耨,果隋蠃蛤,不待贾而足,地埶饶食,无饥馑之患"[④]。随着铁农具和牛耕技术的推广使用,"江南"地区的许多土地至东汉时逐渐得到开垦。建武六年(30)至十四年(38),丹阳郡(治今安徽宣城)太守李忠重视发展农业,"垦田增多,三岁间流民占著者五万余口"。建武十四年,"三公奏课为天下第一"[⑤]。

秦汉时期,岭南农业发展水平较低。东汉时在朝廷的引导鼓励下,该区的农业生产逐渐有了起色。东汉初年,任延任九真太守,改变了当地"烧草种田"的习俗,"令铸作田器,教之垦辟"[⑥]。交趾太守锡光,"教其

---

① 范晔:《后汉书》卷86《南蛮西南夷列传·哀牢》,中华书局,1965年,第2848页。
② 司马迁:《史记》卷129《货殖列传》,中华书局,1959年,第3268页。
③ 司马迁:《史记》卷130《太史公自序》,中华书局,1959年,第3293页。
④ 司马迁:《史记》卷129《货殖列传》,中华书局,1959年,第3270页。
⑤ 范晔:《后汉书》卷21《李忠传》,中华书局,1965年,第756页。
⑥ 范晔:《后汉书》卷76《循吏传·任延传》,中华书局,1965年,第2462页。

耕稼"①。

"江南"地区光热充足,农作物一年两熟,甚至一年三熟,粮食足以自给。在今湖南等地,考古发现大量陶制东汉粮仓明器,形制多样,规模较大,种类繁多,通风防潮,反映了有余粮储藏和对仓储备荒的重视。该区粮食不仅能满足当地人的需求,有时还赈济内地。东汉安帝永初年间,"调零陵、桂阳、丹阳、豫章、会稽租米,赈南阳、广陵、彭城、山阳、庐江、九江饥民,又调滨水县谷输敖仓"。②

"江南"的主要农作物是水稻。水稻种植需要充足的水源,对光和热的要求也很高,江南地区完全能满足这些条件,稻米能够一年两熟甚至三熟。《汉书·地理志上》载:"东南曰扬州, ……畜宜鸟兽,谷宜稻","正南曰荆州, ……畜及谷宜,与扬州同"③湖南长沙马王堆汉墓出土的水稻有籼稻、黏稻、糯稻、粳稻等,还有麦、黍、粟等谷物和瓜果蔬菜。④湖北江陵凤凰山167号西汉墓出土了四束连杆粳稻穗,出土时穗、苔、叶外形保存完好,色泽鲜黄,谷粒饱满,与现代在长江中下游推广的水稻种类相似,可见当时水稻的培植已达到一定水平。⑤

岭南地区的主要农作物也是水稻,在考古中多有发现。西汉初期的墓中发现有稻谷,不少陶屋模型内还有一些用簸箕簸米的劳作俑。而在广州、韶关佛山等地发现的水田模型,则如实地反映了当地农耕的水平。佛山澜石出土的水田模型,水田分成6块。百姓在不同的田块里犁田、插秧、收割和脱粒。收割后的田里堆着肥料。从这个模型可以看出,当时已实行两茬制,施用底肥,并采用了移栽秧苗的技术。⑥广西贵县罗泊湾汉墓出土了粟与大麻籽等植物的遗迹,广西梧州大塘三号汉墓发现了豆,说明岭南地

---

① 范晔:《后汉书》卷86《南蛮传·序》,中华书局,1965年,第2836页。

② 范晔:《后汉书》卷5《安帝纪》,中华书局,1965年,第220页。

③ 班固:《汉书》卷28《地理志上》,中华书局,1962年,第1539页。

④ 中国社会科学院考古研究所编:《新中国的考古发现和研究》,文物出版社,1984年,第427页。

⑤ 中国社会科学院考古研究所编:《新中国的考古发现和研究》,文物出版社,1984年,第435页。

⑥ 中国社会科学院考古研究所编:《新中国的考古发现和研究》,文物出版社,1984年,第442页。

区在汉代已能种植粟、大麻和豆。[①] 汉代的海南岛农业发展水平低下,长期处于原始游耕农业阶段,粮食无法自足,只能以特产换取食物和日用产品。《后汉书·郡国志》日南郡朱吾县注引《交州记》载:"其民依海际居,不食米,止资鱼。"[②]《后汉书·循吏列传·孟尝传》云:"尝后策孝廉,举茂才,拜徐令。州郡表其能,迁合浦太守。郡不产谷,而海出珠宝,与交趾比境,常通商贩,贸籴粮食。"[③] 可见当地农业发展起步较晚,当地百姓不以农耕为业,采集渔猎是主要生产活动。

西南夷地区适宜发展农耕的河谷盆地,农业有了快速发展,农耕用地规模也迅速扩大。《史记·西南夷列传》载,当时滇池"方三百里,旁平地,肥饶数千里"[④],"河土平敞,……有盐池田渔之饶。"[⑤] 哀牢亦"土地沃美,宜五谷、桑蚕"[⑥],完全是一派繁华的农业区景象。该地区作物自然也以水稻为主,在新石器时代遗址出土的陶器上已经可以看到稻壳的痕迹。[⑦]《华阳国志·南中志》也记载"土地有稻田"[⑧]。

昭通位于云南东北部,地处云贵川三地交界。西汉末年,文齐"穿龙池,溉稻田,为民兴利"[⑨]。《蜀都赋》刘逵注曰:龙池"在朱提南十里,池周四十七

---

① 中国社会科学院考古研究所编:《新中国的考古发现和研究》,文物出版社,1984年,第440~441页。

② 司马彪:《后汉书》志23《郡国志五》汉中条引《交州记》,中华书局,1965年,第3531页。

③ 范晔:《后汉书》卷76《循吏传·孟尝传》,中华书局,1965年,第2473页。

④ 《史记》卷116《西南夷列传》,《正义》引《括地志》云:"滇池泽在昆州晋宁县西南三十里。其水源深广而末更浅狭,有似倒流,故谓滇池。"(中华书局,1959年,第2993页)

⑤ 范晔:《后汉书》卷86《南蛮西南夷传·滇》,中华书局,1965年,第2846页。此处《华阳国志》卷4《南中志》作"郡土大平敞,有原田,多长松",有"盐池田渔之饶,金银畜产之富。"

⑥ 范晔:《后汉书》卷86《南蛮西南夷传·哀牢》,中华书局,1965年,第2849页。

⑦ 云南文物工作队:《云南滇池周围新石器时代遗址调查简报》,《考古》1961年第1期。黄展岳、赵学谦:《云南滇池东岸新石器时代遗址调查记》,《考古》1959年第4期。

⑧ 常璩:《华阳国志校补图注》卷4《南中志》,任乃强校注,上海古籍出版社,1987年,第295页。

⑨ 常璩:《华阳国志校注》卷4《南中志·朱提郡》,刘琳校注,巴蜀书社,1984年,第414页。

里"①。"龙池"是当时的一个蓄水量很大的湖。"穿龙池"是指开渠筑堤,引龙池水灌溉农田。在当时人口3万7千多人的滇东北地区有这么大的水利工程设施②,可以灌溉境内的大部分田地,对农业生产的稳定发展具有重要作用。

除了传统农垦区的发展水平较高,其他地区仍采用原始的刀耕火种的耕作方式。秦汉时期,刀耕火种对生态环境有一定的保护作用,由于"烧而不耕",不仅能使土壤疏松,草死虫灭,肥料充足,而且不会损害树根,加上人口稀少,森林茂盛,经过长期休耕,树木又可重新成林,恢复生态。

"江南"地区居民也种植桑树,发展丝织业。《后汉书·卫飒传》记载,东汉建武年间,茨充接替卫飒任桂阳(治今湖南郴州)太守,"教民种殖桑柘麻纻之属,劝令养蚕织屦,民得利益焉"③。在江西贵溪崖墓中发现的一批汉代纺织品,也可推知当地人发展桑麻的状况。④西南夷地区的蚕桑业也有了较大的发展。永昌郡(治今云南保山东北)"土地沃美,宜五谷、蚕桑",当地人"知染采文绣……,兰干细布,织成文章如绫锦,有梧桐木华,绩以为布。幅广五尺,絜白不受垢污"⑤。犍为郡的汉安县(治今四川内江西)"宜蚕桑,……一郡丰沃"⑥。

(二)畜牧用地

西南夷地区山地森林茂密,草原辽阔,人烟稀少,秦汉时期仍以狩猎游牧为主。西南夷百姓"随畜迁徙,毋常处,毋君长"⑦。冉駹夷"宜畜牧,有旄牛","出名马,有灵羊"。⑧由于畜牧业发达,当地有许多郡县以此命名,如

---

① 常璩:《华阳国志校注》卷4《南中志·朱提郡》,刘琳校注,巴蜀书社,1984年,第414~415页。

② 司马彪:《后汉书》志23《郡国志五》,中华书局,1965年,第3515页。

③ 范晔:《后汉书》卷76《循吏列传·卫飒传》,中华书局,1965年,第2460页。

④ 刘诗中、许智范、程应林:《贵溪崖墓所反映的武夷山地区古越族的族素及文化特征》,《江西历史文物》1980年第11期。

⑤ 范晔:《后汉书》卷86《南蛮西南夷列传·哀牢》,中华书局,1965年,第2849页。

⑥ 常璩:《华阳国志校注》卷3《蜀志·犍为郡》,刘琳校注,巴蜀书社,1984年,第292页。

⑦ 司马迁:《史记》卷116《西南夷列传》,中华书局,1959年,第2991页。

⑧ 范晔:《后汉书》卷86《南蛮西南夷列传·冉駹》,中华书局,1965年,第2858页。

益州郡（治今云南晋宁东）西部有牦牛县（今四川汉源东北），"主外羌"[①]。武都郡的白马氏"出名马、牛、羊"。司马相如、韩说初开西南夷，即"得牛马羊属三十万"[②]。西汉昭帝年间，派遣田广明攻打益州，"斩首捕虏三万余人，获畜产五万余头"[③]。东汉光武帝时，刘尚平定西南夷，得"生口五千七百人，马三千匹，牛羊三万余头"[④]。汉安帝永初元年（107），僬侥种夷陆类等3000余口内附，所献有"水牛、封牛"[⑤]。《三国志·蜀书·李恢传》记述，李恢平定西南夷，"赋出叟、濮耕牛、战马、金银、犀革，充继军资"[⑥]。西南夷畜产之富，于此亦可想见。另外，许多考古发现出土了大量印有当地人牧羊、牧马等图纹的青铜器和陶器模型，可知该区有天然草场满足放牧之需。

"江南"地区在秦西汉时期的开发较少，传世文献所载多为东汉时期。关于"江南"的土地资源利用状况，主要是根据现有文献记载和考古资料推测所得。大自然具有一定的自我修复能力。当人类的开发活动没有超过大自然的自我修复能力时，生态系统就不会失去平衡。由于没有大规模的开发，江南地区几乎保持着原有的生态状况，生态环境没有发生显著的变化。

第五节 | 龙门、碣石以北地区土地资源利用

龙门、碣石以北地区（也泛称北部边郡）大体包括两汉时期的幽州刺史

---

① 常璩：《华阳国志校注》卷3《蜀志·总叙》，刘琳校注，巴蜀书社，1984年，第218页。
② 常璩：《华阳国志校注》卷4《南中志·晋宁郡》，刘琳校注，巴蜀书社，1984年，第393页。
③ 班固：《汉书》卷7《昭帝纪》，中华书局，1962年，第223页。
④ 范晔：《后汉书》卷86《南蛮西南夷列传·滇》，中华书局，1965年，第2847页。
⑤ 范晔：《后汉书》卷86《南蛮西南夷列传·哀牢》，中华书局，1965年，第2851页。
⑥ 陈寿：《三国志》卷43《蜀书·李恢传》，中华书局，1959年，第1046页。

部全部、并州刺史部的大部和朔方刺史部的一部分。[①] 相当于今辽宁大部、河北北部、山西中北部、陕西北部、宁夏和内蒙古地区。

龙门、碣石以北地区，从西北至东北地区，是一条重要的地理分界线。史念海指出："司马迁规划的农牧地区分界线，是一条重要的地区分界线。在当时是区分经济地区的一条明确标志，……它符合于生态环境，自然有利于农牧业的生产和发展，……由于有些时期的人为作用，这条农牧地区分界线就不免受到推移，生态因而失去平衡，不仅农牧业生产畸轻畸重，而且导致恶劣影响，引起不良后果，甚至演变为祸患。"[②]

该地区的土地利用方式在不同时期呈现不同特点。秦汉以前，少数民族在这里过着"逐水草而居"的生活，以畜牧业为主，有少量种植业。秦始皇统一六国后，为弭除匈奴之患，派蒙恬"斥逐匈奴"，修筑西起临洮，东到辽东的万里长城。"因河为塞，筑四十四县城临河……徙适戍以充之"。[③]还在新拓北土置九原郡、云中郡，加上秦并燕、赵等国在北边设置的辽东、辽西、右北平、渔阳、上谷、代郡、雁门及上郡、北地、陇西，共计 12 个郡分布于秦长城沿线。这些边郡的设置有利于北边的开发。秦末，诸侯反秦，中原大乱，匈奴重新占有秦时蒙恬所夺取的土地。汉武帝发动大规模反击匈奴的战争，夺回河南地，设置郡县，移民屯垦。将北部疆域拓展到今内蒙古乌盟达茂旗和巴盟乌拉特中、后旗及阿盟额济纳旗一带。移民屯垦改变了该地区原有的土地利用方式，有的地方由畜牧业为主变成农牧并举。东汉时期，匈奴从"草木茂盛，多禽兽"的漠南退到"少草木、多大沙"的漠北。[④] 匈奴统治集团又发生内讧，加之连年旱蝗灾害，"人畜饥疫，死耗太半"[⑤]，迫切需要得到东汉的经济支持，匈奴单于派使臣要求内附。东汉为管理归附的南匈奴单于及其部属，在西河郡美稷县(治今内蒙古准格尔旗西北纳林乡古城)南单于庭处，设置"使匈奴中郎将府"。

---

① 东汉省朔方刺史部，析分至幽州刺史部与并州刺史部。

② 史念海:《司马迁规划的农牧地区分界线在黄土高原上的推移及其影响》,《中国历史地理论丛》1999 年第 1 期。

③ 司马迁:《史记》卷 110《匈奴列传》,中华书局,1959 年,第 2886 页。

④ 班固:《汉书》卷 94《匈奴传下》,中华书局,1962 年,第 3803 页。

⑤ 范晔:《后汉书》卷 89《南匈奴传》,中华书局,1965 年,第 2942 页。

一、龙门、碣石以北地区人口、垦田概况

根据班固《汉书》记载,可得出西汉元始二年(2)北部边郡户口垦田数字,具体如表 4.12 所示。东汉永和五年(140)北部边郡户口垦田数字,具体如表 4.13 所示。

表 4.12　西汉元始二年北部边郡户口垦田表

郡国名	户数 / 户	口数 / 口	推算垦田总数 / 亩	户均数 / 口	人口密度 / (人 / 平方千米)[①]
渤海郡	256 377	905 119	12 563 051.72	3.53	55.62
上谷郡	36 008	117 762	1 634 536.56	3.27	5.20
渔阳郡	68 802	264 116	3 665 930.08	3.27	6.38
右北平郡	66 689	320 780	4 452 426.40	4.81	7.04
辽西郡	72 654	352 325	4 890 271.00	4.85	7.59
辽东郡	55 972	272 539	3 782 841.32	4.87	3.49
玄菟郡	45 006	221 845	3 079 208.60	4.93	4.01
乐浪郡	62 812	406 748	5 645 662.24	6.48	4.82
涿郡	195 607	782 764	10 864 764.32	4	50.62
广阳国	20 740	70 658	980 733.04	3.41	22.69
朔方郡	34 338	136 628	1 896 396.64	3.98	2.34
五原郡	39 322	231 328	3 210 832.64	5.88	25.52
太原郡	169 863	680 488	9 445 173.44	4.01	15.63
上党郡	73 798	337 766	4 688 192.08	4.57	12.57
云中郡	38 303	173 270	2 404 987.60	4.52	21.10
定襄郡	38 559	163 144	2 264 438.72	4.23	20.55
雁门郡	73 138	293 454	4 073 141.52	4.01	132.05
代郡	56 771	278 754	3 869 105.52	4.91	11.75
合计	1 404 759	6 009 488	83 411 693.44		

资料来源:《汉书》卷 28《地理志》所载元始二年(2)户口数字统计。

[①] 葛剑雄:《西汉人口地理》,人民出版社,1986 年,第 96~98 页。

表 4.13　东汉永和五年北部边郡户口垦田表

郡国名	户数/户	口数/口	推算垦田总数/亩	户均数/口	人口密度（人/平方千米）[1]
涿郡	102 218	633 754	8 707 779.96	6.2	56.49
广阳郡	44 550	280 600	3 855 444	6.3	50.11
代郡	20 123	126 188	1 733 823.12	6.27	7.02
上谷郡	10 352	51 204	703 542.96	4.95	3.07
渔阳郡	68 456	435 740	5 987 067.6	6.37	24.97
右北平郡	9 170	53 475	734 746.5	5.83	6.16
辽西郡	14 150	81 714	1 122 750.36	5.77	2.56
辽东郡	64 158	81 714	1 122 750.36	5.77	1.41
玄菟郡	1 594	43 163	593 059.62	27.08[2]	4.46
乐浪郡	61 492	257 050	3 531 867	4.18	7.60
上党郡	26 222	127 403	1 750 517.22	4.86	4.74
太原郡	30 902	200 124	2 749 703.76	6.48	5.77
五原郡	4 667	22 957	315 429.18	4.92	1.81
定襄郡	3 153	13 571	186 465.54	4.3	2.14
雁门郡	31 862	249 000	3 421 260	7.81	7.51
云中郡	5 351	26 430	363 148.2	4.94	2.02
朔方郡	1 987	7 843	107 762.82	3.95	0.21
辽东属国					
合计	500 407	2 691 930	36 987 118.2		

资料来源：《后汉书》志 23《郡国志五》所载永和五年(140)户口数字统计。

根据表 4.12 和表 4.13 计算,西汉北部边郡户均数为 4.42 口,户均垦田数为 61.35 亩,东汉北部边郡户均数为 6.01 口,户均垦田数为 82.58 亩。东汉时期本地区人口大幅度下降,总人口减少了一半以上,有些地区的人口

[1]　葛剑雄:《中国人口史》第 1 卷(导论、先秦至南北朝时期),复旦大学出版社,2002年,第 494~496 页。

[2]　玄菟郡口户比高达 27 以上,户数原文为"户一千五百九十四"。按平均口户比 4.5 推算,当系"九千五百九十四"。一个数字以"一千"几百开始的写法在汉魏晋时代是不普遍的。(赵文林、谢淑君:《中国人口史》,人民出版社,1988 年,第 71 页)

甚至仅为西汉时期的 1/12。西汉在北边大规模徙民屯田,使该地区人口激增。东汉与北边少数民族关系较为缓和,没有采取西汉那样大规模的移民实边。此外,东汉气温比西汉低,北地寒冷,加之西汉对北边宜农宜牧区的过度开发,致使土壤肥力不再,大量人口内迁,总人口数量锐减。

二、农牧并举的土地资源利用

北部边郡绝大部分地区在内陆,受大陆性季风气候的影响,夏季多雨,冬季寒冷干燥,受西伯利亚高压影响,冬季气温比同纬度地区更低。该地地处暖温带与寒温带交界处,温度低,热量不足,是我国典型的干旱半干旱区。受干旱、严寒影响,大部分地区以畜牧业为主要生产方式,土地利用以草原林地为主。在一些水草肥美、气候适宜的地区也有农耕地存在。该地分布有大面积的寒温带针叶林、暖温带阔叶林和针阔混合林,森林中有大量野生动物繁衍生息,为当地人提供了丰富的肉食和皮毛甲革。

(一) 农业用地

秦汉之际,中原战乱,大量人民北迁,东北地区的农业开始逐渐发展。汉武帝征发大量移民在本地区屯垦,将中原地区先进的农业技术和生产工具推广到北边。

两汉之交,邓禹出兵关中,认为上郡、北地、安定三郡"土广人稀,饶谷多畜",于是"休兵北道,就粮养士"。[①]汉顺帝时,尚书仆射虞诩认为:安定、北地等郡"沃野千里,谷稼殷积",建议汉顺帝令诸郡"常储谷粟,令周数年"。[②]20 世纪 50 年代以后,陕北出土了很多汉代壁画,记载了当时的生活生产情景,从中可以观察到当地生活和生产方式的转变。今陕西绥德的王得元墓左壁上有一幅"谷物图",描述谷物的生长状况。[③]西河太守墓中出土了一罐谷子,与此图相印证。

今河北北部地区是东汉的重要产粮区。建武十五年(39),渔阳(治今北

---

① 范晔:《后汉书》卷 16《邓禹传》,中华书局,1965 年,第 603 页。

② 范晔:《后汉书》卷 87《西羌传·东号子麻奴传》,中华书局,1965 年,第 2893 页。

③ 李林、康兰英、赵力光:《陕北汉代画像石》,图 474,陕西人民出版社,1995 年,第 158~159 页。

京密云西南)太守张堪利用当地沽水及鲍丘水丰沛的水源,在狐奴山(位于今北京顺义木林、北小营两乡交界处)山下"开稻田八千余顷",百姓得其利,作歌颂扬。[①] 汉章帝建初年间,邓训屯兵狐奴山,与上谷太守任兴屯田,用收获的稻谷"抚接边民"[②]。东汉末年,刘靖都督河北诸军事,"修广戾陵渠大堨,水溉灌蓟南北,三更种稻,边民利之"。[③]

汉武帝元狩四年(前119),卫青出击匈奴,至寘颜山赵信城,"得匈奴积粟食军"[④]。考古工作者在诺颜山第23号匈奴墓室中发现了农作物的种子,在其他多处匈奴墓葬中也发现了不少的谷物、农具及盛贮谷物的大型陶器。由此可以推断,匈奴人虽然以畜牧业为主,也存在着一定的农业经济活动。

东北地区的少数民族也利用汉人传播过去的农耕技术从事农业生产。夫余之地"于东夷之域,最为平敞,土宜五谷。出名马、赤玉、貂豽,大珠如酸枣"。[⑤] 在集安高句丽壁画中也有不少农具和牛耕图像。

(二) 畜牧用地

本地区"有戎翟之畜,畜牧为天下饶"[⑥]。在大兴安岭南端、呼伦贝尔高原、东北平原、内蒙古高原和黄土高原的西北部分布着大范围的温带草原。人们"逐水草迁徙"[⑦],畜牧迁移,射猎为业。《汉书·匈奴传下》记载,郎中侯应云:"北边塞至辽东,外有阴山,东西千余里,草木茂盛,多禽兽。"[⑧] 草原中有多种草类植物,如狼针草、席其草、沙蓬、野韭、甘草等。内蒙古西部、宁夏、甘肃河西走廊、柴达木盆地和新疆等地是我国的荒漠地带,植被覆盖较少,但仍有怪柳、胡桐、琐琐柴、麻黄、甘草、枸杞、骆驼刺、蒿等植被分布的记载。《史记索隐》引《西河旧事》记载,祁连山一带"有松柏五木,美水

---

① 《后汉书》卷31《张堪传》云:"桑无附枝,麦穗两歧。张君为政,乐不可支。"(中华书局,1965年,第1100页)

② 范晔:《后汉书》卷16《邓禹传附子训传》,中华书局,1965年,第608页。

③ 陈寿:《三国志》卷15《魏书·刘馥传》,中华书局,1959年,第464页。

④ 司马迁:《史记》卷111《卫将军骠骑列传》,中华书局,1959年,第2935页。

⑤ 范晔:《后汉书》卷85《东夷传·夫余》,中华书局,1965年,第2811页。

⑥ 司马迁:《史记》卷129《货殖列传》,中华书局,1959年,第3262页。

⑦ 司马迁:《史记》卷110《匈奴列传》,中华书局,1959年,第2879页。

⑧ 班固:《汉书》卷94《匈奴传下》,中华书局,1962年,第3803页。

草"①。《汉书·西域传下·乌孙国传》载，新疆天山"多松樠"，在河边、湖畔和地下水丰富的地方，植被覆盖较好，罗布泊一带"多葭苇、怪柳、胡桐、白草"②。这些生态资源有利于放牧养殖。

诸多史料反映了秦汉时期北部边郡牲畜众多。例如，秦朝末年，班壹"避墬于楼烦，致马、牛、羊数千群"③。汉初，"以财雄边，出入弋猎，旌旗鼓吹"④。秦汉之际，桥姚在边塞"致马千匹，牛倍之，羊万头，粟以万钟计"⑤。西汉末年，吴汉"以贩马自业，往来燕、蓟间"⑥。刘秀遣吴汉、耿弇等发涿、广阳、代、上谷、渔阳、辽西、右北平、辽东、玄菟和乐浪 10 郡武装，平定王郎。汉安帝元初三年(116)，汉将任尚大败羌族首领零昌于北地，羌人失马、牛、羊二万头。⑦东汉末，"中山大商张世平、苏双等赀累千金，贩马周旋于涿郡"⑧。

西汉为反击匈奴，大量养马，广置牧马苑于北边。汉景帝在边郡"益造苑马以广用"⑨。颜师古注引如淳曰："《汉仪注》太仆牧师诸苑三十六所，分布北边、西边……养马三十万匹。"⑩"令民得畜边县，官假马母，三岁而归，及息什一，……用充入新秦中。"⑪汉武帝多次巡守边疆，行猎新秦中等地，从者数万骑。卫青、霍去病数击匈奴，各率领数十万骑，足见边地养马业之盛。北部边疆地区呈现出"马牛放纵，畜积布野"的繁荣景象。⑫

陕北原来是森林茂密、水草丰盛的地方，常为游牧、狩猎的少数民族所占领。这些少数民族"逐水草迁徙"，"随畜牧而转移"，"因射猎禽兽为生

---

① 司马迁：《史记》卷 110《匈奴列传》，中华书局，1959 年，第 2908 页。
② 班固：《汉书》卷 96《西域传》，中华书局，1962 年，第 3876 页。
③ 班固：《汉书》卷 100《叙传上》，中华书局，1962 年，第 4197 页。
④ 班固：《汉书》卷 100《叙传上》，中华书局，1962 年，第 4197 页。
⑤ 司马迁：《史记》卷 129《货殖列传》，中华书局，1959 年，第 3280 页。
⑥ 范晔：《后汉书》卷 18《吴汉传》，中华书局，1965 年，第 675 页。
⑦ 范晔：《后汉书》卷 87《西羌传·东号子麻奴传》，中华书局，1965 年，第 2890 页。
⑧ 陈寿：《三国志》卷 32《蜀书·先主传》，中华书局，1959 年，第 872 页。
⑨ 司马迁：《史记》卷 30《平准书》，中华书局，1959 年，第 1419 页。
⑩ 班固：《汉书》卷 5《景帝纪》，中华书局，1962 年，第 150 页。
⑪ 班固：《汉书》卷 24《食货志下》，中华书局，1962 年，第 1172 页。
⑫ 桓宽撰集：《盐铁论校注》卷 8《西域》，王利器校注，中华书局，1992 年，第 500 页。

业"，"人习攻战以侵伐"，"自君王以下，咸食畜肉，衣其皮革，被旃裘"。[①]
陕北的画像石墓中几乎都刻有狩猎的场面。有的狩猎队伍扬幡骑马，有骑
士前导，辎车紧随。猎捕的动物有鹿、骆驼、野猪、熊、野羊、山鸡、兔和虎等。
东汉王得元墓室后壁，刻有一幅"狩猎图"，一群骑马张弓的猎人追逐一群
鹿，猎犬、猎鹰紧跟在后面。许多画像石上刻着猎手射猎的场景。有的张
弓射虎，虎跃起前爪进行搏斗；有的骑马射熊，熊站立起来嘶叫；有的徒步
执剑刺杀野猪；有的弯腰张弓射向天空飞禽。绥德义和镇园子沟汉墓的"阁
楼图"，楼上挂着山鸡、兔子等猎物，形象地说明当时陕北狩猎活动盛行。
在陕北绥德县发现的汉代画像石横额上，描绘了当时成群的牛、羊、驹、马、
狐、兔、锦雉活动在广阔的牧场上，大有"牛马衔尾，群羊塞道"的景观。[②]内
蒙古和林格尔新店子乡汉墓壁画中有大量的牧马图，反映了当时北方地区
发达的农牧业。

　　生活在漠北和东北的少数民族，"逐水草而居"，"以射猎为业"。土
地资源利用以渔猎畜牧为主。匈奴人是秦汉时期北方最主要的少数民族，
"内无室宇之守，外无田畴之积，随美草甘水而驱牧"[③]，畜牧经济深受气候
条件影响，每逢严寒，畜群大批死亡。东北地区还居住着肃慎、挹娄、山戎、
东胡、屠何、孤竹、令支等少数民族。他们或依山泽而渔猎，或凭草原而游
牧，或立足河谷而耕垦。东北地区平原面积广大，东、西部分别是著名的大、
小兴安岭林区，南部是长白山林区。东北地区森林、草原、台地、沼泽、草甸、
山岭交织分布，为社会经济的多元化发展提供了条件，土地利用也以渔猎
畜牧为主。

　　（三）边地开发对环境的影响

　　西汉向边疆地区的移民活动始终不断，大量人口迁移到边疆。扩大农
田种植面积，增加粮食产量，是解决移民生活需求切实可行的措施。与此
同时，大面积的森林和草原植被遭到破坏。出于军事和生产、生活的需要，

---

①　司马迁：《史记》卷110《匈奴列传》，中华书局，1959年，第2879页。

②　李林、康兰英、赵力光编：《陕北汉代画像石》，图474，陕西人民出版社，1995年，第
158~159页。

③　桓宽撰集：《盐铁论译注》，王利器审订，中华书局，1992年，第446页。

西北屯戍军队不断砍伐树木。居延汉简中有许多记载,略举数例。

（1）制诏纳言其□官伐材木取竹箭始建国天凤□年二月戊寅下
（95·5）

（2）二人伐木六人积茭十四人运茭四千六十率人二百九十（30·19A）

（3）□山林燔草为灰县乡所□□□瑞（E·P·T5∶100）

（4）□复出三千材（103∶27B）

（5）鄣卒范去疾□车□候为君舍取薪山材用山（136∶38）

（6）四百廿人伐运薪上转薪立强落上蒙涂辒车衰二百六（E·P·T59∶
15）

（7）伐柃柱马柳六瑞（31·6,31·9）[1]

简（1）是记载官府伐木制箭的文书。垦区防卫需用大量竹箭,当地生长的胡杨等树木质地坚硬,是制作箭支的首选材料。简（2）是安排戍卒劳动的记录。伐木已成为戍所当时的一项经常性劳动。简（3）"（焚）山林燔草为灰"是获取农业生产所需的肥料。按简中所言,此举颁行于西北各地,毁烧林草比刀斧砍伐还有破坏力。简（4）反映当时伐木数量之大。简（5）、简（6）记载了戍卒伐薪的情况。简（7）记载砍伐马柳制作防御设施柃柱的活动。

在汉代西北边疆地区的军事屯垦活动中,朝廷因势利导,推广先进的耕作方法和生产工具,兴修水利工程,在短时间内满足了移居人口的生产生活需求。

然而,西北地区生态环境脆弱,一旦遭到破坏,很难恢复。随着人口大量徙入,土地利用方式被改变,牧业用地变为农耕用地,加之过度的粗放式开发,土壤肥力不再,很多垦地使用几年以后因为贫瘠只好抛荒。农牧界线北移,有些地方从汉代即已出现沙化。侯仁之对乌兰布和沙漠北部汉代开垦地区进行过考察,认为乌兰布和沙漠的形成与汉代开垦农田活动有很

① 简（1）（2）（4）（5）（7）见谢桂华、李均明、朱国炤:《居延汉简释文合校》,文物出版社,1987 年,第 162、47、171、227、47 页。简（3）（6）见甘肃省文物考古研究所、甘肃省博物馆、文化部古文献研究室等编:《居延新简》,文物出版社,1990 年,第 24、360 页。

大关系。

西北地区的沙漠化程度与人口数量有很大关系,其强度与人口数量成正比。《汉书》载有西汉后期一次典型的沙尘暴事件。汉成帝建始元年(前32)四月,"壬寅晨,大风从西北起,云气赤黄,四塞天下,终日夜下著地者黄土尘也"。[①] 这次沙尘暴的范围虽然已不可考,但应当与西北地区土壤沙化有极大关联。总之,西北地区是汉代生态环境变化最突出的区域,除了自然因素,人们不合理开发利用土地是影响该地区生态环境变化的最主要原因。

三、河套、河西地区土地资源利用

(一) 富庶的河套

河套地区位于北纬 37 度线以北,一般指贺兰山以东、吕梁山以西、阴山以南、长城以北地区,包括宁夏平原、鄂尔多斯高原和黄土高原的部分地区。黄河沿贺兰山北流,因受阴山阻挡转而向东,又沿吕梁山向南,形成"几"字形如套状,故该地区有"河套"之名。河套地区历来以水草丰美著称。周边水资源丰富,黄河支流环抱,非常有利于发展农业。沿河平原和河谷地带地形平坦,水草肥美,降水量较大,是著名的宜农宜牧区。河套地区灌溉系统发达,适于种植小麦、水稻、谷、大豆、高粱、玉米、甜菜等作物,是秦汉时期西北最主要的农业区。秦汉时期河套地区的开发以发展农业为主,兼及畜牧业,土地资源利用以种植业为主,最常见的方式是屯田。

汉武帝时期,河套正式归汉朝管辖。汉武帝在这里设置了朔方、五原、西河等郡,移民实边。大规模的移民有 3 次。元朔二年(前127),"募民徙朔方十万口"[②];元狩二年(前121),"徙关东贫民处所夺匈奴河南、新秦中以实之"[③];元狩四年(前119),"关东贫民徙陇西、北地、西河、上郡、

---

①　班固:《汉书》卷 27《五行志下》,中华书局,1962 年,第 1449 页。
②　班固:《汉书》卷 6《武帝纪》,中华书局,1962 年,第 170 页。
③　司马迁:《史记》卷 110《匈奴列传》,中华书局,1959 年,第 2909 页。

会稽凡七十二万五千口"①。西汉还在这里实施大规模军事屯田,以抗击匈奴,解决从内地转运粮需之不便。元鼎四年(前 113),"汉度河自朔方以西至令居,往往通渠置田官,吏卒五六万人,稍蚕食,地接匈奴以北"。②元鼎六年(前 111),汉武帝命"上郡、朔方、西河、河西开田官,斥塞卒六十万人戍田之"③。

东汉继续在河套地区屯田,汉明帝永平八年(65),"诏三公募郡国中都官死罪系囚,减罪一等,勿笞,诣度辽将军营,屯朔方、五原三边县;妻子自随,便占著边县;父母同产欲相代者,恣听之。凡徙者,赐弓弩衣粮"。④次年,又诏"郡国死罪囚减罪,与妻子诣五原、朔方占著"。⑤永平十六年(73) 又有同样的诏令。⑥对于徙边人民,朝廷有较妥善的安置。在迁徙途中或初到边地,他们的"衣食皆仰给于县官。数岁,贷与产业,使者分部护,冠盖相望,费以亿计"。⑦大量人口徙入,在增加劳动力的同时也带来了先进的耕作技术,加速了河套地区的土地开垦,大量草地被辟作农田。

河套地区发掘的许多汉墓中,出土有灶台、仓房、囷、带辘轳和汲水瓶的水井等陪葬陶器。一些陶仓中还发现了糜子、小麦、荞麦等作物的颗粒。河套地区的一些县名,也反映了这一地区开发的情况,如西河郡的美稷、广田、谷罗、饶、富昌和五原郡的田辟、宜梁等,表明这些县良田广辟,庄稼茂盛,粮食丰收,充足富饶。朔方郡的沃野、广牧,五原郡的临沃,西河郡的骓虞,则反映出当地是膏壤沃野,适宜田牧。西汉中后期,河套地区有充裕的存粮,不仅能满足本区军民食用,还可以外调他用。汉宣帝时,"转边谷米糒,前后三万四千斛"⑧,用于供给归附汉朝的南匈奴呼韩邪单于。汉元帝

---

① 班固:《汉书》卷 6《武帝纪》,中华书局,1962 年,第 178 页。
② 司马迁:《史记》卷 110《匈奴列传》,中华书局,1959 年,第 2911 页。
③ 班固:《汉书》卷 24《食货志下》,中华书局,1962 年,第 1173 页。
④ 范晔:《后汉书》卷 2《明帝纪》,中华书局,1965 年,第 111 页。
⑤ 范晔:《后汉书》卷 2《明帝纪》,中华书局,1965 年,第 112 页。
⑥ 《后汉书》卷 2《明帝纪》载:"诏令郡国中都官死罪系囚减死罪一等,勿笞,诣军营,屯朔方、敦煌。妻子自随,父母同产欲求从者,恣听之。"(中华书局,1965 年,第 121 页)
⑦ 班固:《汉书》卷 24《食货志下》,中华书局,1962 年,第 1162 页。
⑧ 班固:《汉书》卷 94《匈奴传下》,中华书局,1962 年,第 3798 页。

初年,诏令"云中、五原郡转谷二万斛以给焉"[1]。

汉代利用黄河的水资源,在河套地区修筑了许多水利工程,引黄河水灌溉,发展灌溉农业。《水经注·河水注》记载,定襄郡武进县修有"白渠"。在朔方郡修渠,"东径沃野城南,枝渠东注以溉田"[2]。银川平原后世有名可查的光禄渠、七级渠、汉渠、尚书渠、御史渠、高渠等古渠,均被认定是汉代开凿的。东汉顺帝永建四年(129),"激河浚渠为屯田"[3]。"激河"即在灌渠取水口处的黄河中用石块修筑迎水长堤,抬高渠口水位,引水入渠,实现自流灌溉。[4] 汉代仅银川平原一地,灌溉面积已达约 50 万亩。[5]

汉代因地制宜,利用河套的水草资源发展畜牧业。元鼎五年(前 112),汉武帝"令民得畜牧边县,官假马母,三岁而归,及息什一"[6],还设置了专门的牧场"苑"。《汉书·地理志下》记载,西汉时期在北地郡的灵州设有河奇苑、号非苑,归德县设有堵苑、白马苑,郁郅县设有牧师苑,西河郡的鸿门县设有天封苑等牧场,都养有大批牲畜。河套地区农牧经济繁荣,西汉后期"边城晏闭,牛马布野,三世无犬吠之警,黎庶亡干戈之役"[7]。朔方、西河、上郡一带,在东汉顺帝时呈现出"沃野千里,谷稼殷积,……牛马衔尾,群羊塞道"的兴旺景象。[8]

(二) 肥沃的河西

河西地区东起乌鞘岭,西至古玉门关,南北介于祁连山和合黎山之间,东西长约 1 000 千米,南北宽数十千米,海拔 1 500 米左右。大部分为山前倾斜平原。河西地区的农业属于绿洲农业,灌溉水源主要来自祁连山的冰雪融水。土壤以亚砂土、亚黏土为主,有机质含量高,土壤肥沃。"美水草,

---

① 班固:《汉书》卷 94《匈奴传下》,中华书局,1962 年,第 3800 页。

② 郦道元:《水经注校证》卷 3《河水》,陈桥驿校证,中华书局,2007 年,第 76 页。

③ 范晔:《后汉书》卷 87《西羌传·东号子麻奴传》,中华书局,1965 年,第 2893 页。

④ 陈育宁、景永时:《论秦汉时期黄河河套流域的经济开发》,《宁夏社会科学》1989 年第 5 期。

⑤ 杨新才:《关于古代宁夏引黄灌区灌溉面积的推算》,《中国农史》1999 年第 3 期。

⑥ 司马迁:《史记》卷 30《平准书》,中华书局,1959 年,第 1438 页。

⑦ 班固:《汉书》卷 94《匈奴传下》,中华书局,1965 年,第 3832 页。

⑧ 范晔:《后汉书》卷 87《西羌传·东号子麻奴传》,中华书局,1965 年,第 2893 页。

冬温夏凉,宜畜牧"[1]。绵亘千里的祁连山麓,更是理想的天然牧场。

汉代以前,活动在河西走廊地区的主要民族是西戎、月氏、乌孙、羌族等。[2]月氏人"逐水草而居",把羊当作主要牲畜。《山海经》郭璞注:"月支国多好马、美果。有大尾羊,如驴尾,即羬羊也。"[3]土地资源利用以牧地、草原为主。乌孙人的活动区域较月氏人稍西。"张骞言乌孙本与大月氏共在敦煌间",生活地区"山多松树,不田作种树,随畜逐水草,与匈奴同俗"。[4]近年来,酒泉玉门一带的墓葬中出土了羊骨、猪头骨、牛头骨、狗骨和马骨等,可见月氏、乌孙的畜牧业经济在当时已相当繁荣。[5]秦末汉初,匈奴冒顿单于攻破东胡,打败月氏,占据河西地区。汉武帝派霍去病出兵河西,打败匈奴,打通了去往西域的道路,设置张掖、武威、敦煌、酒泉四郡,史称"河西四郡"。河西四郡的设立为汉朝开发河西地区创造了条件。

对比表 4.14 和表 4.15 可见,东汉河西诸郡国总人口接近西汉的 56%,而人均密度仅为西汉的约 1/5。两汉河西地区人口的剧烈变化,主要是受国力盛衰和朝廷政策的影响,也有生态环境变化、少数民族东进南下等因素,多种因素的综合作用导致西汉时期移居河西的人们离开这里,徙居他乡。

表 4.14　西汉元始二年河西四郡户口垦田表

郡国名	户数 / 户	口数 / 口	推算垦田总数 / 亩	户均数 / 口	人口密度 /(人 / 平方千米)[6]
张掖郡	24 352	88 731	1 231 586.28	3.64	1.96
武威郡	17 581	76 419	1 060 695.72	4.35	3.15
敦煌郡	11 200	38 335	532 089.80	3.42	1.36

---

① 司马迁:《史记》卷 110《匈奴列传》,中华书局,1959 年,第 2908 页。

② 《史记》卷 123《大宛列传》载:"始,月氏居敦煌、祁连间。"张守节《史记正义》载:"凉、甘、肃、瓜、沙等州,本月氏之地。"(中华书局,1959 年,第 3162 页)

③ 郭璞:《山海经笺疏》第 13《海内东经》,郝懿行笺疏,齐鲁书社,2010 年,第 4953 页。

④ 司马迁:《史记》卷 123《大宛列传》,中华书局,1959 年,第 3161 页。

⑤ 黄兆宏、马克林:《从新石器时代的文化遗址看酒泉地区人类活动的状况》,《西北史研究》(第 1 辑下册),兰州大学出版社,2001 年。

⑥ 葛剑雄:《中国人口史》第 1 卷(导论、先秦至南北朝时期),复旦大学出版社,2002 年,第 489 页。

续表

郡国名	户数/户	口数/口	推算垦田总数/亩	户均数/口	人口密度/(人/平方千米)
酒泉郡	18 137	76 726	1 064 956.88	4.23	2.06
合计	71 270	280 211	3 889 328.68		

资料来源:《汉书》卷28《地理志》所载元始二年(2)户口数字统计并参考《中国历代户口、田地、田赋统计》。

表4.15　东汉永和五年北部边郡户口垦田表

郡国名	户数/户	口数/口	推算垦田总数/亩	户均数/口	人口密度/(人/平方千米)[①]
张掖郡	6 552	26 040	357 789.6	3.97	0.10
张掖属国	4 656	16 952	232 920.48	3.64	1.16[②]
张掖居延属国	1 560	4 733	65 031.42	3.03	—
武威郡	10 042	34 226	470 265.24	3.41	0.73
敦煌郡	748	29 170	400 795.8	39[③]	1.03
酒泉郡	12 706	45 000[④]	—	—	1.21
合计	36 264	156 121			

资料来源:《后汉书》志23《郡国志五》所载永和五年(140)户口数字统计。

河西地区的开发与河套地区大体类似。先是大规模的移民,元鼎六年(11)大规模移民中的一部分就迁移到河西屯田。后又"益发戍甲卒十八万酒泉、张掖北,置居延、休屠以卫酒泉"[⑤]。移民、屯兵带来了内地先进的农具和生产技术,促进河西农业的飞速发展。汉武帝末年,搜粟都尉赵过在全国范围内推广牛耕,河西屯垦已广泛采用牛力犁耕,居延汉简中的"牛耕"文

---

①　葛剑雄:《中国人口史》第1卷(导论、先秦至南北朝时期),复旦大学出版社,2002年,第496~497页。

②　张掖属国与张掖居延属国的辖境难以区分,葛剑雄《中国人口史》一书在计算人口密度时将它们合并计算。

③　有误,户均口数不可能达到39.748户,疑为7 480户之误,以7 480户计算,户均口数为3.9,与邻郡相当。

④　郡国志中酒泉郡有户无口,参考邻郡每户平均不足4人,以每县5 000人计,共45 000人,户均3.54人。

⑤　司马迁:《史记》卷123《大宛列传》,中华书局,1959年,第3176页。

字就是很好的证明。河西屯田多在水源充足的地方,或是河流区域绿洲连片,或是地下之水丰盈有泉流溢出。

　　从汉武帝开始至东汉前期,河西屯田一直延续,规模没有太大变化。更始败亡后,窦融拥兵自保,使河西免于战乱,"安定、北地、上郡流人避凶饥者,归之不绝"[①],河西殷富。《居延汉简》记载:"建武四年五月辛巳朔戊子,甲渠塞尉放行候事,敢言之。诏书曰:'吏民毋得伐树木。有无,四时言。'谨案:部吏毋伐树木者,敢言之。"[②]通过与文献所载相参证,可知该文书形成于东汉初年窦融割据河西时期。诏令虽然是颁向全国的,但出现在河西地区,对当地林木的保护作用自不待言。东汉前期,汉军两次大规模出击北匈奴,河西都是兵力集结和出击的主要地区。东汉中后期,战争不断,多次切断"陇道",河西与中原的交通时断时续,严重影响了河西地区的经济发展。

---

① 范晔:《后汉书》卷 23《窦融传》,中华书局,1965 年,第 797 页。

② 甘肃省文物考古研究所、中国社会科学院历史所、文化部古文献研究室编:《居延新简》,文物出版社,1990 年。

第五章

秦汉时期的环境思想与环境管理

秦汉时期自然环境观念渐趋成熟,自然资源必须保护,环境思想主要有以下几个方面的表现:万物一体与平等,取用有节,天人合一,道法自然与追求生态和谐等。这些思想已经影响到治国理政,出现了保护自然资源的立法及保护山林、土地、动物等的管理措施。东汉后期,还出现了在道家环保思想基础上发展起来的道教的生态保护思想,大大丰富了汉代环保思想的内容。

第一节 | **秦汉时期的环境思想**

一、万物一体与万物平等

《吕氏春秋》成书于秦统一前夕,广收博取,采众家之长,对秦汉时期的环保思想影响很大。

《吕氏春秋·有始》载:"天有九野,地有九州,土有九山,山有九塞,泽有九薮,风有八等,水有六川。"[①] 其意是说,大自然是由天、地、土、山、泽、风、水等元素构成的,天、地、土、山、泽等各分为九部分,风分为八等,水分为六部分。自然界的各种生物之间,生物与外界环境之间,以及人类社会与自然界之间,都存在着普遍的联系。自然界和人类社会,自然界的各种生物与周围环境,既相互作用和影响,又相互变化与协调,共同构成了一个有机联系的整体。[②]

《吕氏春秋·贵信》谈到自然界气候正常运行的重要性。"天行不信,不能成岁;地行不信,草木不大。"[③] 天的运行不遵循规律,就不能形成岁时;地的运行不遵循规律,草木就不能生长。春风不能按时到来,花就不能盛开,"则果实不生"。[④] 夏天的炎热不能按时到来,土地就不肥沃,植物生长成熟的情况就不好。秋雨不能按时降下,谷粒就不坚实饱满,"则五种不成"。[⑤] 事物内部与周围的环境之间有着密切的联系。自然界的运行规律直接影响农作物的生长,春风、温度、雨水、寒冷都和农业生产有着有机的联系。《吕氏春秋》将这种联系推而广之,认为人类与天、地之间也存在着广泛的联系。"万物之形虽异,其情一体也。"[⑥] 包括人在内的万物虽然外形上有差异,但其本性是一样的。天地之间的万物是一个整体,"此之谓大同"。人类有耳目鼻口,自然界有五谷寒暑,"此之谓众异"。既有"大同",又有"众异","则万物备也"。[⑦] 虽然天地间的万物有差别,但是从根

---

① 张双棣、张万彬、殷国光等译注:《吕氏春秋译注·有始》,北京大学出版社,2000年,第336页。

② 王启才:《〈吕氏春秋〉的生态观》,《江西社会科学》2002年第10期。

③ 吕不韦编:《吕氏春秋集释》卷19《离俗览·贵信》,许维遹集释,中华书局,2009年,第537页。

④ 吕不韦编:《吕氏春秋集释》卷19《离俗览·贵信》,许维遹集释,中华书局,2009年,第536页。

⑤ 吕不韦编:《吕氏春秋集释》卷19《离俗览·贵信》,许维遹集释,中华书局,2009年,第536页。

⑥ 张双棣、张万彬、殷国光等译注:《吕氏春秋译注·仲春季·情欲》,北京大学出版社,2000年,第39页。

⑦ 张双棣、张万彬、殷国光等译注:《吕氏春秋译注·有始》,北京大学出版社,2000年,第337页。

本上说,万物是异构同质,即天、地、人是一个系统的动态的有机体。《吕氏春秋·有始》云,天是由轻微之物上升而形成,地是由重浊之物下沉而形成。"天地合和,生之大经也。"[①] 天地之间阴阳二气互相交合,万物随之形成,因此成为万物共有的根源。阴阳二气在不停地运动变化,彼此融会,相互交感,相互影响。《吕氏春秋·应同》载:"类同相召,气同则合,声比则应。"[②] 所以,天、地、人乃至万物都应该和睦相处,只有这样,才能构建一个和谐的统一体。

《吕氏春秋》在《本生》《重己》《贵生》《情欲》等篇中,提出了生命观,即"圣人深虑天下,莫贵于生"。[③] 生命是最重要的,没有什么东西能够超过它。所以,人类必须爱护生命,担负起养护生命的责任。《吕氏春秋·本生》载,天生育了万物,但"养成之者,人也"。[④] 虽然生命来源自然,但是人类对其负有养护的责任。同时,人类要想做到贵生,就必须"害于生则止","利于生者则弗为","惟不以天下害其生者也,可以托天下",对统治者提出了必须珍爱生命的要求。[⑤]

《吕氏春秋·贵生》篇中,"贵生"又进而发展为"尊生"。"所谓尊生者,全生之谓",并且以"全生为上"。尊重生命,就要保全生命。努力做到"生而弗子,成而弗有",然后才能"万物皆被其泽,得其利"。[⑥] 尊重生命,养护生命是人类最高尚的德行。

《吕氏春秋》认为,人们处理事情应该效法自然,顺应自然。《吕氏春

①　吕不韦编:《吕氏春秋集释》卷13《有始览》,许维遹集释,中华书局,2009年,第277页。

②　吕不韦编:《吕氏春秋集释》卷13《有始览·应同》,许维遹集释,中华书局,2009年,第286页。

③　张双棣、张万彬、殷国光等译注:《吕氏春秋译注·贵生》,北京大学出版社,2000年,第36页。

④　吕不韦编:《吕氏春秋集释》卷1《孟春纪·本生》,许维遹集释,中华书局,2009年,第13页。

⑤　张双棣、张万彬、殷国光等译注:《吕氏春秋译注·贵生》,北京大学出版社,2000年,第36页。

⑥　张双棣、张万彬、殷国光等译注:《吕氏春秋译注·贵公》,北京大学出版社,2000年,第20页。

秋·知分》云:"凡人物者,阴阳之化也。阴阳者,造乎天而成者也。"①世界上的各种事物都是由阴阳之气形成的,人类并不是凌驾于大自然之上的统治者,同样也是大自然孕育的结果,并直接参与了大自然的进化过程。自然界的万物,包括天、地、人等都各有其规律性,人类应该顺应和遵循这些自然规律。人类的各种活动受自然规律的支配和自然环境的制约,大自然也会对人类的活动做出反应。所以,人类要想生存下去,就应该积极努力地去探索自然规律,做到与自然界的协调发展。《吕氏春秋·序意》云:"三者咸当,无为而行。行也者,行其理也,行数,循其理,平其私。"②人类只有遵循自然界的规律,按照规律办事,农业才会丰收,人事才会顺利,社会才会安宁。反之,人类就会受到大自然的惩罚。

人类活动与自然规律有着内在的统一性和对应关系,人类社会的活动只有取法自然,与自然相适应、相协调,才能顺利、成功。效法天地、顺应自然十分重要,《吕氏春秋·序意》指出,清平盛世是"法天地"的结果。③《吕氏春秋·情欲》中也提到"古之治身与天下者,必法天地也"。④圣王先贤在治理国家时,都尽力效法天地,遵循自然规律,所以都获得了满意的结果。积极主动地效法自然,克服主观盲动性,才能缓和与自然界的矛盾,避免与自然界产生对抗。

《吕氏春秋》在人类的行为方面,提出了贵因论。《吕氏春秋·贵当》篇载:"性者,万物之本也,不可长,不可短,因其固然而然之,此天地之数也。"⑤《吕氏春秋·仲秋纪》载:"凡举事无逆天数,必顺其时,乃因其类。"⑥

---

① 张双棣、张万彬、殷国光等译注:《吕氏春秋译注·知分》,北京大学出版社,2000年,第699页。

② 张双棣、张万彬、殷国光等译注:《吕氏春秋译注·序意》,北京大学出版社,2000年,第332页。

③ 吕不韦编:《吕氏春秋集释》卷12《季冬纪·序意》,许维遹集释,中华书局,2009年,第275页。

④ 吕不韦编:《吕氏春秋集释》卷2《仲春纪·情欲》,许维遹集释,中华书局,2009年,第46页。

⑤ 吕不韦编:《吕氏春秋集释》卷24《不苟论·贵当》,许维遹集释,中华书局,2009年,第656页。

⑥ 吕不韦编:《吕氏春秋集释》卷8《仲秋纪》,许维遹集释,中华书局,2009年,第179页。

这些内容可以看作是人类从事实践活动的指导方针。《吕氏春秋·贵因》篇从多个方面论述了"贵莫如因,因则无敌"的道理。"禹通三江五湖,决伊阙,沟回陆,注之东海,因水之力也。"大禹治水成功,是因为遵循了流水的规律。"夫审天者,察列星而知四时,因也;推历者,视月行而知晦朔,因也。"[1]审天者和推历者根据星辰、月亮的变化规律,获知四时与晦朔,从而合理安排农业活动与其他事宜。顺应自然,反映的是道家思想。侯外庐在评价《吕氏春秋》时说:"总而言之,通读全书,处处感到道家的气氛极重,初不让于儒家的味道。"[2]

《吕氏春秋》在十二纪中提出了系统的生态保护措施,这些措施体现了古人的环境保护思想。比如,孟春时节,为了保护山林资源,"命祀山林川泽,……禁止伐木";通过"牺牲毋用牝,……无覆巢,无杀孩虫、胎夭、飞鸟,无麛毋卵"等方式来保护动物资源。[3]

仲春时节,为了不妨碍农业生产活动,要求"无作大事"。"无竭川泽,无漉陂池",以免破坏了生态系统。为了保护林木资源,要求"无焚山林"。[4]

季春时节,为了保护动物资源,采取"田猎罼弋,罝罘罗网,喂兽之药,无出九门"[5]的措施,并且"命野虞无伐桑柘"[6]以便保护桑树资源。

孟夏时节,"无起土功,无发大众",以免影响农业生产活动。为了保护森林资源,要求"无伐大树"。"驱兽无害五谷,无大田猎"[7],也是为了保护农业生产和动物资源。

---

[1]　张双棣、张万彬、殷国光等译注:《吕氏春秋译注·贵因》,北京大学出版社,2000年,第471页。

[2]　侯外庐、赵纪彬、杜国庠:《中国思想通史》第1卷,人民出版社,1957年,第660页。

[3]　张双棣、张万彬、殷国光等译注:《吕氏春秋译注·孟春》,北京大学出版社,2000年,第2页。

[4]　张双棣、张万彬、殷国光等译注:《吕氏春秋译注·仲春》,北京大学出版社,2000年,第31页。

[5]　张双棣、张万彬、殷国光等译注:《吕氏春秋译注·季春》,北京大学出版社,2000年,第58页。

[6]　张双棣、张万彬、殷国光等译注:《吕氏春秋译注·季春》,北京大学出版社,2000年,第59页。

[7]　张双棣、张万彬、殷国光等译注:《吕氏春秋译注·孟夏》,北京大学出版社,2000年,第89页。

季夏时节,植物正处于生长的最佳时期,因此要求"无或斩伐"。"不可以兴土功,……无举大事"[1],则是为了保证农业生产活动的正常进行。

秋、冬季节,人们就可以顺应自然界的规律,进行一系列的活动了。比如"伐薪为炭"[2],也可以在野虞的教导下,"取疏食田猎禽兽"[3],还可以"命渔师始渔"[4]。

《淮南子》继承先秦道家的思想,以天道推演人道,认为道是万物的本源,世间万物原本都是同根而生,通过"道"来获得其本性。万物不仅从道中获得各自的本性,而且万物在本性上是自足的。"各便其性,安其居,处其宜,为其能。"并由此得出了"物无贵贱"的道理。事物之所以有贵贱之分,是因为人们"因其所贵而贵之,……因其所贱而贱之"而造成的。[5]万物生来就是平等的,没有贵贱之分。万物之所以有高低贵贱之分,是由于人们的价值观不同而造成的。

《淮南子》不但认为物与物是平等的,而且认为人与物也是平等的,因为人属于万物。"譬吾处于天下也,亦为一物矣。"[6]人类既然也是万物之一,同其他事物没有什么质的区别,因此不应该以不平等的眼光去看待其他生物,而应该与之和睦相处。

二、天人合一

天人关系一直以来是中国古代哲学讨论的基本概念,是古代思想家们所关注的一个重要问题。中国是一个以农业为基础的国家,因此人们特别注意人与自然之间的关系,十分关注自然环境对农业生产所带来的影响。

---

[1]　张双棣、张万彬、殷国光等译注:《吕氏春秋译注·季夏》,北京大学出版社,2000年,第146页。

[2]　张双棣、张万彬、殷国光等译注:《吕氏春秋译注·季秋》,北京大学出版社,2000年,第229页。

[3]　张双棣、张万彬、殷国光等译注:《吕氏春秋译注·仲冬》,北京大学出版社,2000年,第283页。

[4]　张双棣、张万彬、殷国光等译注:《吕氏春秋译注·季冬》,北京大学出版社,2000年,第308页。

[5]　刘安编:《淮南子集释》卷11《齐俗训》,何宁集解,中华书局,1998年,第770页。

[6]　刘安编:《淮南子集释》卷7《精神训》,何宁集解,中华书局,1998年,第575页。

在古代社会里,异常的自然现象的出现及生态环境的改变,不仅对农业生产产生严重影响,甚至会给一个王朝的命运带来不利影响。"天人合一"是指人与自然的和谐统一关系,而不是对立的。这种思想反映了古人对人与自然之间关系的一种朦胧的整体观念和系统观念。[①] 在不同的历史时期,可能天人合一具体的内容和表现形式有所不同,但是都认为自然界与人类社会之间存在着某种联系。两汉时期,尊崇儒术,以经治国,儒家"天人合一"的系统自然观得到了进一步的认同。[②]

"有些论者认为,在现代环境问题的形势下,'天人合一'显示出了巨大的生态价值,表达着儒家对人和自然和谐关系的向往和追求;另一些论者则对'天人合一'的生态价值提出了质疑,对儒家和中国传统文化是否具有环境意识持否定意见。"[③]

早期儒家宣扬"天人合一"思想的目的主要是为了强调自然界与人类社会之间的和谐统一。[④] 贾谊的"天人合一"思想也继承了这个思路。他认为天、地、人之间存在着一些共同的规律。

贾谊在《新书·六术》中指出,"六理"是指"道、德、性、神、明、命",它们存在于"所生之内",因此,阴阳、天地、人类都"以六理为内度"。然后,阴阳有"六月之节",天地有"六合之事",而人有"六行"。[⑤] 他认为,"六理""六法""六行"是贯穿于自然界与人类社会之间的共同规律。其中最基本的规律是"六理",因为不管是自然界还是人类社会"尽以六理为内度"。"六理"是自然界与人类社会都应该遵循的行为准则。"六理"又通过"六法""六术""六行"等形式表现出来。

《淮南子》继承并吸收了《庄子》的观点,认为古代的理想社会是一个人类与自然和谐相处的社会。在这个社会里,阴阳调和,风调雨顺,"万物蕃息"。人类与自然界的动物关系融洽,和谐相处,"乌鹊之巢可俯而探也,

① 刘玉:《贾谊的生态伦理观探究》,《淮北煤炭师范学院学报》(哲学社会科学版) 2009 年第 2 期。

② 党超:《论两汉时期的生态思想》,《史学月刊》2008 年第 5 期。

③ 张云飞:《天人合一——儒学与生态环境》,四川人民出版社,1995 年,第 2 页。

④ 王兴国:《贾谊的生态伦理思想及其现代意义》,《湖南社会科学》1995 年第 5 期。

⑤ 贾谊:《新书校注》卷 8《六术》,阎振益、钟夏校注,中华书局,2000 年,第 316 页。

禽兽可羁而从也"①。如果人类与自然界的关系不和睦,就会出现衰世,并受到自然的惩罚。《淮南子·本经训》指出,在衰世里,阴阳失衡,四季失序,"雷霆毁折,雹霰降虐;氛雾霜雪不霁",异常灾害频频发生,并导致"万物燋夭。灾榛秽,聚埒亩;芜野葵,长苗秀;草木之句萌、衔华、戴实而死者,不可胜数"。后果严重,百姓失去赖以生存的物质资源。出现这类情况,是由于人们对自然资源的过度开发与使用,是人类破坏了与自然的和谐。

董仲舒认为,执政者应该顺应天道,颁布的政令、法规和政策等都应该和阴阳的变化、四季的变更、五行的顺逆相适应,只有这样才能保证人类社会与自然的协调发展。他在《春秋繁露·王道》中通过对古代社会盛世的描绘,表达了对理想社会的向往。在这个理想社会里,"毒虫不螫,猛兽不搏,抵虫不触"②,人类与各种动物和谐相处,关系融洽,天降甘露,朱草生长,甘泉溢出,而且"风雨时,嘉禾兴,凤凰麒麟游于郊",呈现出风调雨顺、天下太平的景象。

董仲舒还认为,人与自然不能和谐相处的社会不是真正的理想社会,《春秋繁露·王道》描绘有夏桀、商纣残暴统治下的社会景象:统治者迫害动物,"困野兽之足,……食类恶之兽";无休止地利用资源,"竭山泽之利";挥霍浪费无度,"以糟为邱,以酒为池",结果造成了自然环境的严重破坏,出现"夏大雨水,冬大雨雪,……正月不雨,至于秋七月,地震,梁山崩,壅河,三日不流"的反常现象。侯外庐说:"自然界的变异,在董仲舒看来,正是天的有目的的、而且很有分寸的仁慈的措施。"③董仲舒从天人感应的立场出发,认为这是上天给予人类的惩罚。在今天看来,这是人类过度开发与利用自然受到的惩罚。为了避免上天的惩罚,董仲舒主张,应该将人类社会视为自然的一部分,人类社会与自然是紧密联系,密不可分的。因此,统治者所实施的政策应该符合天道,顺应自然规律。只有如此,才能保证人类社会与自然和谐发展,也才能保证人类社会的和谐与安定。反之,如果统治者采取的政策违背自然规律,不合时宜,不仅会使社会秩序变得混乱不堪,

---

① 刘安编:《淮南子集释》卷13《氾论训》,何宁集解,中华书局,1998年,第912页。

② 董仲舒:《春秋繁露义证》卷4《王道第六》,苏舆义证,中华书局,1992年,第102页。

③ 侯外庐、赵纪彬、杜国庠:《中国思想通史》第2卷,人民出版社,1957年,第101页。

还会危及自然,使自然的生态失去平衡。

董仲舒把统治者的不良行为视为损害五行。《春秋繁露·五行顺逆》指出:统治者如果在春季侵占民时,掠夺民财,导致百姓陷入穷困状态,就损害了五行之中的"木",会造成"茂木枯槁,工匠之轮多伤败";若是损害了鳞虫,就会"鱼不为,群龙深藏,鲸出现"。统治者如果在夏季受坏人的迷惑,疏远忠臣,叛离亲人,滥杀无辜,废弃法度,让妻妾当政,就损害了"火","则大旱,必有火灾";如果掏鸟巢取卵,损害了羽虫,就会"飞鸟不为,冬应不来,枭鸱群鸣,凤凰高翔";统治者如果爱好淫乐,大兴土木,危害百姓,就伤及于"土",会"五谷不成";若是损害了倮虫,则导致"倮虫不为,百姓叛去,贤圣放亡"。统治者如果在秋季穷兵黩武,不爱惜百姓生命,就损坏了"金",结果"铸化凝滞,冻坚不成";如果以焚烧山林的方式打猎,损害了毛虫,就会导致"走兽不为,白虎妄搏,麒麟远去"。统治者如果在冬季简化宗庙之仪,省去祭祀,执法不顺,违逆天时,就祸及于"水",会"雾气冥冥,必有大水,水为民害";若是损害了介虫,就会带来"龟深藏,鼋鼍响"的后果。[①]

如果统治者的生活和施政不合乎时宜,不合乎礼仪,那么他在扰乱社会秩序的同时,也会扰乱自然秩序。所以,社会的混乱常常伴随着自然界生态系统的失衡。《春秋繁露·王道》中描述了周朝后期,随着朝政的衰败,出现了夏季下大雨,冬季下大雪,"霣石于宋五,六鹢退飞,霣霜不杀草,李梅实",而且正月不下雨,七月则出现"地震,梁山崩,雍河,三日不流"的自然界反常现象。[②]

董仲舒看到了社会混乱与自然失衡存在着一定的联系,因此,他主张人们做事情必须顺应天道,符合阴阳五行的规律,否则必定遭到上天的报应。董仲舒的天人感应思想中蕴含着有积极意义的生态环保思想,最显著的特点是通过一系列符瑞和灾异等自然现象,揭示了生态环境的好坏。

班固的《白虎通》基本上继承了董仲舒的天人感应思想,突出道德之天,以神灵之天作为自然界的最高主宰。《白虎通》给自然界的各种符瑞和

---

①　董仲舒:《春秋繁露义证》卷13《治水五行第六十一》,苏舆义证,中华书局,1992年,第381页。

②　董仲舒:《春秋繁露义证》卷4《王道第六》,苏舆义证,中华书局,1992年,第108页。

灾异现象蒙上一层神学外衣，主要为了约束封建统治者。如果撇开符瑞和灾变现象的神秘色彩不谈，不难发现这些符瑞和灾异等自然现象实际上是生态环境优劣的写照，反映了人与自然界关系的好坏程度。《白虎通·封禅》指出，天下太平，符瑞降临，是因为统治者遵循自然规律，从而使阴阳调和，万物有序。符瑞的到来，"皆应德而至"[①]，是冲着统治者的仁德之政来的。如果统治者的仁德惠及天，则"甘露降"；若仁德惠及地，"则嘉禾生，蓂荚起，秬鬯出"，百姓就有了"太平感"；仁德惠及草木，则"朱草生，木连理"；仁德惠及鸟兽，就会出现"凤皇翔，鸾鸟舞，麒麟臻，白虎到，狐九尾，白雉降，白鹿见，白鸟下"的奇特景观；仁德惠及山陵，"则景云出，芝实茂，陵出异丹，阜出萐莆"；仁德惠及渊泉，"则黄龙见，醴泉通"。[②] 这是统治者上顺天意下顺民心实行德政的结果，同时也是人类与自然和谐相处的必然结果。

三、仁爱万物

贾谊仁爱万物的生态伦理思想，首先表现在对人民生存的关注上。在《新书·大政》中，贾谊阐述了统治者在治理国家时以民为本的重要性。百姓对国家来说，十分重要。"国以为本，君以为本，吏以为本。"[③] 所以说，"民无不为本也"。同时，贾谊还指出，统治者是否会遭到大自然的惩罚，关键是看其对老百姓的态度。国家的灾祸与福祉，并非单纯取决于天，而"在士民也"。统治者实行德政，"粹以为福己矣"；反之，统治者如果"夺民时"，不以民为本，不懂得仁爱百姓，则"天有常灾"。[④] 因此，统治者不应该怨天尤人，而应当多反省自己是否以民为本，明白"行自为取"的道理。如果统治者能提高道德修养，以仁为本，同时注意顺应自然界的规律，遵循天时，就能够减少乃至避免受到自然界的惩罚。

---

① 班固撰集：《白虎通疏证》卷6《封禅》，陈立疏证，吴则虞点校，中华书局，1994年，第283页。

② 班固撰集：《白虎通疏证》卷5《封禅》，陈立疏证，吴则虞点校，中华书局，1994年，第305页。

③ 贾谊：《新书校注》卷9《大政上》，阎振益、钟夏校注，中华书局，2000年，第338页。

④ 贾谊：《新书校注》卷9《大政上》，阎振益、钟夏校注，中华书局，2000年，第338~339页。

贾谊认为,衡量统治者能否坚持以民为本,除了看他能否以仁爱之心对待百姓,还应该看他能否以仁爱之心对待自然界中的其他生物。这是贾谊的生态伦理思想的重要内涵。贾谊说,周文王治理天下,其恩泽能够"下被禽兽,洽于鱼鳖",使它们都能够"攸若攸乐","而况士民乎"！[①]贾谊以仁爱百姓为先,希望统治者能够将仁爱泽及禽鱼等生物,让它们快乐地成长繁殖,能够乐待万物也就能够爱怜百姓。

统治者必须在仁爱百姓的前提下再去仁爱其他生物,才能真正称得上是有仁爱之心。贾谊借称颂古代先贤圣主的仁爱之举以劝勉当世,古圣先贤将对百姓关爱的情感推及动物,"见其生,不忍见其死,闻其声,不尝其肉",可谓是"仁之至也"。《新书·谕诚》记有"网开三面"的故事:商汤外出,见到一位捕鸟者在东西南北四个方向上都布了网,还祷告说:"愿天下四方的飞鸟都投进我的网里。"商汤嗤之以鼻,让他撤掉三面的网。这个故事在战国末期至西汉流传很广,《吕氏春秋·孟冬纪·异用》《史记·殷本纪》等书均有记载。商汤布德施惠恩及动物的政策赢得了诸侯的信任,不少国家都归附于他。

贾谊不仅着眼于动物资源的持续存在和永续利用来保护自然,而且将保护自然与道德教化的政治目的联系起来。古人进行自然保护往往是为了显示自身道德的完备、人格的高大,以此来巩固和加强自己的统治。如天下诸侯听了商汤"网开三面"的事后认为,"汤德至矣,及禽兽"[②]。尽管可以将"德及禽兽"理解为古代的生态道德意识,但这里的"德"的重心却在道德教化的政治功能上,因此才有天下诸侯归汤、汤建商的结果。

董仲舒认为,儒家伦理不仅适用于人与人之间,而且是天地之间的道德准则,同时适用于整个自然界。《春秋繁露·仁义法》曰:"仁者,爱人之名也。"[③]儒家"仁者爱人"思想的体现,是博大的爱,是推广的爱。统治者除了爱民,还应该将仁爱之心扩大到自然界的鸟兽昆虫。"质于爱民,以下至

①　贾谊:《新书校注》卷7《退让》,阎振益、钟夏校注,中华书局,2000年,第288页。

②　司马迁:《史记》卷3《殷本纪》,中华书局,1959年,第95页。

③　董仲舒:《春秋繁露义证》卷8《仁义法第二十九》,苏舆义证,中华书局,1992年,第251~252页。

于鸟兽昆虫莫不爱。不爱，奚足谓仁！"①若只是爱护人类，不能将爱心扩展到鸟兽昆虫，那就不能称得上是真正的仁。在董仲舒之前的儒家思想当中，仁是伦理的核心，强调"仁者爱人"，但是，这种爱是有层次的，如孟子所说："亲亲而仁民，仁民而爱物。"②即先"亲亲"，再"仁民"，最后是"爱物"。爱的层次是逐级递减，强度也逐渐减弱。董仲舒将仁的范围扩大化，不仅爱人，还要爱鸟兽昆虫，否则"奚足谓仁"呢？仁者必须珍爱鸟兽昆虫，仁的范围扩展到了爱天地之间的万物。

为什么要仁爱万物呢？《春秋繁露·五行顺逆》指出，如果人类将仁爱惠及草木，"则树木华美，而朱草生"；如果仁爱惠及鳞虫，"则鱼大为，鳣鲸不见，群龙下"。仁爱惠及火，"则火顺人，而甘露降"；仁爱惠及羽虫，"则飞鸟大为，黄鹄出见，凤凰翔"；仁爱惠及倮虫，"则百姓亲附"；仁爱惠及毛虫，"则走兽大为，麒麟至"；仁爱惠及水，"则醴泉出"，惠及介虫，"则鼋鼍大为，灵龟出"。当人类将仁爱惠及万物时，就会出现安定祥和、欣欣向荣的景象，人类与自然达到和谐统一。抛开迷信色彩，董仲舒的反复论证是要说明，以仁爱之心对待大自然，也必将得到大自然的回报。

不难发现，董仲舒的"恩及草木""恩及鳞虫""恩及于火、羽虫、土、倮虫、金石、水"等学说中蕴含有关于水利保护、土地保护、森林资源保护等生物保护的生态伦理思想。

万物是由道衍生出来的，而道即自然，因此，自然是万物的本性之源。"万物固以自然，圣人又何事焉！"③万物自然而生，又自然而亡，本性自然，无需人们去干预。《淮南子》反对人类干预自然过程，主张顺应自然的发展，从道与物的关系里推导出人与万物的关系是无为。但它的无为与老庄的无为有所不同。老子主张的无为是"辅万物之自然"。④庄子对无为的理解

---

① 董仲舒:《春秋繁露义证》卷8《仁义法第二十九》,苏舆义证,中华书局,1992年,第251页。

② 《十三经注疏》整理委员会整理:《十三经注疏·孟子注疏》,北京大学出版社,1999年,第377页。

③ 刘安编:《淮南子集释》卷1《原道训》,何宁集释,中华书局,1998年,第38页。

④ 陈鼓应注译:《老子今注今译》,商务印书馆,2006年,第298页。

是"其出不忻,其入不距;倏然而往、倏然而来而已矣。……是之谓真人"①,
主张对待外物从不动心,是一种消极的人生态度。《淮南子》将无为视为一
种处理事情的方法,这种方法不但适用于处理人和人之间的关系,还适用
于处理人类与自然界万事万物间的关系。"所谓无为者,不先物为也;所谓
无不为者,因物之所为。"②无为并不是在自然面前无所事事,而是"不先物
为也"。人类做事情,前提条件是不能过度干预自然界的发展,更不能对抗
自然规律,而应该去顺应自然。因为生态系统本身就有很强的自我调节能
力。如果人为地去干预自然界的发展过程,就会破坏整个生态系统的发展,
带来严重后果。因此,人类必须顺应自然,按照自然规律办事。③

　　《淮南子》继承并发展了阴阳五行思想,吸收了《吕氏春秋》的"十二纪"
的内容,提倡顺应自然,顺物之性,不先物为,强调顺应天时,主张人类在进
行生产活动时,应该遵循自然界春生、夏长、秋收、冬藏的规律。

　　春季自然万物萌发,温度逐渐升高,各种新生命开始孕育。因此,统治
者在春季应该顺应天时,采取仁政治理国家,注意爱护新生命,保护大自然
的各种生物。《淮南子·时则训》说,孟春时节,为了能够让新生命安全孕育,
要求"禁伐木,毋覆巢杀胎夭,毋麛,毋卵"。禁止砍伐生长的树木,不能捣
毁鸟巢,不捕杀怀孕孵卵的动物,要保护好幼小的麛和鹿。为了保护整个
生态系统不被破坏,要求"毋竭川泽,毋漉陂池,毋焚山林"。为了保护农业
生产活动,主张"毋作大事以妨农功"。季春时节,为了保护野生动物资源,
要求"田猎毕弋,置罘罗网,喂毒之药,毋出九门"。为了保护植物资源,提
出"乃禁野虞,毋伐桑柘"。④

　　夏季随着温度升高,自然界的阳气达到了顶点,万物长成。因此,在夏
季应遵循"佐天长养"的自然规律,努力保护山林资源,"毋兴土功,毋伐大
树";禁止百姓"刈蓝以染,毋烧灰,毋暴布"。对那些迅速成熟的动植物资
源,则可以及时利用。尤其是到了季夏时节,可以"命渔人伐蛟取鼍,登龟

---

① 郭庆藩:《庄子集释》第6《大宗师》,中华书局,1985年,第229页。
② 刘安编:《淮南子集释》卷1《原道训》,何宁集释,中华书局,1998年,第48页。
③ 杨胜良:《汉唐环境保护思想研究》,厦门大学博士学位论文,2007年。
④ 刘安编:《淮南子集释》卷1《时则训》,何宁集释,中华书局,1998年,第391~392页。

取鼋。令滂人，入材苇"，放心地利用这些资源。[1]

秋季随着温度逐渐降低，阳气随之衰落，而阴气随之增强，进入收获季节，可以获取各种动植物资源。农事全部结束以后，要把五谷收成的情况记载在簿书上，把天子籍田的谷物储存在专用的谷仓中。霜降开始，百姓受不了寒冷，要让他们回到家中避寒。还要教民田猎，严守田猎的规定。狩猎完毕，用猎获的飞禽走兽祭祀四方神灵，酬报它们护佑狩猎的功德。仲秋之月草木凋落，可以砍伐树木烧制木炭。

冬天气温继续降低，开始出现霜雪，自然界的阴冷之气达到顶点，万物凋零，此时的主要任务是收藏。仲冬季节，要求百姓必须进行积聚和收藏，否则"牛马畜兽有放失者，取之不诘"；对于自然界中"山林薮泽，有能取疏食、田猎禽兽者"，则教导他们如何获取这些资源。这时也可以"伐树木，取竹箭"。到了季冬时节，"始渔"，"收秩薪，以供寝庙及百祀之薪燎"。总而言之，到了冬季，人们就可以放心地利用包括鱼类、林木、动物等在内的各种野生资源了。

在一年四季中，春季和夏季动植物正处在生长发育阶段，侧重保护；秋季和冬季，动植物趋于衰亡，侧重利用。这种用、养结合的方式，顺应了自然界的规律，可以起到保护动植物资源的作用。

《淮南子·主术训》认为："食者民之本也。"百姓是国家的根本，以食为天，所以应把满足百姓的物质生活需要放在首位。统治者应该"上因天时，下尽地财，中用人力，……各因其宜"，只有这样，才能"生无乏用，死无转尸"。[2]最大限度地满足百姓的物质生活需要。

《淮南子·人间训》认识到了在顺应天时的同时，还应该注意时禁与护生。"焚林而猎，愈多得兽，后必无兽。"[3]《淮南子·主术训》认为，对自然界的生物资源不能涸泽而渔，杀鸡取卵。"畋不掩群，不取麛夭，不涸泽而渔，不焚林而猎。"[4]应该高瞻远瞩，做长远打算，走可持续发展之路。在开发利

① 刘安编：《淮南子集释》卷9《时则训》，何宁集释，中华书局，1998年，第407页。

② 刘安编：《淮南子集释》卷9《主术训》，何宁集释，中华书局，1998年，第685~686页。

③ 刘安编：《淮南子集释》卷18《人间训》，何宁集释，中华书局，1998年，第1265页。

④ 刘安编：《淮南子集释》卷9《主术训》，何宁集释，中华书局，1998年，第687页。

用各种生物资源时,应该顺应其发展规律,遵循时节,随时而动,以保证自然界各种生物资源的生长和再生。

《白虎通》认为,统治者要想维护社会的长治久安,必须实行仁政,同时遵循自然规律,热爱自然,保护环境,才能使自然界呈现出欣欣向荣、生机盎然的局面,才会有朱草、灵芝、凤凰、鸾鸟、麒麟、白虎、九尾狐、白雉等各种祥瑞出现。《白虎通·封禅》就这些祥瑞所代表的寓意逐一进行了解释:出现九尾狐,是因为"不忘本也,明安不忘危也"。为什么必须是九尾呢?是因为"九妃得其所,子孙繁息也",而且"明后当盛也"。为什么出现景星呢? 原因是"景星常见,可以夜作,有益于人民也"。出现甘露,是因为甘露"降则物无不盛者也"。朱草出现,"可以染绛,别尊卑"。醴泉出现,是用来"养老"。嘉禾出现,预示着"三苗为一穗,天下当和为一"。[①] 以上这些祥瑞的出现,是统治者给予自然人文关怀,恩泽万物,保护环境的结果;是自然生态平衡,万物昌盛,人与自然和谐发展的表现。

同样,灾异现象的出现,不仅是上天对统治者的示警,也是人和自然关系紧张的表现。《白虎通·灾变》指出,上天降下灾害,是用来"谴告人君,觉悟其行",然后才能让统治者"悔过修德,深思虑也",目的是"以戒人也"。[②] 出现灾变,是上天以此来谴告统治者,目的是让统治者反思自己的行为,改正过失,实行仁政,深思熟虑后才能作为。如果统治者违反天时,逆天而行,破坏生态平衡,那么上天就会惩罚统治者,降下各种自然灾害,如地震、水、旱灾害等。

四、"取之有节,用之有时"

人类在改造和利用自然时,需要透过自然现象去认识和掌握自然规律,并在生产活动中顺应自然规律,按照自然规律办事。

贾谊在《新书·礼》中指出,人类在利用自然界的资源时,"不合围,不

---

① 班固撰集:《白虎通疏证》卷6《封禅》,陈立疏证,吴则虞点校,中华书局,1994年,第288页。

② 班固撰集:《白虎通疏证》卷6《灾变》,陈立疏证,吴则虞点校,中华书局,1994年,第269页。

掩群,不射宿,不涸泽",即不要毁灭性地开发与使用资源,要"取之有时,用之有节",这样才能"物蕃多",取之不尽,用之不竭,从而可持续地利用自然资源,这也符合人类的长远利益。[①]

《新书·无蓄》说,如果人类过度地利用资源,"则物力必屈"。无论粮食或其他作物,还是各种自然资源,如鱼虫草木鸟兽,生产繁殖都有一定的时间限制,不可能是取之不竭、用之不尽的。特别是粮食生产,不管是单产或是总产量,都会受生产技术和气候等条件的影响,如果不增加产量,随着人口增加,就会供不应求,更不要说积贮了。贾谊还指出:"汰流淫佚侈靡之俗日以长,是天下之大祟也。"[②]他反对奢侈浪费,认为这样做是"天下之大祟也",主张统治阶级在生活上勤俭节约,不要浪费资源。

《新书·道术》这样论述奢侈与节俭的辩证关系:"广较自敛谓之俭,反俭为侈。费弗过适谓之节,反节为靡。"[③]使用适度为节约,反之为奢靡。《新书·修政语下》说,古代圣王治理天下,因为能够做到"使民有时,而用之有节",才会出现"民无厉疾"的结果。[④]

人类要生存,就必须向自然界索取一定的资源,但是,在利用自然资源时,必须遵循自然界的规律,合理开发与利用自然资源。同时,还应该注意用、养结合,珍惜资源,只有这样,才能实现自然资源的可持续利用,最大限度地满足人类的需要,从而保证社会的稳定与发展。反之,正如《新书·无蓄》所说,如果"生之者甚少,而靡之者甚众",那么等待人类的就是"天下之势,何以不危"的危险情况了。[⑤]

儒家思想中含有许多生态学方面的知识,王云飞总结说:"儒家对生物离不开环境、生物的群居性、生物之间的关系等生态学问题都有深刻的认识;尤其是儒家对于生态学的季节节律更有深刻的、具体的把握,将之贯穿到资源保护中,形成了依'时'保护自然资源的思想;将之贯穿到农业中,形

---

① 贾谊:《新书校注》卷6《礼》,阎振益、钟夏校注,中华书局,2000年,第216页。

② 贾谊:《新书校注》卷4《无蓄》,阎振益、钟夏校注,中华书局,2000年,第163页。

③ 贾谊:《新书校注》卷8《道术》,阎振益、钟夏校注,中华书局,2000年,第205页。

④ 贾谊:《新书校注》卷9《修政语下》,阎振益、钟夏校注,中华书局,2000年,第374页。

⑤ 贾谊:《新书校注》卷4《无蓄》,阎振益、钟夏校注,中华书局,2000年,第164页。

成了以'时'为核心的生态农学思想。"[1]

《盐铁论》中提出了珍惜资源、爱护生物和保护环境的主张。《盐铁论·非鞅》认为:李子树和杨梅树,如果在第一年结的果实特别多,那么必然导致"来年为之衰";新谷子成熟了,就会"旧谷为之亏"。"天地不能两盈"[2],事情对一方有利,就必然对另一方有损害,就好比"阴阳之不并曜,昼夜之有长短也"。人和环境之间的关系也是如此。《盐铁论·散不足》说:为了保护动植物的成长,对谷物、蔬菜和水果要"不时不食";对鸟兽鱼鳖之类,"不中杀不食","微罔不入于泽,杂毛不取"。批评生态意识淡薄、任意捕杀野生动物的奢靡行为。富者"逐驱歼罔罝,掩捕麑鷇",奢侈浪费,"耽湎沈酒铺百川",什么都吃,上至"春鹅秋雏",下到"冬葵温韭浚,苴蓼苏,丰奕耳菜",再到"毛果虫貉"。[3]

《淮南子·本经训》对统治阶级奢侈浪费的豪华生活进行了无情的揭露。与五行金、木、水、火、土相对应的基本资源浪费严重,因此预言这种做法将会给社会带来十分可怕的后果。《淮南子·本经训》说,造成天下大乱的原因主要有五个:"大构驾,兴宫室……此遁于木也。凿污池之深……此遁于水也。……此遁于土也。……此遁于金也。……此遁于火也。此五者,一足以亡天下矣。"统治阶级对自然界任何一种物质资源进行无限制的消耗和挥霍,都将导致"亡天下"的可悲后果。[4] 这就要求人们在利用自然资源时,必须走可持续发展之路,不能无限制地向自然界索取。

《盐铁论·本议》列举了30余条因为奢侈浪费而产生的社会弊病。其内容涉及人们日常生活的各个方面,包括衣食住行乃至婚丧嫁娶,可谓无所不包。其核心都是生态环保问题。古人发出了保护资源、保护人类生存环境的呼吁,指出"山岳有饶,然后百姓赡焉。河、海有润,然后民取足焉"。[5]只有保护自然环境并合理开发利用自然资源,山川才能提供丰富的资源,

① 张云飞:《天人合一——儒学与生态环境》,四川人民出版社,1995年,第2页。

② 桓宽撰集:《盐铁论校注》卷2《非鞅》,王利器校注,中华书局,1992年,第94页。

③ 桓宽撰集:《盐铁论校注》卷6《散不足》,王利器校注,中华书局,1992年,第349页。

④ 于希谦:《略谈秦汉时代的自然环境问题》,《云南师范大学学报》(自然科学版)1986年第3期。

⑤ 桓宽撰集:《盐铁论校注》卷4《贫富》,王利器校注,中华书局,1992年,第221页。

供给百姓的日常生活;而江河湖海只有具备了丰富的物产,才能满足百姓的需要。同时强调顺应自然、保护自然资源的重要性。只有人们不违背农时,才能"谷不可胜食";按时种桑、养蚕、种麻,"布帛不可胜衣也";"斧斤以时",木材才能够用;"田渔以时",鱼肉才可以供应充足。只有顺应自然规律,懂得保护自然资源,物资才能取之不尽,才能满足日常的生活需求。反之,如果大兴土木,奢侈浪费,利用自然资源不按照时节进行,则会出现木材不足用、谷物不够食用、衣物不够穿、肉类供应不足的严重后果。"若则饰宫室,增台榭,……则材木不足用也。……则谷不足食也。……则丝布不足衣也。……则鱼肉不足食也。"①担忧的重点不是木材、粮食、衣物等不够用,而是"僭侈之无穷也"。

王充针对两汉时期奢靡成风的恶习,主张严禁奢侈,以防备国家贫乏。②《论衡·对作》说,汉章帝建初年间,中州一带农业歉收,颍川、汝南的百姓流离失所,皇帝十分担忧,"诏书数至"。于是"论衡之人",上书郡守,要求"禁奢侈,以备困乏"。"酒糜五谷,生起盗贼,沉湎饮酒,盗贼不绝",于是上书郡守,要求"禁民酒"。③王充从大局出发,竭力提倡节约资源。

汉代"人死为鬼"思想盛行,人们害怕死者的灵魂给生者带来祸害,在丧葬活动中铺张浪费,企图以此求得保佑。王充主张薄葬,改变厚葬习俗,以节约资源。《论衡·薄葬》认为,要杜绝厚葬,必须首先让人们明白死人没有知觉,死后不会变成鬼神的道理,否则,很难从根本上杜绝厚葬的奢侈风气。厚葬之风不止,"则奢礼不绝","丧物索用",使百姓"贫耗之,至危亡之道也"。④

五、东汉道教的环境保护思想

道教是我国土生土长的宗教,以"道"立教,以"道"化人。道教在人与自然的关系问题上具有深邃的生态智慧,其中蕴含着丰富的生态伦理思

---

① 桓宽撰集:《盐铁论校注》卷1《通有》,王利器校注,中华书局,1992年,第43~44页。
② 葛富莲:《王充的生态伦理思想及其当代价值》,南京林业大学硕士学位论文,2009年。
③ 王充:《论衡校释》卷29《对作篇》,黄晖校释,中华书局,1990年,第1181~1182页。
④ 王充:《论衡校释》卷23《薄葬篇》,黄晖校释,中华书局,1990年,第967页。

想。[①]《太平经》是汉代道教的重要经典,吸收继承并发展了先秦道家的生态保护思想。

(一) 道教的生态伦理观

1. 顺应自然,无为而治

汉代道教顺应自然的原则源于老子的"道法自然",认为自然是万事万物运行的最高法则,是"道"的同号异体。[②]"自然,道也。自然者,与道同号异体,令更相法,皆共法道也。"[③]《太平经》这样定义自然:"自然者,乃万物之自然也。"[④]"自然之法,乃与道连,守之则吉,失之有患。天地之性,独贵自然,各顺其亨,毋敢逆焉。"[⑤] 天道与自然的关系为:"天道不因自然,则不可成也。故万物皆因自然乃成,非自然愿难成。"[⑥] 自然就是"道"的本性,是道的别名。

万物的存在和发展有其自身的规律,遵循一定的自然法则。人们对自然和道的态度应该是顺应自然之道,而不是去改变它们。从生态学上来讲,人们所要做的只能是顺应自然,辅助万物成长,以尽自己参赞化育的责任。[⑦]《太平经》说,天地之间的万物,各有其特点、性情,对待万物应该"任其所长,所能为。所不能为者,而不可强也"[⑧]。如果人们不遵循自然万物的规律,强行作为,便会带来灾难性的后果和生态危机。"逆之则水旱气乖迕,流灾积成,变怪不可止,名为灾异。"[⑨] 反之,人们的行为如果符合自然界的

---

① 毛丽娅:《道教的生态伦理思想及其现代价值》,《四川师范大学学报》(社会科学版)2005 年第 3 期。

② 杜宗才:《汉代道家生态思想研究》,华中师范大学博士学位论文,2008 年。

③ 张陵:《老子想尔注》,《中华道藏》第 9 册,华夏出版社,2004 年,第 178~179 页。

④ 王明编:《太平经合校》卷 18~34《行道有优劣法》,中华书局,1960 年,第 16 页。

⑤ 王明编:《太平经合校》卷 103《虚无无为自然图道毕成诚第一百六十八》,中华书局,1960 年,第 472 页。

⑥ 王明编:《太平经合校》卷 137~153,中华书局,1960 年,第 701 页。

⑦ 冯琼脂:《道教生态伦理智慧的当代价值》,《杭州师范学院学报》(社会科学版)2005 年第 3 期。

⑧ 王明编:《太平经合校》卷 54《使能无争讼法第八十一》,中华书局,1960 年,第 203 页。

⑨ 王明编:《太平经合校》卷 50《天文记诀第七十三》,中华书局,1960 年,第 178 页。

运动发展规律,"凡事无大无小,皆守道而行,故无凶"①。所以,人们无论做什么事情,都应该遵循自然规律,顺应自然,才能无为而治,从而实现人与自然的和谐相处。

2. 尊重生命

道教重视生命,包含好生、贵生和养生三个方面的内容,三者之间是相辅相成的关系。道教认为,道生育了万物,是万物的母体,生命是道的重要体现。道不仅是人类的母体,也是万物的母体。道教不仅重视人类的生命,也重视其他生物的生命。道教尊重生命的思想和行为方式,是其生态思想的重要组成部分。

道教是一种以生为核心观念的宗教。在汉代道教的著作中,"生"占据了十分重要的地位,生命比任何物质财富都要珍贵。《太平经》论述生命珍贵的内容很多,例如,"要当重生,生为第一"②,把生命看作是第一位的东西。天地之间,万物种种,但"人命最重"③。"凡人一死,不复得生也。"④生命"尊且贵,与天地相似"。⑤道教尊重生命的思想还表现在"好生恶杀"上,珍惜生命,反对杀害、残害生命。《太平经》云:"天道恶杀而好生,蠕动之属皆有知,无轻杀伤用之也。"⑥道教尊重生命的思想不仅适用于人,也适用于"蠕动之属",将对人类生命的尊重扩展到对所有动物的爱护。道教不仅对动物的生命表示尊重,而且对包括植物在内的一切生命都给予尊重。《太平经》云:万物来到世间,"皆能竟寿而实者,是也";只要降临到世上,"不而竟其寿,无有信实者,非也"。⑦万物只有"竟其寿",才算是真正意义上的生命。

① 王明编:《太平经合校》卷 18~34《悬象还神法》,中华书局,1960 年,第 21 页。

② 王明编:《太平经合校》卷 114《不用书言命不全诀第一百九十九》,中华书局,1960 年,第 613 页。

③ 王明编:《太平经合校》卷 35《分别贫富法第四十一》,中华书局,1960 年,第 34 页。

④ 王明编:《太平经合校》卷 72《不用大言无效诀第一百一十》,中华书局,1960 年,第 298 页。

⑤ 王明编:《太平经合校》卷 90《冤流灾求奇方诀第一百三十一》,中华书局,1960 年,第 340 页。

⑥ 王明编:《太平经合校》卷 50《去浮华诀第七十二》,中华书局,1960 年,第 174 页。

⑦ 王明编:《太平经合校》卷 70《学者得失诀第一百六》,中华书局,1960 年,第 278 页。

　　道教还主张平等地对待万物。"天以真要道生物,乃下及六畜禽兽。"[①]
并进一步扩展,"四时五行,乃天地之真要道也,天地之神宝也,天地之藏
气也"。[②]六畜禽兽以及草木都是"真要道生物",其生命应该受到平等地尊
重和保护。它们都是经过阴阳之气中和而形成的,与人类一样,都希望生存
而厌恶死亡。因为天道憎恨戕杀,喜好化生,所有的动物都有感情,所以"无
轻杀伤用之也"。[③]即使万不得已而需杀生,也应该做到"有可贼伤方化,须
以成事,不得已乃后用之也"。[④]一切生物都好生恶死,人类应该尊重它们
的生命,不应该随便地去伤害它们。只有在不得已的情况下方可使用,但
是应该特别注意不要伤害它们的幼体。"诸谷草木、行喘息蠕动"之类的生
物,当然也包括"飞鸟步兽水中生"之类的生物,它们"皆含元气",[⑤]当人们
需要用它们"奉祀及自食"的时候,应该"但取作害者以自给"。对于那些"牛
马骡驴不任用者",可以用来"集共享食"。但是,切莫"杀任用者、少齿者",
因为这类动物"是天所行,神灵所仰也"。[⑥]对鸟兽虫鱼等野生动物,只能猎
取那些危害人类的;而对牛马骡驴等生产用畜,只能用取那些失去使用价
值的,而且注意不要伤害幼畜。

　　道教主张对草木等植物顺常。《太平经》云:"人亦须草自给,但取枯落
不滋者,是为顺常。"[⑦]同时,还特别强调不能杀伤"任用者、少齿者",因为它
们代表了上天的意愿。如果人们违反了法则,就会受到惩罚。"令天上诸神,
共记好杀伤之人",对于那些违反时禁,好杀伤者,则会"天甚咎之,地甚恶
之,群神甚非之",可谓是人神共怒。其结果是"三年与闰并一中考,五年一

①　王明编:《太平经合校》卷97《妒道不传处士助化诀第一百五十四》,中华书局,
1960年,第430页。

②　王明编:《太平经合校》卷97《妒道不传处士助化诀第一百五十四》,中华书局,
1960年,第430页。

③　王明编:《太平经合校》卷50《去浮华诀第七十二》,中华书局,1960年,第174页。

④　王明编:《太平经合校》卷50《去浮华诀第七十二》,中华书局,1960年,第174页。

⑤　王明编:《太平经合校》卷112《不忘诚长得福诀第一百九十》,中华书局,1960年,
第581页。

⑥　王明编:《太平经合校》卷112《不忘诚长得福诀第一百九十》,中华书局,1960年,
第581页。

⑦　王明编:《太平经合校》卷112《写书不用徒自苦诫第一百八十七》,中华书局,1960
年,第572页。

大考。过重者则坐,小过者减年夺算"①,给予好杀伤者不同的惩罚。从中我们可以体会出道教严禁杀生害命、保护生物、尊重生命的爱物思想。

尊重生命,不杀害生命,特别是不伤害怀孕的动物以及动物幼崽,这是道教重要的戒律。《太平经》认为,此项戒律是上天出于怜悯之心而为保护人类制定的。②许多人非常愚戆,"恣意杀伤,或怀妊胞中",从而导致"当生反死,此为绝命,以给人口"。当人们面临死亡的时候,"皆恐惧近,知不见活"。看到这种情况,"故天诫矜之,怜愍为施防禁,犯者坐之"。戒律不允许"恣意杀伤,或怀妊胞中",否则"犯者坐之"。③《太平经》还从保护社会环境的角度出发,认为伤害生物会危害社会,从而影响天下太平。"太平者,乃无一伤物,为太平气之为言也。……若有一物伤,辄为不平也。"④ 天下太平指的是万物各得其性,各得其宜,自然发展,只要有一物受到了伤害,那就不能算是太平,太平是指人与万物的共同发展。因此,必须尊重生命,保护自然界的各种生物,才能保证社会环境的良好,促进社会安定。

3. 万物平等

道教认为万物平等,这种思想是对先秦时期道家万物平等思想的继承和发展。宇宙间的万物都是由道所产生的,都来源于"道",人与宇宙间的万物都是平等的,没有高低贵贱之分。《太平经》云:"元气行道,以生万物,天地大小,无不由道而生者也。"⑤道产生万物,万物一体,统一于道。万物是平等的,没有等级,也没有贵贱的差异。

《太平经》云:"元气恍惚自然,共凝成一,名为天也;分而生阴而成地,名为二也;因为上天下地,阴阳相合施生人,名为三也;三统共生,长养凡物,名为财。"⑥ 天、地、人都是由同一种元气变化而来,因此是平等的。人的

---

① 王明编:《太平经合校》卷 118《天神考过拘校三合诀第二百一十一》,中华书局,1960 年,第 672 页。

② 杨胜良:《汉唐环境保护思想研究》,厦门大学博士学位论文,2007 年。

③ 王明编:《太平经合校》卷 112《不忘诫长得福诀第一百九十》,中华书局,1960 年,第 581~582 页。

④ 王明编:《太平经合校》卷 93《敬事神十五年太平诀第一百四十》,中华书局,1960 年,第 398~399 页。

⑤ 王明编:《太平经合校》卷 18~34《行道有优劣法》,中华书局,1960 年,第 16 页。

⑥ 王明编:《太平经合校》卷 73~85《缺题》,中华书局,1960 年,第 305 页。

本性与其他生物是同一的,人们不应该唯我独尊,而应该以平等的眼光去看待万物,承认各种生物的生存权利。

4. 生态和谐

生态和谐不仅包括自然界内部的和谐,也包括人类与自然的和谐。自然界和谐的表现是风调雨顺,五谷丰登,生态平衡。人类与自然界的和谐表现为人类遵循自然规律,按照自然规律从事农业生产以及相关的农业活动。

道教认为"天人合一",即人类与自然界的生物和非生物共同构成一个相互联系、相互依赖的和谐整体。因此,道教反对人类中心主义论,反对把自然界作为人类的征服对象,主张人类与自然和谐相处。

和谐是自然界本身具有的特点,这种和谐是自然界给人类安排的理想的生态家园,天地人是和谐的统一体。《太平经》云:"自天有地,自日有月,自阴有阳,自春有秋,自夏有冬,自昼有夜, ……自雄有雌,自山有丘,此道之根柄也。"[①] 自然界本身就是一个和谐有序的生态世界,在这个世界中,天地是和谐的,阴阳五行是和谐的,四季昼夜是和谐的,人类之间是和谐的,万事万物都是和谐的。它们之间没有尔虞我诈,没有相互欺骗。这是道教描述的至德之世。

道教认为,天、地、人三者的自然和谐共同构成了这个丰富多彩的世界。如果天、地、人当中有一方不和谐,就会引起自然界的失衡。《太平经》十分重视天、地、人的内在和谐:"孟仲季相通,并力同心,各共成一面。……故有阳无阴,不能独生,治亦绝灭;有阴无阳,亦不能独生, ……有地而无天,凡物无于生;有天地相连而无和,物无于相容自养也。"[②] 这种自然界的和谐在《太平经》里表现为天下太平。这种"太平"的局面是靠天地二气的和谐相悦得到的, "天气悦下,地气悦上,二气相通,而为中和之气,相受共养万物,无复有害,故曰太平"[③],这种太平是自然界和谐的一种表现形式。

---

①　王明编:《太平经合校》卷 154~170《和合阴阳法》,中华书局,1960 年,第 728 页。

②　王明编:《太平经合校》卷 48《三合相通诀第六十五》,中华书局,1960 年,第 149 页。

③　王明编:《太平经合校》卷 48《三合相通诀第六十五》,中华书局,1960 年,第 148~149 页。

《老子想尔注》认为,人类只有与自然界和睦相处才能长久发展,否则,便不能持续发展。"合自然,可久也,不合清静自然,故不久竟日也。"①《太平经》将人和自然的和谐思想表述得更为具体清晰:如果人类与自然界能够和谐相处,就会幸福;反之,就会受到伤害。"元气不和,无形神人不来至;……万物不和得,凡民乱,财货少,奴婢逃亡,凡事失其职。"②人与自然界不和,会带来民乱、财货匮乏、奴婢逃亡以及"凡事失其职"等不良后果。

《太平经》认识到了人类与自然界不和谐相处的危害,要求人类尽力遵循与自然和谐相处的原则,做到共享和谐。若"元气自然乐",就会"合共生天地","阴阳和合,风雨调"。与此同时,"则奇瑞应并出……,则四时顺行。……四时乐喜,……则人民兴。人民兴则帝王寿,……凡民乐则精物鬼邪伏矣"。③人类与自然和谐时,则会出现"阴阳和、风雨顺、四时乐喜、人民兴、帝王寿"等祥和景象,强化了人类与自然和谐相处的重要性。

(二)道教的生态保护

1. 动植物资源保护

道教认为,人类与自然环境的关系十分密切,对自然环境的保护给予了特别的关注。一切生物包括人类在内都是由天地所生,都是平等的。因此,人类不仅应该珍惜自己的生命,还应该尊重和保护与人类息息相关的其他生物资源。为了保护生态环境,人类应怀着敬畏与热爱一切生命的心情,从事保护生命与善待万物的事业,不可轻视生命、暴殄天物。④因为只有这样,才能保证人类自身的健康与可持续发展。如果人类忘记了这个职责,对其他生物资源不注意保护,随意破坏它们的正常生长,那么人类就会自食苦果,得不偿失。

道教十分注意对山林资源的保护。《太平经》认为,山是太阳,是"土地之纲,是其君也"。而"布根之类,木是其长也",同时"亦是君也,是其阳

---

① 张陵:《老子想尔注》,《中华道藏》第9册,华夏出版社,2004年,第178页。
② 王明编:《太平经合校》卷42《九天消先王灾法第五十六》,中华书局,1960年,第90页。
③ 王明编:《太平经合校》卷115~116,中华书局,1960年,第647~648页。
④ 曹剑波:《道教生态思想探微》,《道教论坛》2005年第3期。

也"。① 火则是"五行之君长也,亦是其阳也"。"三君三阳,相逢反相衰",因此"天上令急禁烧山林丛木"。② 道教从"三君三阳"的理论出发,认为三者"相逢反相衰",禁止焚烧山林丛木,这样才能保护和促进林木的生长。但是,农田里的杂草会影响庄稼的生长,因此可以将其烧毁。"草者,木之阴也,……木伤则阳衰,阳衰则伪奸起,故当烧之也。"③ 草为木之阴,与木相克,会导致阳衰,妨碍农作物的生长,应当烧毁田间的杂草,促进农作物的生长。

道教对保护生物资源的重要性认识得非常清楚。比如,为了强调保护生物资源的重要意义,《太平经》将国家的富强与生物资源的丰富程度联系起来,认为只有生物资源丰富多样的国家才是一个富强的国家。而生物种类变少和不齐全是国家贫穷的标志。《太平经》云:"天以凡物悉生出为富足,……万二千物俱生出,名为富足。……下皇物复少于中皇,为大贫。……万二千物俱出,地养之不中伤为地富;……大伤为地大贫;……是故古者圣王治,能致万二千物,为上富君也;……万物半伤,为衰家也。悉伤,为下贫人。"④ 天以生物种类齐全为富足,上皇气出,一万二千种生物全部生出。而中皇、下皇物种的数量逐级递减,直到最后变为极下贫。君主的政治亦是如此,能够招来一万二千种生物生育,是上富君,随着物种减少,富足者逐渐变为下贫。这里暗含着保护生物物种的思想,只有物种丰富,才能算是富足,是圣王之治。不仅如此,《太平经》还将天下太平与生物的种类完整联系起来,认为物种丰富多样是天下太平的表现,而物种不齐全则是太平之害。所谓太平世界,"乃无一伤物,为太平气之为言也"。如果"有一物伤,辄为不平也"。⑤ 生物资源的丰富程度和国家富强、社会太平有着密切的联系。因此,统治阶级应当实行开明政治,积极实施保护生物资源的举措,从而实现社会的长治久安。

---

① 王明编:《太平经合校》卷118《焚烧山林诀第二百九》,中华书局,1960年,第669页。
② 王明编:《太平经合校》卷118《焚烧山林诀第二百九》,中华书局,1960年,第669页。
③ 王明编:《太平经合校》卷118《烧下田草诀第二百一十》,中华书局,1960年,第670页。
④ 王明编:《太平经合校》卷35《分别贫富法第四十一》,中华书局,1960年,第30页。
⑤ 王明编:《太平经合校》卷93《敬事神十五年太平诀第一百四十》,中华书局,1960年,第398页。

2. 水土资源保护

汉代道教继承和发展了老子重水、重柔的理论,非常关注水资源的保护。如《太平经》说:"穿地皆下得水,水乃地之血脉也。"把水比作大地母亲的血脉,何等形象。

道教非常关注人类和万物赖以生存的母亲——大地。正如《太平经》所说:土地是"万物之母也",必须"乐爱养之",好比是"人有胞中之子,守道不妄凿其母",那么"母无病也";反之,如果"妄穿凿其母而求生,其母病之矣"。这个比喻形象地说明了土地与人类万物的关系。人类破坏土地就是损害大地母亲,造成"其母病之矣"。在这里,《太平经》还将泉水、石头、土壤形象地比喻为大地的血骨肉,反对破坏它们。泉水,好比是"地之血";岩石,好比是"地之骨也";土壤,好比是"地之肉也"。而人们"洞泉为得血,破石为破骨,良土深凿之",并且"投瓦石坚木于中为地壮",结果是"地内独病之"。[1]人类为了建造房屋和陵墓,开山挖石,掘土造砖瓦,或任意掘凿沟渎,或闭塞壅阏,这些活动都损害了大地,让它不得安宁。伤害天地之间的太和纯气会引起天地的愤怒。"今天下大屋丘陵冢,及穿凿山阜,采取金石",导致"王治不和,地大病之,无肯言其为疾病痛者","天地因而俱不说喜,是以太和纯气难致也"。[2]《太平经》认为,无节制地凿井引水会危害大地。可是,人类生活在天地之间,人们的活动不可能离开土地。人类要吃饭,要生存,所以要翻土耕地,种植庄稼。就此,《太平经》提出了一些合理利用土地的原则:"凡动土入地,不过三尺,……过此而下者,伤地形,皆为凶。"[3]人类与天地的关系十分密切,天和地"为万物父母",而且"天地人民万物,本共治一事","善则俱乐,凶则俱苦",因此"同尤也"。[4]人类行为的善恶会引起天地万物不同的变化,所以人类应该保护天地父母,少做或不做破坏环境的恶事,让天地人民万物俱乐。

道教关注土地资源利用。汉代是农业社会,土地资源是人类赖以生存

---

[1]　王明编:《太平经合校》卷45《起土出书诀第六十一》,中华书局,1960年,第126页。

[2]　王明编:《太平经合校》卷45《起土出书诀第六十一》,中华书局,1960年,第126页。

[3]　王明编:《太平经合校》卷45《起土出书诀第六十一》,中华书局,1960年,第120页。

[4]　王明编:《太平经合校》卷53《分别四治法第七十九》,中华书局,1960年,第200页。

与发展的基础。道教认识到了因地制宜,合理规划土地,以及顺应农时、适时耕种等规律。也认识到了违反自然规律,不根据土地情况去种植农作物的后果。《太平经》云:"天地之性,万物各自有宜。"天地万物之性各自有宜,应当"任其所长",顺应"五土各取所宜"的规律,"其物得好且善,而各畅茂,国家为其得富"。国家富强,天下太平,才能"恶气休止,不行为害"。反之,则会出现"天下愁苦,人民更相残贼,君臣更相欺诒,外内殊辞"的乱象,"咎正始起于此"。[①] 道教认为,明智的统治者应当使"流客还耕农休废之地",即让流民耕种休废的土地,充分利用闲置的土地资源。这样可以使"诸谷得下,生之成熟,民复得粮"[②],民心娱悦,社会安定。

人类生活在自然的怀抱之中,与山川、河流、土地等为伴,从生活与生产经验当中认识到,人类的生存离不开自然,自然对人类的生产和生活会产生重要的影响。人类的活动应当随着自然环境的变化而变化,尽力与之相适应,如果违背自然规律行事,就会导致灾害的发生,严重的甚至会威胁人类的生存。

天地不仅有生养万物的职能,而且有惩罚万物的职责。如果人类不顾及天地父母养育万物的感情,肆意破坏环境和生态,就会激怒天地,对人类和万物给予惩罚。"天与君父主生",是"生之祖"。"天不欲生,物不得生",如果人类破坏环境,激怒了天与君父,则"一念杀者一物死,十念杀者十物死,……自此至万念,乃若此矣"。[③] "地母臣承阳之施,主长养万物",如果人类破坏环境,损害土地,"念一不长养,则一物被伤,十念则十物伤,……自此至万,乃若此矣"[④],给人类带来的危害也很严重。

总之,道教十分重视对天地自然的尊重与爱护。这种视天地如父母一样来爱护大自然的思想,对人类破坏环境、损害大地母亲的各种不良行为起到了抵制作用,有利于保护人类和万物赖以生存的自然环境。

---

① 王明编:《太平经合校》卷 54《使能无争讼法第八十一》,中华书局,1960 年,第204 页。

② 王明编:《太平经合校》卷 112《不忘诚长得福诀第一百九十》,中华书局,1960 年,第 584 页。

③ 王明编:《太平经合校》卷 137~153,中华书局,1960 年,第 705 页。

④ 王明编:《太平经合校》卷 137~153,中华书局,1960 年,第 705 页。

道教经典著作中有着丰富的生态保护思想,不仅吸收了先秦诸子生态思想的内容,而且道教从一开始就是天、地、人和谐思想的宣传者和实践者,对人类生存的自然环境以及各种生物有良好的保护和珍惜意识。这种意识构成了道教别具一格的生态保护思想内容。这些生态保护思想,直到今天仍然对环境保护和可持续发展有一定的借鉴意义。

第二节　｜　**秦汉时期的环境管理**

一、秦汉自然资源保护立法

秦代对水资源、植物资源和动物资源的保护法令,是当时环境保护思想的主要体现。虽然有些做法是为了满足统治阶级物质生活和精神享受的需要,但客观上对保护和改善当时的自然环境具有积极作用。

水是生命存在的重要生态要素,也是人类生产和生活必不可少的资源。这是保护水资源的根本出发点。遵从生态学季节节律和合理利用水资源设施,是保护水资源应采取的科学措施。在不同的季节,出水量不同,人类和动植物对水的需求也不同。春季万物生长,很需要水,但这时往往少雨,地表水和地下水就变得很重要。所以《礼记·月令》提出仲春之月"毋竭山川,毋漉陂池"的要求,人类不得竭取流水,不得放干蓄水。

秦代采取"决通川防,夷去险阻"的政策,[①]改变了战国时期各诸侯国以邻为壑、不合理利用水利资源的做法,树立了从整体出发、从全局考虑水利工程建设的思想。这种思想观念的转变,不仅对当时社会有重要的作用,而且对后世也产生了深远影响。《睡虎地秦墓竹简·秦律十八种·田律》明

---

① 司马迁:《史记》卷6《秦始皇本纪》,中华书局,1959年,第252页。

确规定:"春二月,毋敢……雍(壅)堤水。"① 意思是说:春天二月,不准堵塞水道。秦代对水资源的保护已经上升到了法律的高度。

秦律中植物资源保护的对象主要是森林资源。早在商鞅变法时期,就颁布了"壹山林"的法律条文。② "壹山林"是国家对所属的森林资源实行统一管理,禁止任何个人私自砍伐林木。

秦律中保护森林资源的条文,是生态保护思想的体现。《睡虎地秦墓竹简·秦律十八种·田律》规定:"春二月,毋敢伐材木山林, ……不夏月,毋敢夜草为灰,取生荔, ……到七月而纵之。"③ 意思是说:春季二月不准上山砍伐林木资源, ……除了夏季,不得焚烧杂草以肥田,不允许采摘刚刚发芽的植物, ……到了七月禁令才可以解除。这是我国古代社会最早的保护森林资源的法律条文。《睡虎地秦墓竹简·法律答问》规定:"或采人桑叶,臧(赃)不盈一钱,可(何)论? 赀(徭)三旬。"④ 盗采别人家的桑叶,价值不超过一钱,仍然要判处三十天的徭役。这是对盗窃罪的处罚,也体现了对桑树等植物资源的保护。

秦代重视植树造林,植树造林工作的好坏是考核地方官吏政绩优劣的标准之一。《睡虎地秦墓竹简·秦律杂抄》记载:"园殿,赀啬夫一甲,令、丞及佐各一盾,徒络组各廿给。园三岁比殿,赀啬夫二甲而法(废),令、丞各一甲。"⑤ 如果漆园种植有一年被评定为下等的,漆园的管理者包括啬夫、县令及县丞都要受到不同程度的经济制裁;如果漆园连续三年被评为下等的,除了对其管理者啬夫给予经济上的处罚,还要给予行政撤职处分,以后不再任用,对县令、县丞则给予经济处罚。由此可见秦代对种植漆树之类的造林工作的重视。这些法律的颁布和实施,体现了对植物资源的保护思想。

---

① 睡虎地秦墓竹简整理小组编:《睡虎地秦墓竹简·秦律十八种·田律》,文物出版社,1990 年,第 7 页。

② 司马迁:《史记》卷 87《李斯列传》,中华书局,1959 年,第 2555 页。

③ 睡虎地秦墓竹简整理小组编:《睡虎地秦墓竹简·秦律十八种·田律》,文物出版社,1990 年,第 26 页。

④ 睡虎地秦墓竹简整理小组编:《睡虎地秦墓竹简·法律答问》,文物出版社,1990 年,第 154 页。

⑤ 睡虎地秦墓竹简整理小组编:《睡虎地秦墓竹简·秦律杂抄》,文物出版社,1990 年,第 138 页。

秦代对动物资源的保护主要也是通过法律形式来实现的。《睡虎地秦墓竹简·秦律十八种·田律》规定："不夏月，毋……取……麛（卵）鷇，毋□□□□□毒鱼鳖，置罔（网）"，严厉禁止在生长繁殖季节捕杀动物。人们利用动物资源是受季节限制的。动物资源比较丰富的苑囿，更是保护有加。百姓的狗进入君王苑囿，"不追兽及捕兽者"，就不要杀它，如果狗"追兽及捕兽者，杀之"[①]。这些保护动物的法律规定，体现了秦代对动物资源的保护思想。

秦代的这些措施在一定程度上起到了保护环境的作用，体现了保护环境和自然资源的思想。

二、月令、时令与汉代环保实践

月令、时令等观念本来是先秦时期阴阳五行家的思想，后经《管子》《吕氏春秋》等系统化，再由《淮南子》等强调，最终成为儒家经典《礼记》的一部分。西汉时，经过董仲舒等的提倡，月令、时令观念在思想、政治以及人们生产生活方面的影响越来越大。"月令"是体现秦汉人生活秩序的礼俗制度，其中涉及天象规律、物候特征、生产程序以及日常生活中应当注意的诸多事项，也多有关于生态保护的内容。[②] 顺应月令、时令而为成为秦汉时期环境保护的主张。

（一）顺应月令、时令

天人合一观念讲求顺应天时。汉代关于顺应天时主要有两种说法：一是顺应月令，如昭、宣时期的魏相，"数表采易阴阳及明堂月令奏之"[③]，上书汉宣帝应该效法天地、顺应四时以治理国家。二是顺应时令，如阳朔二年（前23）春汉成帝《顺时令诏》曰："其务顺四时月令。"[④]与顺应时令相对应的是"毋犯四时之禁"[⑤]，即所谓的"时禁"。汉代典籍中有春令、夏令、秋令、冬

---

① 睡虎地秦墓竹简整理小组编：《睡虎地秦墓竹简·秦律十八种·田律》，文物出版社，1990年，第7页。

② 穆土：《对秦汉生态环境的新认识》，《中国社会科学院院报》2006年3月7日。

③ 班固：《汉书》卷74《魏相传》，中华书局，1962年，第3139页。

④ 班固：《汉书》卷10《成帝纪》，中华书局，1962年，第312页。

⑤ 班固：《汉书》卷9《元帝纪》，中华书局，1962年，第284页。

令的说法,汉简中经常出现"四时言"之说。四时之禁就是在四个时令中所禁止的内容。有时,时令则是四时月令的简称。时令在汉代政治生活中占有十分重要的地位,《通典》载:"后汉制,太史每岁上其年历。先立春、立夏、大暑、立秋、立冬,常读五时令。"①

在天人合一思想指导下,顺应天时而动,一方面按照十二个月规定的月令系统行事,这与《吕氏春秋》《淮南子·时则训》《礼记·月令》一脉相承,另一方面,遵循五行终始观念而进行,从《管子》的《四时》《五行》到《淮南子·时则训》《春秋繁露》传承而下。

《礼记》是一部先秦至秦汉之际的礼学文献汇编,《月令》是其中的一篇,记载一年十二个月的天象特征,以及天子所适宜的住处、车马、衣服,应当推行的政令,违反时令导致的灾祸等,与《吕氏春秋·十二纪》的体例十分相似。而且《礼记·月令》以十月为一年的开始,用阴阳五行规范天地万物,有太尉之官等,均与秦制相符。

《管子》的《四时》《五行》提出了政令的颁布应该和五时的变化同步,与五行的终始相配合。《淮南子·时则训》所说的"五位",也把方位与四季、五行对应起来,同时要求根据四季的变换来颁布不同的政令。各个季节的政令与《管子》所记有类似之处。如:"北方之极,……其令曰:申群禁,固闭藏,修障塞,缮关梁,禁外徙,断罚刑,杀当罪,闭关闾,大搜客。"②这些政令与五个方位、四时相对应,顺应了"春育、夏长、秋收、冬藏"的自然规律。

《春秋繁露·五行顺逆》中也提到了执政者在不同季节实施不一样的政事,与《淮南子》所涉及的政令类似。如论冬季时说:"水者冬,……闭门闾,大搜索,断刑罚,执当罪,饬关梁,禁外徙。"③《春秋繁露·治水五行》也把五行和四季对应起来,"日冬至,七十二日木用事,……七十二日火用事,……七十二日土用事……,七十二日金用事,……七十二日水用事,……

---

① 杜佑:《通典》卷70《礼三十》,中华书局,1988年,第1922页。
② 刘安编:《淮南子集释》卷5《时则训》,何宁集释,中华书局,1998年,第436页。
③ 董仲舒:《春秋繁露义证》卷13《五行顺逆第六十》,苏舆义证,中华书局,1992年,第377~380页。

七十二日复得木。"① 这些都与《管子·五行》说法类似。《春秋繁露·治水五行》还指出："木用事,则行柔惠,挺群禁,至于立春,出轻系,去稽留,除桎梏,开门阖,通障塞,存幼孤,矜寡独,无伐木。""水用事,则闭门闾,大搜索,断刑罚,执当罪,饬关梁,禁外徙,无决堤。"② 这些说法与《五行顺逆》相比,更接近《淮南子·时则训》。两者即使不是传承关系,至少也是同出一源。

时令与月令相比,并未对统治者生活的各个方面做出具体规定,而只是一些原则性的要求,不仅适应了统治者的需要,而且更容易实行。

《礼记·月令》内容丰富,涉及生产、生活、宗教等方面,因而更合乎儒者的需要,为他们所推崇。随着儒家思想的影响不断增强,《礼记·月令》在汉代政治和社会生活中的地位也愈来愈重要,掩盖了时令的作用。《礼记·月令》中蕴含着丰富的生态保护思想内容,本书分三个方面论述。

1. 山林资源保护

《礼记·月令》非常重视保护森林资源。它从遵循林木生长的季节规律出发,制定出一系列措施来合理利用与保护森林资源。春、夏两季是林木的生长季节,严禁伐木;秋、冬两季,草木黄落之时,方能进山伐木。

从表5.1可见,当时已经设置了保护山林资源的专门管理人员"野虞"。其职责是管理山林资源,禁止人们在春、夏两季林木的生长季节进山伐木。《礼记·月令》管理山林的原则,是春夏时节实行严密的保护政策,秋冬之时方可取用。人事和天时的一致,体现在对山林生命之盛衰的尊重。③

表5.1　《礼记·月令》保护林木资源主张简表

季节	主张	《礼记训纂》页码
孟春	天子命祀山林川泽。禁止伐木	224
仲春	无焚山林	231
季春	命野虞,毋伐桑柘	236
孟夏	毋伐大树	242

① 董仲舒:《春秋繁露义证》卷13《治水五行第六十一》,苏舆义证,中华书局,1992年,第381页。

② 董仲舒:《春秋繁露义证》卷13《治水五行第六十一》,苏舆义证,中华书局,1992年,第383页。

③ 王子今:《秦汉时期生态环境研究》,北京大学出版社,2007年,第377页。

季节	主张	《礼记训纂》页码
仲夏	命民毋刈蓝以染,毋烧炭(灰)	248
季夏	树木方盛,乃命虞人入山行木,毋有斩伐	252
季秋	草木黄落,乃伐薪为炭	270
仲冬	山林薮泽,有能取疏食者,野虞教导之。则伐林木,取竹箭	280~281
季冬	命四监收秩薪柴	285

资料来源:朱彬《礼记训纂》,中华书局,1995 年。

2. 动物资源保护

动物资源是自然资源的重要组成部分。动物为人们提供毛皮、肉食以及药材等,同时,它们也是多样性生物体系的组成部分,发挥着维护生态系统的作用。《礼记·月令》也有保护动物资源的明确规定,体现了时人的生态保护思想。

分析表 5.2 的内容,《礼记·月令》关于保护动物资源的环保思想主要有三点:一是保护幼畜。在动物的孕育、哺乳阶段,严禁渔猎和宰杀动物。根据这个原则,提出了一些保护动物资源的措施:不掏鸟窝,不取鸟卵;不杀怀孕的动物和幼兽等。二是不使用灭绝动物物种的捕猎工具。如规定禁止使用"罝罘"(捕兽工具)、"罗罔"(捕鸟工具),禁止使用毒药来捕杀禽兽。三是动物及时繁殖。家畜应该及时配种使之繁育,并注意保护母畜,养育幼崽,备足草料,以便使六畜兴旺。动物资源得到保护,百姓的生活才会有保障,国家也就会安定,从侧面说明了保护环境对国家统治的重要意义。[①] 这些保护动物资源的措施,有利于动物资源的永续利用,符合可持续发展的思想。

表 5.2　《礼记·月令》保护动物资源简表

季节	保护动物资源的主张	《礼记训纂》页码
孟春	毋覆巢,毋杀孩虫、胎夭飞鸟,毋麛毋卵	224
仲春	祀不用牺牲	232
季春	田猎、罝罘、罗罔、毕翳,喂兽之药毋出九门	235

[①]　关荣波:《略论先秦两汉时期的生态保护》,《牡丹江师范学院学报》(哲学社会科学版)2008 年第 1 期。

季节	保护动物资源的主张	《礼记训纂》页码
孟夏	毋大田猎	242
仲夏	游牝别群，则絷腾驹。班马政	248
季夏	令渔师伐蛟、取鼍、登龟、取鼋。……命四监，大合百县之秩刍，以养牺牲	251
仲秋	乃命宰祝循行：牺牲	262
季秋	天子乃教于田猎	268
孟冬	命水虞、渔师收水泉池泽之赋	277
仲冬	山林薮泽，有能取蔬食，田猎禽兽者，野虞教导之。其有相侵夺者，罪之不赦	280
季冬	命渔师始渔	284

资料来源：朱彬《礼记训纂》，中华书局，1995 年。

3. 土地资源保护

土地是农业生产的重要资料，是人类赖以生存的物质基础，因此，保护土地资源显得尤为重要。《礼记·月令》根据季节的变化，制定了一系列利用和保护土地资源的措施，以维护土地的使用价值，使其为人类永续利用。

归纳表 5.3，《礼记·月令》关于保护土地资源思想的内容主要有三点：一是因地制宜、合理利用土地资源的思想。"善相丘陵坂险原隰，土地所宜，五谷所殖，以教道民"即是合理利用土地资源的主张。二是用地与养地相结合，最大限度地发挥土地潜能。只有用、养结合，才能使土地为人类永续利用。"可以粪田畴，可以美土疆"就体现了土地的用、养结合。三是顺应自然规律保护土地资源的思想。夏季农作物正在生长，"毋起土功"；而冬季为了维护自然界的生态平衡，防止"地气且泄"以及"诸蛰则死"，规定"土事毋作"。

表 5.3　《礼记·月令》保护土地资源简表

季节	保护土地资源的主张	《礼记训纂》页码
孟春	善相丘陵坂险原隰，土地所宜，五谷所殖，以教道民	223
仲春	毋作大事，以妨农之事	231
孟夏	毋起土功	242
季夏	不可以兴土功。土润溽暑，大雨时行，烧薙行水，利以杀草，如以热汤，可以粪田畴，可以美土疆	253

季节	保护土地资源的主张	《礼记训纂》页码
孟秋	修宫室,坏墙垣,补城郭。毋割土地	260
仲秋	可以筑城郭,建都邑,穿窦窖,修囷仓	263
季秋	霜始降,则百工休	267
仲冬	命有司曰:土事毋作,毋发盖藏,毋起大众,以固而闭	278

资料来源:朱彬《礼记训纂》,中华书局,1995 年。

(二)《四民月令》中的环保思想

月令、时令不仅影响国家的施政与决策,而且影响人们的生产和生活。东汉崔寔的《四民月令》被认为是士大夫的"家政全书",其中有很多内容都和《礼记·月令》一致,从中可见月令、时令对秦汉时期人们生产和生活的影响之深。

《四民月令》记载,正月,"地气上腾,土长冒撅"。"地气上腾",见于《礼记·月令》的"孟春之月","是月也,天气下降,地气上腾,天地和同,草木萌动"。[①] 而"自正月以终季夏,不可伐木"[②],也可以在《礼记·月令》找到相同的内容。"孟春之月,……禁止伐木。……孟夏之月,……毋伐大树。……季夏之月,……毋为斩伐"。《四民月令》和《礼记·月令》都要求人们在春、夏季节不要伐木,以顺应林木的生长规律,保护植被。八月,"刈萑苇刍茭,……粜种麦粲黍。凡种大小麦。得白露节。可种薄田。秋分种中田。后十日种美田"[③]。冬十一月,"阴阳争,血气散。冬至日先后各五日,……可酿醢,粲秔稻、粟、豆、麻子。伐竹木"[④]。这些内容见于《礼记·月令》的"仲冬之月,……阴阳争,诸生荡。……日短至,则伐木,取竹箭"[⑤]。在这个月里,可以砍伐竹木,顺应了竹木的生长规律,符合环保理念。

---

① 朱彬:《礼记训纂》,中华书局,1995 年,第 223 页。

② 严可均编:《全上古三代秦汉三国六朝文·全后汉文》卷 47《崔寔·四民月全》,中华书局,1958 年,第 1458 页。

③ 严可均编:《全上古三代秦汉三国六朝文·全后汉文》卷 47《崔寔·四民月全》,中华书局,1958 年,第 1462 页。

④ 严可均编:《全上古三代秦汉三国六朝文·全后汉文》卷 47《崔寔·四民月全》,中华书局,1958 年,第 1463 页。

⑤ 朱彬:《礼记训纂》,中华书局,1995 年,第 280~281 页。

(三)《礼记·月令》与汉代环境保护

月令和时令是儒家思想的重要内容。王子今认为,《礼记·月令》是集中体现民间礼俗禁忌的文化遗存,在某种条件下,又以政令推行。[①]《礼记·月令》不仅影响封建社会统治者的政治生活,而且成为后世制定环境保护政策的基础。

元康三年(前63)夏六月,汉宣帝下诏:"其令三辅毋得以春夏摘巢探卵,弹射飞鸟。具为令。"[②] 明令禁止在三辅地区的春、夏两季掏鸟巢取卵,弹射飞鸟。这些内容来源于时令。《管子·四时》载:"东方曰星,其时曰春,……五政曰:无杀麑夭,毋蹇华绝萼。""南方曰日,其时曰夏,……五政曰:令禁罝设禽兽,毋杀飞鸟。"[③] 诏文内容与《管子·四时》所载内容基本一致。秦汉时期继承并发展了先秦的自然环境保护思想,"四时之禁"已经深入人心,成为一种广为接受的理念。[④] 汉元帝初元三年(前46)六月诏曰:"盖闻安民之道,本繇阴阳。……毋犯四时之禁。"[⑤] 首次在诏令中提出了"毋犯四时之禁"的规定。他又在永光三年(前41)冬十一月下诏:"乃者己丑地动,中冬雨水,大雾,盗贼并起。吏何不以时禁? 各悉意对。"[⑥] 诏书将地动、冬雨、大雾、盗贼的出现归咎于没有进行时禁。

王莽当政时期,要求在开发利用山林资源时,必须遵照《礼记·月令》。地皇三年(22)四月,王莽下诏:"惟民困乏,……诸能采取山泽之物而顺月令者,其恣听之,勿令出税。"[⑦] 鉴于百姓生活困乏,解除了朝廷对山林川泽的封禁,允许百姓免费采取山泽资源,但是必须要遵循《礼记·月令》的规定。

20世纪90年代,敦煌悬泉置发现了泥墙墨书文字,为汉平帝的诏书

---

① 王子今:《秦汉时期生态环境研究》,北京大学出版社,2007年,第373页。

② 班固:《汉书》卷8《宣帝纪》,中华书局,1962年,第258页。

③ 管仲:《管子注译》卷14《四时第四十》,刘柯、李克和译注,黑龙江人民出版社,2003年,第282页。

④ 黄凤芝:《秦汉生态环境研究》,江西师范大学硕士学位论文,2008年。

⑤ 班固:《汉书》卷9《元帝纪》,中华书局,1962年,第284页。

⑥ 班固:《汉书》卷9《元帝纪》,中华书局,1962年,第290页。

⑦ 班固:《汉书》卷99《王莽传下》,中华书局,1962年,第4176页。

《使者和中所督察诏书四时月令五十条》,颁布于元始五年(5)五月。诏书内容是根据《礼记·月令》制定的,分为:孟春月令十一条、仲春月令五条、季春月令四条,孟夏月令六条、仲夏月令六条,孟秋月令三条、仲秋月令三条、季秋月令二条,孟冬月令四条、仲冬月令五条、季冬月令一条。这些内容源自《礼记·月令》,但环境保护的内容比《礼记·月令》明确具体。而且,就其对自然生态的保护而言,它对人们如何保护自然生态具有明确的导向作用。[1] 具体分为以下三个方面。

第一,明确规定了对各种生物资源的保护。禁止损害树木、鸟巢、孕兽以及幼兽等,禽兽、水生动物、昆虫乃至所有生物资源都在保护范围之内。同时,在时间上做出了相应的规定,恪守"时禁"原则。如孟春月令:"禁止伐木:谓大小之木皆不可伐也,尽八月。"[2] 一月至八月禁止伐木。只有到了"草木令落,乃得伐其当伐者"。保护鸟类的规定有:"毋摘剿:谓剿空实皆不得摘也","空剿尽夏,实者四时常禁";"毋夭蜚鸟:谓夭蜚鸟不得使长大也,尽十二月常禁";"毋卵:谓蜚鸟及鸡卵□之属也,尽九月"。[3] 保护兽类的要求有:"毋杀□虫:谓幼少之虫、不为人害者也,尽九月";"毋杀孡:谓禽兽、六畜怀任有孡者也,尽十二月常禁";"毋麛:谓四足……及畜幼少未安者也,尽九月";"瘗骼狸骴:骼谓鸟兽之□也,其有肉者为骴,尽夏"。[4]

第二,禁止伤害生物群落。这与《礼记·月令》的要求是一样的。如仲春月令五条中的最后两条,一条为保护水塘池泽:"毋□水泽,□陂池、□□:四方乃得以取鱼,尽十一月常禁。"[5] 另一条为保护山林资源:"毋焚山

①　谢继忠:《从敦煌悬泉置〈四时月令五十条〉看汉代的生态保护思想》,《衡阳师范学院学报》2008 年第 5 期。

②　中国文物研究所、甘肃省考古研究所编:《敦煌悬泉月令诏条》,中华书局,2001 年,第 4 页。

③　中国文物研究所、甘肃省考古研究所编:《敦煌悬泉月令诏条》,中华书局,2001 年,第 4 页。

④　中国文物研究所、甘肃省考古研究所编:《敦煌悬泉月令诏条》,中华书局,2001 年,第 4~5 页。

⑤　中国文物研究所、甘肃省考古研究所编:《敦煌悬泉月令诏条》,中华书局,2001 年,第 5 页。

林：谓烧山林田猎,伤害禽兽□虫草木……［正］月尽……"①,不要侵害水泽和陂池,否则会对整个水生群体造成伤害;不要焚烧山林,否则会给整个山林系统带来灭顶之灾。

第三,关于"土禁"的规定。从仲秋至次年孟春,禁止破土动工,以此配合天地之藏。只有在季春到夏季这段时间才可以修利堤防、道达沟渎、开通道路。如诏书中的仲秋月令规定:"毋筑城郭,建都邑,穿窦窖,修囷仓:谓得大兴土功□□。"②季秋月令规定:"命百官贵贱,无不务入,以会天地之藏,毋或宣出:谓百官及民□……也,尽冬。"③孟冬月令规定:"毋治沟渠,决行水泉,……尽冬。"④中冬月令规定:"土事毋作:谓掘地深三尺以上者也,尽冬"⑤;还要求"毋发室屋:谓毋发室屋,以顺时气也,尽冬"⑥;孟春月令规定:"毋筑城郭:谓毋筑城郭也,……三月得筑,从四月尽七月不得筑城。"⑦从以上规定可知,从仲秋至次年孟春禁止开山挖矿,禁止破土动工建设宫殿、城墙、屋舍,这种"时禁"在客观上起到了保护生态环境的作用。

东汉根据月令和时令,也发布过很多与环境保护相关的诏令。元和三年(86)二月,汉章帝敕诏侍御史、司空:"方春,所过无得有所伐杀。……《诗》云:'教彼行苇,牛羊勿践履。'《礼》,人君伐一草木不时,谓之不孝。"⑧这条敕令要求臣民在春季所过之处,不得有所伐杀。并且让车马避开草木,

---

① 中国文物研究所、甘肃省考古研究所编:《敦煌悬泉月令诏条》,中华书局,2001年,第5页。

② 中国文物研究所、甘肃省考古研究所编:《敦煌悬泉月令诏条》,中华书局,2001年,第6页。

③ 中国文物研究所、甘肃省考古研究所编:《敦煌悬泉月令诏条》,中华书局,2001年,第7页。

④ 中国文物研究所、甘肃省考古研究所编:《敦煌悬泉月令诏条》,中华书局,2001年,第7页。

⑤ 中国文物研究所、甘肃省考古研究所编:《敦煌悬泉月令诏条》,中华书局,2001年,第7页。

⑥ 中国文物研究所、甘肃省考古研究所编:《敦煌悬泉月令诏条》,中华书局,2001年,第7页。

⑦ 中国文物研究所、甘肃省考古研究所编:《敦煌悬泉月令诏条》,中华书局,2001年,第5页。

⑧ 范晔:《后汉书》卷3《章帝纪》,中华书局,1965年,第155页。

以免伤害它们,这是对草木进行时禁。汉章帝还引用《诗经》和《礼记》,告诫属下,伐草木不合时令,是不孝的行为。和熹邓皇后于永初七年(113)正月下诏:"凡供荐新味,多非其节,……岂所以顺时育物乎?传曰:'非其时不食。'自今当奉祠陵庙及给御者,皆须时乃上。"① 邓皇后禁止臣民供荐"新味",因为所供"新味"往往不合时宜,并且"或郁养强孰,或穿掘萌牙,味无所至而夭折生长",破坏了万物的自然生长。她还引经据典说"非其时不食",遵守不吃不合时令食物的饮食传统。通过这些诏令,我们不难看出月令、时令对汉代政治影响之深。

秦汉时期,国家培植森林资源法令的颁布和贯彻实施,不仅使秦汉时期因砍伐而日益耗损的林木得到补充,在一定程度上减缓了生态恶化的速度,而且给百姓带来了经济效益。②

---

① 范晔:《后汉书》卷 10 上《和熹邓皇后纪》,中华书局,1965 年,第 425 页。

② 陈业新:《秦汉生态法律文化初探》,《华中师范大学学报》(人文社会科学版)1998 年第 2 期。

第六章

秦汉环境史个案研究

第一节 | **疾疫、环境与秦汉社会**

瘟疫是一个十分古老的社会历史现象。早在殷商时期我国就有了对疾疫的记载。[①] 古代医药典籍所言"伤寒""时气""温病""热病"等,往往都是流行病的泛称。由《周礼》本文及郑玄、贾公彦的注疏对"疠""疫""疠疾""疠疫"的解释来看,疫病泛指一般的流行病,不特指某种传染性疾病。

疫病流行给人们的生命安全带来了严重的威胁。随着生产与经济的发展,人们对人体与自然环境的关系有了更进一步的认识,不但知道某些疾病能够传染,也认识到气候失常能促发疾病的流行。《吕氏春秋·孟春纪》

---

① 胡厚宣:《殷人疾病考》,《甲骨学商史论丛·初集》,齐鲁大学国学研究所,1944 年。

云:"孟春行秋令,则民大疾疫。"《吕氏春秋·季春纪》云:季春"行夏令,则民多疾疫"。《吕氏春秋·仲夏纪》云:仲夏"行秋令……民殃于疫"。《吕氏春秋·孟秋纪》云:孟秋"行夏令,……寒热不节,民多疟疾"。《吕氏春秋·仲冬纪》云:仲冬"行春令,则虫螟为败,水泉减竭,民多疾疠"。① 人们还认识到,疫病的流行与社会环境有关。《吕氏春秋·明理》云:"夫乱世之民,长短颉𫓹,百疾,民多疾疠,道多褓襁,盲秃伛尪,万怪皆生。"②《潜夫论·德化第三十三》云:"恶政加于民,则多罢癃尪病夭昏札瘥。"③

"疫"是流行性或急性传染病的通称。《说文·疒部》云:"疫,民皆疾也。从疒,役声。"④《字林》即释"疫"为"病流行也"。⑤《礼记·月令》云:"果实早成,民殃于疫。"《论衡·命义》云:"饥馑之岁,饥者满道,温气疫疠,千户灭门。"⑥ 秦汉时期人们对疫病已经有了明确的认识,不过,由于古代文献记载十分简略,目前很难确知"疫""疠"到底是什么样的传染病或流行病。

一、汉代疫情

秦代短祚,无疫病记录。随着社会经济的发展,汉代人口数量迅速增加,人口密度增大。由于商业流通的兴盛,军事行动的频繁,人口迁徙的加快,自然灾害的增多,自然环境的变化,给疫病的形成与传播提供了适宜的条件。与战国相比,汉代疫病的流行不仅次数多,而且传播范围更广,速度更快,感染人数更多。

汉代疾疫多发,但文献记载模糊,尚无比较精确的疾疫统计数字。据

① 吕不韦编:《吕氏春秋集释》,许维遹集释,中华书局,2009年,第8、65、104、158、240页。

② 吕不韦编:《吕氏春秋集释》,许维遹集释,中华书局,2009年,第152页。

③ 王符:《潜天论》卷8《德化第三十二》,中华书局,1985年,第372页。

④ 许慎:《标点注音〈说文解字〉》,崔枢华、何宗慧校点,北京师范大学出版社,2000年,第308页。

⑤ 丁度:《集韵》,《文渊阁四库全书》影印本,第236册,台湾商务印书馆,1986年,第643页。

⑥ 王充:《论衡校释》卷2《命义篇》,黄晖校释,中华书局,1990年,第46页。

笔者统计,汉代疫病流行次数为 50 次[1],西汉(含新朝)17 次,东汉 33 次,汉代平均约 8.52 年发生一次疫情。(如表 6.1 所示)

表 6.1　两汉疫病简表

序号	帝王	时间	具体时间	疫情	致病原因	史料出处
1	高后	高后七年(前181)	夏	征伐南越赵佗,会暑湿,士卒大疫	战争、暑湿	H95
2	文帝	前元末年(前164)前		数年比不登,又有水旱疾疫之灾	水、旱灾、饥	H4
3	景帝	后元元年(前143)	五月	地大动,民大疫死(地点在上庸)	地震	S11、H26
4		后元二年(前142)		衡山国、河东、云中郡民疫		S3
5	武帝	武帝末年	冬	匈奴连雨雪数月,畜产死,人民疫病	雪灾	H94
6	宣帝	元康二年(前64)		天下颇被疾疫之灾		H8
7	元帝	初元元年(前48)	六月	民疾疫		H9
8		初元元年(前48)	九月	关东大水,郡国十一饥,疫尤甚	水灾、饥荒	H75、H71
9		建昭二年(前37)		民人饥疫,《春秋》所记灾异尽备	饥荒等	H88、H80
10	成帝	鸿嘉二年(前19)		遭水旱疾疫之灾,黎民屡困于饥寒[2]	水、旱灾、饥	H10
11		永始二年(前15)	夏	岁比不登,百姓饥馑,疾疫死者以万数[3]	饥馑	H15

---

　　① 王文涛:《秦汉社会保障研究——以灾害救助为中心的考察》附录一,中华书局,2007 年,第 346~350 页。如果扣除匈奴地区的 3 次疾疫,则为 47 次。

　　② 《汉书》卷 10《成帝纪》载,成帝诏曰:"朕承鸿业十有余年,数遭水旱疾疫之灾,黎民娄(屡)困于饥寒。"汉成帝在竟宁元年(前 33)即位,至鸿嘉二年(前 19)已 14 年。既言"数遭水旱疾疫之灾",疫病可能不止一次。(班固:《汉书》卷 10《成帝纪》,中华书局,1962 年,第 318 页)

　　③ 薛宣鸿嘉元年(前 20)任丞相,永始二年(前 15)因疾疫被策免。

续表

序号	帝王	时间	具体时间	疫情	致病原因	史料出处
12	成帝	绥和二年（前 7）		十年来,灾害并臻,民被饥饿,加以疾疫溺死①	灾害、饥馑	H84
13	哀帝	建平四年（前 3）		民有七死:时气疾疫,七死也②		H12
14	平帝	元始二年(2)		民疾疫者,舍空邸第,为置医药		H12
15		天凤三年(16)		击句町,士卒疾疫,死者什六七	战争	H99 中
16	王莽	天凤三年至五年		再击句町,士卒饥疫,三岁余死者数万	战争	H95、H99 中
17		地皇三年(22)		绿林山义军大疫,死者且半		H11
18		建武十三年（37）		扬、徐部大疾疫,会稽江左甚		h107 注引《古今注》
19		建武十四年（38）	四月	会稽大疫,死者万数		h1 下、h41
20		建武二十年（44）		秋,征交趾,军吏经瘴疫死者十四五	战争、瘴气	h24
21	光武帝	建武二十二年(46)		匈奴连年旱蝗,人畜饥疫,死耗太半	旱、蝗、饥	h89
22		建武二十五年(49)		讨武陵蛮,临沅水,会暑甚,士卒多疫死	战争、暑热	h24
23		建武二十六年(50)		郡国七大疫		h107 注引《古今注》
24		建武二十七年(51)		匈奴人畜疫死,疫困之力,不当中国一郡③		h18

① 这是汉成帝责备丞相翟方进策书中的话,"惟君登位,于今十年,灾害并臻",翟方进即日自杀。(班固:《汉书》卷 84《翟方进传》,中华书局,1962 年,第 3421 页)《资治通鉴》卷 33《成皇帝纪下》将此事系于绥和二年(前 7)。翟方进永始二年(前 15)任丞相,任期 9 年。

② 《资治通鉴》卷 34 将鲍宣上书系于哀帝建平四年。

③ 《后汉书·臧宫传》载建武二十七年,臧宫与杨虚侯马武上书曰:"匈奴贪利,……今人畜疫死,旱蝗赤地,疫困之力,不当中国一郡。"此次发生在匈奴地区的疫病应与建武二十二年的分开。(中华书局,1965 年,第 695 页)

续表

序号	帝王	时间	具体时间	疫情	致病原因	史料出处
25	章帝	建初元年(76)		比年久旱,灾疫未息①	旱灾	h3
26	和帝	永元四年(92)		京师疾疫		h35
27		元初六年(119)	四月	会稽大疫		h5、h107
28	安帝	建光元年(121)		天灾疫		袁宏《后汉纪·孝安皇帝纪下》
29		延光四年(125)	十二月	京师大疫,有绝门者②		h6、h107
30	顺帝	永建元年(126)	正月	疫疠水潦	水灾	h6
31		永建四年(129)		六州大蝗,疫气流行③	蝗灾	h30
32		元嘉元年(151)	正月	京师疾疫		h7、h107
33		元嘉元年(151)	二月	九江、庐江又疫		h7、h107
34	桓帝	永兴二年(154)		蝗虫滋生,河水逆流,人民疾疫④	蝗灾、水灾	h105
35		延熹四年(161)	正月	大疫		h7、h107
36		延熹五年(162)		讨陇右,军中大疫,死者十三四	战争	h65

---

① 或以为此次灾疫是牛疫,《论衡·恢国》云:"建初孟年,无妄气至,岁之疾疫也,比旱不雨,牛死民流,可谓剧矣。"(中华书局,1990 年,第 837 页)

② 《后汉纪》卷 17《安帝纪下》载,延光四年十二月,诏曰:"朕以不德,篡承洪绪。今阴阳不和,疾疫为害。"(中华书局,2002 年,第 337 页)

③ 严可均编《全上古三代秦汉三国六朝文·全后汉文》卷 36《应劭(四)》载:"永建中,京师大疫,云厉鬼字野重游光。"可资参正。(中华书局,1958 年,第 1348 页)

④ 《后汉书》李贤注引《梁冀别传》曰:"冀之专政,天为见异,众灾并凑,蝗虫滋生,河水逆流,五星失次,太白绝天,人民疾疫,出入六年,羌戎叛戾,盗贼略平,皆冀所致。"(中华书局,1965 年,第 3311 页)

序号	帝王	时间	具体时间	疫情	致病原因	史料出处
37	桓帝	延熹五年（162）		京师水旱疫病①	水、旱灾	h7
38		延熹九年（166）	正月	比岁不登,有水旱疾疫之困,南州尤甚②	水、旱灾	h7
39	灵帝	建宁四年（171）	三月	大疫		h8、h107
40		熹平二年（173）	正月	大疫		h8、h107
41		光和二年（179）	春	大疫		h8、h107
42		光和五年（182）	二月	大疫		h8
43		中平二年（185）	正月	大疫		h8、h107
44	献帝	建安十三年（208）	冬末春初	赤壁之战,曹军士卒饥疫,死者太半	战争、饥饿	SG47
45		建安十四年（209）	三月	大军征荆州,遇疾疫,张喜领汝南兵解合肥之围,颇复疾疫③	战争	《资治通鉴》卷66

---

① 《后汉书》卷7《桓帝纪》曰:"八月庚子,诏减虎贲、羽林住寺不任事者半奉,勿与冬衣。"李贤注引《东观记》曰:"以京师水旱疫病,帑藏空虚,虎贲、羽林不任事者住寺,减半奉。"(中华书局,1965年,第310页)

② "南州",《后汉书》卷7《桓帝纪》李贤注"谓长沙、桂阳、零陵等郡也,并属荆州。"(中华书局,1965年,第317页)

③ 陈寿《三国志》卷14《魏书·蒋济传》系此事于建安十三年。(中华书局,1959年,第450页)关于赤壁之战的具体时间,《资治通鉴》记述在"冬十月"(农历,下同)之后,而孙权十二月围合肥时,赤壁之战已结束,赤壁战前"今方盛寒"(《三国志·吴书·周瑜传》,中华书局,1959年,第1261页),战时又"东南风急"(《三国志·吴书·周瑜传》裴注,中华书局,1959年,第1263页)推断当为十二月后半月。冬至后才有可能刮东南风(冬至一阳生)。即赤壁之战的时间为严寒的冬末春初。张喜领汝南兵解合肥之围"颇复疾疫",当在赤壁之战后的建安十四年初春。故《资治通鉴》卷66将此事系于建安十四年春三月,应从。(司马光:《资治通鉴》,中华书局,1956年,第2097页)

序号	帝王	时间	具体时间	疫情	致病原因	史料出处
46	献帝	建安十六年（211）		疫病,人多死者①		SG11 注引《魏略》
47		建安二十年（215）		甘宁从吴军攻合肥,会疫疾	战争	SG55
48		建安二十二年（217）		是岁大疫②		h9
49		建安二十四年（219）		孙权定荆州,大疫,尽除荆州民租税	战争	SG47
50		延康元年（220）		太祖曹操崩时,士民颇苦劳役,又有疾疠	劳役繁重	SG15 注引《魏略》

说明:记载汉代疫病的文献主要是"前四史",即《史记》《汉书》《后汉书》和《三国志》。为了使表格更为简洁,在"史料出处"列中分别用拼音首字母代表史书,字母后面的数字为卷数。"S"代表《史记》,"H"代表《汉书》,"h"代表《后汉书》,"SG"代表《三国志》。关于疫情文字的表述,有些在史料基础上略有改动。

就表 6.1 中所记可判定时间的疫灾有 21 次,春、夏、秋、冬四季皆有疫病流行,但是在季节分布上差异明显。其中,冬季为疫病高发季节,共 11 次:正月 6 次(第 38 条的时间是正月下诏书,将此次疫灾的时间定在冬季是可以成立的),二月 2 次,十二月 1 次,冬季 1 次,冬末春初 1 次。其次为春季,共 6 次:三月 2 次,四月 2 次,五月 1 次,春季 1 次。再次为夏季,共 3 次,六月 1 次,夏季 2 次。秋季最少,仅九月 1 次。根据现代的流行病学研究,冬季气温低,细菌活动力减弱,是疫病流行最少的季节,而汉代文献资料反映的情况却与此相反,其原因可能和当时人们的御寒条件差有关。

我们能够知道致病原因或有关联因素的疫灾有 26 次。自然灾害是首要因素,水灾、旱灾、地震和饥荒引发疫病 15 次;其次是战争,10 次;劳役繁重致病 1 次。自然灾害、战争和繁重的劳动都改变了人们正常的生活环境,在恶劣的环境里,人的抵抗力降低,为疫病的传播创造了条件。

---

① 《三国志·魏书·胡昭传》注引《魏略》云:"三辅乱,……（京兆人扈累）随徙民诣邺,遭疾疫丧其妇。"可资参证。（中华书局,1995 年,第 437 页）

② 《三国志·魏书·司马朗传》云:"曹军征吴,到居巢,军士大疫。"（中华书局,1995 年,第 468 页）

表7.1所列50次疫病并非汉代疫病的全部,还有一些时间记载不明确的疫病尚未列入。例如,汉文帝时[①],南海王反,淮南厉王刘长派将军间忌将兵击之,时逢暑热多雨,楼船卒"未战而疾死者过半"[②]。建武年间疫疾,南阳涓阳李元家相继死没;[③]汉明帝永平十三年之后,河东郡太守焦贶染疫病而死;[④]汉章帝建初元年,"比年久旱,灾疫未息"[⑤];汉桓帝年间文安县疾,[⑥]等等。关于汉献帝时期的疫病,林富士做了详细考证。他认为,汉献帝时或许不曾爆发全面性的疫病流行,也非年年有疫,但是在若干地区,如南阳、武陵、会稽、余姚、交州等地,似曾有区域性的疫病之灾。至于流行时间,较为确切的有建安元年、五年,其他则或发生于元年至三年,或元年至十年间。[⑦]建安十四年至二十一年,虽然没有关于全国性的大疫的记载,然而,无论是孙吴境内,或是曹操辖内的大阳、合肥、邺城,至少都曾有疾疫流行。[⑧]如果加上这些疫病,汉代疾疫超过60次。

此外,汉代疫病在汉画像石中也有反映,成为文献记载的有力补充。南阳汉代画像石中,有为数众多的"驱魔逐疫图""神荼郁垒图""方相氏图"等,[⑨]这些内容完全可以看作是汉代疫病流行的真实记录。画像直接表现的是逐疫避邪佑护世间平安,人们在疾疫流行时期望逝者佑护。从南阳近年考古资料看,南阳东关附近发现大批的汉代儿童瓦棺葬,反映了汉代幼

---

① 据《史记》卷108《淮南衡山列传》,刘长始封于高帝十一年,死于汉文帝六年。在位23年,伐南海事当在吕后末年,或文帝初年。

② 班固:《汉书》卷64《严助传》,中华书局,1962年,第2779页。

③ 范晔:《后汉书》卷81《独行列传·李善传》,中华书局,1965年,第2679页。

④ 袁宏:《后汉纪校注》卷12《章帝纪下》,周天游校注,天津古籍出版社,1987年,第346页。

⑤ 《后汉书》卷48《杨终传》李贤注认为,"灾"字或作"牛",故未统计入表。(中华书局,1965年,第1597页)

⑥ 范晔:《后汉书》卷38《度尚传》,中华书局,1965年,第1284页。

⑦ 林富士:《东汉晚期的疾疫与宗教》,《"中央研究院"历史语言研究所集刊》第66本第3分册,"中央研究院"历史语言研究所,1995年,第705页。

⑧ 林富士:《东汉晚期的疾疫与宗教》,《"中央研究院"历史语言研究所集刊》第66本第3分册,"中央研究院"历史语言研究所,1995年,第710页。

⑨ 司马彪:《后汉书》志5《礼仪志中·大傩》云:"方相氏黄金四目,蒙熊皮,玄衣朱裳,执戈扬盾。"(中华书局,1965年,第3127页)

儿保健条件的低下和儿童抗疫病能力较差、死亡率高的社会事实。山东微山西汉画像石墓,嘉祥旷山、嘉祥武氏祠汉画像石墓等汉画像石中,多刻有羽人为披发病人针灸的内容,病人多排作一行,以三五之数代表其数量之多,且同墓其他石刻中有蟾蜍抱臼、玉兔捣药的内容。这些画像反映了疫病流行时人们对神医、仙药的祈盼。

汉代疫病的流行特点为:与战争紧密相关;与其他灾害相伴而生;流行次数东汉比西汉多,王朝后期比前期多;治世发生少,乱世发生频繁;高发区域在南方、东汉都城洛阳及关东地区。

二、汉代疫病发生的环境因素

汉代疫病的高发区在南方、关东地区,都城洛阳尤甚。在 50 次疫病中,流行地不详和未确指地点者合计 23 次,其中 21 次为泛指,多为全国性或大范围的疫病;有 2 次地点不能确指:建武二十六年(50)七郡国疫,永建四年(129)六州大疫。因此,供我们对汉代疫病空间分布进行分析的数据有 27 个,虽然不够全面,但据此得出的结论还是基本可信的。

发生在长江流域以南的疫病有 14 次,其中南越、交趾各 1 次,西南夷地区 2 次,会稽郡 2 次,扬州、徐州各 1 次,长江中下游地区 8 次,具体地点有绿林山、长沙、桂阳、零陵、九江、庐江、荆州、合肥、居巢等地。北方匈奴地区的疫病有 3 次,西北陇右 1 次。关东地区疫病 9 次,其中东汉都城洛阳 4 次,提到具体地点的还有西汉衡山、河东、云中、青州、邺城、南阳[1]、汝南[2]、等。此外,还有闽中、瀛州等地。

第一,地理环境是疫病产生、流行的重要因素。我国疆域辽阔,由于纬度位置、海陆位置、地形、大气环流等因素的不同,以秦岭、淮河为界,南北方的气候差异明显。南方湿润温暖,传染疫病的原菌、中间宿主、媒介生物

---

[1] 《后汉书》卷 81《李善传》载:"李善字次孙,南阳淯阳人,本同县李元苍头也。建武中疫疾,李元家相继死没。"(中华书局,1965 年,第 2679 页)

[2] 《后汉书》卷 82 上《方术列传上·廖扶传》载:廖扶,汝南平舆人。"逆知岁荒,乃聚谷数千斛,悉用给宗族姻亲,又敛葬遭疫死亡不能自收者"。(中华书局,1965 年,第 2720 页)

有着较好的滋生环境。岭南和西南山区经济开发较晚，汉代不少地方还处在原始的自然状态，天气炎热潮湿，因而疫病高发，疫情传播迅猛。一般而言，北方人如果到南方，难免被传染上疫病。西汉吕后时征伐南越，王莽征伐西南夷，马援征伐交趾、五溪蛮，士兵都因为染上疫病大量死亡。

长江流域和东部沿海地区是汉代疫病的高发区，湿润的自然环境可能是导致疫病高发的原因。汉代在这里发生的疫病有 11 次之多，约占总疫病次数的 22%，有确指地点的占 40%。不仅次数多，而且疫情严重。

从吕后时征伐南越的将士染上疫病开始，有识之士就开始关注南方疫病的问题。汉武帝出兵攻打闽越，淮南王刘安上书谏阻，认为发兵远征，必败无疑。因为南方林中多蝮蛇猛兽，盛夏时节，"欧泄霍乱之病相随属也，曾未施兵接刃，死伤者必众矣"，"南方暑湿，近夏瘅热，暴露水居，蝮蛇蠚生，疾疠多作，兵未血刃，而病死者什二三"。[①]

东汉建武二十年（44）秋，马援征交趾，"军吏经瘴疫死者十四五"。[②] "瘴疫"是由瘴气引起的疾病，瘴气则指南部、西南部山林间湿热蒸郁致发疾病的气。《后汉书·公孙瓒传》云："日南多瘴气。"[③]《后汉书·南蛮传》云："南州水土温暑，加有瘴气，致死亡者十必四五。"[④]《后汉书·西南夷传》李贤注："泸水在今巂州南。特有瘴气，三月四月经之必死。五月以后，行者得无害。"[⑤]《郡国志五》李贤注引《南中志》曰："有不津江，江有瘴气。"[⑥]汉顺帝永和二年（137），日南、象林数千人攻占了象林县城，杀死地方官吏。地方军队不能平定，汉顺帝召集百官计议，准备调动军队镇压。大将军从事中郎李固反对此议，其第三条理由说："南州水土温暑，加有瘴气，致死亡者十必四五。"[⑦]隋代医学家巢元方认为，瘴疠流行的主要原因是"山溪源岭

①　班固：《汉书》卷 64《严助传》，中华书局，1962 年，第 2781 页。

②　范晔：《后汉书》卷 24《马援传》，中华书局，1965 年，第 840 页。

③　范晔：《后汉书》卷 73《公孙瓒传》，中华书局，1965 年，第 2358 页。

④　范晔：《后汉书》卷 86《南蛮西南夷列传·序》，中华书局，1965 年，第 2838 页。

⑤　范晔：《后汉书》卷 86《南蛮西南夷列传·滇》，中华书局，1965 年，2846 页。

⑥　司马彪：《后汉书》志 23《郡国志五·牂柯条》，中华书局，1965 年，第 3509 页。

⑦　范晔：《后汉书》卷 86《南蛮西南夷列传·序》，中华书局，1965 年，第 2838 页。

瘴湿毒气"和"伏蛰不闭藏,杂毒因暖而生"。① 今人文焕然说:"从自然环境来说,瘴气是热带森林气候的表现之一,其特点是云雾多,闷热。这种环境,枯枝落叶多,土壤中含腐殖酸等也较多,微生物生长繁殖迅速,饮食稍不注意易生疾病。"②

建安十三年(208),赤壁之战爆发,曹军染上疫病,"士卒饥疫,死者太半"。这次大疫直接导致了曹军的失败,学术界根据当时的自然条件进行了认真深入的研究,但认识各异,有血吸虫病③、疟疾④、斑疹伤寒⑤等多种说法。东汉医学大师张仲景所著《伤寒论》之阳毒"有斑烂如锦纹",近代医学考证为斑疹伤寒。⑥

关东地区也是疫病的高发区,汉代这里发生疫病 9 次,约占总数的20%,有确指地点的占 33.3%。如以城市而论,汉代发生疫病最多的是东汉都城洛阳,共有 4 次,约占总数的 1/12。这可能与洛阳是东汉的政治、经济、文化中心,人口密度大,人员流动性强有关。

第二,汉代的疫病传播与战争的关系十分密切,在 50 次疫病中至少有10 次与战争有关,占 20%。例如,汉初时为征讨南越,吕后派遣"将军隆虑侯灶往击之。会暑湿,士卒大疫,兵不能逾岭"。⑦ 这次疫病直接导致了汉军作战的失利,司马迁评价此事说:"隆虑离湿疫,佗得以益骄。"⑧ 王莽天凤年间与西南夷的战争,"军粮前后不相及,士卒饥疫,三岁余死者数万"。东汉初年,马援进军交趾,"军吏经瘴疫死者十四五";讨武陵蛮,"会暑甚,士

① 巢元方:《诸病源候论》卷 10《瘴气候·瘴气候》,黄作阵点校,辽宁科学技术出版社,1997 年,第 59 页。

② 文焕然等著,文榕生选编整理:《中国历史时期植物与动物变迁研究》,重庆出版社,1995 年,第 79 页。

③ 李友松:《曹操兵败赤壁与血吸虫病关系之探讨》,《中华医史杂志》1981 年第 2 期。

④ 季始荣:《对〈曹操兵败赤壁与血吸虫病关系之探讨〉一文的商榷》,《中华医史杂志》1982 年第 2 期。

⑤ 田树仁:《也谈曹操兵败赤壁与血吸虫病之关系》,《中华医史杂志》1982 年第 2 期。乔富渠:《"战争瘟疫"斑疹伤寒使曹操兵败赤壁》,《杏苑中医文献杂志》1994 年第 1 期。

⑥ 耿贯一主编:《流行病学》(下册),人民卫生出版社,1980 年,第 160 页。夏祝辉主编:《流行病学与传染病管理》,人民卫生出版社,1987 年,第 261 页。

⑦ 司马迁:《史记》卷 113《南越列传》,中华书局,1959 年,第 2969 页。

⑧ 司马迁:《史记》卷 113《南越列传》,中华书局,1959 年,第 2978 页。

卒多疫死"。建安十三年赤壁之战,曹军"饥疫",在孙刘联军火攻之下,"死者太半"。战争时期,军事和后勤人员密集,卫生条件差,环境恶劣,给养供应不及时,生活没有规律,身心消耗大,这些都为病菌的侵入创造了条件。尤其是长途远征,气候变化大,北方的兵士难以适应南方的"暑湿"天气,水土不服,更容易染上疫病。

早在先秦时期,人们就已经认识到气候异常会造成疾疫流行,秦汉时期,这一认识进一步加深。《吕氏春秋》认为,如果气候不正常,就容易引发疫病。《吕氏春秋·季春纪》云:季春"行夏令,则民多疾疫,时雨不降,山陵不收"。《吕氏春秋·仲冬纪》云:仲冬"行春令,则虫螟为败,水泉减竭,民多疾疠"。居住环境的变化也会引发疾疫。《吕氏春秋·仲冬纪》云:仲冬之月,"发盖藏,起大众,地气且泄,是谓发天地之房。诸蛰则死,民多疾疫"。[①]《史记·乐书》云:"天地之道,寒暑不时则疾。"《正义》解释道:"寒暑,天地之气也。若寒暑不时,则民多疾疫也。"[②]

人们认识到气候的寒热变化如果不正常,就会引发疫病。汉文帝前元十五年(前165)九月,晁错在答对汉文帝策问时云:"阴阳调,四时节,日月光,风雨灭,贼气息,民雨时,膏露降,五谷孰,不疾疫。"[③]说明了阴阳和谐,四时有度,风调雨顺是防止疾疫的根本原因。汉和帝末年,鲁恭上奏:"比年水旱伤稼,人饥流冗。今始夏,百谷权舆,阳气胎养之时。自三月以来,阴寒不暖,物当化变而不被和气。"[④]初春的天气"阴寒不暖"使人们疾病缠身。《后汉纪·安帝纪下》载,延光四年(125)十二月诏曰:"今阴阳不和,疾疫为害。"[⑤]正反映了气候变化和疫病传播为害之间的关系。曹植的《说疫气》曰:"建安二十二年,疠气流行,家家有僵尸之痛,室室有号泣之哀。或阖门而殪,或覆族而丧。或以为:疫者,鬼神所作。……此乃阴阳失位,寒暑错时,

①　吕不韦编:《吕氏春秋集释》卷11《仲冬纪》,许维遹集释,中华书局,2016年,第240页。

②　司马迁:《史记》卷24《乐书》,中华书局,1959年,第1199页。

③　班固:《汉书》卷49《晁错传》,中华书局,1962年,第2293页。

④　范晔:《后汉书》卷25《鲁恭传》,中华书局,1965年,第880页。

⑤　袁宏:《后汉纪·孝安皇帝纪下卷》,中华书局,2002年,第338页。

是故生疫，而愚民悬符厌之，亦可笑也。"[1] 这段话描绘了疫病流行时的惨状，并指出"疠气流行"并非"鬼神所作"，而是"阴阳失位，寒暑错时"所致。

《史记·天官书》多次将疫病与天体运行变化联系起来。"亢为疏庙，主疾。……氐为天根，主疫。"《索隐》引宋均云："疫，病也。三月榆荚落，故主疾疫也。然此时物虽生，而日宿在奎，行毒气，故有疫也。"正月的东南风可能导致疫病的产生，风起"东南，民有疾疫，岁恶"。[2] 王充在《论衡·变动》对司马迁之说做了具体的解释："《天官》之书，以正月朝占四方之风，风从南方来者旱，从北方来者湛，东方来者为疫，西方来者为兵。太史公实道言以风占水旱兵疫者，人物吉凶统于天也。"[3] 可见司马迁由天体变化思考出来的与疫病发生的关系，并总结出的规律是有依据的。

第三，自然灾害也是影响疫病流行的重要因素。汉代自然灾害的发生已表现出链发性和群发性的特点，疫病往往伴随其他自然灾害一起到来。大灾之后必有大疫，因为生活环境恶化，人们颠沛流离，疫病在饥民中特别容易传播。西汉文帝前元末年之前，"数年比不登，以有水旱疫病之灾"。汉元帝初元元年（前48），关东十一郡国大水、饥荒，"疫尤甚"，"百姓菜色，或至相食"。[4] 到初元五年（前44）四月，汉元帝诏书中仍然说关东"连遭灾害，饥寒疾疫，夭不终命"。[5] 汉元帝年间的灾害不仅严重，而且持续时间长，京房上书云："陛下即位以来，日月失明，星辰逆行，山崩泉涌，地震石陨，夏霜冬雷，春凋秋荣，陨霜不杀，水旱螟虫，民人饥疫，《春秋》所记灾异尽备。"[6] 几种自然灾害互相作用，破坏性更大。汉成帝在位期间，"数遭水旱疾疫之灾"，仓廪空虚，百姓饥馑，流离道路，疾疫死者以万数，人至相食。平帝元始二年（2），郡国大旱，又发生蝗灾，受灾最严重的青州疫病流行，"百

① 严可均编：《全上古三代秦汉三国六朝文·全三国文》卷185《陈王植·说疫气》，中华书局，1958年，2304页。

② 司马迁：《史记》卷27《天官书》，中华书局，1959年，第1340页。

③ 王充：《论衡校释》卷15《变动篇》，黄晖校释，中华书局，1990年，第654页。

④ 班固：《汉书》卷75《翼奉传》，中华书局，1962年，第3177页。

⑤ 班固：《汉书》卷9《元帝本纪》，中华书局，1962年，第285页。

⑥ 班固：《汉书》卷75《京房传》，中华书局，1962年，第3162页。《汉书》未记京房上书的时间，《资治通鉴》卷29《元帝纪下》将此事系于建昭二年（前37）。

姓困乏,疾疫夭命"。汉桓帝时,外戚梁冀专权,"众灾并凑,蝗虫滋生,河水逆流,五星失次,……人民疾疫"。①

汉代人对自然灾害的链发性和群发性已经有了一些认识,汉顺帝永建四年(129),杨厚上书云:"今夏必盛寒,当有疾疫蝗虫之害。"当年果然"六州大蝗,疫气流行"②。但是,由于自然科学技术发展水平的限制,汉代人还不能做到对疫病进行积极预防。

2世纪以后,直至东汉末年,中原地区一直流行着一种比较凶猛的疾疫。尤其是东汉后期,由于天灾人祸,生产荒芜,疫势更加猖獗。有研究表明,东汉中后期太阳黑子正处于衰弱期,其强度在其前后1 800年间都处于最小值。③这一时期自然灾害频发很可能也与太阳黑子的运动有关。

此外,东汉许慎《说文解字》也有反映汉代人对疫病的认识。例如,《说文解字·疒部》云:"瘧,瘉也。从疒,差声。"④"瘧"即疫病。《诗经·小雅·节南山》云:"天方荐瘥。"郑玄笺:"天气方今又重以疫病。"⑤当时人们对瘟疫已有明确的认识,而疟疾是当时颇为流行的传染病。《说文解字·疒部》云:"瘧,热寒休作。从疒,从虐,虐亦声。"段玉裁《说文解字注》云:"谓寒与热一休一作相代也。"⑥"瘧"即疟疾,是一种急性传染病,病原体是疟原虫,发作时具有周期性。由于疟原虫的不同,或隔一日发作,或隔二日发作,或不定期发作。症状是发冷发热,热后大量出汗,头痛,口渴,全身无力,病久会引起脾肿大和贫血等症状。《说文解字·疒部》云:"痁,有热疟。从疒,占声。""痎,二日一发疟。从疒,亥声。"⑦

---

① 司马彪:《后汉书》志15《五行志三》李贤注引《梁冀别传》,中华书局,1965年,第3311页。

② 范晔:《后汉书》卷30上《杨厚传》,中华书局,1965年,第1049页。

③ 高建国:《两汉宇宙期的初步探讨》,高建国、宋正海主编:《历史自然学进展》,海洋出版社,1988年。

④ 许慎:《标点注音〈说文解字〉》,崔枢华、何宗慧校点,北京师范大学出版社,2000年,第308页。

⑤ 王先谦:《诗三家义集疏》卷17《节》,中华书局,1987年,第660页。

⑥ 许慎:《说文解字注》卷7下《疒部》,段玉裁注,许惟贤整理,凤凰出版社,2007年,第613页。

⑦ 许慎:《说文解字注》卷7下《疒部》,段玉裁注,许惟贤整理,凤凰出版社,2007年,第613页。

三、汉代疫病记录的社会因素

从疫病流行次数的多少来看,东汉比西汉多,后期比前期多。西汉和新莽历时 231 年,有疾疫 17 次,平均每年约为 13.59 次,东汉历时 195 年,有疾疫 33 次,平均每年为 5.9 次。学术界一般把西汉的历史分为前、中、后三期。这里我们把前、中期合为一个时段,把后期和王莽的新朝合为一个时段。第一时段(前 206 年至前 49 年)为 157 年,疾疫 6 次,平均每年约为 21.66 次;第二时段(前 49 年至 25 年)为 74 年,疾疫 11 次,平均每年为 6.72 次。东汉前期一般是指光武、明、章时期(25 年至 88 年),64 年,疾疫 8 次,平均每年为 8 次;东汉后期是和帝至献帝时期(89 年至 220 年),132 年,疾疫 25 次,平均每年约为 5.28 次。

根据上述统计,我们可以清楚地看出,汉代后期的疾疫都比前期多,西汉后期(含新朝)疫病的平均年次是西汉前、中期的 3.22 倍,东汉后期是前期的 1.51 倍。东汉的疫病次数约为西汉的 2 倍,平均年次是西汉的 2.3 倍。东汉疾疫多于西汉的原因是多方面的,杨振红认为:西汉初年自然灾害记录的稀少,和国家草创之际各种制度尚不完备有关。[1] 汉代负责记载灾异的太史令至汉武帝时才恢复设立,[2] 此前灾异记录较少。汉武帝以后对自然灾害记录的增多还和儒学统治地位的确立有直接关系。汉武帝即位后,"罢黜百家,独尊儒术"。新儒学的核心是董仲舒创立的"天人感应"理论,在这种理论下,自然天象成为统治的晴雨表,各种自然灾害和异常现象都被看成是上天对人君悖天逆行的警告。自然灾害已经超越了其自身的意义,记录自然灾害受统治者的重视,因此灾害次数增加。

疫病与国家控制疫情传播的能力也有极大关系。一般说来,治世疫病少,乱世、衰世疫病多。政治清明,社会秩序稳定,生产力恢复发展,人们的生活水平提高,疫病的流行频率就较低。反之,政治昏乱、腐败、黑暗,政局

---

[1]　杨振红:《汉代自然灾害初探》,《中国史研究》1999 年第 4 期。

[2]　《后汉书》卷 112《百官志二》载:"太史令一人,六百石。本注曰:掌天时、星历。凡岁将终,奏新年历。凡国祭祀、丧、娶之事,掌奏良日及时节禁忌。凡国有瑞应、灾异,掌记之。"(中华书局,1965 年,第 3571 页)《史记》卷 130《太史公自序》《集解》引如淳注云:"《汉仪注》太史公,武帝置,位在丞相上。"(中华书局,1965 年,第 3288 页)

动荡,疫病流行就频繁,疫情严重。汉代疫病的高发期有以下几个:(1)西汉平帝末年至王莽时期,汉平帝元始二年(2)至王莽地皇三年(22),21年发生疫病4次,平均5.25年一次。(3)汉安帝元初六年(119)至顺帝永建四年(129),11年发生疫病5次,平均2.2年一次。(4)汉桓帝延熹四年(161)至汉灵帝熹平二年(173),13年发生疫病6次,平均2.17年一次。桓、灵二帝沉湎于酒色歌舞,宦官、外戚专权,政局动荡,社会矛盾十分尖锐,时局由衰入乱。(5)东汉灵帝、献帝时期,汉灵帝光和二年(179)至汉献帝建安二十四年(219),41年发生疫病9次,平均约4.56年一次,疫病规模大,而且大多是全国性的疫病大流行。

四、疫病对汉代社会的影响

反复的、大规模的疫病爆发,对汉代社会的影响是多方面的。本书择要从以下四点分析论述。

1. 造成人口大量死亡,影响社会经济发展,加剧社会矛盾

疫病最直接的危害是造成人类患病或死亡,显著的后果是人口的损耗。例如,汉成帝永始二年(前15),"疾疫死者以万数,人至相食"。王莽天凤年间,征伐句町的士兵"死者数万",东汉建武十四年(38),"会稽大疫,死者万数"。匈奴连年旱蝗,这次与其他自然灾害共生的疫病对匈奴的打击极其沉重,仅仅过了一年多,匈奴便分裂为南北二部。匈奴"疫困之力,不当中国一郡"[1]。在桓、灵、献三帝的70年中,比较大的疫病流行有16次之多,疫病流行之严重,我国历史上少有。其中多次为全国性的疫病大流行,造成"农商失业,食货俱废","富者不得自保,贫者无以自存"[2],死亡人口不计其数。东汉末年,黄巾起义的领袖张角创建太平道,在黄河流域和长江流域传教。太平道用符水治病作为组织百姓的手段,"畜养弟子,跪拜首过,符水咒说以疗病,病者颇愈,百姓信向之"。在黄巾起义的打击下,东汉名存实亡,整个中国陷入长期混战与痛苦之中,经济凋敝,民不聊生。建安年

---

①　范晔:《后汉书》卷18《臧宫传》,中华书局,1965年,第695页。

②　班固:《汉书》卷24《食货志下》,中华书局,1962年,第1185页。

间疫病流行，"吏士死亡不归，家室怨旷，百姓流离"①。

2. 疫病对汉代政治的影响

汉代，人们普遍把疾疫看作是"灾异"的一种，为其披上一层神秘的外衣，并演化为一种以灾异附会社会人事的神秘学说——灾异说。晁错认为疾疫与帝王的德泽有关系，他在上汉文帝的对策中说，五帝德泽满天下，故"五谷孰，妖孽灭，贼气息，民不疾疫"。②董仲舒认为，如果"王者不明，善者不赏，恶者不绌，不肖在位，贤者伏匿，则寒暑失序，而民疾疫"，补救之法是"举贤良，赏有功，封有德"。③《大戴礼记·盛德》明确指出：疫病与帝王的德行有关，圣王有盛德，"人民不疾，六畜不疫，五谷不灾"；所有人民的疾疫、六畜的疫病、五谷的灾害，都"生于天"；而"天道不顺，生于明堂不饰"④；有了天灾，就要修饰明堂，以消灾去疫。王充也持有同样的观点：

> 行尧、舜之德，天下太平，百灾消灭，虽不逐疫，疫鬼不往；行桀、纣之行，海内扰乱，百祸并起，虽日逐疫，疫鬼犹来。衰世好信鬼，愚人好求福。⑤

至东汉灾异说更为盛行，例如，汉安帝元初六年(119)夏四月，会稽大疫。李贤注引何休曰："民疾疫也，邪乱之气所生。"⑥汉顺帝诏书云："奸慝缘间，人庶怨讟，上干和气，疫疠为灾。"⑦汉桓帝时，"众灾并凑，蝗虫滋生，河水逆流，……人民疾疫，出入六年，羌戎叛戾，盗贼略平民。"⑧时人认为，出现这些现象皆因外戚梁冀擅权横行所致。

因此，每当有疫病流行，汉代皇帝常常下罪己诏，承认"政乱在予"⑨，承

---

① 陈寿：《三国志》卷1《魏书·武帝纪》，中华书局，1959年，第32页。

② 班固：《汉书》卷49《晁错传》，中华书局，1962年，第2239页。

③ 董仲舒：《春秋繁露义证》卷14《治乱·五行》，苏舆义证，中华书局，1992年，第385页。

④ 王聘珍：《大戴礼记解诂》卷8《盛德》，中华书局，1983年，第144页。

⑤ 王充：《论衡校释》卷25《解除》，黄晖校释，中华书局，1990年，第1043页。

⑥ 司马彪：《后汉书》志17《五行志五》，中华书局，1965年，第3349页。

⑦ 范晔：《后汉书》卷6《顺帝本纪》，中华书局，1965年，第251页。

⑧ 司马彪：《后汉书》志15《五行志三》注引《梁冀别传》，中华书局，1965年，第3311页。

⑨ 范晔：《后汉书》卷7《桓帝纪》，中华书局，1965年，第317页。

担疫病祸乱的责任,检讨政治得失,痛切悔过。汉代因疫病而自责的第一个帝王是汉文帝,此后如西汉元帝、成帝,东汉桓帝等都有因疫病而自责的诏书。皇帝在诏书中除了自责,还招贤纳士,虚心求谏、延问得失。鼓励公卿指陈"政有所失而行有过";令"丞相、御史其与列侯、中二千石博问经学之士"筹划集议,"有可以佐百姓者,率意远思,无有所隐"。[①]要求大臣"延登贤俊,招显侧陋"[②],举荐"敦厚有行义能直言者"[③],以匡正其过失。汉桓帝时,宦官专朝,政刑暴滥,襄楷诣阙上疏曰:"长吏杀生自己,死者多非其罪,魂神冤结,无所归诉,淫厉疾疫,自此而起。"主张"修德省刑"。[④]汉灵帝光和元年(178),尚书卢植上封事,陈述"御疠"。卢植所说"御疠",是指汉桓帝宋皇后被王封、程阿诬陷忧惧而死,父亲及兄弟被诛,"无辜委骸横尸",不得收葬,他认为"疫疠之来,皆由于此"。[⑤]卢植实际上是主张为桓帝宋皇后平反冤狱,收葬他们的尸骨,使游魂得到安息。上述种种举措,用意是给臣民一个发表消除灾异意见的机会,并鼓励他们发表政见。

皇帝在对天作一番虔诚的自我批评以后,转而责备大臣,推卸自己独自承担灾异的责任。汉元帝即位初,以关东连年遭受灾害为由,"言事者归咎于大臣",责问丞相、御史"欲何施以塞此咎"?[⑥]丞相于定国上书谢罪,引咎辞职。此后,皇帝便不再独自承担灾异之责,而是常常归咎于股肱大臣,让大臣为其分担罪过。汉成帝时,丞相薛宣因疾疫被免职。[⑦]接任的翟方进结局更糟,因"灾害并臻,民被饥饿,加以疾疫溺死"[⑧],被迫自杀。王莽时,平蛮将军冯茂用兵益州,出入三年,军队"疾疫死者什七,巴、蜀骚动。莽征茂还,诛之"。[⑨]汉安帝永初元年(107),太尉徐防以灾异、寇贼策免,就

①　班固:《汉书》卷 4《文帝纪》,中华书局,1962 年,第 128 页。
②　班固:《汉书》卷 9《元帝纪》,中华书局,1962 年,第 279 页。
③　班固:《汉书》卷 10《成帝纪》,中华书局,1962 年,第 318 页。
④　范晔:《后汉书》卷 30 下《襄楷传》,中华书局,1965 年,第 1078 页。
⑤　范晔:《后汉书》卷 64《卢植传》,中华书局,1965 年,第 2117 页。
⑥　班固:《汉书》卷 71《于定国传》,中华书局,1962 年,第 3044 页。
⑦　班固:《汉书》卷 83《薛宣传》,中华书局,1962 年,第 3393 页。
⑧　班固:《汉书》卷 84《翟方进传》,中华书局,1962 年,第 3422 页。
⑨　班固:《汉书》卷 95《西南夷传》,中华书局,1962 年,第 3846 页。

国。"凡三公以灾异策免,始自防也。"[①] 东汉共策免司徒 11 人次,大多因疾疫。顺帝永建元年(126),司徒李郃"以人多疾疫免"。[②] 次年,司徒朱伥以疾疫罢。[③] 桓帝延熹四年大疫,司徒盛允免。[④] 汉灵帝建宁四年大疫,司徒许训免;光和二年大疫,司徒袁滂免;光和五年大疫,司徒陈耽免。[⑤]

皇帝因疾疫自责和责罚大臣,虽然不能消除疫灾,但有一定积极意义的,政治的治理有益于抗疫救灾。

3. 疾疫对汉代思想文化的影响

汉末是道教形成的重要时期,也是旧有巫祝信仰发生重要转变的时期。这些变化与大规模的疾疫流行有密切的关系。[⑥] 东汉末年疾疫流行,使得巫师方士大为昌盛,刺激了道教长生不死、禳灾疗疾等技术仪式的产生和发展,而这些都顺应了民众的需要。汉末的天师道和太平道是道教的前身,它们的兴盛与疾疫的流行有极大关联,利用了民众在疾疫面前的恐惧心理,宣称可以用符水等方法治病,因此得到了民众的信任。晋代葛洪的《神仙传》载:"先时蜀中魔鬼数万,白昼为市,擅行疫疠,生民久罹其害。"[⑦] 张天师入蜀后的最大功绩,就是阻止了魔鬼任意制造疾疫的行为。而《太平经》反复关注健康、长寿以抵抗疫气的技术与方法,也说明人们信奉早期道教,是跟他们对疾疫的恐惧心理分不开的。

东汉末年疾疫的流行,还推动了佛教的传播。东汉晚期,疫疠之灾造成的痛苦与不安弥漫整个社会,汉末,在中原传道的印度、西域僧人及传道者掌握了良好的契机。一方面以具体的医术、养生术赢得信赖,另一方面

---

①　范晔:《后汉书》卷 44《徐防传》,中华书局,1965 年,第 1502 页。

②　范晔:《后汉书·顺帝纪》注引《东观记》,中华书局,1965 年,第 252 页。

③　《后汉书》卷 6《顺帝纪》云:永建二年"秋七月甲戌朔,日有食之。壬午,太尉朱宠、司徒朱伥罢"。(中华书局,1965 年,第 254 页)据袁宏《后汉纪校注》卷 18《顺帝纪》载,永建元年(126)十月丁亥,"司徒朱伥以疾疫罢",《风俗通义校释》卷 50《反篇》云:"司徒朱伥,以年老为司隶虞诩所奏耳目不聪明,见掾属大怒,曰'颠而不扶,焉用彼相! 君劳臣辱,何用为!'"周天游认为,恐当以《袁纪》为是。(中华书局,1965 年,第 490 页)

④　范晔:《后汉书》卷 7《桓帝纪》,中华书局,1965 年,第 308 页。

⑤　范晔:《后汉书》卷 8《灵帝纪》,中华书局,1965 年,第 332、342、346 页。

⑥　赵夏竹:《汉末三国时代的疾疫、社会与文学》,《中国典籍与文化》2001 年第 38 期。

⑦　葛洪:《神仙传校释》,胡守为校释,中华书局,2010 年,第 190 页。

则通过翻译与养生(禅定)、医疗、神通有关的典籍以教授其信徒,并宣扬佛的智慧、神力和慈悲,以解释时人的苦痛由来,并提供救赎之道,[①]疗治身心的佛法遂勃然而兴。

当然,影响宗教兴衰与变化的因素极多,仅以疫病流行所形成的社会环境并不能完全解释佛教在中国的兴盛、道教的崛起,以及巫祝信仰的发展。但是,疫病流行与宗教的关系不容忽视,值得深入探讨。

绵延多年的疾疫对东汉晚期的政治局势、经济活动、社会结构乃至思想文化都带来了极大的冲击,疾疫之灾造成的死亡带给生者的痛苦和恐惧更是深远。如何在疾疫流行的年代幸免于难,是时人最关切的问题。面对一次次流行广泛的疾疫,人们不得不去思考永恒与短暂、自然与人类、幸福与苦难等问题,并把种种感慨形诸笔墨,以寄寓自己的感慨与悲凉。

4. 祈祷弥灾去病

由于医疗技术的落后,汉代人一般认为疫病是由恶鬼造成的。《汉旧仪》载:"颛顼氏有三子,生而亡去为疫鬼。一居江水,是为虐;一居若水,是为罔两蜮鬼;一居人宫室区隅沤庚,善惊人小儿。"[②]疫病来去无踪,有着可怕的传染性和巨大的杀伤力,对古人来说,无疑是神秘可怖的。[③]因此,人们很自然地就将疾疫与鬼神联系在一起了。汉代人刘熙在《释名》云:"疫,役也,言有鬼行疫也。"如果"阴气胜阳,下欺上,鬼神邪物大兴,而昼行人道",就会"疾疫不绝"。[④]对于致病厉鬼的态度,首先是用祭祀等方式以礼相待,取悦他们。王充《论衡·祀义》云:

> 世信祭祀,以为祭祀者必有福,不祭祀者必有祸。是以病作卜祟,祟得修祀,祀毕意解,意解病已;执意以为祭祀之助,勉奉不绝。[⑤]

---

① 陈竺同:《汉魏南北朝外来的医术与药物的考证》,《暨南学报》1936 年第 1 期。

② 司马彪:《后汉书》志 5《礼仪志中·大傩条》,中华书局,1959 年,第 3127 页。

③ 认为鬼有积极作用仅见于《史记·封禅书》武帝祠鬼事。越人勇之声称:"越人俗鬼,而其祠皆见鬼,数有效。昔东瓯王敬鬼,寿百六十岁。后世怠慢,故衰耗。"汉武帝遂"令越巫立越祝祠","亦祠上帝百鬼"。(中华书局,1959 年,第 1399 页)

④ 罗织主编:《太平经注译》卷 36《事死不得过生法第四十六》,西南师范大学出版社,1996 年,第 85 页。

⑤ 王充:《论衡校释》卷 25《祀义篇》,黄晖校释,中华书局,1990 年,第 1048 页。

他还记述了汉代流传的因祭鬼不周而致病的事例，[①]反映了大多数民众的疫病观。如果祭祀无效，则转而驱逐之。因此，除了积极的抗疫措施，汉代还盛行祈祷逐疫去病的仪式。朝廷每年在年终腊日的前一天举行名为"大傩"的仪式，驱逐引发疫病的疫鬼。《月令章句》曰："日行北方之宿，北方大阴，恐为所抑，故命有司大傩，所以扶阳抑阴也。"东汉郑玄云，"傩"是一种阴气，到了腊月，"日历虚、危，有坟墓四星之气为厉鬼（无后乏祀或冤死强死之鬼），随强阴出以害人"[②]。所以要举行"大傩"以驱除之。"傩"或"大傩"的仪式在先秦时期就已经出现，是驱逐家内疾疫恶鬼的一种巫术，逐渐演变成为一种礼俗，举行仪式以驱除疫鬼，在季春、仲秋、季冬举行三次。[③]与先秦古俗相比，汉代"傩礼"的变化有两点：一是举办的次数由每年三次改为一次，在十二月腊祭前一日举行。东汉高诱云："大傩，逐尽阴气为阳导也，今人腊岁前一日，击鼓驱疫，谓之驱除是也。"[④]清楚地说明了这一变化。二是由典型的巫术形态向节日礼俗形态演变，巫师仍在其中充当重要角色。《后汉书·礼仪志》描述了东汉岁末宫中举行大傩仪式的情形：一个人身披熊皮扮成"黄金四目"的方相氏，执戈持盾，另有男女巫师若干人，手执可扫除不祥的苕帚，还有 120 个童男童女，用桃木弓、枣木箭射杀疫鬼，他们群起舞蹈，厉声呐喊，并用火把四处照射。然后将火把传送到宫外，由

---

① 《论衡》卷 25《诘术》曰："宋公鲍之身有疾，祝曰夜姑，掌将事于厉者。厉鬼杖揖而与之言曰：'何而粢盛之不膏也？何而鲔牺之不肥硕也？何而珪璧之不中度量也？而罪欤？其鲍之罪欤？'夜姑顺色而对曰：'鲍身尚幼，在褓褓，不预知焉，审是掌之。'厉鬼举揖而椓之，毙于坛下。"王充认为此事不可信，"夜姑之死，未必厉鬼击之也，时命当死也"。（中华书局，1990 年，第 1052 页）

② 《后汉书》卷 10 上《和熹邓皇后纪》李贤注引《礼记·月令》云："'［命］有［司］大傩，旁磔，［出］土牛，以送寒气。'郑玄注云：'傩，阴气也。此月之中，日历虚、危，有坟墓四星之气为厉鬼，随强阴出以害人。'故傩却之也。"（中华书局，1965 年，第 424 页）

③ 据《吕氏春秋》记载，季春为"国人傩"（《季春纪》），仲秋"天子乃傩"（《仲秋纪》），季冬则为"命有司大傩"（《季冬纪》），似乎参加这一活动的主体有所不同。（吕不韦编：《吕氏春秋集释》，许维遹集释，中华书局，2009 年，第 64、176、259 页）举行仪式时，气氛庄严肃穆，"不语怪力乱神"的孔子，在乡间遇到百姓行此仪式时，总是"朝服而立于阼阶"（刘宝楠：《论语正义》，中华书局，1990 年，第 272、419 页）

④ 吕不韦：《吕氏春秋新校释》卷 12《季冬纪》，陈奇猷校释，上海古籍出版社，2002 年，第 622 页。

等候在宫外的骑士策马疾驰将火把投入洛水。时人认为,这样可以驱逐疾疫恶鬼。张衡也在《东京赋》用文学语言描写了洛阳城内大傩礼的壮观场面[①],其记载中又有以苇帚扫疫气,以桃弧棘矢射疫鬼,以石子投击疫鬼等仪式。《后汉书·礼仪志》刘昭注引《汉旧仪》曰:"方相帅百隶及童子,以桃弧棘矢土鼓,鼓且射之,以赤丸五谷播洒之。"[②]据此可知,驱疫活动中还使用击土鼓、投赤丸、撒五谷等制鬼方法。

大傩逐疫是一项重要的祀典,即使是在国家财政困难时也未取消,只是减少了参加仪式的人数。汉安帝永初三年(109),由于"阴阳不和,军旅数兴",邓太后下诏在年终"飨遣卫士勿设戏作乐,减逐疫侲子之半,悉罢象橐驼之属。丰年复故"[③]。民间的逐疫仪式,或许规模略小,基本程序当大体相仿。

逐傩每年举行一次,参加人员多,场面宏大,仪式复杂,花费也多。仅靠这一年一度的仪式,很难把厉鬼驱逐干净。而且厉鬼平时侵害百姓,也需要驱赶,这样便由逐傩衍生出一种简便易行的驱鬼之法——"解除"。王充在《论衡·解除》云:"解逐之法"是沿袭古代的"逐疫之礼"。"岁终事毕,驱逐疫鬼,因以送陈、迎新、内吉也。世相仿效,故有解除。"[④]解除实际上是一种简化的逐傩,它没有时令限制,随时都可以举行。

匈奴也有与中原类似的疾疫观。贰师将军李广利兵败投降匈奴遭谗言被下狱,李广利骂曰:"我死,必灭匈奴!"遂屠李广利以祠。同年,匈奴地区连续数月大雨雪,牲畜大量死亡,人民疫病,谷稼不孰,"单于恐,为贰师立祠室"[⑤]。

汉代的袚禊风俗是殷周巫觋的遗风,也是一种祈祷弥灾去病的仪式。《周礼·春官》云:"女巫掌岁时,袚除衅俗。"[⑥]袚除由女巫导演,在三月上

---

① 严可均编:《全上古三代秦汉三国六朝文·全后汉文》卷53《张衡·东京赋》,中华书局,1958年,第1529页。

② 司马彪:《后汉书》志5《礼仪志中·大傩条》,中华书局,1965年,第3127页。

③ 范晔:《后汉书》卷10上《和熹邓皇后纪》,中华书局,1965年,第424页。

④ 王充:《论衡校释》卷25《解除篇》,黄晖校释,中华书局,1990年,第1044页。

⑤ 班固:《汉书》卷94《匈奴传上》,中华书局,1962年,第3781页。

⑥ 孙诒让:《周礼正义·春官·宗伯下·女巫》,中华书局,2013年,第2076页。

已日沐浴,以求除灾祈福。《后汉书·礼仪志》记有"祓禊","是月上巳,官民皆洁于东流水上,曰洗濯祓除,去宿垢,为大洁。"[1] 意在以洗濯消灾祈福。刘昭注:"韩诗曰郑国之俗,三月上巳溱洧两水之上,招魂续魄,秉兰草祓除不祥。"[2] 东汉祓禊还学习古代女巫用香薰花草沐浴,去病患,除鬼魅,作祈禳。最晚至东汉后期,五月五日与屈原联系在一起的祭神驱疾活动已经形成。应劭云:"五月五日以五彩丝系臂者,避兵及鬼,令人不病瘟,亦因屈原。"[3]

祓禊风俗和大傩逐疫,都反映了祈祷弭灾去病的思想。古代祈祷禳除水旱疠疫、雪霜风雨,规定要举行祟祭(祟礼)。《后汉书·臧洪传》李贤注云:"祟谓营攒用币,以禳风雨霜雪水旱厉疫于日月星辰山川也。"[4]《重修纬书集成·龙鱼河图》还记述有避瘟鬼的方法:"岁暮夕四更,取二十豆子,二十七麻子,家人头发,少合麻豆,著井中,咒敕井吏。其家竟年不遭伤寒,辟五温鬼。"[5] 汉代人在夏至日戴五彩丝,上题"游光"二字,其目的也是防止"厉鬼"散播"温疾"。[6]

五、汉代的抗疫救灾措施

疫病爆发、流行以后,汉代朝廷减轻疫情、救济灾民的措施有:减免田租、赋税,施放财物,开仓赈济,安辑流民,节用抗灾;医治疫病,发放药物,强制隔离病人,安葬死者,控制疾疫传播等。这些措施大多是同时并用,本书分类叙述是为了便于分析研究。

1. 疫病救助措施

(1)减免田租、赋税。疫病常导致家破人亡、村落荒芜。疫情严重时,竟至有这样的悲惨情景:"家家有强尸之痛,室室有号泣之哀,或阖门而殪,或

---

① 司马彪:《后汉书》志4《礼仪志上·祓禊条》,中华书局,1965年,第3110页。

② 司马彪:《后汉书》志4《礼仪志上·祓禊条》,中华书局,1965年,第3111页。

③ 应劭:《风俗通义校注·佚文·辨惑》,王利器校注,中华书局,1981年,第606页。

④ 范晔:《后汉书》卷58《臧洪传》,中华书局,1965年,第1886页。

⑤ 〔日〕安居香山、中村璋八辑:《纬书集成·河图编·龙鱼河图》,河北人民出版社,1994年,第1156页。

⑥ 应劭:《风俗通义校注·佚文·辨惑》,王利器校注,中华书局,1981年,第606页。

举族而丧者。"① 对幸存者来说,在天灾人祸的沉重打击下,他们再也无力按正常年景向国家交纳田租赋税。而且疫病大多是伴随着水灾、蝗灾、饥荒等,农民收入下降。免除赋税有利于百姓抗疫减灾,恢复生产,稳定社会秩序。西汉元康二年(前64),疫灾后汉宣帝下诏:"其令郡国被灾甚者,毋出今年租赋。"② 初元元年(前48),"关东大水,郡国十一饥,疫尤甚",汉元帝下诏,"江海陂湖园池属少府者以假贫民,勿租税"。③ 元始二年(2),汉平帝令受疫百姓财产不到10万钱的勿交租税。东汉安帝元初六年(119),会稽大疫,除田租、口赋。汉顺帝永建元年(126)十月下诏:"以疫疠水潦,令人半输今年田租;伤害什四以上,勿收责;不满者,以实除之。"④ 延熹九年(166),南州大疫,汉桓帝下诏:"令大司农绝今岁调度征求,及前年所调未毕者,勿复收责。其灾旱盗贼之郡,勿收租,余郡悉半入。"⑤ 建安二十四年(219),孙权攻克荆州后,荆州流行大疫,于是荆州人民的租税全部免除。

(2)施财物、赐爵、省刑罚、开仓赈济、安辑流民。这些措施主要是帮助百姓在大疫之后糊口度日,保证百姓能维持最基本的生活。例如,西汉元帝初元元年(前48),关东水灾疾疫,大量流民涌入关中,汉元帝诏令调运其他郡国的粮食给流民,开仓赈济,赐给寒衣,保证灾民能有基本的吃穿。⑥ 初元五年,汉元帝又下诏:"赐宗室子有属籍者马一匹至二驷,三老、孝者帛,人五匹,弟者、力田三匹,鳏寡孤独二匹,吏民五十户牛酒。"⑦ 省减刑罚七十余事。建安十四年(209),曹操下令:"死者家无基业不能自存者,县官勿绝廪,长吏存恤抚循。"建安二十三年(218),曹操再次下令:"去冬天降疫疠,民有凋伤,军兴于外,垦田损少,吾甚忧之。其令吏民男女:女年七十已上无夫子,若年十二已下无父母兄弟,及目无所见,手不能作,足不能行,而无妻子父兄产业者,廪食终身。幼者至十二止,贫穷不能自赡者,随口给贷。老

---

① 司马彪:《后汉书》志17《五行志五》,中华书局,1965年,第3350页。
② 班固:《汉书》卷8《宣帝本纪》,中华书局,1962年,第256页。
③ 班固:《汉书》卷75《翼奉传》,中华书局,1962年,第3171页。
④ 范晔:《后汉书》卷6《顺帝本纪》,中华书局,1965年,第253页。
⑤ 范晔:《后汉书》卷7《桓帝本纪》,中华书局,1965年,第317页。
⑥ 班固:《汉书》卷71《于定国传》,中华书局,1962年,第3043页。
⑦ 班固:《汉书》卷9《元帝本纪》,中华书局,1962年,第279页。

毫须待养者,年九十已上,复不事,家一人。"①

(3)节用抗灾。抗疫减灾需要大量的财政开支。汉代采取减膳、取消游乐等措施,将节省的费用用于救助灾民。如汉元帝初元元年(前48),令朝廷官员减少用膳,削减乐府的人员和宫苑的马匹,"诸宫馆稀御幸者勿缮治;太仆少府减食谷马,水衡省食肉兽"②,"以振困乏"。初元五年(前44),汉元帝又命令官员每天减半吃荤腥,平时不得乘舆秣马,"罢角抵、上林宫馆希御幸者、齐三服官、北假田官、盐铁官、常平仓"③。汉安帝永初三年(109),邓太后因为阴阳不和,军队多次出征,诏令节减,年终犒赏遣归卫士的酒宴上不再演戏作乐,"减逐疫侲子之半,悉罢象、橐驼之属"。④延熹五年(162)八月,汉桓帝"诏减虎贲、羽林住寺不任事者半奉,勿与冬衣"⑤。据《后汉书·桓帝纪》李贤注引《东观记》,这一举措是因为"京师水旱疫病,帑藏空虚",所以,"虎贲、羽林不任事者住寺,减半奉"。⑥

2. 医治疫病,控制疫情

(1)发放药物,医治疫病。汉代医药治疫已经普及,在疫病流行时,中央和地方官员经常采用医药治疗来抵抗疫病。尽管受当时医药水平的限制,并不能完全对症下药、有效控制疫情,但这种积极与疫病进行斗争的做法应该予以充分肯定。东汉马援征交趾时,发现薏苡仁能在一定程度上预防瘴气引发的疫病,令将士食用,士兵们都没有染上瘴疫。不过在归途中,"军吏经瘴疫死者十四五"⑦,这说明薏苡仁的作用有限,只对某些瘴气有效,不能预防所有的瘴气。

官府在疫病发生之后,经常送医药到发病地区,有时还派专门为皇室治病的太医到地方为民众诊病。建武十四年(38)会稽大疫,太守钟离意亲

①　陈寿:《三国志》卷1《魏书·武帝纪》,中华书局,1959年,第51页。
②　班固:《汉书》卷75《翼奉传》,中华书局,1962年,第3171页。
③　班固:《汉书》卷9《元帝纪》,中华书局,1962年,第285页。
④　范晔:《后汉书》卷10上《和熹邓皇后纪》,中华书局,1965年,第424页。
⑤　范晔:《后汉书》卷《桓帝纪》,中华书局,1965年,第310页。
⑥　范晔:《后汉书》卷《桓帝纪》,中华书局,1965年,第310页。
⑦　范晔:《后汉书》卷24《马援传》,中华书局,1965年,第840页。

自接济医药,"所部多蒙全济"。① 汉和帝永元年间,京师洛阳发生疾疫,城门校尉、将作大匠曹褒"巡行病徒,为致医药,经理饘粥,多蒙济活"②。汉安帝元初间会稽大疫,官府派遣"光禄大夫将太医循行疫病",到乡间为百姓治病。汉桓帝元嘉元年(151)正月,京师疫疾,派光禄大夫将医药分给身染疫病的百姓。汉灵帝时,多次采取用药物治疫的措施。如建宁四年(171)三月大疫,命中谒者巡行致医药。熹平二年(173)正月大疫,派使者巡行百姓,分发医药。光和二年(179)春大疫,又派常侍、中谒者巡行疫区,报告疫情,分发医药。汉献帝建安二十二年(217),曹操发兵征东吴,途中疫病流行,兖州刺史司马朗亲自巡视送药,反映出此时出征部队已普遍预备有医药。

一般认为,东汉末年战乱频仍,疫疠流行是中国医药学的经典著作《伤寒杂病论》成书的主要原因。《伤寒杂病论》成书于东汉末年(约 200~205 年),在预防思想、六经辨证、汤方辨证、杂病内容等方面继承发展了秦汉医药学。张仲景在解释其创作《伤寒杂病论》的动机时说:

> 余宗族素多,向余二百,建安纪年以来,犹未十稔,其死亡者三分有二,伤寒十居其七。感往昔之沦丧,伤横夭之莫救,乃勤求古训,博采众方,撰用素问九卷、八十一难、阴阳大论、胎胪药录,并平脉辨证,为伤寒杂病论合十六卷。虽未能尽愈诸病,庶可以见病知源,若能寻余所集,思过半矣。③

他创作的动力即是"感往昔之沦丧,伤横夭之莫救"。

(2)强制隔离病人。"毒言"是汉代在热带地区流行的通过唾液传播的一种皮肤传染病,东汉王充在《论衡·言毒》对该病有较清楚的记载:"太阳之地,人民急促,促急之人口舌为毒。故楚、越之人,促急捷疾;与人谈言,口唾射人,则人脉胎(胀)肿而为创(疮)。"④《睡虎地秦墓竹简·封诊式》已有关于防治"毒言"的规定,载:

---

① 范晔:《后汉书》卷 41《钟离意传》,中华书局,1965 年,第 1406 页。
② 范晔:《后汉书》卷 35《曹褒传》,中华书局,1965 年,第 1205 页。
③ 张仲景:《注解伤寒论》,成无己注,商务印书馆,1955 年,第 7 页。
④ 《论衡校释》卷 23《言毒》引章士钊云:"脈为朏之形误。说文肉部:'朏,唇伤也。'"(中华书局,1990 年,第 948 页)

丙家节(即)有祠,召甲等,甲等不肯来,亦未尝召丙饮。里节(即)
有祠,丙与里人及甲等会饮食,皆莫肯与丙共杯器。甲等及里人弟兄
及它人智(知)丙者,皆难与丙饮食。[1]

"丙"被怀疑患有"毒言",知情者主动断绝与丙接触。无法避免与丙接触者,
也不与他在一起饮食,或者不用同一器具。有学者认为,这是已知的我国
最早的关于防治传染病的法律。[2]

秦代已经把隔离传染病患者纳入了法制轨道,《睡虎地秦墓竹简·法律
答问》载:"城旦、鬼薪疠,可(何)论? 当迁疠迁所。"[3]"疠迁所"也称"疠所",
是专门隔离麻风病患者的地方。[4] 这说明,汉代以前人们已经有了主动预
防传染病的意识,还规定了发现传染病应及时报告的制度。

这些制度为汉代所继承。西汉平帝元始二年(2)夏,青州大疫,汉平帝
下诏:"民疾疫者,舍空邸第,为置医药。"[5]这次疫情很严重,患者多,官府腾
出一些住宅作为隔离医院,集中对病人进行治疗,以防止疫病扩散,这是一
种有效的措施。东汉桓帝延熹五年(162),中郎将皇甫规率兵进攻陇右的先
零羌,道路阻绝不通,"军中大疫,死者十三四"。皇甫规将传染病患者安置
在临时搭建的庵庐中,把他们与健康的士兵隔离,避免扩大传染范围。皇
甫规还亲自巡视检查,给予医药。[6] 看来,用隔离治疗的方法对付传染病在
汉代已经普遍施用。对病人及时进行隔离,是切断传染病的传染源、防治
传染病的最有效措施。尤其是在古代治疗手段相对落后的情况下,果断隔

---

① 睡虎地秦墓竹简整理小组编:《睡虎地秦墓竹简·封诊式》,文物出版社,1990年,
276~277 页。

② 王绍东:《中国古代最早的传染病防治立法》,《光明日报》2003 年 10 月 14 日。

③ 睡虎地秦墓竹简整理小组编:《睡虎地秦墓竹简·封诊式》,文物出版社,1990年,
204 页。

④ 对于犯罪后又患上麻风病者的处理,有隔离"疠所"还是"定杀"的争论,结果可能
取决于犯人的罪行轻重或者所患疾病的传染性强弱。秦汉时期,麻风病属于比较严重的传
染病,采取的措施比较严厉。而对于危害较轻的传染病,则把患者迁往人烟稀少的地方,以
减少传染。秦代对麻风病的诊断已有较高的水平,并且有一整套报告、鉴定、隔离的制度,还
建立起了传染病的隔离医院。

⑤ 班固:《汉书》卷 12《平帝本纪》,中华书局,1962 年,第 353 页。

⑥ 范晔:《后汉书》卷 65《皇甫规传》,中华书局,1965 年,第 2133 页。

离尤其重要。

(3)安葬死者,控制疾疫传播。严重的疫病发生后,人口大量死亡,生存环境遭到严重破坏,给幸存者带来极大威胁,如果不及时安葬死者,就会加剧疫病的传播。及时掩埋尸体,可以在一定程度上控制因尸体腐烂引发的疫病。汉平帝元始二年(2)下诏,在疫病中一家死六人以上的赐给安葬钱五千,一家死四人以上的赐给安葬钱三千,一家死二人以上的赐钱二千。[①]赐予安葬钱,安葬病死者,不仅可以减少疫病传播,还能安慰活着的人,帮助他们摆脱困境,重新生活。东汉安帝元初年间,赐给会稽郡的疫病死者棺木。民间也有类似的义举。东汉汝南平舆人廖扶,把自家数千斛粮食全部用于救济受灾的宗族姻亲,"又敛葬遭疫死亡不能自收者"[②]。

3. 注意环境卫生,预防疾病

清除垃圾、痰涎和有关饮水的措施已有明显进步。汉代居民饮水凿井,有时军队长期在野外驻扎也是"穿井得水乃敢饮"。[③]汉代强调预防疫病的意义,规定每年在一定的时间浚井改火。《后汉书·礼仪志中》云:"是日(夏至)浚井改水,日冬至,钻燧改火。"[④]《太平御览·时序部八》引《后汉书·礼仪志》补充了浚井改火的作用,"夏至日浚井改水,冬至钻燧改火,可去温病也"。[⑤]

秦汉时期的城市还铺设了下水道,在排放生活污水方面有了较大改进。秦都咸阳和汉都长安都发现了大量的圆筒形和五角形下水道。《三辅黄图》载:"未央宫有渠阁,萧何所造,其下砻石以道、若今御沟,因为阁名。"[⑥]反映了汉初时期的下水道建设。

厕所在秦汉时期称为"厕""圂""溷""清""轩""更衣之室"等。名称众多,是当时日常生活中厕所普遍使用的反映。彭卫、杨振红认为:"从

① 班固:《汉书》卷12《平帝纪》,中华书局,1962年,第353页。
② 范晔:《后汉书》卷82上《方术列传上·廖扶传》,中华书局,1965年,第2720页。
③ 班固:《汉书》卷45《伍被传》,中华书局,1962年,第2169页。
④ 司马彪:《后汉书》志5《礼仪志中·桃印条》,中华书局,1965年,第3122页。
⑤ 李昉等:《太平御览》卷23《时序部八》,《文渊阁四库全书》影印本,第893册,台湾商务印书馆,1986年,第203c页。
⑥ 何清谷校释:《三辅黄图校释》,中华书局,2005年,第339页。

现有的文献和考古材料看,包括皇族宝中宝、官府、普通民居以至野外军营在内的绝大多数秦汉时期建筑物或居处都附设有厕所。""秦汉时期不仅在官府中而且在民间(应当主要在城市中)也已出现公用厕所,而且可能有打扫厕所的专职人员。"[①]收集痰涎的器皿"唾壶",自汉代就有记载,并且也有文物出土。曹操在给汉献帝的《杂疏》中记载有"纯金唾壶一枚,漆圆油唾壶四枚,贵人有纯银参带唾壶三十枚"。[②]唾壶的出现使疫病传播的不良环境减少了,当然这种用具只有贵族、官僚和豪富们才有条件使用。山东嘉祥武梁祠石刻中"驱虫图"生动地记录了人们灭虫除害的情景,驱虫有切断疾病传播途径的作用。

第二节 ｜ 东汉洛阳的自然灾害与环境考察

一、东汉洛阳及其周边环境

洛阳地处豫西山地和黄河平原交界的伊洛盆地,洛阳城北据邙山,南望伊阙,东据虎牢,西控函谷,北、西、南三面环山,东面开敞,地势西高东低,洛水贯其中,被誉为"河山控带,形胜甲于天下"[③]。山川丘陵交错,地形错综复杂,有"四面环山六水并流、八关都邑、十省通衢"之称。[④]东汉张衡《东京赋》惟妙惟肖地描绘了洛阳周围险要的地势:"昔先王之经邑地,掩观九隩,靡地不营,土圭测景,不缩不盈,总风雨之所交,然后以建王城。审曲南势,沂洛背河,左伊右瀍,西阻九河,东门于旋,盟津达其后,太谷通其前。迥行道于

---

①　彭卫、杨振红:《中国风俗通史(秦汉卷)》,上海文艺出版社,2002年,第381~382页。

②　李昉等:《太平御览》卷703《服用部五·唾壶》,《文渊阁四库全书》影印本,第899册,台湾商务印书馆,1986年,第283c页。

③　顾祖禹:《读史方舆纪要》卷48《河南三·河南府》,中华书局,2005年,第2215页。

④　吴晓静主编:《中国国家地理》,中国戏剧出版社,2009年,第184页。

伊阙,邪经捷于轘辕。太室作镇,揭以熊耳,底柱辍流,镡以大伾。"[1]

洛阳周围的伊水和洛水是两条主要河流,洛水是黄河的重要支流。这四条河流的水位和流量随季节不同而变化,枯水期与洪水期相比流量相差十倍甚至百倍,四条河流在洪水期常常泛滥、改道,对沿河城市造成严重的威胁。

远在石器时代,洛阳就以优越的自然条件和适宜的气候成为我国先民生息繁衍的重要地区。这里曾出土距今五六十万年前的鸵鸟蛋、水龟和大象以及植物的化石,可知洛阳在远古时候气候温和,光热充足,土壤肥沃。

洛阳简称"洛",因地处古洛水北岸而得名。东汉以前,夏、商、周、战国时期的韩国都曾在此建都。西周初年营建洛邑,从勘测、设计到建城的完整过程,在《尚书·洛诰》中都有明确的记载。洛阳是世界上最早按照事前的周密计划而建造的城市。

建武元年(25),刘秀在鄗(治今河北柏乡北)称帝,建立东汉。此时,长安因战乱残破不堪,宫室尽毁,难以修复,不适宜作为都城。而洛阳破坏较轻,又具备有利的战略地理位置和优越的自然条件,不仅形势险要,而且交通发达,漕粮供给便于长安。洛阳"为天下之中也,诸侯四方纳贡职,道里均矣"。[2]同年冬十月,东汉定都洛阳。光武帝相信五行之说,以汉为火德忌水,故改洛阳为雒阳。

东汉洛阳城有外城(大城),外城东、西、北三面城垣在地面上尚有残留,南面城垣由于洛河的北移已经被冲毁。《后汉书·郡国志》刘昭注引《帝王世纪》曰:"城东西六里十一步,南北九里一百步",又引晋《元康地道记》曰:"城内南北九里七十步,东西六里十步,为地三百顷一十二亩有三十六步。"[3]根据考古发掘可知汉魏洛阳城的规模,"东城垣残长 3 895 米,西城垣残长 4 290 米,北城垣残长 3 700 米"。[4]因为南城垣被洛水冲毁,具体长

---

① 严可均编:《全上古三代秦汉三国六朝文·全汉文》卷 53《张衡·东京赋》,中华书局,1958 年,第 1529 页。

② 司马迁:《史记》卷 99《刘敬叔孙通列传》,中华书局,1959 年,第 2716 页。

③ 司马彪:《后汉书》志 19《郡国志一·河南条》,中华书局,1965 年,第 3385 页。

④ 中国科学院考古研究所洛阳工作队:《汉魏洛阳城初步勘查》,《考古》1973 年第 4 期。

度只能推算,依据东、西城垣之间的距离推测,可以认为其长度约为2 460米。考古调查所得外城周长与文献记载基本吻合。

美国城市规划学家西蒙兹教授称:这里是人类"古代最佳人居环境城市"。[①]可是,谁会想到,在距今约二千年前的东汉时代,这座繁华的适宜人们居住的都城留下的灾害记录竟然高达全国同期灾害的1/4。

二、东汉洛阳的自然灾害

东汉洛阳有记录的灾害有114次,在其作为东汉都城的166年(25~190)中,至少有113次自然灾害记录,而同一时期东汉全国(包括洛阳)的灾害记录才343次。[②]在113次灾害中,洛阳单独发生灾害的次数为69次,和其他地区同时发生的灾害44次。除此之外,还有一些全国性的无确指地点的灾害记录可能也涉及洛阳,未列入上述统计之中。从初平二年至延康元年(220)献帝逊位的30年里,全国有灾害纪录44次,其中洛阳只有1次,而且是因为曹操延康元年病死于洛阳,才捎带言及洛阳"士民颇苦劳役,又有疾疠"。[③]

东汉都城洛阳在史料记录中可以说是灾害频发,那么,洛阳是"灾害之都"吗？洛阳灾害突然减少,又是什么原因呢？以往对此关注不多,而深入研究东汉洛阳生态环境时这个问题确实值得思考。

洛阳的无灾时段是61年至70年。汉和帝时(1世纪90年代)自然灾害逐渐增多,至汉安帝时(2世纪初的前20年)达到顶峰,灾害高发期是111年至170年,60年有69次灾害。汉灵帝时灾害记录逐渐减少,汉献帝时只有1次灾害记录。东汉洛阳灾害的平均值是每年1.71次,高于这个平均值的是安、顺、质、桓时期。从自然环境的意义上讲,洛阳对安、顺、桓诸帝来说,似乎不是黄金宝地,而是灾难之都。汉安帝尤其不幸,这一时期发生灾害平均每年约2次。洛阳自然灾害的分布不平衡,不仅表现在有灾害高发期,还表现在灾害高发期中的灾害高发年。东汉历时196年(25~220),按

---

①　李新社:《天下之中话洛阳》,军事谊文出版社,2008年,第140页。

②　王文涛:《东汉洛阳灾害记载的社会史考察》,《中国史研究》2010年第1期。

③　陈寿:《三国志》卷15《魏书·贾逵传》注引《魏略》,中华书局,1959年,第481页。

年次统计,洛阳的无灾年是 120 个,有灾年是 76 个,灾害频度约为每年 1.46 次。灾害高发年主要集中在安、顺、桓三朝。汉安帝时有 11 个灾害高发年,有灾 31 次;汉顺帝时三年 6 灾;汉桓帝时七年 18 灾。24 个灾害高发年里,有 15 年一年 2 灾,6 年一年 3 灾,永初二年(108)和延熹五年(162)各 4 次灾害,灾害最多的一年是汉安帝延光元年(122),有 5 次灾害:水、雹、风灾各 1 次,震灾 2 次。

东汉洛阳自然灾害的种类齐全,除霜灾,可谓是众灾毕至。按灾害频次排序,依次为:震灾、水灾、旱灾、虫灾、风灾、雹灾、疫灾,雪灾和寒冻灾少,各 1 次。地震高发期在安、顺、桓三朝,合计 26 次。水、旱、风、雹灾的高发期都在汉安帝时期。在上述灾害中,为祸最烈的是震灾、水灾和旱灾。

近代以来,对汉代地震次数最先统计的是邓拓,计 65 年次。[1] 又有杨振红统计,汉代地震为 85 年次,西汉 21 年次,东汉 64 年次。[2] 陈业新最初统计汉代地震为 118 次,[3] 后来修改为 111 次。[4] 笔者统计,汉代地震 114 次,西汉 37 次,东汉 77 次(59 年次)。我们对汉代自然灾害的认识同认识其他事物一样是逐步深入的,已有的研究成果为后续研究打下了基础或提供了参照,随着研究成果数量的积累和研究程度的深入,隐性的灾害资料被挖掘出来,灾害统计次数呈增加趋势。目前,我们对汉代自然灾害的认识仍然处在发展过程中,尚未到达认识的终点。

东汉洛阳地震 32 次,其中有 9 次其他地区也发生了地震。洛阳单独地震的记录为 23 次,约占东汉地震总次数的 30%;如按年次统计,则为 26 年次,约占东汉地震总年次的 44%。以下 6 个年份洛阳一年发生了 2 次地震:汉安帝延光元年(122),汉顺帝永和二年(137)和三年(138),汉桓帝建和元年(147)、元嘉二年(152)和汉灵帝光和元年(178)。从以上统计可见,洛阳地震在东汉地震记录中占有极高的比例。从汉安帝元初六年(119)至汉灵

---

① 邓云特:《中国救荒史》,商务印书馆,1993 年,第 11 页。

② 杨振红:《汉代自然灾害初探》,《中国史研究》1999 年第 4 期。

③ 陈业新:《地震与汉代荒政》,《中南民族学院学报》(哲学社会科学版)1997 年第 3 期。

④ 陈业新:《灾害与两汉社会研究》,上海人民出版社,2004 年,第 33 页。

帝光和元年(178)的 60 年,是洛阳的地震活跃期或地震频发期,发生了 30 次地震,平均 2 年 1 次。中国地震专家的研究认为,洛阳地震多发,是因其处在地震带上,且与这一时期地质活动频繁有关。根据史料记载,结合现代地震考古成果和历史地震的烈度,确定东汉有 5 次破坏性地震。两次出现在洛阳。一次是汉顺帝永建三年(128)正月丙子京都、汉阳地震,震级 6.5 ; 另一次是永和三年(138)二月乙亥,"京都、金城、陇西地震裂,城郭、室屋多坏,压杀人"[①],震级 6.75。[②] 东汉洛阳地震在季节分布上没有规律,除八月外,全年其余各月都有地震发生。文献对震灾发生时间的记录比其他自然灾害具体,32 次地震中有 27 次具体到日。

洛阳水灾时间集中在夏、秋季节。这是由于降雨量的季节分配造成的,与现在中国水灾多发时期基本相同。水灾主要集中在汉安帝和汉桓帝朝,合计 14 次,超过总数 23 次的一半。23 次水灾中有 6 次河溢型水灾,河溢的原因可能也是降雨。洛阳河流中发生水灾最多的是洛水。洛水自城西南注入洛阳城后,横贯全城。洛水集水面积大,支流繁多,而且这些支流大都顺山坡直下,坡度比降大多高达 15‰,有的甚至在 40‰ 以上。由于坡度比降大,水流速度快,在降水量大、降雨过猛时,洛水极易泛滥成灾。[③]

三、环境与东汉洛阳自然灾害多发的关系

东汉都城洛阳自然灾害多,留下的灾害记录也多。灾害发生主要有自然因素和社会因素,亦可从主、客观两个方面来分析。相较于东都洛阳,东汉全国的灾害记录既不全面也不均衡,这主要是史书作者在选用灾害资料时的主观因素造成的。考察洛阳灾害在全国所占比重,可以采用两种方法:一是扣除洛阳与其他地区同时发生的 44 次灾害,则洛阳与其他地区的灾次之比为 230∶69,约为 3.33∶1。二是将洛阳与其他地区同时发生的 44 次灾害各自相加,则洛阳与其他地区的灾次之比为 274∶113,约为 2.42∶1。

① 司马彪:《后汉书》志 16《五行志四》,中华书局,1965 年,第 3330 页。

② 顾功叙主编:《中国地震目录(公元前 1831—公元 1969 年)》,科学出版社,1983 年, 第 2 页。

③ 洛阳市地方志编纂委员会编:《洛阳市地理志》,红旗出版社,1992 年,第 184 页。

即使取第一种比值较小的比例,也意味着全国其他地区加起来有3.33次灾,洛阳就要有1次灾害伴生。一个城市的灾害记录竟然超过了同期全国灾害记录的1/4,如此之多,称洛阳为"灾害之都"并不为过。但是,事情并没有这样简单。因为洛阳没有作为都城时灾害记录却极少。例如,汉代,洛阳有水灾24次,东汉23次,西汉仅1次,旱灾21次,全部发生在东汉,西汉1次也没有。这种极端现象的出现,绝不是气候变化所致。初平元年(190),东汉迁都长安,此后的30年里洛阳仅有1次疫灾记录。如果说洛阳作为都城时自然灾害频繁光顾,都城一迁移灾害也随之迁徙,显然于理不合。笔者认为,出现这种现象,除了洛阳在作为都城时期灾害多发,还有如下两点主观原因:第一,文献对灾害资料的记载不是实录,而是根据灾害与政治的关系来选用,选择灾害资料入史时有主观因素。第二,虽然汉代建立了雨泽奏报制度,"自立春至立夏尽立秋,郡国上雨泽"[1],但重京师轻外地,京城的地方官很难隐瞒灾害,一般都会上报朝廷被史官选用记载。发生在偏远地区的灾害,由于东汉盛行"因灾免相"的政策,灾害与中央和地方大员的仕途密切相关,不乏隐瞒灾情不报的现象,导致地方灾害资料的缺失。《后汉书·殇帝纪》载,延平元年(106)六月,"郡国三十七雨水"。[2]这次水灾引发的灾情是在朝廷严令核实的情况下才上报的。延平元年七月庚寅,汉殇帝敕令司隶校尉、部刺史核查水灾诏云:

> 间者郡国或有水灾,妨害秋稼。朝廷惟咎,忧惶悼惧。而郡国欲获丰穰虚饰之誉,遂覆蔽灾害,多张垦田,不揣流亡,竞增户口,掩匿盗贼,令奸恶无惩,署用非次,选举乖宜,贪苛惨毒,延及平民。刺史垂头塞耳,阿私下比,"不畏于天,不愧于人"。假贷之恩,不可数恃,自今以后,将纠其罚。二千石长吏其各实核所伤害,为除田租、刍稿。[3]

又如,汉安帝元初二年(115)五月,"京师旱,河南及郡国十九蝗"。蝗灾范围如此之大,而州、郡官员隐匿,竟然说只有"顷亩"之地。汉安帝下诏

---

① 司马彪:《后汉书》志5《礼仪志中》,中华书局,1965年,第3117页。
② 范晔:《后汉书》卷4《殇帝纪》,中华书局,1965年,第197页。
③ 范晔:《后汉书》卷4《殇帝纪》,中华书局,1965年,第198页。

责问:"被蝗以来,七年于兹,……今(蝗虫)群飞蔽天,为害广远,所言所见,宁相副邪?"[1]

史学家在著史时,选用的是重大灾害和能够与政治关联的灾害,相当多的灾害记录没有入史,特别是边远地区灾害记录严重缺失。可以说,汉代保留下来的灾害记录是不完整的,偏颇失衡。从时间上说,西汉后期多于前期,东汉多于西汉;就空间而言,详京师而略外地,重中原而轻周边。这是我们在进行灾害时空分布研究时必须要注意的问题。因为东汉都城洛阳的灾害资料相对比较完整,将其作为汉代的自然灾害与环境的个案来研究就更具有典型意义和普遍意义。

自然环境与洛阳自然灾害多发的关系十分紧密。[2] 关于洛阳地震频发的原因前文已述。水、旱灾害的增加与洛阳作为都城关系密切。从洛阳的城市布局来看,东汉洛阳城南临洛水,北依邙山。随着城市经济的发展和人口的增加,城市规模扩展,土地利用日趋紧张,城市建设不得不向近河流低地、易涝易淹没地区发展。当时的最高行政机构太尉府、司空府和司徒府就紧临洛水,而东汉洛阳的南城墙后来也因洛水北移而被冲毁。这是东汉洛阳作为都城时期水灾多发的重要原因。

自然环境和自然资源条件不是静止的,它们处在不断变化之中。都城的建设、发展与自然环境相互作用、相互影响。东汉建武五年(29),在河南尹王梁的建议下,"穿渠引谷水注洛阳城下,东泻巩川"。[3] 谷水是洛水的重要支流,在河南(今洛阳东)与洛水相汇合。东都洛阳的发展与引用谷水有密切的关系。王梁主张开凿的渠道,大约自河南附近通往洛阳。但是,"及渠成而水不流",引水没有成功。

建武二十四年(48),由于漕运发展的需要,又一次向洛阳开渠引水。大司空张纯吸取王梁凿渠失败的教训,经过精心勘测设计,在洛阳城南"上穿

---

① 范晔:《后汉书》卷5《安帝纪》,中华书局,1965年,第223页。

② 气候与灾害的关系极为密切,可惜我们目前缺乏东汉洛阳的详细气候资料,无法从这个角度来考察。

③ 范晔:《后汉书》卷22《王梁传》,中华书局,1965年,第775页。

阳渠引洛水为漕,百姓得利"[1]。这条渠道就是阳渠。阳渠渠首在河南西南,引洛水经县城南,北穿谷水后,利用王梁时开凿的旧道,直达城之西北角外,然后沿城西自上西门向南经过雍门、广阳门,又向东历城南之津门、小苑门、平城门和开阳门,再北折经过城东之耗门、中东门,至上东门;王梁旧渠则沿城北之夏门和谷门过太仓后,向南至上东门与张纯所开渠道汇合,东流入鸿池破,出鸿池坂后向东至偃师以东注入洛水。张纯引洛水增加谷水流量而引水成功,较王梁单纯引用谷水确实是一大进步。阳渠以洛水为主源,引入谷水,不仅解决了都城用水的问题,而且十分有利于漕运的发展,形成了以洛阳为中心,经阳渠连接黄河、汴河、淮河的主干水运航线,把洛阳同中原、江淮等经济区更紧密地联系起来,大量漕粮由河入洛,循阳渠直达洛阳城下。修建阳渠,是东汉在洛阳改造和利用环境最成功的事例。把阳渠水引入城内,城周围本身又拥有充足的水资源,贵族、官僚们充分利用这些水资源以及地势特点,"外则因原野以作苑,顺流泉而为沼"[2],修建了一座座豪华壮丽、各具特色的苑囿、园圃。这些苑囿、园圃的修建均是在对自然环境利用基础上改造而成的。

人类的生存和发展,要求外界提供一定的物质资料和更大更自由的活动天地,但环境可以满足人类要求的程度总是有限的,它对人类总是设置种种障碍。人类的活动不仅消耗、破坏着自然资源,而且引起自己的生活环境出现不良变化。

洛阳作为都城时期水旱灾害大幅度同步增长,说明都城建设为生态环境带来了较严重的负面影响。从直接影响看,建设都城,无不大兴土木,修建宫殿、城池、皇陵、庙宇及官民住宅。洛阳城内的主要宫殿是南宫和北宫,占全城总面积的1/3以上。南宫和北宫虽非东汉始建,[3]但在东汉时都进行了大规模的重修重建。汉光武帝建武十四年(38),新建了南宫前殿。[4]

---

① 范晔:《后汉书》卷35《张纯传》,中华书局,1965年,第1195页。

② 范晔:《后汉书》卷40《班彪附子固传》,中华书局,1965年,第1363页。

③ 南宫之名,初见于西汉初年。《汉书》卷1《高帝纪下》载:高祖五年,"置酒雒阳南宫"。(中华书局,1962年,第56页)范晔:《后汉书》卷11《刘玄传》载:更始二年,刘玄自洛阳西去时,"马惊奔,触北宫铁柱门"。(中华书局,1965年,第470页)

④ 范晔:《后汉书》卷1下《光武帝纪下》,中华书局,1965年,第63页。

汉明帝永平三年(60)开始修建北宫,历时 6 年,至永平八年(65)才完工,还修建了濯龙园、芳林园、永安宫等。[①]关于东汉洛阳宫殿台阁的规模,班固《东都赋》描写道:"皇城之内,宫室光明,阙庭神丽,奢不可逾,俭不能侈。"[②]帝王修建奢侈华丽的宫殿,贵族官僚和富商巨贾竞相仿效,"东汉由于木结构楼阁建筑的兴起,尤为达官贵人阉宦之流提供了争奇斗胜的条件"。[③]他们"缮修第舍,连里竟巷"[④],"造起馆舍,凡有万数,楼阁连接"[⑤]。其中最突出的是东汉后期的外戚梁冀。他"大起第舍",其妻孙寿"亦对街为宅,殚极土木,互相夸竞。堂寝皆有阴阳奥室,连房洞户"。[⑥]规模宏大的宫殿楼阁建设,导致洛阳周围山区的森林被大量砍伐。"宫室奢侈,林木之蠹也。"[⑦]再者,东汉厚葬之风盛行,帝王陵墓规模宏盛,京师贵戚,及中官公族无功德者,"丧葬逾制,奢丽过礼,竞相放效,莫肯矫拂"。[⑧]耗费木材之巨,亦不可小视。[⑨]东汉十二个帝陵,除了献帝禅陵,其余十一个帝陵均在今洛阳市北部的邙山一带。现在邙山上犹存东汉墓数百座。新石器时代,洛阳地区的森林资源非常丰富,"河南西部伊洛河流域的洛阳王湾等处的新石器时代文化遗址中皆发现有遗存的木炭……证明这些平原地区在那时一定都有过大片的森林"。[⑩]在先秦典籍中,洛阳地区仍有许多沼泽与森林。降至东汉,洛阳周边山地虽然还有森林,但洛阳城周围平原地区的森林由于人类生产生活的需要已经被破坏了。至北魏迁都洛阳时,附近

---

①　刘德岑:《中国历史地理丛书·古都篇》,西南师范大学出版社,1986 年,第 102~105 页。

②　高步瀛:《文选李注义疏》卷 1《赋甲·京都上·班孟坚两都赋二首·东都赋》,中华书局,1985 年,第 177 页。

③　林剑鸣、余华青、周天游等:《秦汉社会文明》,西北大学出版社,1985 年,第 231 页。

④　范晔:《后汉书》卷 78《曹节传》,中华书局,1965 年,第 2526 页。

⑤　范晔:《后汉书》卷 78《吕强传》,中华书局,1965 年,第 2530 页。

⑥　范晔:《后汉书》卷 34《梁冀传》,中华书局,1965 年,第 1181 页。

⑦　桓宽撰集:《盐铁论校注》卷 6《散不足》,王利器校注,中华书局,1992 年,第 356 页。

⑧　范晔:《后汉书》卷 78《吕强传》,中华书局,1965 年,第 2530 页。

⑨　西汉广陵王刘胥墓中的"黄肠题凑",使用楠木多达 545 立方米。(张绍华:《汉广陵王墓与"黄肠题凑"》,《中国工会财会》2006 年第 9 期)

⑩　史念海:《历史时期黄河中游的森林》,《河山集(二集)》,生活·读书·新知三联书店,1981 年,第 232 页。

的树木已不能满足宫殿建设之需,人们不得不远赴西河之地,即现在的吕梁山上去采伐木材。[①] 植被的破坏降低了水土保持的功能,大雨时河流暴涨,无雨时河流缺水乃至干涸,增加了水、旱灾害发生的频率。从间接影响看,都城作为全国的政治、经济、文化中心,人口密度也大。人口数量增加,农耕区与城市区扩大,薪炭的需求、住宅与家具需求增多等,都会对城市周围地区森林资源、土壤资源和水资源造成破坏,其中又以对植被资源的破坏最为严重。土壤与植被水土涵养能力减弱,进一步导致水旱灾害频繁发生,反过来又必然影响都城的发展。此外,人口密度大,流动人口多,也易造成疫病传播。初平元年以前,东汉发生疫病 31 次,洛阳 4 次,超过总数的 1/8。

东汉洛阳的自然灾害记录以 190 年为界,多寡悬殊,表现截然不同。从东汉建立至初平元年(190),洛阳是东汉政治、经济、文化的中心,朝野关注之地,灾害记录也高居全国之首。而此后的 30 年里,不再是都城的洛阳只有 1 次疫灾记录。政治环境的巨变不可能与自然环境的变化如此巧合。笔者认为,东汉末期洛阳只是灾害的记录急剧减少,而非灾害本身。随着洛阳政治地位的变化、人口迁徙和城市的衰败,它从人们的政治视野中淡出,破败的洛阳或许与那些边远地区有着同样的命运。即便洛阳有干旱和淫雨,因人口稀少而危害不大,也不作为灾害记录。没有灾害记录并不等于没有发生灾害。了解汉代记录自然灾害的基本特征,准确把握汉代自然灾害的基本状况,是研究汉代自然灾害的基本前提。现代的学者是从灾害学、环境学、社会学、历史学等学科的视角运用古代灾害资料来研究汉代灾害与环境,而汉代史学家记录这些灾害是为了"资治",为了附会灾异政治,巩固统治,灾害记录服从于政治需要,在这个前提下选择灾害记载,并不是为了研究自然灾害而记载它们,因而自然灾害的失载是不可避免的。因此,我们在分析古代自然灾害的发生原因时,既要充分重视自然因素,也要防止就自然去论自然的倾向,注重社会因素对灾害发生和灾害记录的影响,将自然因素和社会因素综合起来考察。

---

① 王军、李捍无:《面对古都与自然的失衡——论生态环境与长安、洛阳的衰落》,《城市规划汇刊》2002 年第 3 期。

自然灾害具有巨大的社会破坏力,由于洛阳是京畿重地,东汉采取了积极的抗灾救灾措施,这些自然灾害并未能阻止洛阳的发展和繁荣。洛阳水运商路四通八达。往东可达东郡(治今河南濮阳)、济南、东莱(治今山东掖县);往南,一条路沿水道从沛(治今安徽淮北西北相山区)、九江郡(治今安徽寿县)、豫章(治今江西南昌东)越大庾岭至南海,另一条路由陆路至南阳,转水路经汉水可达今广西;往北通过河济可连燕赵。东汉王符云:"今者京师贵戚,必欲从江南檽梓、豫章之木,边远下士亦竞相仿效……伐之高山,引之穷谷,入海乘淮,逆河溯洛。"① 这是洛阳通向江南水路商运活跃景象的写照。洛阳城内更是一片繁忙的景象,"大城东有太仓,仓下运船常有千计"。② 太仓附近的码头是全国各地至洛阳的漕运停泊处,装卸作业十分繁忙,是东汉国内大型内河航运港口之一。漕运发达促进了东汉洛阳的发展繁荣,不仅城市规模宏伟,而且经济发达。仲长统称赞当时洛阳的盛况:"船车贾贩,周于四方,废居积贮满于都城。琦珞宝货,巨室不能容。马牛羊豕,山谷不能受。"③ 这些文字虽然有些夸张,但从中可见洛阳的繁荣程度。

人祸对洛阳造成的破坏远远超过了天灾。社会动乱将这座享誉世界的繁华帝都变成了瓦砾遍地、衰草凄凄的废墟。初平元年(190),董卓在以袁绍为首的关东联军的军事压力下,挟持汉献帝君臣,"尽徙洛阳人数百万口于长安"。临行前,董卓将洛阳的宫庙、官府、民居全部烧毁,二百里内"室屋荡尽,无复鸡犬"。④ 洛阳从此不再是东汉都城,灾害记录也不再提及洛阳。建安元年(196),汉献帝君臣历尽艰辛,从长安逃回洛阳,昔日繁华的帝都已经面目全非,蒿莱丛生,几成废墟,"宫室烧尽,百官披荆棘"⑤,无处居住,只能寄身于颓垣残壁之下。

————————

① 范晔:《后汉书》卷49《王符传》,中华书局,1965年,第1637页。

② 郦道元:《水经注校证》卷16《谷水注》,陈桥驿校证,中华书局,2007年,第402页。

③ 范晔:《后汉书》卷49《仲长统传》,中华书局,1965年,第1648页。

④ 司马光等:《资治通鉴》卷59《汉纪五十一》,中华书局,1956年,第1912页。《后汉书·献帝纪》记载:"悉烧宫庙官府居家,二百里内无复孑遗。"(中华书局,1965年,第389页)

⑤ 范晔:《后汉书》卷9《献帝纪》,中华书局,1965年,第389页。

第三节 | 汉代河北地区的水旱灾害和赈灾措施

今河北所在的黄河中下游地区属于温带季风气候,虽然年降雨量400~800 毫米左右,降雨集中在夏季,常常造成春旱夏涝。据文焕然统计,汉代黄河中下游地区发生旱灾 124 次[①],再加上黄河经常泛滥成灾,给当地种植业的发展与人民的生命财产造成严重威胁。

一、汉代河北地区的水旱灾害

汉代河北地区的自然灾害记录主要见于《汉书》《后汉书》。但是,文献对汉代自然灾害的记录有一定的偏颇,重京师轻外地,失载之处不少。很多范围广大的水旱灾害记载模糊,笼统地记作几州、几十郡国。这些灾害有的在后世的地方志中做了补充记载,本书考证之后酌情选用。(如表 6.2所示)

表 6.2　两汉河北地区水旱灾害简表

序号	时间	灾情简况	史料出处
1	文帝后元三年(前 161)	秋,大雨,昼夜不绝三十五日。……燕,坏民室八千余所,杀三百余人	H27 上,P1346
2	武帝元封二年(前 109)后	黄河复北决于馆陶,分为屯氏河,东北经魏郡、清河、信都、勃海入海,广深与大河等	H29,P1686
3	昭帝元凤元年(前 80)	燕王都蓟大风雨,拔宫中树七围以上十六枚,坏城楼	H27 下之上,P1444
4	元帝初元元年(前 48)	五月,勃海水大溢	H26,P1309

---

① 文焕然:《秦汉时代黄河中下游气候研究》,商务印书馆,1959 年,第 109~142 页。文献关于河北地区的旱灾记录很少,详见后面的统计。

续表

序号	时间	灾情简况	史料出处
5	元帝永光五年（前39）	河决清河灵县鸣犊口，而屯氏河绝	H29，P1688
6	成帝鸿嘉四年（前17）	正月诏，水旱为灾，关东流冗者众，青、幽、冀部尤剧	H108，P318
7	成帝鸿嘉四年（前17）	秋，勃海、清河、信都河水溢溢，灌县邑三十一，败官亭民舍四万余所	H29，P1690
8	成帝永始二年（前15）	六月，大雨	《盐山县志》P157
9	王莽始建国三年（11）	河决魏郡，泛清河以东数郡	H99中，P4127
10	王莽天凤二年（15）	邯郸以北大雨雾，水深数丈，流杀数千人	H99中，P4141
11	和帝永元元年（89）	海溢，溺死多人	《盐山县志》P157
12	永元十五年（103）	秋，冀州等四州比年雨水多，伤稼，禁沽酒	h4，P192
13	殇帝延平元年（106）	九月，冀州等六州大水，泛溢伤秋稼	h5、h105，P3309
14	安帝永初之初（约107~108）	冀州钜鹿等郡有水旱之灾	H32，P1128
15	安帝元初四年（117）	蝗、旱鬲并	《汉祀三公山碑》
16	安帝元初六年（119）	渤海大雨	《盐山县志》P157
17	顺帝永建四年（129）	五月，冀州等五州雨水，淫雨伤稼	h6、h61、h103
18	永建六年（131）	十一月，连年灾潦（潦，水淹），冀部尤甚，伤稼	h6，P258
19	顺帝阳嘉元年（132）	二月，冀部比年水潦，民食不赡	h6，P259
20	质帝本初元年（146）	五月，海水溢乐安、北海，溺杀人物。	h6，P3310
21	桓帝永兴元年（153）	七月，郡国三十二蝗。河水溢，百姓饥；漂害人庶数十万户，百姓荒馑，流移道路。冀州尤甚	h7，P1470
22	桓帝永寿元年（155）	二月，冀州饥，人相食（当为永兴二年的水灾和蝗灾造成）	h7，P300
23	桓帝永康元年（167）	八月，六州大水，勃海海溢，没杀人	h7、h105、h108
24	灵帝熹平五年（176）	大旱	《盐山县志》P153

　　说明："史料出处"栏中分别用拼音首字母代表史书，字母后面的阿拉伯数字代表卷数。"H"代表《汉书》、"h"代表《后汉书》。

表 6.2 所列汉代河北水旱灾害记录共计 25 次。汉成帝鸿嘉四年(前 17)正月诏云"水旱为灾",则是既有水灾,又有旱灾,因此作为 2 次灾害统计。这些灾害记载见于《汉书》《后汉书》的 20 次,根据《盐山县志》补出的 4 次,据元氏《汉祀三公山碑》补出的 1 次。25 次水旱灾害中,可能因水灾和蝗灾造成的大饥荒(汉桓帝永寿元年)1 次,水灾 20 次,旱灾 3 次,难以确定为水灾还是旱灾的(汉安帝永初初年)1 次。表 6.2 所列水旱灾害有些需要做些说明,分述如下。

第 1 条,汉文帝后元三年(前 161)秋的雨灾。清人王念孙据《资治通鉴·汉纪·文帝纪》,改"燕"为"汉水出",认为此次严重水灾发生在汉水沿岸,而非燕地。但《光绪顺天府志》仍将其载入顺天府"祥异"条。

第 2 条,元封二年(前 109),汉武帝堵塞黄河瓠子决口后不久,黄河又在馆陶(治今河北馆陶)决口,在东北方冲出一条新的河道,即屯氏河,流经魏郡、清河、信都、渤(勃)海入海,河道规模与黄河原流大致相当。由于屯氏河起到了分散水势的作用,汉武帝便顺其自然,未加堵塞,与正河并行达 70 年之久。

第 4 条,《河北省志·海洋志》引《沧县志》记载:"汉元帝初元元年夏五月,海水大溢。"[1] 新修《盐山县志》载:"元帝初元元年,渤海大水溢。"[2]

第 5 条,新修《清河县志》载:"汉元帝永光五年,河决清河郡灵县鸣犊口。"[3] 灵县治今山东高唐南镇,鸣犊口在高唐西南,鸣犊河故道在今山东高唐至河北景县界。

第 6 条,汉成帝鸿嘉四年(前 17)正月诏书所言"水旱为灾",当是针对鸿嘉四年之前的灾害,因为这一年的正月没有灾害的记载。据《汉书·成帝纪》鸿嘉二年(前 19)三月,成帝诏书云:"朕承鸿业十有余年,数遭水旱疾疫之灾,黎民娄(屡)困于饥寒。"汉成帝鸿嘉三年(前 18)夏四月,大旱。[4]

---

[1]　河北省地方志编委会编:《河北省志》第 4 卷,河北人民出版社,1994 年,第 142 页。

[2]　盐山县地方志编纂委员会:《盐山县志》,南开大学出版社,1991 年,第 157 页。

[3]　河北省清河县地方志编纂委员会编纂:《清河县志》,中国城市出版社,1993 年,第 115 页。

[4]　班固:《汉书》卷 10《成帝纪》,中华书局,1962 年,第 318 页。

第 7 条,新修的几部县志中都有鸿嘉四年发生水灾的记载。《清河县志》载:"鸿嘉四年秋,黄河决,渤海、清河、信都河水溢,水淹 31 县,损官亭民舍 4 万余所。"[①]《盐山县志》载:"成帝鸿嘉四年秋,渤海郡清河水溢。"[②]《南皮县志》载:"河溢。"[③]

第 8 条,这次灾害在《汉书》没有记载。《汉书·薛宣传》记有永始二年(前 15)汉成帝册免薛宣所言灾害:"岁比不登,百姓饥馑,疾疫死者以万数。"[④]又《汉书·食货志上》载:"梁国、平原郡比年伤水灾,人相食。"[⑤]县志作者未注明材料来源,未详其所据,存此备考。

第 9 条,新修《清河县志》载:"新莽始建国三年,黄河决口于魏郡,清河郡县受灾。"[⑥]

第 11 条,《后汉书·五行志三》记载:"和帝永元元年七月,郡国九大水,伤稼。"[⑦]但没有海溢记录。

第 13 条,"冀州等六州大水"。《后汉书·黄香传》载:延平元年(106),魏郡"被水年饥",魏郡属冀州部,应并入"六州大水"条。

第 14 条,汉安帝永初年间连年水旱灾害,引起了经济的衰退和人口的减少,灾区范围广大,冀州也在其中,灾种难以确定,暂作 1 次灾害处理。《后汉书·樊准传》载:"永初之初,连年水旱灾异,郡国多被饥困。"[⑧]"永初之初"的范围似应在永初二年(108)之内,既言"连年水旱灾异",那么灾害时间当在两年以上。永初元年(107)的灾害,据《后汉书·天文志中》载:"郡国四十一县三百一十五雨水。四渎溢,伤秋稼,坏城郭,杀人民。"[⑨]又《后

①　河北省清河县地方志编纂委员会编纂:《清河县志》,中国城市出版社,1993 年,第 115 页。

②　盐山县地方志编纂委员会:《盐山县志》,南开大学出版社,1991 年,第 157 页。

③　南皮县地方志编纂委员会编:《南皮县志》,河北人民出版社,1992 年,第 161 页。

④　班固:《汉书》卷 83《薛宣传》,中华书局,1962 年,第 3393 页。

⑤　班固:《汉书》卷 24《食货志上》,中华书局,1962 年,第 1142 页。

⑥　河北省清河县地方志编纂委员会编纂:《清河县志》,南开大学出版社,1991 年,第 115 页。

⑦　司马彪:《后汉书》志 15《五行志三·大水条》,中华书局,1965 年,第 3308 页。

⑧　范晔:《后汉书》卷 32《樊宏传附族曾孙准传》,中华书局,1965 年,第 1127 页。

⑨　司马彪:《后汉书》志 11《天文志中·安四十六条》,中华书局,1965 年,第 3238 页。

汉书·五行志一》注引《古今注》载:"郡国八旱,分遣议郎请雨。"① 永初二年(108)的灾害,据《后汉书·安帝纪》载:"五月,旱。""六月,京师及郡国四十大水、大风、雨雹。"② 樊准上疏请求遣使救灾,太后从之,悉以公田赋与贫人。即擢升樊准与议郎吕仓并守光禄大夫,樊准出使冀州,吕仓出使兖州。樊准到冀州后,"开仓廪食,慰安生业,流人咸得苏息"。完成使命回京,樊准后来担任钜鹿太守,"时饥荒之余,人庶流进,家户且尽。"③ 钜鹿今作巨鹿,郡治在廮陶(今宁晋凤凰镇南),领15县,全部在今河北省境内。

第15条,元初四年(117)蝗灾。元氏《汉祀三公山碑》记载该年冀州常山郡有蝗、旱灾害发生。《常山贞石志·汉祀三公山碑》云:"元初四年,常山相陇西冯君,到官承饥衰之后……蝗旱鬲并,民流道荒。"④ 鬲,通"隔"。"蝗旱隔并",即蝗、旱灾害严重,屡有发生。根据碑文记述,在战乱和饥荒后的元初四年,冯君到常山国接任国相。因求雨有验,感谢三公山神的恩惠,打算到山神庙祭祀。原来的三公神庙远在深山,交通不便,于是在常山国治所元氏西门外选择新址,建坛立庙,就近祠祭,并刻立此碑。

第16条,渤海大雨。《后汉书·安帝纪》记载,元初六年(119)的灾害只有大风和冰雹。或许既有大雨又有冰雹,抑或《盐山县志》的作者将"雨雹"误作"大雨"。

第20条,汉质帝本初元年(146)海水溢,《河北省志·海洋志》引《沧县志》以为此次海溢波及沧县。⑤《盐山县志》亦有记载。

第22条,汉桓帝永寿元年(155),"冀州饥,人相食"。为什么会发生如此严重的饥荒,《后汉书》没有说明。永寿元年没有大的"人祸",饥荒严重到"人相食"的程度,应与自然灾害有关。永兴二年(154)的水灾和蝗灾可能就是造成次年饥荒的原因。《后汉书·桓帝纪》记载:

> 永兴二年二月,桓帝诏司隶校尉、部刺史曰:"蝗灾为害,水变仍

① 司马彪:《后汉书》志13《五行志一·旱条》,中华书局,1965年,第3278页。

② 范晔:《后汉书》卷5《安帝纪》,中华书局,1965年,第210页。

③ 范晔:《后汉书》卷32《樊宏传附族曾孙准传》,中华书局,1965年,第1128页。

④ 李子儒:《元氏封龙山汉碑研究》,河北人民出版社,2017年,第42~43页。

⑤ 河北省地方志编委会编:《河北省志》第4卷,河北人民出版社,1994年,第142页。

至,五谷不登,人无宿储。其令所伤郡国种芜菁以助人食。"

九月诏曰:"朝政失中,云汉作旱,川灵涌水,蝗螽孳蔓,残我百谷,太阳亏光,饥馑荐臻。其不被害郡县,当为饥馁者储。天下一家,趣不糜烂,则为国宝。其禁郡国不得卖酒,祠祀裁足。"[1]

这一年的灾害范围广,时间长,从二月和九月两次下诏救灾可知。而且灾害不止一种,水、旱、蝗并至,致使"五谷不登,人无宿储","饥馑荐臻"。冀州当在受灾范围之内。

第 23 条,汉桓帝永康元年(167)渤(勃)海海溢,没杀人。《河北省志·海洋志》引《沧县志》载:"汉桓帝永康元年八月,海水溢。"[2]。《盐山县志》也有同样记载。县志所据均为《后汉书·桓帝记》和《后汉书·五行志》。

第 24 条,《盐山县志》记载,汉灵帝熹平五年(176)盐山大旱。《后汉书·灵帝纪》记有熹平五年"大雩",大雩是驱除旱灾的祭祀,这大概就是县志的根据。此外,元氏《三公御语山神碑》也记有东汉常山国因旱灾而求雨的内容,可与文献记载相参证。该碑可辨认字迹不过 1/4。元氏《三公御语山神碑》汉质帝本初元年立碑,清代才被发掘,沈涛《常山贞石志》始录其文,并详加叙述和考证,遂为世人所知。碑文中说,汉明帝永平年间和汉章帝建初年间,皇帝下诏,由于天旱无雨,郡国可以向大川能兴云雨者祷请。常山国"遣廷掾□备酒脯,诣山请雨,计得雨……"[3]

河北的 20 次水灾,可做如下分析。从时间上看,西汉和东汉各 10 次,水灾时间集中在夏、秋季节,这是由我国降雨量的季节分配造成的,与现在水灾多发时期基本相同;从地域看,主要在冀州(河北南部);从类型看,海溢 3 次,黄河溢决 5 次(西汉 4 次,东汉 1 次),溢决的原因应是降雨,其余为降雨成灾,其中有 1 次与海溢同时发生,即汉桓帝永康元年(167)"六州大水,渤海海溢"。汉代河北的水灾和旱灾记录非常悬殊,文献和地方志合计,二者之比为 20∶3。由此可以得到两点认识:一是汉代河北的水灾比较多。

---

① 范晔:《后汉书》卷 7《桓帝纪》,中华书局,1965 年,第 299~300 页。
② 河北省地方志编委会编:《河北省志》第四卷,河北人民出版社,1994 年,第 142 页。
③ 李子儒:《元氏封龙山汉碑研究》,河北人民出版社,2017 年,第 37 页。

这与学术界关于汉代气候比现在温暖湿润的看法相吻合,对于研究河北环境变迁具有参考价值。二是汉代灾害记录不平衡。尽管汉代继承了秦代的雨泽奏报制度,规定"自立春至立夏尽立秋,郡国上雨泽"[1],以祈雨避涝,抵抗旱涝灾害。但"两汉书"在选用灾害记录时,以灾异政治为标准,灾害记录的选用和详略,均视政治需要而定,从而导致了包括旱灾在内汉代灾害记载的缺失。文献记载,汉代发生了 117 次旱灾,河北不可能只有 2 次(未计算《汉祀三公山碑》所记)。汉代文献中有近 30 次笼统记作"大旱""天下旱""郡国大旱"的旱灾记录,一般认为,这些通常都是指全国性的严重"旱灾"。例如,汉宣帝本始三年(前 71),在"大旱"二字之后,补充有"东西数千里",[2]就是很好的证明。旱灾如此广阔,河北焉能幸免?

汉代称函谷关或潼关以东地区为"关东",也通称崤山或华山以东为"山东",与"关东"含义相同。冀、幽二州均在"关东",河北在冀、幽二州境内。西汉"关东"发生水旱灾害,河北当在其中。例如,汉武帝元鼎二年(前115)夏,大水,"关东"饿死者以千数。[3]元鼎四年(前 113),"山东被水灾,及岁不登数年,人或相食,方一二千里"[4]。汉成帝阳朔二年(前 23)秋,关东大水。[5]王莽天凤六年(19),"关东"饥旱数年。[6]

东汉的灾害记载与西汉有所不同,对于大范围的区域性灾害,不再使用"关东""山东"之类的地区名称,而是记为"几十郡国"或"几州"。西汉突出灾害发生的地域概念,东汉突出发生灾害地区的数量概念。东汉泛言几州或几十郡国的灾害有 20 多次,因区域不明,不再列举。笔者认为,汉代这些泛指的区域广大的灾害记载之中应当有一些河北的灾害记录。

二、汉代河北地区水旱灾害的影响

西汉后期,谏大夫鲍宣在给汉哀帝的上疏中列举了严重影响人民生产

① 司马彪:《后汉书》志 5《礼仪志中》,中华书局,1965 年,第 3117 页。
② 班固:《汉书》卷 27《五行志中》,中华书局,1962 年,第 1393 页。
③ 班固:《汉书》卷 6《武帝纪》,中华书局,1962 年,第 182 页。
④ 司马迁:《史记》卷 30《平准书》,中华书局,1959 年,第 1437 页。
⑤ 班固:《汉书》卷 10《成帝纪》,中华书局,1962 年,第 313 页。
⑥ 班固:《汉书》卷 99《王莽传下》,中华书局,1962 年,第 4155 页。

和生活的七件事,痛陈"民有七亡",水旱灾害被列为"七亡"之首,"阴阳不和,水旱为灾,一亡也"。① 水旱灾害是汉代最主要的灾种,灾次分列一、二位。水旱灾害不仅发生频繁,而且危害巨大,严重破坏农业生产,导致农业减产甚至绝收。

黄河溢决对河北的危害相当大,汉代黄河泛决,殃及河北多达 5 次。元封二年(前 109)后,黄河在馆陶决口,分为屯氏河,东北经魏郡、清河、信都、渤(勃)海入海。虽然史书没有记载此次灾害的灾情,但一条规模与黄河原流大致相当的新河道的形成,对农业生产和人民生命财产造成的危害肯定不小。汉元帝永光五年(前 39),黄河在"清河灵县鸣犊口"决口,导致"屯氏河绝"。② 这次决口的重灾区是今山东高唐,与其相邻的河北也被殃及,河水泛滥,致使屯氏河断绝。汉成帝鸿嘉四年(前 17),黄河水在渤(勃)海、清河、信都三郡泛滥,31 个县邑受灾,毁坏官亭民舍四万余所。王莽始建国三年(11),黄河在魏郡决口,泛滥清河以东数郡。汉桓帝永兴元年(153),黄河水溢,"漂害人庶数十万户"③,冀州尤其严重,百姓饥穷,流离于道路。

汉代河北大范围的降雨成灾,造成农作物大面积的减产,致使"民食不赡"。范围较小的一次水灾发生在邯郸,危害也相当严重,"流杀数千人"④。自然灾害造成的人口死亡有两种:直接死亡和间接死亡。所谓间接死亡,是指因自然灾害形成饥荒而导致的死亡。此类记载许多只用定性词语,如汉桓帝永康元年(167),"勃海海溢,没杀人"⑤,目前尚无方法弄清灾害造成的人口死亡数字。饥荒造成的人口死亡远甚于自然灾害本身。尤其令人震惊的是"人相食"的悲惨景象。人口大量死亡,导致劳动力缺乏,农业衰退。水灾淹没农作物,毁坏农田,农田荒废是灾害造成的后遗症之一。灾害不仅破坏社会生产,还毁坏房屋、道路,造成物质财富的巨大破坏。

西汉元帝时,渤海沿岸发生的大海啸,对这里的环境影响深远。《汉

---

① 《汉书》卷 72《鲍宣传》颜师古注:"亡,谓失其作业也。"(中华书局,1962 年,第 3088 页)

② 班固:《汉书》卷 29《沟洫志》,中华书局,1962 年,第 1685 页。

③ 范晔:《后汉书》卷 43《朱晖传附孙穆传》,中华书局,1965 年,第 1470 页。

④ 班固:《汉书》卷 99《王莽传中》,中华书局,1962 年,第 4141 页。

⑤ 司马彪:《后汉书》志 15《五行志三·水变色条》,中华书局,1965 年,第 3312 页。

书•天文志》载：汉元帝初元元年(前48)五月，"渤海水大溢"。在我国史籍中，"海溢""海涨""海立""海决"大多是指海啸现象。这次海啸造成的后果十分严重，破坏性巨大，致使位于渤海西岸的今天津郊区以及河北黄骅等地数百里被海水淹没，一度成为无人区。考古发现证明："今天津郊区、黄骅县北部和宁河县南部，仅见战国和西汉遗存，不见西汉晚期和东汉遗存，再迟就是唐宋时期的遗物，在年代上不连续，中间有一个突出的割裂现象。"[①]滦河三角洲北面昌黎县的碣石山大部沦于海，海岸线后退。[②]滦河三角洲的文化遗存在汉、唐之间出现中断现象，如果是人为原因，不可能造成某一地区数百年内都是荒无人烟[③]，最有可能的是自然灾害。对于这次灾害，新莽时期大司空掾王横追述："往者天尝连雨，东北风，海水溢，西南出，浸数百里，九河之地(今山东西北部及海河下游地区)已为海所渐矣。"[④]关于造成这次海啸的原因，学者认识不同，有人认为属于地震引发的海啸[⑤]，有人认为是风暴潮海啸[⑥]。《北京灾害史》赞同前一种观点，这次海啸似应属于渤海海底浅层地震引发的。正因为震源较浅，这次地震引发的海啸及造成的后果也就十分严重。[⑦]

三、汉代河北地区的赈灾措施

汉代帝王逢旱祷雨，遇涝祈晴，恭敬如仪，但在社会实践中也不乏务实措施。在河北的赈灾措施可大致分为经济和政治两类。经济措施有：赈贷，免除田租、刍稿、赋税、逋贷(指借贷官物拖欠不还)，蠲除实伤，赡恤穷匮，劝农功，赈乏绝，禁沽酒，为雇犁牛直，赐给死者葬钱等；政治措施有：遣使视察勘验灾情，招贤选士，因灾免相，大赦天下等。《汉书•成帝纪》记载，鸿嘉

---

①　天津市文化局考古发掘队：《渤海西岸古文化遗址调查》，《考古》1965年第2期。黄骅县已改为黄骅市，宁河县改为宁河区。

②　王育民：《碣石新辨》，《中华文史论丛》1981年第4期。

③　王育民：《中国历史地理概论》(上册)，人民教育出版社，1987年，第172页。

④　班固：《汉书》卷29《沟洫志》，中华书局，1962年，第1697页。

⑤　陈可畏：《论西汉后期的一次大地震与渤海西岸地貌的变迁》，《考古》1979年第2期。

⑥　韩嘉谷：《西汉后期渤海湾西岸的海侵》，《考古》1982年第3期。

⑦　于德源：《北京灾害史》(上册)，同心出版社，2007年，第7页。

四年(17)，"水旱为灾，关东流冗者众，青、幽、冀部尤剧"[1]。汉成帝派遣使者循行郡国督导救灾，规定：遭受灾害十分之四以上，民众赀财不满三万，"勿出租赋。逋贷未入，皆勿收"[2]。准许流民进入关中，沿途所经郡国，"谨遇以理，务有以全活之"[3]。同年秋，黄河在渤(勃)海、清河、信都三郡泛滥，"被灾者振贷之"[4]。汉和帝永元十五年(103)，兖、豫、徐、冀四州水灾，十六年(104)正月诏令，帮助有田地、因受灾匮乏而不能耕作的贫民生产自救，贷给他们种子和粮食。二月，禁止兖、豫、徐、冀四州沽酒，用酿酒的粮食救灾。四月，派遣三府掾分别巡行四州的灾情，贫民无力耕种者，"为雇犁牛直"[5]。汉殇帝延平元年(106)，冀州等六州大水，泛溢伤秋稼，"诏以宿麦不下，赈赐资贫人"[6]。元初四年(117)六州蝗，汉安帝大赦天下。[7]《后汉书·顺帝纪》记载，永建四年(129)冀州等五州发生水灾，汉顺帝遣使核实死亡人数，"收敛，禀赐"。罢免太尉刘光和司空张皓，李贤注引《东观记》曰："以阴阳不和，久托病，策罢。"[8]永建六年(131)十一月，汉顺帝下救灾诏："连年灾潦，冀部尤甚。比蠲除实伤，赡恤穷匮，而百姓犹有弃业，流亡不绝。疑郡县用心怠惰，恩泽不宣。……其令冀部勿收今年田租、刍稿。"[9]阳嘉元年(132)，因冀州连年水潦，民食不赡，"诏案行禀贷，劝农功，赈乏绝"[10]。汉质帝本初元年(146)五月，海水溢。朝廷派谒者巡视灾情，收葬被水漂没的死者，又禀给贫羸。《后汉书·桓帝纪》载，永兴元年(153)，32 个郡国发生蝗灾，黄河泛滥，百姓饥穷，流冗道路，多达数十万户，冀州尤其严重。汉桓帝"诏在所赈给

---

①　班固：《汉书》卷 10《成帝纪》，中华书局，1962 年，第 318 页。

②　班固：《汉书》卷 10《成帝纪》，中华书局，1962 年，第 318 页。

③　班固：《汉书》卷 10《成帝纪》，中华书局，1962 年，第 319 页。

④　班固：《汉书》卷 10《成帝纪》，中华书局，1962 年，第 319 页。

⑤　范晔：《后汉书》卷 4《和帝纪》，中华书局，1965 年，第 192 页。

⑥　《后汉书》卷 10 上《和熹邓皇后纪》载："及元兴、延平之际……又遭水潦，东州饥荒。延平元年，安帝初即位，六州大水；永初元年(107)，禀司隶、兖、豫、徐、冀、并六州贫人也。"(中华书局，1965 年，第 426 页)

⑦　范晔：《后汉书》卷 5《安帝纪》，中华书局，1965 年，第 215 页。

⑧　范晔：《后汉书》卷 6《顺帝纪》，中华书局，1965 年，第 256 页。

⑨　范晔：《后汉书》卷 6《顺帝纪》，中华书局，1965 年，第 258 页。

⑩　范晔：《后汉书》卷 6《顺帝纪》，中华书局，1965 年，第 259 页。

乏绝,安慰居业"①。永康元年(167)六州大水,渤(勃)海海溢。诏命州郡赐给溺死者七岁以上钱,每人二千;全家都遇害者,朝廷为死者收敛;"其亡失谷食禀,人三斛"②。

从上述记载来看,汉代救灾措施的主要内容在河北的救灾活动中都有表现,这些措施对缓和社会矛盾、稳定社会秩序和增进社会和谐,都发挥了积极的作用。同时也应看到,汉代防灾救灾政策体系性并不强,在农业社会条件下,受国家财力和防灾抗灾能力等因素的限制,汉代不可能从根本上解决灾民的生存保障问题。

---

① 范晔:《后汉书》卷7《桓帝纪》,中华书局,1965年,第298页。
② 范晔:《后汉书》卷7《桓帝纪》,中华书局,1965年,第319页。

结　语

人类与自然界紧密关联,相互制约,相互依存,相互影响。研究秦汉时期的环境史,就是将环境置于秦汉四百年的历史中,结合其时代背景和特点综合考察,对环境问题及其历史特殊性进行更好的理解。本书考察了气候、动物、植物、水资源、土地资源以及生态思想与秦汉时期人类活动的关系。下面将本书的主要观点总结如下。

一、秦汉时期的气候变化与影响

秦汉时期气候的研究成果,目前主要集中在中东部地区,西部地区的研究则比较薄弱。战国至西汉初气温低于春秋时期,东汉末期气候转冷。

传世文献中关于气候的记录,是研究秦汉时期气候的第一手宝贵资料。我国幅员广阔,在不同地区留存有能够记录气候信息的载体,而且类型多样,如孢粉、石笋和树木年轮等。科学解读文献中的气候资料,深入分析环境代用指标,将二者有机地结合起来,是研究古代气候常用的方法。这种研究方法有助于我们更全面地认识秦汉时期的气候变化。

气候由暖转寒,对秦汉社会产生了重大的影响,不仅影响政治、经济政策,而且影响社会稳定和经济繁荣。气候变化直接影响农作物的生长环境,关中地区的粮食作物由稻到麦的转变在很大程度上跟当时气候变寒有关。竹林分布范围的变化也反映了气候的变迁,黄河以北至山东半岛一线为暖温带落叶阔叶林区,局部仍有栽培的竹林和星散分布的野生竹林,但已不是竹类的主要分布区。

气候变迁是自然灾害频繁发生的重要原因,农业灾害的主要灾种有水灾、旱灾、虫灾、雪灾以及寒冻灾等。以往关于自然灾害对中原地区影响的研究成果较多,对匈奴地区的影响则关注不够,本书对此进行了专门探讨。

游牧经济是匈奴的经济基础,具有游动性、均衡性、分散性和脆弱性等特征。游牧生产和生活的不稳定性十分突出,经济状况时好时坏,暴起暴落。环境和气候的变化以及季节的变换都影响着游牧经济。严酷恶劣的自然环境经常带来自然灾害。

汉代,匈奴地区的灾害种类有雪灾、寒冻灾、旱灾、蝗灾和人畜疫灾共五种,灾害发生的主要原因是气候变化。这五种灾害具有鲜明的地域性特点:我国内蒙古以北的广大地区远离海洋,降雨量小,没有水灾;人畜疫灾多与其他灾害相伴发生。西汉时期的雪灾、寒冻灾引发人畜疫病、死亡,农作物减产;东汉旱灾和蝗灾链发,导致人畜饥疫,大量死亡。雪灾、寒冻灾、旱灾和蝗灾是气候变化所致。人畜疫灾则是由上述四种灾害引起的链发性灾害。这些灾害对匈奴社会的影响很大,也间接影响匈奴与汉朝的关系。灾害沉重打击了匈奴脆弱的游牧经济,牲畜大量死亡,给匈奴人的生活带来了极大困难,匈奴的经济实力和军事力量被严重削弱,匈奴社会争夺最高统治权的矛盾也因此被激化,匈奴社会分裂为南、北两部。南匈奴为自保而依附汉朝,与遭受灾害打击有密切的关系;汉、匈间的军事活动与双方的和、战关系走向也因自然灾害而调整。汉昭帝即位时,匈奴在军事上对汉朝采取守势,一方面是因为匈奴在汉军的打击下,损失惨重,疲困衰落,内部矛盾激化;另一方面,汉武帝后元元年(前88)自然灾害对匈奴的沉重打击也是重要原因。秦汉与匈奴的战争表现出明显的季节性规律,反击匈奴、向北扩张拓边的时间几乎都是气候温暖期,而匈奴南下"窥边候隙",则大多是在气候寒冷期,选择"马肥牛壮"的秋冬时节出兵。

二、动植物资源与秦汉生态环境

这一部分主要论述了以下几个问题:植物的分布,动物的分布,植物分布变化与动物分布变化之间的关系,人类活动与动植物分布变化的关系及相互作用。

文献中关于森林分布的资料少而散,恰恰说明许多边远地区的森林还处于原始状态,人类的活动没有或很少到达。因为人类的活动与森林联系不多或森林对人类影响不大而少有记载。例如,秦汉时期东北地区人口稀少,森林密布,天然植被昌茂,人类生产活动对自然环境的影响比较轻微。农耕地区主要集中在今辽宁的部分地区和辽河下游平原区的汉族聚居区,这里原始自然植被受人类活动的影响较为显著。

"江南"地区气温高热,雨量充沛,水灾易发,而干旱、霜冻等自然灾害则比北方少得多,非常有利于植被和农作物生长。东汉时,"江南"地区的人口多于西汉,人类活动的范围逐渐扩大,在人口密度较大的一些地区,人们对森林和植被等自然资源利用的程度超过植物自我修复程度,生态环境受到了一定程度的破坏。巴蜀地区气候温暖湿润,沃野千里,植被以常绿阔叶林和草本植物为主。

通过对内蒙古居延遗址古植被的考古研究发现,西汉时期该地区水源充沛,湿度比现在大,气温也比现在温暖,适宜森林和植被生长。至西汉晚期,气候逐渐变得干燥,受其影响,植被开始退化,乔木一步步向灌木、草原发展,水生植物渐渐减少,直至消失,旱生植物明显增多。从汉代末期到现在,处于大陆性季风气候区的居延遗址地区,气候干燥,植被环境逐渐变成荒漠植被区。

河西地区有数量可观的生长"茭草"的土地,在规划中被辟为农田,自然生态环境受到人为的、农业因素的干扰。

在传统农业生产中,农作物的分布受到多种因素的影响和制约,但最主要的是热量、降水、土壤、气候等因素。从农作物的分布变化可见环境的影响与变迁。人类的生产、生活都会对环境产生影响,影响的顺序一般是从植被开始,在人类与植物的关系中,人类是强势的主动的一方,而植物则是弱势的被动的一方。人类为了发展生产而改造土壤,土壤上的植物或被改变,或被破坏,大面积植被的变化进而影响气候,地貌也因此发生变化,某些天然水体的质和量也会改变。在农作物普遍种植的地区,地貌景观是一种被改变的耕种环境,原有的森林逐渐消失,取代草类植被的是农作物。农作物的品种也在缓慢地变化过程中,这是人类适应环境能力提高的表现。

与春秋战国时期相比,秦汉时期粮食作物的品种变化不大,作物的名称和在粮食生产中所占的比重发生变化,突出的变化是"黍稷"被"菽粟"代替。汉代经济作物的栽培技术比先秦进步,种类也增多了。不少经济作物已经有了较大面积的栽培,这种大规模的种植似已具有专业化生产的特征。果树品种显著增多,尤其是来自异域的果树品种的出现,反映了民族文化交流的加强和园艺生产技术的提高。

农业开发促进了社会进步和经济的恢复发展。例如,西汉时期关中地区大规模的水利工程建设,把许多干旱、盐碱的田地改造成了良田,"泾水一石,其泥数斗,且溉且粪"① 就是最典型的事例。农业经济的发展是长安政治中心地位巩固的坚实物质基础。中小型水利工程也在局部地域带来一定经济价值,这是农业开发对宜农地区生态环境的改善。

随着人口的增长和各项生产事业的发展,木材的需要量也不断增加。一般说来,经济发达地区的人口多,在农业社会里发展生产很难避免生态环境的破坏,木材是生产和生活的必需品,人们不得不大量砍伐森林,于是自然灾害频繁发生,自然环境发生了很大变化。没有或很少有人类活动的山区以及人口密度低的"江南"地区,原始森林的风貌依旧。"山西""山东"地区的平原,人口众多,土地已大量垦殖,除了帝王苑囿、陵墓区和私人的园林,几乎见不到大片林地。先秦时期,秦国在关中地区大力发展农业生产,扩大农田面积,周原一带的森林被大量砍伐。秦汉时期,采伐关中森林资源的情况进一步加剧。长安是西汉的政治、经济中心,具有虹吸人口的作用,关中地区的人口不断增长。同时,朝廷重视关中的农业开发,本地区林木资源的消耗也随之急剧增加。为了巩固北部边防,汉廷大量移民实边,很多牧场和绿洲变为农田。沿边地区修建了许多城堡、烽燧等军事设施,增强了北部边境的防御力,也促进了边疆地区的建设。与此同时,大规模的移民屯垦也带来了不利影响,沿边地区的生态环境遭到严重破坏,很多绿洲逐渐退化为沙漠。

秦汉经济发展时期,朝廷在坚持"以农为本"的同时,也重视培育和保护森林,发展作为重要社会生产部门的林业,增加木材和其他林产品的产出。秦汉统治者的护林、育林实践活动,反映出当时社会生态意识的进步,也给后世提供了有意义的借鉴和启迪。

---

①　班固:《汉书》卷29《沟洫志》,中华书局,1962年,第1685页。

随着人类活动范围的扩大,野生动物的生存空间被压缩。在深山密林地区,人类活动罕至,野生动物广泛分布。自然植被的覆盖程度直接决定了野生动物的生存空间。即使是人类经常活动的地区,只要林木茂盛,就仍有大型野生动物出没,突出的事例就是"猛虎伤人"。黄河流域野生动物的种类和数量,都比"江南"少,分布区域以点状呈现,而江南地区则成片状存在。先秦以来,"龙门、碣石北"就是传统畜牧区,地广人稀,野生动物有广阔的生存空间,数量较多。总之,许多野生动物生存的北界普遍比现在要偏北,而且活动范围也更广大。

成书下限不晚于西汉的《尔雅》,记载的鱼名有30多种,是战国到西汉初年人们对鱼类品种认识的反映。东汉《说文解字》中的鱼名增加到了70多种。鱼类品种、名称记载增多的史实,说明随着捕获鱼的品种的增多,汉代人对鱼类进行分类的知识也在不断积累。

秦汉时期东部沿海地区有漫长的海岸线,从北方的上谷、辽东、乐浪,直到南海,渔业生产广泛分布。渔业特点以近海捕鱼为主,其中最发达的是齐地的近海渔业。

驯养动物是人类对自然界的最大影响之一,意义深远。秦汉疆域内的畜牧业主要分布在西北地区。长城沿线和陇西地区饲养的牲畜有马、牛、驼、羊、猪等,也有家禽,数量最多的是马、牛、羊。

帝王苑囿和达官豪富的私人园林中有许多来自异域和从全国各地搜罗来的珍奇异兽。家庭副业中,饲养家禽、家畜是最普遍的活动。

地理环境是野生动物分布的决定性因素。由于气候变迁,一些热带、亚热带植物逐渐在黄河流域消失,进而影响动物的生存环境,迫使动物做出适应环境的变迁。植物减少严重威胁素食动物的生殖繁衍,为了生存,它们不得不离开黄河流域,逐渐南迁,寻找更好的生存环境。例如,秦岭、淮河以南地区人口密度小,生态环境变化不大,对野象的捕杀也少,野象分布的北界南移至此。这里的天然植被有森林,有草原,有水生植被,还有沼泽植被等,气候暖湿,是野象栖息、繁殖的良好场所。野象的食料充足,而且易于取给。与此同时,肉食动物也追随素食动物大规模迁移。

生态环境的变化从两个方面影响野生动物的分布。第一,气候变化影响植被的生长状况。荒漠、半荒漠地区生态环境恶劣,生活在这里的野生动物对环境的依赖性更强,它们的生殖繁衍受到植被载畜量的极大限制。第二,自然灾害恶化了野生动物的生存环境。每次发生严重的旱灾、蝗灾、雪灾、寒冻灾,都会使野生动物的数量锐减,或死或逃。自然植被的覆盖程度直接决定野生动物的生存空间,此外,野生动物的生存还受到气候、水资源等其他环境要素的制约。人类活动对野生动物生存空间的影响复杂,既是综合性的,也是决定性的。

小农经济对植被最大的影响是使人口稠密的平原地区的森林渐渐退去,农作物种植范围不断扩大。在山区等人口稀少、开发不充分的地区,森林植被还基本保持着自然状态。

在植被良好的农业经济区,畜牧业是农业的有益补充;在北部边境和一些少数民族地区,多有大规模的畜牧养殖,畜牧业是主要经济方式,农业生产规模小,发展缓慢。畜牧业发展的直接后果是植被的减少,如果超出植被可再生的承受力,就会破坏植被环境。

边境开发也对动植物有很大影响。强大的北方民族,长期威胁秦汉的北部边境。为保卫边境,秦汉朝廷部署数量庞大的军队长期驻守长城沿边地区。解决军需的办法,一是远距离运输,二是移民垦殖。北方边境地区降水量小,绿洲面积不大,大部分地区生态环境脆弱,难以承载大量增加的人口,生态环境的破坏难以避免。

宫廷苑囿、帝王陵寝和达官显贵的园林被圈划为植被保护区,"绝陂池水泽之利",虽然出发点不是为了保护环境,但在客观上起到了保护植被和水资源的作用。这也说明,人类和生态环境是一个互动的、有机的整体。

不仅人类影响生态环境,动植物与生态环境内部的其他要素也都是生态整体的重要组成部分,彼此之间既相互影响,又相互制约。气候变化会导致一些自然植被和野生动物分布北界的南移。根据野生动物在秦汉时期分布范围的变化,可以推断气候的变化。野象、野犀分布北界的南移,反映出此时的气候较前有变冷的趋势。马来鳄和扬子鳄广泛分布在华南和长江中下游地区,说明这些地区较少受到人类活动的影响,此时,这里的人口数量远远少于北方。总之,动植物品种、数量的增减和分布区域的变化,深受人类活动的影响,同时也和生态系统中其他因素的影响相关。

三、水资源与秦汉生态环境

水资源是自然环境最重要的构成要素之一,不仅影响土地、生物等资源,而且与人类的生产、生活关系非常密切,是不可或缺和替代的重要资源。人类与河流和谐发展,是水资源开发利用必须要重视和妥善解决的问题,也是实现人与自然和谐共处的关键问题。河流变迁不是孤立的生态现象,与人类的经济活动密切相关,彼此影响,在互动中变化发展。对秦汉社会产生重大影响的河流是黄河、海河和淮河。汉代长江中下游的开发远远落后于黄河流域,很多地区还处在原始的自然状态,几乎没有受到人类活动的影响。

汉代黄河的主河道变化较为频繁,决溢增多。从时间分布上看,黄河的变化和决溢大部分集中在西汉中后期和东汉早期,主要是由于当时主河道的发育和治理不当。由于人口增多、生产力提高以及朝廷重视农业生产,黄河中下游地区的农业生产规模和生产范围均有较大发展。单一农耕成为黄河中下游地区最主要的生产方式,为了维持农业高产,大兴水利,环境和生产结构随之发生变化。森林和草原大量开垦为农田,造成严重的水土流失。东汉以后,黄河中游的植被有所恢复,河水的含沙量比西汉少,改道后的东汉黄河与大海的距离比西汉黄河短,河道也比较顺直。历史时期,黄河河口在今河北、江苏之间摆荡,而2/3以上的时间河水从今河北、山东流入渤海。黄河的来水来沙对渤海湾海岸的变化影响重大,从黄土高原带来大量的细粒黄土物质,经过潮流的搬运和堆积,在渤海湾西部塑造了世界上规模最大的淤泥质海岸。

海河水系变迁也深受人类活动的影响。两汉时期,海河水系发生了重大变迁。西汉黄河入海河道南移至汉章武(治今河北黄骅西南)境内,海河水系南部的几条干流也脱离黄河,分流入海,海河水系进入了过渡性的分流时期。西汉海河的北运河、永定河、大清河、子牙河和南运河五大干流,分别从南、西、北三面流向天津附近的洼淀,分流进入渤海,尚未形成统一的水系。海河水系形成的标志是河北平原诸水大部或全部汇流到天津入海。

谭其骧认为,海河水系的形成当在东汉末建安年间。

淮河不仅是我国,也是世界大河中变迁剧烈、变化巨大的河流。淮河水系发生巨大变迁的最根本原因是黄河的侵袭。汉武帝时,鸿沟和菏水被黄泛侵袭淤废。自汉迄南宋一直依靠汴渠、泗水沟通黄河、淮河和长江的航运。

秦汉时期,黄河流域湖泊的数量和水面面积都曾达到历史高峰,与现在的景观迥然不同。湖泊边的沼泽地植被较好,有利于调节气候,维持生态平衡。北方湖沼大多由浅平洼地灌水而成。因补给不稳定,湖沼水体洪、枯变率很大。先秦到西汉时期,气候温暖湿润,北方的降水量较为丰沛,为华北平原湖沼提供了比较丰富的水量补充。东汉以前,黄河的泛滥主要发生在华北平原,泥沙蓄淤了一些湖沼,一些洼地也淤高了,同时,又有许多岗间洼地形成。

秦汉时期在南、北方兴建的大型水利工程,大部分具有防洪治水、农田灌溉、排涝和航道运输的功能。兴修水利改良了土壤,扩大了农田面积,是发展农业生产的重要措施。治理水患是兴修水利的重要功能,汉代黄河堤防工程建设有效地减轻、遏制了洪水的危害。最为人称道的是东汉王景治河,修堤千里,黄河几百年没有改道,不仅是水利史上的重大事件,也是水资源利用的突出成果。

秦和西汉分别建都咸阳、长安,大力经营关中。为了保证京师的物资供应,修浚漕运水道,从关东运输粮需。同时,在关中大规模兴修农田水利,充分利用这里丰沛的水资源,发展农业。东汉的水利建设侧重于对已有水利设施的恢复和整修,注重充分发挥既有水利工程的经济效益。东汉建安年间,曹操在统一北方的过程中,利用河北平原河流的自然特点,修筑白沟、利漕渠、平虏渠、泉州渠和新河于其间,将它们连缀沟通,形成了一条在黄、海、滦河之间通航南北的运道。众多水利灌溉工程的兴建,促进了农业的发展,同时也改善了局部的生态环境。

汉代漕粮的征调地区已发展至长江水系,长江水系干支流航运与邻近水系已经贯通,还建设了长江沟通淮、黄、渭诸水的漕路。长江流域的灌溉以汉水支流唐白河的水利发展最为显著。江南水资源充沛,已经出现综合利用的举措,将防洪、灌溉、通航和渔业生产结合起来。淮河流域也掀起了治水兴利的高潮,东汉时较著名的水利灌溉工程有汴渠、鸿隙陂和芍陂等。

汉代从政治中心到经济发达地区开有运河,方便运输漕粮至京城,同时,也便于加强中央对地方的控制。汉武帝时的水运通道从今陕西眉县起,有成国渠、漕渠,引渭水至长安,东通黄河,连接古汴渠(又称汴河),至泗水过淮河,这是通往关东地区的运道。通往江南和南方的水运通道,经邗沟过长江,通江南运河至杭州;或从长江转湘江,经灵渠入漓江,入西江至广州。西汉漕运的重心在黄河流域,以"河、渭挽漕天下",主要经由渭河、漕渠、黄河和鸿沟水系运行,"西给京师"。

渔业是秦汉时期水资源利用的重要方式之一。江河湖沼遍布全国,适宜鱼类捕捞、养殖,也有利于发展多种水产经营。秦汉时期捕鱼、养鱼技术和渔业水产经营都发展到了较为成熟的水平,水产品已是当时人们的重要食品。由此也可推知当时水资源的状况。汉代朝廷在有水利和渔业盛行的郡,设置专掌水利渔税的都水官管理税收,可见对水资源利用管理和保护鱼类自然资源的重视。

四、土地资源与秦汉生态环境

土地作为自然资源综合体,是人类赖以生存的生态环境要素,人类需要开发土地获取物质和能量。土地利用方式是影响植被和水土保持情况的决定性因素。

人与土地存在着相互依存、相互制约的关系。虽然人类是土地资源利用的主体,但也受到土地永续利用的制约。人口的分布、迁徙和增减是土地资源利用的数量表现。农田开垦和土壤改良集中反映了农业土地资源利用的情况。土地是农耕社会最重要的生产资料,是民生之本,是人类的活动场所,一切生活和生产活动都离不开土地,土地的开垦数量与人口的多寡直接相关。随着人口的增长,人类对大自然的索取和影响也不断增加。通过运用两汉各郡国的人口数和全国总的垦田数,推算各郡国的农业土地开垦数量,人均垦田数量是衡量人地关系的重要标志,也是了解全国不同地区环境变动的重要量化参考信息。

对土壤进行分类,表现了汉代人土地利用水平的提高和土壤知识的进步,也是时人生态思想的反映。

淤灌在先秦时期即已出现,《史记·河渠书》中就有淤灌效益的记载。前3世纪秦国兴建的郑国渠从泾河引水,结合放淤,进行灌溉,改良利用了大片盐碱洼地。汉代北方灌溉地区常用淤灌改造盐碱地,主要在低洼易涝的地区合理利用河流中的泥沙淤灌农田,补充水、肥,为后世提供了宝贵的经验。

关中地区有千里沃野,但地狭人稠;巴蜀的成都平原土壤肥沃,降雨量充足,又有著名的都江堰灌溉工程,水渠纵横,农业发达,物产富饶。两地的土地利用均以农耕为主。西北地区的天水、陇西、北地、上郡地广人稀,水草肥美,"畜牧为天下饶"[①],土地利用主要是草地牧场。

黄淮海平原一般指华北平原,地势平坦,土壤肥沃,便于垦殖。大部分区域是温带季风气候和亚热带季风气候。冬季干燥寒冷,夏季高温多雨,雨热同期,年均温和年降水量由南向北随纬度增加而递减,土地利用呈现多样化。黄淮海平原主要由黄、淮、海三大河流淤积而成,受河流影响较大,支流密布,河湖众多,有利于农作物的灌溉和水产养殖业的发展。在一些水草肥美的地区,畜牧业的发展也颇具规模。有的地区土质肥沃,开发较早,如:三河地区,"土地小狭,民人众"[②];中山地区,"地薄人众"[③],有大范围的盐碱地,不适合农作物耕种;青州濒海有大片广阔的盐碱地,因沿岸土地长期遭受海水侵蚀而严重盐碱化。

"江南"地区土地辽阔,地势起伏,丘陵山地面积广大。由于降水量较大,土壤有机质含量低且呈酸性,不利于农田开发。该区河网稠密,湖泊众多,"饭稻羹鱼",土地利用呈现多样化的特点。河谷平原和盆地以农业生产为主,耕作方式落后于北方,"或火耕而水耨";水草丰美的高原和山地发展畜牧业;森林茂密的山区则以狩猎采集为主。

汉代北部边郡除辽东外,均在内陆,属于大陆性季风气候,地处暖温带

---

① 司马迁:《史记》卷129《货殖列传》,中华书局,1959年,第3262页。
② 司马迁:《史记》卷129《货殖列传》,中华书局,1959年,第3262页。
③ 司马迁:《史记》卷129《货殖列传》,中华书局,1959年,第3263页。

与寒温带交界处。冬季寒冷干燥。受西伯利亚高压影响,冬季气温比同纬度地区更低。降雨集中在夏季,自东南向西北逐渐减少。温度不高,热量不足,是我国典型的干旱半干旱区。受干旱、严寒影响,植被主要是草原,其次是林地,主要从事畜牧业生产。在一些水草肥美、气候适宜的地区也有农耕地存在。

黄河支流环抱的河套地区,水资源丰富,自古以来便以水草丰美闻名,非常适合发展农业。尤其是沿河平原和地形平坦的河谷地带,水肥草美,雨量较丰,是著名的宜农宜牧区。

西北内陆著名的河西走廊灌溉农业区历史悠久。祁连山的冰雪融水提供了丰富的灌溉水源。土壤肥沃,"美水草,冬温夏凉,宜畜牧"[①],绵亘千里的祁连山麓是理想的天然牧场。

东汉河西诸郡国的总人口大大少于西汉,约为西汉的 56%。两汉河西地区人口变化剧烈,是多种因素综合作用的结果。主要原因是国力盛衰和朝廷民族政策的影响,其次是少数民族势力的消长及其东进、南下策略的作用,再就是生态环境变化,致使西汉时期移居河西的人口又徙居他乡。

五、秦汉时期环境思想与环境管理

秦汉时期的环境保护思想主要表现为以下几点:自然环境保护观念渐趋成熟,自然资源必须保护,在向自然索取时要保护自然,不能涸泽而渔,应取用有节;主张天人合一,人与自然是同脉相连的有机统一整体,需要和谐相处;倡导万物平等,仁民爱物,追求生态和谐。这是对自然界生命一视同仁和伦理关怀。上述思想已经影响秦汉统治者的治国理政,出现了保护自然资源的法律条文,以及保护山林、土地、动物等的规定。汉代的环保思想以儒家为主体,东汉后期又出现了以道家环保思想为基础的道教生态保护思想,丰富了汉代环保思想的内容。

儒家宣扬"天人合一",强调自然界与人类社会之间的和谐统一。许多

---

① 司马迁:《史记》卷 110《匈奴列传》,中华书局,1959 年,第 2908 页。

思想家的学说中蕴含有关于水利保护、土地保护、森林资源保护等生态伦理思想。人类要生存，就必须向自然界索取一定的资源，但是，在利用自然资源时，必须遵循自然界的规律，合理开发利用，按照自然规律办事，"取之有节，用之有时"，只有如此，才能"物蓄多"，取之不尽，用之不竭。[①]同时，还要用、养结合，要顺应时序，珍惜资源，尊重自然规律。只有这样，才能让自然资源最大限度地满足人类的需要，实现自然资源的可持续利用，支持社会的长期稳定与发展。"天人合一"中的"天"即自然，人与自然存在不可分割的关系，人只是自然界中的一分子，生活在天地自然之间。人类的生存离不开山川、河流、土地等自然环境，人与自然同生共荣，自然环境与人类的生产和生活相互影响。人类的活动应当尊重自然规律，适应环境，随着自然环境的变化而变化；如果违逆自然规律，攫取无度，就会受到自然界的惩罚，引发严重的灾害，威胁人类的生存。

道教经典著作中有丰富的生态保护思想，对人类生存的自然环境以及各种生物有良好的保护和珍惜意识，构成了道教别具一格的生态保护思想内容。道教认为，万物的存在和发展有其自身规律，遵循一定的自然法则。人类对自然和道的态度应该是尊重自然规律，"唯道是从"，顺应自然之道，追求"物我同一"的境界。从生态学上来讲，人类作为一种更加高级的生命形态，理应承担起爱护生命、维护自然生态、辅助万物成长的使命。一切生物包括人类在内都是由天地所生，都是平等的。因此，人类敬畏生命、尊重自然的思想，不仅仅只是珍惜自己的生命，还要尊重、热爱、保护其他生命形态，不暴殄天物，善待万物，致力于保护生命的事业。

秦代制定的保护水资源、植物资源和动物资源的法令，集中体现了当时的环境保护思想。虽然有些法令规定的出发点是为了维护和满足统治阶级物质生活和精神享受的需要，但应当肯定在客观上起到了保护和改善自然环境的作用。

先秦时期的月令、时令思想，至汉代臻于成熟，扩展为囊括天地万物的宇宙模型，影响甚至指导着汉代的政治、法律制度、生态保护、农业生产实

---

① 贾谊：《新书校注》卷6《礼》，阎振益、钟夏校注，中华书局，2000年，第216页。

践以及日常生活的有序进行,有许多内容成为两汉环境保护的基本主张。

时令是一些原则性的要求,适应了统治者的需要,容易实行。《月令》内容丰富,涉及生产、生活、宗教等方面,因而更合乎儒者的需要,在汉代政治和社会生活中的地位也越来越重要,掩盖了时令的作用。天人合一观念中最重要的是强调应该顺应天时,而顺应月令是顺应天时的突出表现。《月令》保护和利用土地资源的内容主要有三点:一是因地制宜、合理利用土地资源;二是用地与养地相结合,最大限度地发挥土地潜能;三是顺应自然规律保护土地资源。

汉代帝王根据月令和时令发布过很多与环境保护相关的诏令。月令和时令对汉代社会的影响是全方位的,上至国家的施政与决策,下至普通百姓的生产和生活。东汉的《四民月令》中有很多内容和《月令》一致,按月安排人们的生产和生活,既考虑到了顺应自然规律,又注意到了对自然环境的保护。

六、汉代环境个案研究

选取资料相对比较丰富的疫病、东汉都城洛阳、河北地区,探讨环境与它们的关系,可以深化我们对汉代社会与环境的认知。

(一)汉代疫病与环境

汉代疫病的高发区在南方、都城洛阳和关东地区。汉代疫病发生和流行的原因主要有三点。

第一,地理环境是疫病产生、流行的重要因素。汉代南方温暖湿润,为传染疫病的原菌、中间宿主、媒介生物提供了适宜的滋生环境。岭南和西南山区的许多地方还处于原始自然状态,人口少,经济开发规模小,天气炎热潮湿。外来人口和军队的到来,造成疫病高发,疫情传播迅猛。以城市而论,汉代发生疫病最多的是东汉京城洛阳。作为东汉的政治、经济和文化中心,洛阳是当时全世界规模最大的城市,人口密度大,人员流动数量和频次也是全国之最,这些都为疫病的流行提供了条件。

第二,汉代的疫病传播与战争的关系十分密切,在 50 次疫病中至少有10 次与战争有关,占疫病总次数的 1/5,其中有 9 次战争发生在南方。环境因素和战争因素叠加,加剧了疫病的传播。古代大规模流动作战的后勤保障和医疗救治很难保证。军事和后勤人员密集,生活和卫生条件差,居住环境恶劣,给养供应不时,作息失去规律,身心消耗加大,凡此种种,为疫病的发生和流行创造了条件。尤其是北方军队远征南方,气候变化大,北方军人不能适应南方的"暑湿"天气,水土不服,更容易染上疫病。

第三,自然灾害也是影响疫病流行的重要因素。根据现有统计资料,可以清楚地发现汉代自然灾害的链发性和群发性特点,很多疫病都不是孤立发生的,而是在其他自然灾害的影响下发生、传播。大灾之后,必有大疫,因为灾害恶化了生活环境,甚至迫使灾民背井离乡,颠沛流离,疫病往往在流浪的饥民中迅速传播。

司马迁在《史记·天官书》中多次将疫病与天体运行变化联系起来,这是一种科学的认识。2世纪以后至东汉末年,中原地区一直有比较严重的疾疫流行。尤其是东汉后期,由于天灾人祸,生产荒芜,疫情更加猖獗。有研究表明,东汉中后期太阳黑子正处于衰弱期,包括疫病在内的自然灾害频发很可能与太阳黑子的运动有关。

(二) 东汉都城洛阳自然灾害多发与环境

东汉时期,都城洛阳一个城市的灾害记录竟然超过同期全国灾害记录的1/4,可以称为当时的"全球之冠"。但是,我们却不能因此称其为"灾害之都",因为灾害记录不是灾害实录,没有留下灾害记录不等于没有发生灾害,洛阳不是都城时的灾害记录就极少。从主观来看,文献对灾害资料的记载不是实录,而是根据灾害与政治的关系选用,在选择灾害资料入史时有作者的主观因素,重京师轻外地。这一点对于我们研究灾害与环境的时空分布颇有启示意义。

水、旱灾害的增加与洛阳作为都城关系密切。从洛阳的城市布局来看,东汉洛阳城南临洛水,北依邙山。南城墙因洛水北移被冲毁。国家最高行政机构太尉府、司空府和司徒府紧临洛水。随着人口增加,城市规模扩大,城市经济发展,城市中心土地越来越紧张,为了用水方便,城市建设不得不向靠近河流的低地、易涝、易淹地区扩展。这是东汉洛阳作为都城时期水灾多发的重要原因之一。

自然环境和自然资源条件不是静止的,处在不断变化之中。都城的建设、发展与自然环境相互作用、相互影响。洛阳作为都城时期,水、旱等灾害频发,在一定程度上反映出城市建设对生态环境带来了较严重的负面影响。建设以木构建筑为主体的都城,势必要大兴土木。规模宏大的土木建设,导致洛阳周围山区的森林被大量砍伐。在先秦典籍中,洛阳地区仍有许多沼泽与森林。东汉,洛阳周边山地还有森林,而四周平原地区的森林几已不存。森林消失,植被破坏,蓄水保土功能降低,每逢大雨,河水暴涨,无雨时河流蓄水不多,甚至干涸,水、旱灾害发生频率增加。

东汉都城洛阳作为全国的政治、经济、文化中心,都城建设和人口密度也位居全国之首。都城的种种优势吸引人口数量不断增加,城市区与农耕区也随之扩展,宫室、住宅与家具需求增多,生活和取暖的薪炭需求也在增加,所有这些都要求加大森林资源、土壤资源和水资源的供给,一旦超过生态承载能力,就会破坏生态环境,受破坏最大的是植被资源。土壤与植被水土涵养能力降低,进一步加剧水、旱灾害的频繁发生,影响都城的发展和安定。

(三)汉代河北地区的水旱灾害与环境

汉代河北水旱灾害记录共计25次。水灾20次,接近当时全国水灾的10%。从时间上看,西汉和东汉各10次,水灾时间集中在夏、秋季节,这是由我国降雨量的季节分配造成的,与现在水灾多发时期基本相同。水灾和旱灾记录悬殊,约为9∶1,虽然灾害记录有缺失,但反映出汉代河北气候比现在温暖湿润,旱灾少也是事实,这对于研究河北环境变迁颇有参考价值。

水灾主要发生在黄河流经的冀州南部;水灾类型有三种:(1)降雨成灾,12次;(2)海溢,3次;(3)黄河溢决,5次,其中西汉4次、东汉1次。水灾严重破坏农业生产,导致农业减产甚至绝收,严重威胁人民的生命财产。

汉代政府救灾措施的主要内容在河北救灾活动中都有表现,效果明显,起到了缓和社会矛盾、稳定社会秩序和增进社会和谐的积极作用。但是,必须承认,在农业社会条件下,汉代政府还难以抗御大自然带来的水旱灾害。

参 考 文 献

一、古籍

《十三经注疏》整理委员会整理：《十三经注疏·礼记正义》，北京：北京大学出版社，1999 年。

《十三经注疏》整理委员会整理：《十三经注疏·孟子注疏》，北京：北京大学出版社，1999 年。

班固：《汉书》，北京：中华书局，1962 年。

班固撰集：《白虎通疏证》，陈立疏证，吴则虞点校，北京：中华书局，1994 年。

常璩：《华阳国志校补图注》，任乃强校注，上海：上海古籍出版社，1987 年。

常璩：《华阳国志校注》，刘琳校注，成都：巴蜀书社，1984 年。

巢元方：《诸病源候论》，黄作阵点校，沈阳：辽宁科学技术出版社，1997 年。

陈鼓应注译：《老子今注今译》，北京：商务印书馆，2006 年。

陈寿：《三国志》，北京：中华书局，1959 年。

陈直校证：《三辅黄图校证》，西安：陕西人民出版社，1980 年。

董仲舒：《春秋繁露义证》，苏舆义证，北京：中华书局，1992 年。

杜佑：《通典》，北京：中华书局，1988 年。

范晔：《后汉书》，北京：中华书局，1965 年。

房玄龄等：《晋书》，北京：中华书局，1982 年。

费振刚：《全汉赋校注》，广州：广东教育出版社，2005 年。

甘肃省文物考古研究所、中国社会科学院历史所、中国文物研究所等编：《居延新简》，北京：文物出版社，1990 年。

葛洪：《神仙传校释》，胡守为校释，北京：中华书局，2010 年。

葛洪：《西京杂记》，西安：三秦出版社，2006 年。

顾祖禹：《读史方舆纪要》，北京：中华书局，2005 年。

管仲：《管子译注》，刘柯、李克和译注，哈尔滨：黑龙江人民出版社，2003 年。

郭庆藩：《庄子集释》，北京：中华书局，1985 年。

何建章注释：《战国策注释》，北京：中华书局，1990 年。

桓宽撰集：《盐铁论校注》，王利器校注，北京：中华书局，1992 年。

贾思勰:《齐民要术校释》,缪启愉校释,北京:农业出版社,1982 年。

贾谊:《新书校注》,阎振益、钟夏校注,北京:中华书局,2000 年。

李昉等:《太平御览》,北京:中华书局,1960 年。

李吉甫:《元和郡县图志》,台北:商务印书馆,1986 年。

郦道元:《水经注校证》,陈桥驿校证,北京:中华书局,2007 年。

刘安编:《淮南子集释》,何宁集释,北京:中华书局,1998 年。

刘昫等:《旧唐书》,北京:中华书局,1986 年。

罗愿:《尔雅翼》,合肥:黄山书社,2013 年。

罗织主编:《太平经注译》,重庆:西南师范大学出版社,1996 年。

吕不韦:《吕氏春秋新校释》,陈奇猷校释,上海:上海古籍出版社,2002 年。

欧阳询:《艺文类聚》,上海:上海古籍出版社,1982 年。

潘季驯:《河防一览》,北京:中国水利工程学会,1936 年。

睡虎地秦墓竹简整理小组编:《睡虎地秦墓竹简》,北京:文物出版社,1990 年。

司马光等:《资治通鉴》,北京:中华书局,1956 年。

司马迁:《史记》,北京:中华书局,1959 年。

孙彦林、周民、苗若素:《晏子春秋译注》,济南:齐鲁书社,1991 年。

脱脱等:《宋史》,北京:中华书局,1977 年。

王充:《论衡集解》,刘盼遂集解,上海:上海古籍出版社,1957 年。

王充:《论衡校释》,黄晖校释,北京:中华书局,1990 年。

王明编:《太平经合校》,北京:中华书局,1960 年。

王念孙:《谈书杂志》,南京:江苏古籍出版社,1985 年。

王子寿、薛红主编:《神农本草经》,成都:四川科学技术出版社,2008 年。

吴树平:《东观汉记校注》,北京:中华书局,2008 年。

萧统编:《文选全译》,张启成、徐达等译注,贵阳:贵州人民出版社,1994 年。

徐坚:《初学记》,北京:中华书局,2004 年。

许慎:《说文解字注》,段玉裁注,许惟贤整理,南京:凤凰出版社,2007 年。

荀悦、袁宏:《两汉纪》,张烈点校,北京:中华书局,2002 年。

严可均编:《全上古三代秦汉三国六朝文》,北京:中华书局,1958 年。

扬雄:《扬雄集校注》,张震译注,上海:上海古籍出版社,1993 年。

袁宏:《后汉纪校注》,周天游校注,天津:天津古籍出版社,1987 年。

袁珂校注:《山海经校注》,上海:上海古籍出版社,1980 年。

张陵:《老子想尔注》,《中华道藏》第 9 册,北京:华夏出版社,2004 年。

张溥辑:《汉魏六朝百三家集选》,杭州:浙江人民出版社,1985 年。

张双棣、张万彬、殷国光等译注:《吕氏春秋译注》,北京:北京大学出版社,
2000 年。

张仲景:《金匮要略》,胡菲、高忠樑、张玉萍校注,福州:福建科学技术出版社,2011 年。

张仲景:《注解伤寒论》,成无己注,北京:商务印书馆,1955 年。

中国社会科学院考古研究所编:《居延汉简甲乙编》,北京:中华书局,1980 年。

中国文物研究所、甘肃省考古研究所合编:《敦煌悬泉月令诏条》,北京:中华书局,2001 年。

周天游辑注:《八家后汉书辑注》,上海:上海古籍出版社,1986 年。

朱彬:《礼记训纂》,北京:中华书局,1995 年。

二、专著

包玉山:《内蒙古草原畜牧业的历史与未来》,呼和浩特:内蒙古教育出版社,2003 年。

陈邦贤:《中国医学史》,北京:商务印书馆,1998 年。

陈业新:《灾害与两汉社会研究》,上海:上海人民出版社,2004 年。

程有为主编:《黄河中下游地区水利史》,郑州:河南人民出版社,2007 年。

崔友文:《中国北部和西北部重要饲料植物和毒害植物》,北京:高等教育出版社,1958 年。

邓云特:《中国救荒史》,北京:商务印书馆,1993 年。

董恺忱、范楚玉主编:《中国科学技术史》(农学卷),北京:科学出版社,2000 年。

段拭编著:《汉画》,北京:中国古典艺术出版社,1958 年。

恩格斯:《家庭、私有制和国家的起源》,《马克思恩格斯选集》第 4 卷,北京:人民出版社,1972 年。

傅嘉仪编著:《新出土秦代封泥印集》,杭州:西泠印社,2002 年。

盖山林:《和林格尔汉墓壁画》,呼和浩特:内蒙古人民出版社,1978 年。

干志耿、孙秀仁:《黑龙江古代民族史纲》,哈尔滨:黑龙江省文物出版社编辑室,1982 年。

甘肃省地方志编纂委员会编:《甘肃省志》第 20 卷《林业志》,兰州:甘肃人民出版社,2003 年。

高敏:《秦汉史论集》,郑州:中州书画社,1982 年。

葛剑雄:《西汉人口地理》,北京:人民出版社,1986 年。

葛剑雄:《中国人口史》第 1 卷(导论、先秦至南北朝时期),上海:复旦大学出版社,2002 年。

葛全胜等:《中国历朝气候变化》,北京:科学出版社,2011 年。

耿贯一主编:《流行病学》(下册),北京:人民卫生出版社,1980 年

顾功叙主编:《中国地震目录(公元前 1831—公元 1969 年)》,北京:科学出版社,

1983 年。

郭郛、[英]李约瑟、成庆泰:《中国古代动物学史》,北京:科学出版社,1999 年。

韩玉祥、李陈广主编:《南阳汉代画像石墓》,郑州:河南美术出版社,1998 年。

何炳棣:《中国古今土地数字的考释和评价》,北京:中国社会科学出版社,1988 年。

河北省地方志编委会编:《河北省志》第 4 卷,石家庄:河北人民出版社,1994 年。

河北省清河县地方志编纂委员会编纂:《清河县志》,北京:中国城市出版社,1993 年。

侯仁之:《黄河文化》,北京:华艺出版社,1994 年。

侯外庐、赵纪彬、杜国庠:《中国思想通史》,北京:人民出版社,1957 年。

湖南农学院、中国科学院植物研究所:《长沙马王堆一号汉墓出土动植物标本的研究》,北京:文物出版社,1978 年。

湖南省博物馆、中国科学院考古研究所编:《长沙马王堆一号汉墓》,北京:文物出版社,1973 年。

湖南省博物馆编:《马王堆汉墓研究》,长沙:湖南人民出版社,1981 年。

冀朝鼎:《中国历史上的基本经济区与水利事业的发展》,朱诗鳌译,北京:中国社会科学出版社,1981 年。

蓝勇:《历史时期西南经济开发与生态变迁》,昆明:云南教育出版社,1992 年。

李林、康兰英、赵力光:《陕北汉代画像石》,西安:陕西人民出版社,1995 年。

李天虹:《居延汉简簿籍分类研究》,北京:科学出版社,2003 年。

梁方仲编著:《中国历代户口、田地、田赋统计》,北京:中华书局,2008 年。

梁家勉主编:《中国农业科学技术史稿》,北京:农业出版社,1989 年。

梁柱、刘信芳:《云梦龙岗秦简》,北京:科学出版社,1997 年。

林甘泉主编:《中国经济通史·秦汉》,北京:中国社会科学出版社,2007 年。

林幹:《匈奴通史》,北京:人民出版社,1986 年。

林剑鸣:《秦汉史》,上海:上海人民出版社,2003 年。

林剑鸣、余华青、周天游等:《秦汉社会文明》,西安:西北大学出版社,1985 年。

林蒲田:《中国古代土壤分类和土地利用》,北京:科学出版社,1996 年。

刘德岑:《中国历史地理丛书·古都篇》,重庆:西南师范大学出版社,1986 年。

刘运勇:《西汉长安》,北京:中华书局,1982 年。

刘昭民:《中国历史上气候之变迁》,台北:台湾商务印书馆,1982 年。

刘志远、余德章、刘文杰编著:《四川汉代画象砖与汉代社会》,北京:文物出版社,1983 年。

路遇、滕泽之:《中国分省区历史人口考》,济南:山东人民出版社,2006 年。

罗传栋:《长江航运史》(古代部分),北京:人民交通出版社,1991 年。

罗福颐主编,故宫博物院研究室玺印组编:《秦汉南北朝官印征存》,北京:文物出版社,1987 年。

洛阳市地方志编纂委员会编:《洛阳市地理志》,北京:红旗出版社,1992 年。

满志敏:《中国历史时期气候变化研究》,济南:山东教育出版社,2009 年。

南皮县地方志编纂委员会编:《南皮县志》,石家庄:河北人民出版社,1992 年。

彭卫、杨振红:《中国风俗通史》(秦汉卷),上海:上海文艺出版社,2002 年。

山东农学院主编:《作物栽培学(北方本)》(下册),北京:农业出版社,1982 年。

陕西省博物馆、陕西省文物管理委员会合编:《陕北东汉画象石刻选集》,北京:文物出版社,1959 年。

史念海:《河山集(二集)》,北京:生活·读书·新知三联书店,1981 年。

史念海:《河山集(三集)》,北京:人民出版社,1988 年。

史念海:《黄土高原历史地理研究》,郑州:黄河水利出版社,2001 年。

水利部淮河水利委员会《淮河水利简史》编写组:《淮河水利简史》,北京:水利电力出版社,1990 年。

水利部黄河水利委员会《黄河水利史述要》编写组:《黄河水利史述要》,北京:水利电力出版社,1984 年。

孙机:《汉代物质文化资料图说》,北京:文物出版社,1991 年。

谭其骧:《长水集》,北京:人民出版社,1987 年。

王邨:《中原地区历史旱涝气候研究和预测》,北京:气象出版社,1992 年。

王平:《〈说文〉与中国古代科技》,南宁:广西教育出版社,2001 年。

王文涛:《秦汉社会保障研究——以灾害救助为中心的考察》,北京:中华书局,2007 年。

王育民:《中国历史地理概论》(上册),北京:人民出版社,1987 年。

王子今:《秦汉时期生态环境研究》,北京:北京大学出版社,2007 年。

文焕然:《秦汉时代黄河中下游气候研究》,北京:商务印书馆,1959 年。

文焕然、文榕生:《中国历史时期冬半年气候冷暖变迁》,北京:科学出版社,1996 年。

文焕然等著,文榕生选编整理:《中国历史时期植物与动物变迁研究》,重庆:重庆出版社,1995 年。

吴承洛:《中国度量衡史》,北京:商务印书馆,1937 年。

吴慧:《新编简明中国度量衡通史》,北京:中国计量出版社,2006 年。

夏祝辉主编:《流行病学与传染病管理》,北京:人民卫生出版社,1987 年。

辛树帜编著,伊钦恒增订:《中国果树史研究》,北京:农业出版社,1983 年。

许倬云:《汉代农业:中国农业经济的起源与特性》,王勇译,桂林:广西师范大学出版社,2005 年。

许倬云:《许倬云自选集》,上海:上海教育出版社,2002 年。

盐山县地方志编纂委员会:《盐山县志》,天津:南开大学出版社,1991 年。

于豪亮:《于豪亮学术文存》,北京:中华书局,1985 年。

云南省博物馆编:《云南晋宁石寨山古墓群发掘报告》,北京:文物出版社,1959 年。

张云飞:《天人合———儒学与生态环境》,成都:四川人民出版社,1995 年。

赵冈、陈钟毅:《中国土地制度史》,北京:新星出版社,2006 年。

赵文林、谢淑君:《中国人口史》,北京:人民出版社,1988 年。

中国地理学会历史地理专业委员会编:《历史地理》第 4 辑,上海:上海人民出版社,1986 年。

中国科学院《中国自然地理》编辑委员会:《中国自然地理·历史自然地理》,北京:科学出版社,1982 年。

中国科学院地理研究所、长江水利水电科学研究院、长江航道局规划设计研究所:《长江中下游河道特性及其演变》,北京:科学出版社,1985 年。

中国科学院青甘综合考察队编著:《青甘地区资源植物及其评价》,北京:科学出版社,1964 年。

中国社会科学院考古研究所编:《新中国的考古发现和研究》,北京:文物出版社,1984 年。

中央气象局气象科学研究院天气气候研究所编:《全国气候变化学术讨论会文集(一九七八年)》,北京:科学出版社,1981 年。

朱伯康、施正康:《中国经济通史》(上),北京:中国社会科学出版社,1995 年。

朱士光:《黄土高原地区环境变迁及其治理》,郑州:黄河水利出版社,1999 年。

竺可桢:《竺可桢文集》,北京:科学出版社,1979 年。

邹逸麟编著:《中国历史地理概述》,上海:上海教育出版社,2007 年。

[英]安德鲁·古迪:《人类影响——在环境变化中人的作用》,郑锡荣等译,北京:中国环境科学出版社,1989 年。

[英]汤因比:《历史研究》,曹未风等译,上海:上海人民出版社,1959 年。

三、论文

(一) 书刊论文

北京市古墓发掘办公室:《大葆台西汉木椁墓发掘简报》,《文物》1977 年第 6 期。

蔡永立、章薇、过仲阳等:《孢粉—气候对应分析重建上海西部地区 8.5kaBP 以来的气候》,《湖泊科学》2001 年第 2 期。

曹建恩、党郁:《内蒙古地区"先秦两汉时期人类的文化、生业与环境"课题研究历程》,《草原文物》2016 年第 2 期。

曹剑波:《道教生态思想探微》,《道教论坛》2005 年第 3 期。

策·道尔吉苏荣:《北匈奴的坟墓》,《科学院学术研究成就》1956 年第 1 期。

陈可畏:《论西汉后期的一次大地震与渤海西岸地貌的变迁》,《考古》1979 年第 2 期。

陈佩文:《气候、政策与环境:秦汉时期内蒙古地区环境变迁的历史考察》,《泰山学院学报》2018 年第 2 期。

陈业新:《地震与汉代荒政》,《中南民族学院学报》(哲学社会科学版)1997 年第 3 期。

陈业新:《秦汉生态法律文化初探》,《华中师范大学学报》(人文社会科学版)1998 年第 2 期。

陈业新:《战国秦汉时期长江中游地区气候状况研究》,《中国历史地理论丛》2007 年第 1 期。

陈育宁、景永时:《论秦汉时期黄河河套流域的经济开发》,《宁夏社会科学》1989 年第 5 期。

陈月秋:《江苏两万年来的古气候与海平面变化》,《海洋湖沼通报》1992 年第 4 期。

陈竺同:《汉魏南北朝外来的医术与药物的考证》,《暨南学报》1936 年第 1 期。

程道宏:《伊敏河地区的鲜卑墓》,《内蒙古文物考古》1982 年第 2 期。

崔德卿:《中国古代的物候和农业(下)》,《古今农业》2003 年第 2 期。

党超:《论两汉时期的生态思想》,《史学月刊》2008 年第 5 期。

杜长煜:《巴蜀茶叶生产述略》,《文史杂志》1986 年第 1 期。

樊鹏:《小议气候与唐代社会发展》,《考古与文物》增刊,《汉唐考古》2004 年。

樊遂桥:《秦汉西部地理环境对交通的影响》,《赤峰学院学报》(汉文哲学社会科学版)2016 年第 8 期。

冯琼脂:《道教生态伦理智慧的当代价值》,《杭州师范学院学报》(社会科学版)2005 年第 3 期。

高建国:《两汉宇宙期的初步探讨》,高建国、宋正海主编:《历史自然学进展》,北京:海洋出版社,1988 年。

龚胜生:《唐长安城薪炭供销的初步研究》,《中国历史地理论丛》1991 年第 3 期。

龚胜生:《元明清时期北京城燃料供销系统研究》,《中国历史地理论丛》1995 年第 1 期。

关荣波:《略论先秦两汉时期的生态保护》,《牡丹江师范学院学报》(哲学社会科学版)2008 年第 1 期。

韩嘉谷:《历史时期河北平原河道变迁和海河水系形成》,《海河志通讯》1983年第 1 期。

韩嘉谷:《论第一次到天津入海的古黄河》,《中国史研究》1982 年第 3 期。

韩嘉谷:《西汉后期渤海湾西岸的海侵》,《考古》1982 年第 3 期。

何德章:《高教版〈中国历史·秦汉魏晋南北朝卷〉的几个问题》,《中国大学教学》2003 年第 7 期。

河南省博物馆、石景山钢铁公司炼铁厂、《中国冶金史》编写组:《河南汉代冶铁技术初探》,《考古学报》1978 年第 1 期。

贺云翱:《夏商时代至唐以前江苏海岸线变迁》,《东南文化》1990 年第 5 期。

侯仁之、俞伟超、李宝田:《乌兰布和沙漠北部的汉代垦区》,《治沙研究》(第 7 号),北京:科学出版社,1965 年。

侯甬坚:《南阳盆地农作物地理分布的历史演变》,《中国历史地理论丛》1987年第 1 期。

胡厚宣:《殷人疾病考》,《甲骨学商史论丛初集:外一种》,石家庄:河北教育出版社,2002 年。

黄盛璋:《曹操主持开凿的运河及其贡献》,《历史研究》1982 年第 6 期。

黄展岳:《汉代人的饮食生活》,《农业考古》1982 年第 1 期。

黄展岳、赵学谦:《云南滇池东岸新石器时代遗址调查记》,《考古》1959 年第4 期。

黄兆宏:《从新石器时代文化遗址看酒泉地区人类活动的状况》,《丝绸之路》2017 年第 16 期。

季始荣:《对〈曹操兵败赤壁与血吸虫病关系之探讨〉一文的商榷》,《中华医史杂志》1982 年第 2 期。

嘉峪关市文物清理小组:《嘉峪关汉画像砖墓》,《文物》1972 年第 12 期。

贾强:《战争中的人地关系——以两汉时期的资料为中心》,《齐齐哈尔师范高等专科学校学报》2016 年第 1 期。

蒋廷瑜:《广西汉代农业考古概述》,《农业考古》1981 年第 2 期。

孔昭宸、杜乃秋、朱延平:《内蒙古自治区额济纳旗汉代烽燧遗址的环境考古研究》,周昆叔主编:《环境考古研究》第 1 辑,北京:科学出版社,1991 年。

蓝勇:《中国西南历史气候初步研究》,《中国历史地理论丛》1993 年 2 期。

蓝勇:《中国西南荔枝种植分布的历史考证》,《中国农史》1988 年第 3 期。

劳榦:《论汉代之陆运与水运》,《历史语言研究所集刊》第 16 册,北京:中华书局,1987 年。

李并成:《居延古绿洲沙漠化考》,《历史环境与文明演进——2004 年历史地理国际学术研讨会论文集》,北京:商务印书馆,2005 年。

李淮东:《秦汉时期林木资源开发利用研究》,《中国历史地理论丛》2017 年第4 期。

李平日、谭惠忠、侯的平:《2000 年来华南沿海气候与环境变化》,《第四纪研究》1997 年第 1 期。

李文涛:《两汉时期的环境伦理初探》,《唐都学刊》2015 年第 1 期。

李欣:《秦汉农耕社会的薪炭消耗与材木利用——以环境问题为中心的考察》,《古今农业》2016 年第 1 期。

李友松:《曹操兵败赤壁与血吸虫病关系之探讨》,《中华医史杂志》1981 年第2 期。

李宗海:《畜牧业经济若干理论问题》,《内蒙古社会科学》1981 年第 6 期。

林承坤、潘少明:《古代长江江水何时变为混浊》,《自然杂志》2005 年第 1 期。

刘金陵:《上海、浙江某些地区第四纪孢粉组合及其在地层和古气候上的意义》,《古生物学报》1977 年第 1 期。

刘克:《出土汉画所见汉代环境美学的思想构成及其使命》,《西南民族大学学报》(人文社会科学版)2017 年第 3 期。

刘诗中、许智范、程应林:《贵溪崖墓所反映的武夷山地区古越族的族素及文化特征》,《江西历史文物》1980 年第 11 期。

刘玉:《贾谊的生态伦理观探究》,《淮北煤炭师范学院学报》(哲学社会科学版)2009 年第 2 期。

罗开玉:《秦至蜀汉巴蜀地区的农林牧副渔业》,《四川文物》1994 年第 5 期。

马正林:《秦皇汉武和关中农田水利》,《地理知识》1975 年第 2 期。

马志邦、夏明、李红春等:《距今 3ka 来京东地区的古温度变化:石笋 Mg/Sr 记录》,《科学通报》2002 年第 23 期。

毛丽娅:《道教的生态伦理思想及其现代价值》,《四川师范大学学报》(社会科学版)2005 年第 3 期。

苗瑞雪:《论秦汉时期黄河流域的"竹林"多为"经济作物"——兼评王子今、陈业新两位先生的争论》,《咸阳师范学院学报》2013 年第 5 期。

穆土:《对秦汉生态环境的新认识》,《中国社会科学院院报》2006 年 3 月 7 日。

倪根金:《秦汉"种树"考析》,《农业考古》1992 年第 1 期。

宁夏文物考古研究所、中国社会科学院考古所宁夏考古组、同心县文物管理所:《宁夏同心倒敦子匈奴墓地》,《考古学报》1988 年第 3 期。

乔富渠:《"战争瘟疫"斑疹伤寒使曹操兵败赤壁》,《杏苑中医文献杂志》1994 年第 1 期。

曲昌荣:《三杨庄遗址可能改变中国农学史》,《人民日报》2006 年 2 月 21 日。

阮浩波、王乃昂、牛震敏等:《毛乌素沙地汉代古城遗址空间格局及驱动力分析》,《地理学报》2016 年第 5 期。

陕西省博物馆、陕西省文管会:《米脂东汉画像石墓发掘简报》,《文物》1972 年第 3 期。

盛承禹:《我国西北地区的气候环境与古代的"丝绸之路"》,《气候学研究》,北京:气象出版社,1989 年。

史念海:《黄河中游战国及秦时诸长城遗迹的探索》,《陕西师大学报》(哲学社会科学版)1978 年第 2 期。

史念海:《论两周时期黄河流域的地理特征》(上)(下),《陕西师范大学学报》(哲学社会科学版)1978 年第 3、4 期。

史念海:《司马迁规划的农牧地区分界线在黄土高原上的推移及其影响》,《中国历史地理论丛》1999 年第 1 期。

史培军、方修琦、赵烨等:《10000 年来河套及邻近地区在几种时间尺度上的降水变化》,吴祥定主编:《黄河流域环境演变与水沙运行规律研究文集》第 2 集,北京:地质出版社,1991 年。

谭其骧:《海河水系的形成与发展》,《历史地理》第 4 辑,上海:上海人民出版社,1986 年。

谭其骧:《何以黄河在东汉以后会出现一个长期安流的局面——从历史上论证黄河中游的土地合理利用是消弭下游水害的决定性因素》,《学术月刊》1962 年第 10 期。

谭其骧:《〈山经〉河水下游及其支流考》,《中华文史论丛》第 7 辑,上海:上海古籍出版社,1978 年。

汤卓炜:《中国北方草原地带青铜时代以来气候、植被变化研究综述》,《边疆考古研究》第 1 辑,北京:科学出版社,2002 年。

天津市文化局考古发掘队:《渤海湾西岸古文化遗址调查》,《考古》1956 年第 2 期。

天津市文化局考古发掘队:《渤海湾西岸考古调查和海岸线变迁研究》,《历史研究》1966 年第 1 期。

天津市文化局考古发掘队:《渤海西岸古文化遗址调查》,《考古》1965 年第 2 期。

田树仁:《也谈曹操兵败赤壁与血吸虫病之关系》,《中华医史杂志》1982 年第 2 期。

王宝贯:《过去二千二百年来中国冬雷与气候变迁的关系》,《思与言》1981 年第 4 期。

王福昌:《秦汉时期长江中下游地区的环境保护》,《社会科学》1999 年第 2 期。

王福昌:《秦汉时期江南的农业开发与自然环境》,《古今农业》1999 年第 4 期。

王海、王群:《生态环境变迁与秦汉王朝辽西经营》,《广西民族大学学报》(哲学社会科学版)2015 年第 3 期。

王会昌:《河北平原的古代湖泊》,《地理集刊》第 18 号,北京:科学出版社,1987 年。

王将克:《广东西樵山亚洲象——新业种头骨的记述》,《古脊椎动物与古人类》1978 年第 2 期。

王靖泰、汪品先:《中国东部晚更新世以来海面升降与气候变化的关系》,《地理学报》1980 年第 4 期。

王军、李捍无:《面对古都与自然的失衡——论生态环境与长安、洛阳的衰落》,《城市规划汇刊》2002 年第 3 期。

王开发、沈才明、吕厚远:《根据孢粉组合推断上海西部三千年的植被、气候变化》,《历史地理》第 6 辑,上海:上海人民出版社,1988 年。

王开发、张玉兰、叶志华等:《根据孢粉分析推断上海地区近六千年以来的气候变迁》,《大气科学》1978 年第 2 期。

王录仓、程国栋、赵雪雁:《内陆河流域城镇发展的历史过程与机制——以黑河流域为例》,《冰川冻土》2005 年第 4 期。

王鹏飞:《节气顺序和我国古代气候变化》,《南京气象学院学报》1980 年第 1 期。

王启才:《〈吕氏春秋〉的生态观》,《江西社会科学》2002 年第 10 期。

王尚义:《历史时期鄂尔多斯高原农牧业的交替及其对自然环境的影响》,《历史地理》第 5 辑,上海:上海人民版社,1987 年。

王尚义、任世芳:《两汉黄河水患与河口龙门间土地利用之关系》,《中国农史》2003 年第 3 期。

王绍东:《中国古代最早的传染病防治立法》,《光明日报》2003 年 10 月 14 日。

王双怀:《五千年来中国西部水环境的变迁》,《陕西师范大学学报》(哲学社会科学版)2004 年第 5 期。

王文涛:《东汉洛阳灾害记载的社会史考察》,《中国史研究》2010 年第 1 期。

王文涛:《汉代抗疫救灾措施与疫病的影响》,《社会科学战线》2007 年第 6 期。

王文涛:《汉代人眼中的疫病》,《河北学刊》2007 年第 4 期。

王文涛:《汉代匈奴区的自然灾害及对汉匈关系的影响》,《社会科学战线》2012 年第 7 期。

王文涛:《汉代疫病及其流行特点》,《史学月刊》2006 年第 11 期。

王文涛:《两汉时期河北地区的自然灾害与救助》,《河北师范大学学报》(哲学社会科学版)2008 年第 5 期。

王文涛:《试论汉代河北地区水利灌溉的发展》,《聊城大学学报》(社会科学版)2003年第5期

王兴国:《贾谊的生态伦理思想及其现代意义》,《湖南社会科学》1995年第5期。

王颖:《渤海湾西部贝壳堤与古海岸问题》,《南京大学学报》(自然科学版)1964年第3期。

王育民:《碣石新辨》,《中华文史论丛》1981年第4期。

王子今:《关于〈中国历史〉秦汉三国部分若干问题的说明》,《中国大学教学》2003年第9期。

王子今:《汉代河西的"荽"——汉代植被史考察札记》,《甘肃社会科学》2004年第5期。

王子今:《汉代驿道虎灾——兼质疑几种旧题"田猎"图像的命名》,《中国历史文物》2004年第6期。

王子今:《黄河流域的竹林分布与秦汉气候史的认识》,《河南科技大学学报》(社会科学版)2006年第3期。

王子今:《秦汉虎患考》,《华学》第1辑,广州:中山大学出版社,1995年。

王子今:《秦汉时期的关中竹林》,《农业考古》1983年第2期。

王子今:《秦汉时期的"虎患""虎灾"》,《中国社会科学报》2009年7月16日。

王子今:《秦汉时期的护林造林育林制度》,《农业考古》1996年第1期。

王子今:《秦汉时期气候变迁的历史学考察》,《历史研究》1995年第2期。

王子今:《秦汉渔业生产简论》,《中国农史》1992年第2期。

王子今:《试论秦汉气候变迁对江南经济文化发展的意义》,《学术月刊》1994年第9期。

文焕然:《再探历史时期的中国野象分布》,《思想战线》1990年第5期。

文焕然、何业恒、高耀亭:《中国野生犀牛的灭绝》,《武汉师范学院学报》(自然科学版)1981年第1期。

文焕然、何业恒、黄祝坚等:《历史时期中国马来鳄分布的变迁及其原因的初步研究》,《华东师范大学学报》(自然科学版)1980年第3期。

文焕然、何业恒、江应樑等:《历史时期中国野象的初步研究》,《思想战线》1979年第6期。

文启忠、乔玉楼:《新疆地区13 000年来的气候序列初探》,《第四纪研究》1990年第4期。

吴祥定、林振耀:《历史时期青藏高原气候变化特征的初步分析》,《气象学报》1981年第1期。

夏敦胜、马玉贞、陈发虎等:《秦安大地湾高分辨率全新世植被演变与气候变迁

初步研究》，《兰州大学学报》（自科学版）1998 年第 1 期。

谢继忠：《从敦煌悬泉置〈四时月令五十条〉看汉代的生态保护思想》，《衡阳师范学院学报》2008 年第 5 期。

辛德勇：《崤山古道琐证》，《中国历史地理论丛》1989 年第 4 期。

许惠民、黄淳：《北宋时期开封的燃料问题——宋代能源问题研究之二》，《云南社会科学》1988 年第 6 期。

许清海、阳小兰、杨振京等：《孢粉分析定量重建燕山地区 5000 年来的气候变化》，《地理科学》2004 年第 3 期。

薛滨、潘红玺、夏威岚等：《历史时期希门错湖泊沉积色素记录的古环境变化》，《湖泊科学》1997 年第 4 期。

杨爱国：《汉画像石中的庖厨图》，《考古》1991 年第 11 期。

杨保、康兴成、施雅风：《近 2000 年都兰树轮 10 年尺度的气候变化及其与中国其它地区温度代用资料的比较》，《地理科学》2000 年第 5 期。

杨怀仁、谢志仁：《中国东部近 20000 年来的气候波动与海面升降运动》，《海洋与湖沼》1984 年第 1 期。

杨庭硕：《中国农史研究必须正视环境差异——对汉代关中"区田法"的再认识》，《中国农史》2016 年第 1 期。

杨晓燕、刘长江、张健平等：《汉阳陵外藏坑农作物遗存分析及西汉早期农业》，《科学通报》2009 年第 13 期。

杨新才：《关于古代宁夏引黄灌区灌溉面积的推算》，《中国农史》1999 年第 3 期。

杨振红：《汉代自然灾害初探》，《中国史研究》1999 年第 4 期。

姚檀栋、［美］L.G.Thompson：《敦德冰心记录与过去 5ka 温度变化》，《中国科学（B 辑）》1992 年第 10 期。

伊克昭盟文物工作站、内蒙古文物工作队：《西沟畔汉代匈奴墓地调查记》，《内蒙古文物考古》1981 年第 1 期。

殷涤非：《安徽省寿县安丰塘发现汉代闸坝工程遗址》，《文物》1960 年第 1 期。

于希谦：《略谈秦汉时代的自然环境问题》，《云南师范大学学报》（自然科学版）1986 年第 3 期。

余德章、刘文杰：《记四川有关农业生产方面的汉代画像砖》，《农业考古》1983 年第 1 期。

余华青：《秦汉时期的渔业》，《人文杂志》1982 年第 5 期。

袁仲一：《秦俑坑的修建和焚记》，《秦俑馆开馆三年文集》，西安：秦始皇兵马俑博物馆，1982 年。

云南文物工作队：《云南滇池周围新石器时代遗址调查简报》，《考古》1961 年第 1 期。

詹道江:《岗南、黄壁庄水库古洪水研究报告》机印本,1992 年。

张柏忠:《科尔沁沙地历史变迁及其原因的初步研究》,《内蒙古东部区考古文化研究文集》,1990 年。

张君君、朱宏斌:《秦汉生态环境史研究综述》,《咸阳师范学院学报》2016 年第 5 期。

张丽春:《生态环境视阈下的汉画像石艺术表达》,《南都学坛》2017 年第 4 期。

张美良、程海、林玉石等:《贵州荔波地区 2000 年来石笋高分辨率的气候记录》,《沉积学报》2006 年第 3 期。

张朋川:《河西出土的汉晋绘画简述》,《文物》1978 年 6 期。

张绍华:《汉广陵王墓与"黄肠题凑"》,《中国工会财会》2006 年第 9 期。

张晓阳、蔡述明、孙顺才:《全新世以来洞庭湖的演变》,《湖泊科学》1994 年第 1 期。

张新荣、胡克、胡一帆等:《东北地区以泥炭为信息载体的全新世气候变迁研究进展》,《地质调查与研究》2007 年第 1 期。

张仲立:《秦俑一号坑沉降与关中秦代气候分布》,秦始皇兵马俑博物馆《论丛》编委会:《秦文化论丛》(第 4 辑),西安:西北大学出版社,1995 年。

赵文慧、王海:《乌桓山、鲜卑山新诠——以汉代东北亚生态环境史为视角》,《渤海大学学报》(哲学社会科学版)2017 年第 3 期。

郑州市博物馆:《郑州古荥镇汉代冶铁遗址发掘简报》,《文物》1978 年第 2 期。

中国科学院贵阳地球化学研究所 C[14] 实验室:《天然放射性碳年代测定报告之二》,《地球化学》1974 年第 1 期。

中国科学院贵阳地球化学研究所第四纪孢粉组、C[14] 组:《辽宁南部一万年来自然环境的演变》,《中国科学》1977 年第 6 期。

中国科学院考古研究所洛阳工作队:《汉魏洛阳城初步勘查》,《考古》1973 年第 4 期。

钟立飞:《战国农业发展评估》,《农业考古》1990 年第 2 期。

钟巍、舒强、熊黑钢等:《塔里木盆地南缘沉积物磁化率变化与历史时期环境演化》,《干旱区地理》2001 年第 3 期。

钟巍、熊黑钢:《近 12kaBP 以来南疆博斯腾湖气候环境演化》,《干旱区资源与环境》1998 年第 3 期。

周昆叔、严富华、梁秀龙等:《北京平原第四纪晚期花粉分析及其意义》,《地质科学》1978 年第 1 期。

周世荣:《长沙出土西汉印章及其有关问题研究》,《考古》1978 年第 4 期。

朱倩倩、姚东旭:《秦汉时期关中地区土地利用方式与生态环境》,《兰台世界》

2016 年第 15 期。

朱士光:《西汉关中地区生态环境特征与都城长安相互影响之关系》,《陕西师范大学学报》(哲学社会科学版)2000 年第 3 期。

竺可桢:《中国近五千年来气候变迁的初步研究》,《考古学报》1972 年第 1 期。

邹逸麟:《黄河下游河道变迁及其影响概述》,《复旦学报(历史地理专辑)》(社会科学版)1980 年第 4 期。

邹逸麟:《历史时期华北大平原湖沼变迁述略》,《历史地理》第 5 辑,上海:上海人民出版社,1987 年。

邹逸麟:《历史时期黄河流域水稻生产的地域分布和环境制约》,《复旦学报》(社会科学版)1985 年第 3 期。

[日]原山煌:《关于蒙古游牧经济的脆弱性问题》,吉文译,《蒙古学资料与情报》1984 年第 1 期。

[日]中尾佐助:《河南省洛阳汉墓出土的稻米》,王仲殊译,《考古学报》1957 年第 4 期。

(二) 学位论文

陈学进:《秦汉时期的环境保护思想》,河北师范大学硕学位论文,2013 年。

杜宗才:《汉代道家生态思想研究》,华中师范大学博士学位论文,2008 年。

葛富莲:《王充的生态伦理思想及其当代价值》,南京林业大学硕士学位论文,2009 年。

顾延生:《长江中游钻孔沉积物记录的 5000 年来气候变化与环境重建》,武汉大学博士学位论文,2004 年。

黄凤芝:《秦汉生态环境研究》,江西师范大学硕士学位论文,2008 年。

介冬梅:《松嫩平原全新世定量古生态研究》,东北师范大学博士学位论文,2001 年。

李南江:《气候变迁与两汉社会发展若干问题的探讨》,广西师范大学硕士学位论文,2004 年。

苗瑞雪:《动植物与秦汉生态环境研究》,河北师范大学硕士学位论文,2014 年。

史志林:《历史时期黑河流域环境演变研究》,兰州大学博士学位论文,2017 年。

杨胜良:《汉唐环境保护思想研究》,厦门大学博士学位论文,2007 年。

姚东旭:《秦汉时期土地利用与生态环境研究》,河北师范大学硕士学位论文,2013 年。

袁延胜:《东汉人口问题研究》,郑州大学博士学位论文,2003 年。

赵九渊:《古代华北燃料问题研究》,南开大学博士学位论文,2012 年。

索 引

后 记

历时多年,数易其稿,《中国环境史(秦汉卷)》终于修改完了,如释重负。笔者接受本书的撰写任务时,面对王子今先生的大作《秦汉时期生态环境研究》,压力山大,颇有"狗尾续貂"之感。其时,笔者研究秦汉环境史初入门径,只是对灾害与环境、疫病与环境有一些探讨,本着"干中学"的精神,一步步迈进了中国环境史研究的学术园地。本书由多人合作完成,第二章"动植物与秦汉生态环境"还更换了作者,各章节的研究水平参差不齐。第二、第四、第五章由研究生写出初稿,因为他们毕业后均未从事史学研究工作,所以没有参与初稿以后的修改。因此,修改书稿的工作量非常大,不亚于重写。本书虽然修改多次,但笔者对有些章节仍然感觉不满意,论述平乏,分析不深,心想善美,却力有不逮。本书权作抛砖引玉之作,缺憾之处请读者批评指正。

本卷作者分工如下:河北师范大学历史文化学院王文涛教授任主编,撰写第一章第四节、第三章、第六章和结语,负责全书初稿以后的修改和校对;河北师范大学资源与环境科学学院许清海教授撰写第一章第一至第三节;河北师范大学历史文化学院研究生苗瑞雪、姚东旭、陈学进分别写作了第二章、第四章、第五章的初稿,苗瑞雪还参加了第二章后几稿的校对工作。感谢所有为本书的撰写和出版作出贡献的人。

作者谨识

2020 年 12 月